U0295682

大飞机出版工程　总主编／顾诵芬

民机先进航电系统及应用系列

国家出版基金项目
NATIONAL PUBLICATION FOUNDATION

主编／冯培德　执行主编／金德琨

飞机
环境综合
监视系统

Civil Aircraft Integrated
Surveillance System

肖刚　程宇峰／编著

上海交通大学出版社
SHANGHAI JIAO TONG UNIVERSITY PRESS

内容提要

本书介绍了民用飞机环境监视系统的基本原理与主要架构,涉及机载气象雷达,空中交通告警和防撞系统,S 模式应答机,地形感知和告警系统以及 ADS‑B 等各个子系统,内容涵盖了系统架构设计、告警模型与算法,仿真与验证以及安全性分析等各个方面,展示了综合环境监视系统的若干关键技术,并且对民用飞机综合环境监视的未来发展趋势进行了探讨与分析。

本书可作为从事民用飞机综合环境监视系统及设备研制、开发、生产及管理人员的参考用书,同时也可作为高等院校航空相关专业高年级本科生、研究生教学指导用书。

图书在版编目(CIP)数据

飞机环境综合监视系统/肖刚,程宇峰编著.—上海:上海交通大学出版社,2019
(2020 重印)
(大飞机出版工程)
ISBN 978‑7‑313‑19739‑9

Ⅰ.①飞… Ⅱ.①肖…②程… Ⅲ.①民用飞机‑环境监测系统 Ⅳ.①V271

中国版本图书馆 CIP 数据核字(2018)第 156249 号

飞机环境综合监视系统
FEIJI HUANJING ZONGHE JIANSHI XITONG

编 著 者:肖 刚 程宇峰
出版发行:上海交通大学出版社　　　　地　址:上海市番禺路 951 号
邮政编码:200030　　　　　　　　　　　电　话:021‑64071208
印　　制:上海盛通时代印刷有限公司　　经　销:全国新华书店
开　　本:710mm×1000mm　1/16　　　印　张:36.25
字　　数:495 千字
版　　次:2019 年 12 月第 1 版　　　　　印　次:2020 年 8 月第 2 次印刷
书　　号:ISBN 978‑7‑313‑19739‑9
定　　价:360.00 元

大飞机出版工程
丛书编委会

总序

国务院在 2007 年 2 月底批准了大型飞机研制重大科技专项正式立项,得到全国上下各方面的关注。"大型飞机"工程项目作为创新型国家的标志工程重新燃起我们国家和人民共同承载着"航空报国梦"的巨大热情。对于所有从事航空事业的工作者,这是历史赋予的使命和挑战。

1903 年 12 月 17 日,美国莱特兄弟制作的世界第一架有动力、可操纵、重于空气的载人飞行器试飞成功,标志着人类飞行的梦想变成了现实。飞机作为 20 世纪最重大的科技成果之一,是人类科技创新能力与工业化生产形式相结合的产物,也是现代科学技术的集大成者。军事和民生对飞机的需求促进了飞机迅速而不间断的发展,应用和体现了当代科学技术的最新成果;而航空领域的持续探索和不断创新,为诸多学科的发展和相关技术的突破提供了强劲动力。航空工业已经成为知识密集、技术密集、高附加值、低消耗的产业。从大型飞机工程项目开始论证到确定为《国家中长期科学和技术发展规划纲要》的十六个重大专项之一,直至立项通过,不仅使全国上下重视起我国自主航空事业,而且使我们的人民、政府理解了我国航空事业半个世纪发展的艰辛和成绩。大型飞机重大专项正式立项和启动使我们的民用航空进入新纪元。经过 50 多年的风雨历程,当今中国的航空工业已经步入了科学、理性的发展轨道。大型客机项目其产业链长、辐射面宽、对国家综合实力带动性强,在国民经济发展和科学技术进步中发挥着重要作用,我国的航空工业迎来了新的发展机遇。

大型飞机的研制承载着中国几代航空人的梦想,在 2016 年造出与波音 737 和空客 A320 改进型一样先进的"国产大飞机"已经成为每个航空人心中奋斗的目标。然而,大型飞机覆盖了机械、电子、材料、冶金、仪器仪表、化工等几乎所有工业门类,集成了数学、空气动力学、材料学、人机工程学、自动控制学等多种学科，是一个复杂的科技创新系统。为了迎接新形势下理论、技术和工程等方面的严峻挑战，迫切需要引入、借鉴国外的优秀出版物和数据资料，总结、巩固我们的经验和成果，编著一套以"大飞机"为主题的丛书，借以推动服务"大型飞机"作为推动服务整个航空科学的切入点，同时对于促进我国航空事业的发展和加快航空紧缺人才的培养，具有十分重要的现实意义和深远的历史意义。

2008年5月，中国商用飞机有限责任公司成立之初，上海交通大学出版社就开始酝酿"大飞机出版工程"，这是一项非常适合"大飞机"研制工作时宜的事业。新中国第一位飞机设计宗师——徐舜寿同志在领导我们研制中国第一架喷气式歼击教练机——歼教1时，亲自撰写了《飞机性能捷算法》，及时编译了第一部《英汉航空工程名词字典》，翻译出版了《飞机构造学》《飞机强度学》，从理论上保证了我们飞机研制工作。我本人作为航空事业发展50年的见证人，欣然接受了上海交通大学出版社的邀请担任该丛书的主编，希望为我国的"大型飞机"研制发展出一份力。出版社同时也邀请了王礼恒院士、金德琨研究员、吴光辉总设计师、陈迎春副总设计师等航空领域专家撰写专著、精选书目，承担翻译、审校等工作，以确保这套"大飞机"丛书具有高品质和重大的社会价值，为我国的大飞机研制以及学科发展提供参考和智力支持。

编著这套丛书，一是总结整理50多年来航空科学技术的重要成果及宝贵经验；二是优化航空专业技术教材体系，为飞机设计技术人员培养提供一套系统、全面的教科书，满足人才培养对教材的迫切需求；三是为大飞机研制提供有力的技术保障；四是将许多专家、教授、学者广博的学识见解和丰富的实践经验总结继承下来，旨在从系统性、完整性和实用性角度出发,把丰富的实践经验进一步理论化、科学化,形成具有我国特色的"大飞机"理论与实践相结合的知识体系。

"大飞机"丛书主要涵盖了总体气动、航空发动机、结构强度、航电、制造等专业方向,知识领域覆盖我国国产大飞机的关键技术。图书类别分为译著、专著、教材、工具书等几个模块;其内容既包括领域内专家们最先进的理论方法和技术成果,也包括来自飞机设计第一线的理论和实践成果。如:2009 年出版的荷兰原福克飞机公司总师撰写的 Aerodynamic Design of Transport Aircraft(《运输类飞机的空气动力设计》),由美国堪萨斯大学 2008 年出版的 Aircraft Propulsion(《飞机推进》)等国外最新科技的结晶;国内《民用飞机总体设计》等总体阐述之作和《涡量动力学》《民用飞机气动设计》等专业细分的著作;也有《民机设计 1000 问》《英汉航空双向词典》等工具类图书。

该套图书得到国家出版基金资助,体现了国家对"大型飞机项目"以及"大飞机出版工程"这套丛书的高度重视。这套丛书承担着记载与弘扬科技成就、积累和传播科技知识的使命,凝结了国内外航空领域专业人士的智慧和成果,具有较强的系统性、完整性、实用性和技术前瞻性,既可作为实际工作指导用书,亦可作为相关专业人员的学习参考用书。期望这套丛书能够有益于航空领域里人才的培养,有益于航空工业的发展,有益于大飞机的成功研制。同时,希望能为大飞机工程吸引更多的读者来关心航空、支持航空和热爱航空,并投身于中国航空事业做出一点贡献。

2009 年 12 月 15 日

3

系列序

　　20世纪后半叶特别是21世纪初,信息技术的高速发展带动了其他学科的发展,航空信息化、智能化加速了航空的发展。航空电子已成为现代飞机控制和运行的基础,越来越多的重要功能有赖于先进的航空电子系统来实现。先进的航空电子系统已成为飞机先进性的重要标志之一。

　　如果将发动机比作飞机的"心脏",航空电子系统则称得上是飞机的"大脑"和"中枢神经系统",其性能直接影响飞机的自动化和智能化水平,对飞机的安全性、经济性、舒适性、可用性等有重要的作用。由于航空电子系统地位特殊,因此当今主流飞机制造商都将航空电子系统集成与验证的相关技术列为关键技术,这也是我国亟待突破的大飞机研制关键技术。目前,国家正筹备航电专项以提升航空电子系统的自主研发和系统集成能力。

　　随着国家对航空产业的重视,在"十二五""十三五"民机科研项目的支持下,在国产大飞机研制的实践中,我国航空电子系统在综合化、模块化方面取得了很大的进步。本系列图书旨在将我国广大工程技术人员在航空电子技术方面多年研究成果和实践加以梳理、总结,为我国自主研制大型民用飞机助一臂之力。

　　本系列图书以"民机先进航电系统及应用"为主题,内容主要涵盖航空电子系统综合技术、飞行管理系统、显示与控制系统、机载总线与网络、飞机环境综合监视、通信导航监视、航空电子系统软件/硬件开发及适航审定、客舱与机载信息系统、民机健康管理系统、飞行记录系统、驾驶舱集成设计与适航验证、系统安全性设计与分析和航空电子适航性管理等关键性技术,既有理论又有设计方法;既有正在运营的各种大型飞机航空电子系统的介绍,也有航空电子发展趋势的展望,具有明显的工程实用性,对大飞机在研型号的优化和新机研制具有参考和借鉴价值。本系列图书适用于民用飞机航空电子研究、开发、生产及管理人员和高等学校相关专业师生，也可供从事军用航空电子工作的相关人员参考。

　　本系列图书的作者主要来自航空工业无线电电子研究所、航空工业西安航空计算技术研究所、航空工业雷华电子技术研究所、航空工业综合技术研究所、中国电子科技集团航空电子公司、航空工业陕西千山航空电子有限责任公司、上海交通大学以及大飞机研制的主体单位——中国商用飞机有限责任公司等专业的研究所、高校以及公司。他们都是从事大飞机航空电子系统研制的专家和学者，在航空电子领域有着突出的贡献、渊博的知识和丰富的实践经验。

　　大型民用飞机的研制承载着中国几代航空人的梦想，制造出先进的国产大飞机已经成为每个航空人奋斗的目标。本系列图书得到 2019 年国家出版基金的资助，充分体现了国家对"大飞机工程"的高度重视，希望该套图书的出版能够为国产大飞机的研制服务。衷心感谢每一位参与编著本系列图书的人员，以及所有直接或间接参与本丛书审校工作的专家学者和上海交通大学出版社的"大飞机出版工程"项目组，在大家的共同努力下，这套丛书终于面世。衷心希望本系列图书能切实有利于我国航空电子系统研发能力的提升，为国产大飞机的研制尽一份绵薄之力。

　　由于本系列图书是国内第一套航空电子系列图书，规模大、专业面广，作者的水平和实践经验有限，不妥之处在所难免，敬请读者批评指正！

民机先进航电系统及应用系列编委会

前言

随着国内外航空运输业的高速发展,空中交通密度、复杂气象环境、复杂人为因素等给民用飞机飞行安全带来了越来越多的隐患,民航管理部门、航空公司对飞机研制与生产安全性、可靠性、经济性的要求也越来越高。根据局方要求,民用飞机基本都配备了包含气象雷达、空中交通告警和防撞系统以及地形感知和告警等子系统的综合监视系统,它可以通过预防航路雷暴天气、空中交通碰撞和复杂地形等各种威胁来保障飞行安全。监视系统的架构模式也随着民机航电系统架构的升级,逐步经历了分列式、联合式、综合式,产品的功能、性能也得到了极大提升,各类具备环境探测、感知与预警新功能的监视系统新产品也不断被研发装机。

《飞机环境综合监视系统》一书介绍了气象雷达、地形感知、空中防撞等功能部件的原理与发展趋势,开展了综合监视系统架构设计与分析,最后对民用飞机综合监视系统的未来发展趋势,如进近与滑行阶段的跑道监视技术、ACAS X 等方面进行了展望。这些新技术和新产品将会进一步提高飞机的智能感知能力,提高飞行效率与安全性,为研制新一代飞机综合监视系统产品奠定理论与实践基础。在此对 ISS、AESS、IAESS 特做说明,ISS(integrated surveillance system)是罗克韦尔·柯林斯(Rockwell Collins)公司对于飞机综合环境监视系统的阐述,AESS(aircraft environment surveillance system)、IAESS (integrated aircraft environment surveillance system)源于霍尼韦尔(Honeywell)公司提出的概念。本书为强调飞行环境及监视系统的综合性,取名为《飞机环境综合监视系统》,并在本书中依据不同场景或文献引用采用不同形式的缩写,但 ISS、AESS、IAESS 均指飞机环境综合监视系统。

本书对飞机环境综合监视系统的内容进行了详尽且系统的描述,理论与实际仿真相结合,在应用的基础上加入了创新性开发,使得本书的内容具有相当的参考性。本书可作为从事民用飞机环境综合监视系统及设备研制、开发、生产及管理人员的参考用书,也可作为高等院校航空相关专业高年级本科生、研究生教学和指导用书。

本书各章的参编人员：第1章，肖刚、刘独玉、程宇峰；第2章，何方、刘心刚、仓黎黎；第3章，张强、钱君、周晔；第4章，戴周云、史志举；第5章，何方、黄翔；第6章，戴周云、王彦然、薛婧；第7章，王彦然、王飞；第8章，吴瑀倩、张爱国、叶青青；第9章，于超鹏、韩宁、张强；第10章，何方、徐悦、戴周云。全书由肖刚、刘独玉统稿，金德琨研究员审稿。

本书的编著得到了中国商用飞机有限责任公司上海飞机设计研究院、航空工业第607研究所、航空工业第615研究所相关科研人员的大力支持。本书受国家重点基础研究发展计划(973计划)项目"面向大型飞机综合化航空电子系统安全性基础问题研究"课题三"综合化系统功能信息融合的安全性问题"(2014CB744903)、国家自然基金"复杂空域环境多约束条件下飞机广义冲突解脱与航路优化研究"(61973212)资助，也是课题阶段性研究成果的总结。

在本书的编写过程中，编著者力求科学性、系统性、前瞻性地把世界最新的技术及作者的工作体会介绍给读者，但由于水平所限，本书又是国内本专业的第一本专著，专业涵盖范围很宽，书中存在的不妥之处敬请读者批评指正。

特别感谢中国航空工业科技委金德琨研究员，973首席科学家王国庆研究员，中国航空无线电电子研究所王金岩研究员、毛继志研究员，航空工业雷华电子技术研究所于超鹏研究员对本书的指导和帮助。感谢上海交通大学出版社"大飞机出版工程"项目组对本书出版的支持！

编著者

2019年10月

目录

5　地形感知和告警系统 / 149

8　综合监视系统安全性评估 / 327

9 飞机综合监视系统测试验证 / 411

10 飞机综合监视系统未来发展新技术 / 465

1

概述

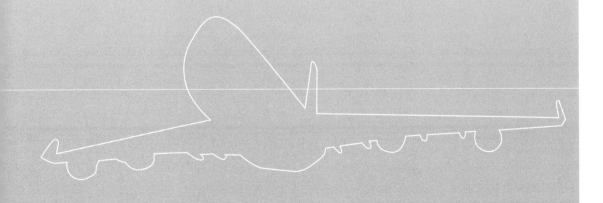

1.1　引言

1.1.1　简介

面对日益复杂的民用航空运输环境,如何保障飞机在复杂飞行环境和恶劣气候条件下的飞行安全已成为一个迫切需要解决的问题。美国波音公司(Boeing Company)公布的 2002—2011 年全球民用航空重大事故统计表明:可控飞行撞地(CFIT)事故累计发生 18 起,占全部重大事故的 24%,造成的死亡人数仅次于飞行失控事故;飞机空中相撞事故在各类事故中名列第六位;低空风切变是造成全球飞机致命事故的第七大原因。机载监视系统作为保障民用航空器飞行安全的重要航空电子设备,在飞行过程中可以为飞行员提供准确及时的气象、地形、交通监视信息和避让建议,增强飞行员对空中环境的感知能力,减轻工作压力和判断失误[1, 2]。

飞机环境监视系统(aircraft environment surveillance system,AESS)通过将空中交通告警和防撞系统(traffic alert and collision avoidance system,TCAS)、S 模式应答机(transponder/mode S,XPDR/Mode-S)、地形感知和告警系统(terrain awareness and warning system,TAWS)和机载气象雷达(weather radar,WXR)等集成为一个系统,从而减轻设备重量、简化安装维护、降低集成过程中的生命周期成本、降低安装成本。AESS 能够在飞机飞行过程中为机组人员提供综合化的交通、气象、地形等信息,增强其对空中环境的感知能力,有效提高飞行安全程度[3]。

美国联邦航空局(FAA)称空中交通告警和防撞系统为 TCAS,国际民用航空组织(ICAO)称其为机载防撞系统(airborne collision avoidance system,ACAS)。TCAS 于 20 世纪 50 年代发展成熟并得到广泛应用,其在载机平台上独立运行,与地面空中交通管制系统无交联关系。因此,TCAS 在遇到空中交通管制部门因特殊情况(如通信故障等)而未能正常提供飞行间隔服务或管制服务,或出现人为工作差错时,能有效降低空中航空器相撞的可能性,是对空中交通管制工作的有益补充和监督,因而受到航空公司的欢迎,各国民用航空管理当局也对 TCAS 的装机做出了明确要求,使 TCAS 在民用飞机上日益普及。

机载 S 模式应答机给每架飞机分配唯一的地址码,可实现对飞机的点名询问,极大地改善了原航管系统一呼多答所造成的应答信号混叠、交叉干扰等问题,并通过增加信号格式、数据链等功能,极大地加强了地面与飞机之间的信息交换传输能力。S 模式应答机具有无线电数据自动收发功能,可随时向他方通报本飞机的固有信息(包括飞机注册号、机型等)和当前高度方位信息,并接收对方的信息。

地形感知和告警系统(TAWS)是 AESS 系统的一个重要组成部分,该系统通过语音和灯光信号向飞行员提供告警,在预防可控飞行撞地事故方面起着重要的作用。TAWS 系统从飞机起飞开始到降落为止,利用飞机上各种已有传感器所提供的信号,持续监控飞机的状态和相对地形的位置,并且通过计算机计算出飞机的飞行趋势,在出现危及飞行安全的情况时会以视觉或者语音告警提醒飞行员采取避险措施。

机载气象雷达(WXR)用于飞机在飞行中对前方航路上的区域进行实时探测,选择安全的航路,保障飞行的舒适和安全。WXR 主要用来探测飞机前方航路上的气象目标和其他目标的存在以及分布状况,并将所探测目标的轮廓、雷雨区的强度、方位和距离等显示在机载显示器上。WXR 的原理是电磁波经天线发射后遇到障碍物被反射回来,目标的导电系数越高、反射面越大,则回波越强。WXR 可以探测飞机前方的降水、湍流情况,也可以探测飞机前下方的地形情况。在显示器上用不同的颜色来表示降水的密度和地形情况。新型的气象雷达系统还具有预测风切变(predictive wind shear,PWS)的功能,可以探测飞机前方风切变情况,使飞机在起飞和着陆阶段更为安全。

然而,当前以 TCAS、S 模式应答机、TAWS 和 WXR 为核心部件的飞机环境监视系统,主要采用了分列式架构,不能满足航空电子硬件资源和软件资源综合的发展趋势[4]。随着航电综合整体水平的提高,AESS 综合化水平也日益提升。网络技术的应用为综合模块化航空电子(integrated modular avionics,IMA)的系统发展提供了更广阔的空间。在新航行系统数据链系统广泛使用的情况下,数据链将成为一个重要的飞机环境信息来源。

未来的 AESS 应是在统一的高度综合化的 IMA 架构下,与其他航空电子系统共享硬件、软件资源,而专用资源(如天线接口)则使用专用 IO 单元。IMA 架构下的高度综合,可以极大地减轻机载设备重量、降低成本、提高维修性和可靠性。同时,未来 AESS 将集成新监视功能,如 ADS‐B、TIS‐B、机载间隔保障系统(airborne separation assistance system,ASAS),同时提供监视净空流、弱涡流(weak vortex)等功能,从而为监视系统提供新的功能。除了资源级的综合,AESS 未来应能通过座舱系统向飞行员提供融合后的监视信息,实现多源异构信息综合,最大限度地减轻飞行员的决策、响应与处理的工作负荷。

目前大型飞机上主要的监视系统都包括了气象雷达、空中交通告警和防撞系统、地形感知和告警系统等核心部件。以空客公司的 A380 和波音公司的波音 787 为代表的新型客机在航空电子方面已经出现了跨越式的进步[5]。环境监视系统产品不仅包括了传统核心部件,而且已经完成了部分综合,实现了 WXR 的三维显示、预测风切变探测等新功能。

1.1.2　综合环境监视系统的发展历程

飞机环境监视系统作为保障民用航空器飞行安全的重要航空电子设备,在飞行过程中为飞行员提供准确及时的气象、地形、交通监视信息和避让建议,增强其对空中环境的感知能力,减轻飞行员的工作压力和判断失误,是保障民用飞机飞行安全的重要技术手段。

20 世纪 50 年代,监视系统的技术研究起源于美国,伴随着电子技术的飞跃发展,机载综合环境监视系统的发展大致可以分为 4 个阶段[2]。

第 1 阶段是机载环境监视系统研究的起步阶段,时间段为 20 世纪 50—60 年代。二战结束之后,军用安全部门公开了二战时期使用的敌我识别系统(IFF)技术体制,国际民用航空组织(ICAO)将其采纳为空中交通管制雷达信标系统(ATCRBS),并应用于民用空中交通运输流量和跨洋飞行所面临的复杂气象环境的空中交通管制(ATC),机载设备为 A/C 模式应答机(XPDR)。其间,以 John S Morrell 的《飞行器的碰撞物理》介绍的基于时间变量的临近飞行器接近速率的防撞算法为理论基础,结合二次监视雷达(SSR)技术体制,开展了交通告警和防撞系统(TCAS)的研制工作。同时,也开始了模拟体制机载气象雷达(WXR)技术研究。该时期普遍采用抛物面天线、大功率磁控管发射机及模拟信号处理等技术,机载监视设备普遍存在着体积大、重量重、故障率高、可靠性低等缺点。

第 2 阶段是 TCAS I 时期,时间段为 20 世纪 70 年代。针对离散寻址信标系统(DABS)的研究解决了常规 ATCRBS 存在的大多数系统问题,使用世界唯一地址对被监视飞机进行有选择的询问(航空业界常称 S 模式),并以此为理论依据展开了具有地址选择功能的 S 模式应答机的研制工作,通常 S 模式应答机也兼容原 A/C 模式应答机技术体制。第一代交通告警和防撞系统(TCAS I)、近地告警系统(GPWS)和非相参脉冲体制的数字彩色气象雷达等监视设备相继问世。伴随着集成电路和电子计算机等新技术的出现,该阶段监视设备普遍在重量、性能、可靠性等方面较前一代有一定的改善。

第 3 阶段是 TCAS II 时期,时间段为 20 世纪 80—90 年代。民用航空电子巨头霍尼韦尔(Honeywell)、罗克韦尔·柯林斯(Rockwell Collins)和泰雷兹等航空电子系统制造商开展了监视系统的更新换代工作,包括 1993 年推出的具有垂直规避建议功能的交通告警和防撞系统第二代(TCAS II 6.04),1995 年推出的具有数据链功能的 4 级 S 模式应答机。同时,具有前视地形回避和地形显示等功能的增强型近地告警系统(EGPWS)和具有湍流、预测风切变(PWS)功能的相参体制机载脉冲多普勒气象雷达的问世,使飞机在起飞、航行、着陆阶段更安全。该阶段广泛运用固态功放、大规模可程序设计器件、高性能微处理器及数字信号处理等新技术,使产品的功能、性能、可靠性、维修性、测试性等多方面有了大的进步,独立监视设备至今仍占据较大的市场份额。

第4阶段是TCAS Ⅱ的发展阶段,时间段为21世纪初至今。具备"逻辑反向"和新的"调整垂直速度"听觉提示的交通告警和防撞系统第二代最新版本防撞算法(TCAS Ⅱ 7.1)和S模式应答机数据链的推广应用,具备地形态势感知和跑道安全保护功能的地形感知和告警系统(TAWS)的问世,以及新一代全自动多功能气象雷达的出现,进一步提升了飞行安全。随着大规模数字电路和计算机网络的飞速发展,基于物理级、数据级和告警级等多角度的综合化监视系统产品逐步进入市场,当今世界最先进客机普遍配装了最新的综合监视系统产品,开启了民用飞机机载监视系统领域革命性创新的时代。

目前传统的机载综合监视系统主要包括TCAS、XPDR、TAWS、WXR 4类分立设备,世界上主要航空电子系统厂商罗克韦尔·柯林斯、霍尼韦尔和ACSS公司研发生产的各种型号独立监视设备通过了波音公司或空客公司的适航认证,广泛配装于各系列机型。特别是霍尼韦尔公司作为在国际民用航空运输机市场具有垄断地位的TAWS产品供货商,开发了9大系列30余种规格的产品,新一代产品增加了自动拉起功能,进一步提升了在复杂地形环境中的飞行安全。

作为在全球航空电子领域具备大型飞机先进机载综合监视系统总体设计和综合能力的大型公司,罗克韦尔·柯林斯、霍尼韦尔和ACSS公司利用其在传统独立监视设备研制过程中的成功经验和深厚技术积淀,在系统集成及新技术开发应用上拥有绝对的技术优势,在业界具有垄断地位。罗克韦尔·柯林斯公司开发的综合监视系统包括TSS - 4100和ISS - 2100,TSS - 4100将TCAS、XPDR和交通计算机(广播式自动相关监视ADS - B IN应用)等功能综合在一起;而 ISS－2100 是一种可配置的综合监视系统,集成了 TCAS、XPDR、交通计算机、WXR、TAWS 等功能,可根据客户需要灵活配置。霍尼韦尔公司研制的 AESS 与 ISS－2100 非常类似,也是将 WXR、EGPWS、TCAS、XPDR 及交通计算机等功能集成到一起。ACSS 公司在机载气象雷达方面技术能力比较薄弱,能提供除机载气象雷达功能之外的综合监视系统产品。目前,考虑到民用飞机的安全性、适航性和配置性等方面,综合监视系统除在物理层对 TCAS 和 XPDR 的天线、射频及信号处理进行了综合外,其他功能以分立电路板的形式封装在机箱内,并在数据级实现综合。

我国对民用飞机机载监视系统的理解、研究、应用还处于起步发展阶段。航空工业集团、中国电科集团、四川九洲电器集团等单位已部分研制出 TCAS、XPDR、TAWS、WXR 等分立设备并投入使用,但相关产品尚不能满足民用飞机适航要求,而且在综合监视系统方面尚缺乏集成综合、模拟测试和适航认证的能力。大飞机专项的实施给我国民机监视系统的发展提供了良好契机,独立设备研制和适航取证将进一步加快,已有部分厂家及科研院所开展了综合监视系统的先期研究和技术储备。

为推动综合化监视系统技术的发展,由美国政府和工业界联合主办、一年一度的综合化通信、导航、监视系统(ICNS)会议,旨在通过研究和开发综合化通信、导航、监视技术,支持近期及更远期先进的航空数字信息系统及应用,支持未来全球空中交通系统运行。

1.2 综合环境监视系统遵循的文件和指南

目前,民用飞机基本都配备了机载气象雷达、空中交通告警和防撞系统以及地形感知和告警系统等监视系统来预防这些威胁。但是,国际民航目前普遍采用的飞机环境监视系统都是独立的监视系统,市场占有率较高的波音 737、

A320/A350 和我国自研的新舟 60/600、ARJ21 等飞机均是如此。这些系统存在系统复杂、子系统间交互性差、告警信息分散且不完善和告警技术水准低下等缺点,严重影响了飞行员的注意力和正确判断能力,增加了飞行员在态势感知和操作上的困难。国际上欧美等发达国家已经注意到这种传统独立式架构的不足,并于 21 世纪初提出了"飞机环境综合监视系统"的理念[6],旨在利用高度综合化、模块化的 IMA 架构[7],完成软硬件资源的互用共享,逐步实现飞机环境监视系统的信息综合、数据综合、功能综合和物理综合。美国航空无线电通信公司(Aeronautical Radio Incorporation,ARINC)于 2006 年发布了标准 ARINC 768《综合监视系统(ISS)》,统一规定飞机环境综合监视系统的相关工业要求。ACSS、Honeywell、Rockwell Collins 公司等国际知名航电供货商也相继开展了飞机环境综合监视系统的研究工作,并成功研制出了综合监视系统产品,例如 ACSS 公司的 T^2CAS 和 T^3CAS、Honeywell 公司的 AESS 以及 Rockwell Collins 公司的 CISS。民用飞机环境综合监视系统作为民用飞机上重要的航电设备,安全性是其第一要点,适航性是其必然需求,从产品设计、制造、使用到维修,整个产品生命周期都需要考虑并满足相应的适航要求。同时,飞机环境综合监视系统的设计也应该遵守相应的工业标准[8]。因此,对于民用飞机环境综合监视系统的研制来说,构建一套完整的以安全性为目标的研制保证体系,通过严格的过程控制,确保产品的需求完整正确、设计符合需求,显得尤为重要。飞机环境综合监视系统相关适航和工业标准如图 1.1 所示。

此外,国际自动机工程师学会(SAE)文件 ARP 4754《高度综合或复杂的飞机系统的合格审定考虑》规定了安全性评估应该"做什么",ARP 4761《对民用机载系统和设备进行安全性评估过程的准则和方法》则详细介绍了各种安全性分析方法。美国航空无线电技术委员会(RTCA)发布的 DO-178B《机载系统和设备合格审定中的软件考虑》、DO-254《机载电子设备硬件设计保证指南》和 DO-160G《航空机载设备环境适应性试验及 EMC 试验》等标准则分别规定了软硬件适航及试验方面的要求,再加上测试性、维修性、保障性等专项工程,

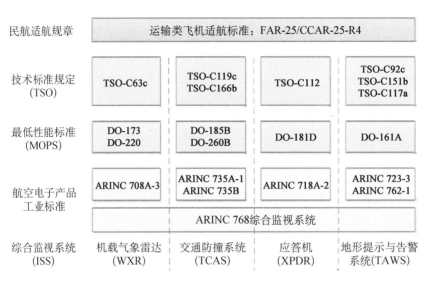

民航适航规章	运输类飞机适航标准：FAR-25/CCAR-25-R4			
技术标准规定 (TSO)	TSO-C63c	TSO-C119c TSO-C166b	TSO-C112	TSO-C92c TSO-C151b TSO-C117a
最低性能标准 (MOPS)	DO-173 DO-220	DO-185B DO-260B	DO-181D	DO-161A
航空电子产品 工业标准	ARINC 708A-3	ARINC 735A-1 ARINC 735B	ARINC 718A-2	ARINC 723-3 ARINC 762-1
	ARINC 768综合监视系统			
综合监视系统 (ISS)	机载气象雷达 (WXR)	交通防撞系统 (TCAS)	应答机 (XPDR)	地形提示与告警 系统(TAWS)

图1.1　飞机环境综合监视系统相关适航和工业标准

就构成了一个完整的研制保证体系,贯穿整个产品生命周期。当然,作为民用产品,经济性、通用性、实用性、可靠性等也是产品市场竞争力的重要衡量指标,这都需要在设计时充分考虑,尽量采用标准化、模块化、商用化的部件,不以高指针、高性能为最终目标,在性能和经济性方面找到一个平衡点,凸显市场竞争力。以下会具体介绍提及的相关组织。

1.2.1　RTCA

RTCA 成立于 1935 年,1991 年重组为 RTCA Inc.,是一个非营利性行业协会。RTCA 针对航空领域内的通信、导航、监视和空中交通管理(CNS/ATM)系统问题,提出一致性的建议。由 RTCA 提出的建议被美国联邦航空局(FAA)用作制定政策、项目和管理决定的依据,也被一些私人公司用作发展、投资和其他商业决定的依据。RTCA 自成立以来,陆续已经有 270 多个国家和世界的政府机构、企业和学术组织申请成为 RTCA 组织的会员。这些会员几乎涵盖了整个航空领域。由 RTCA 的项目管理委员会组织专业委员会(special commission, SC)为航空电子系统制定最低运行性能标准(minimum operation performance standards，MOPS)或相应的技术文件。列举如下：

RTCA/DO‐160G 《航空机械设备环境适应性试验及 EMC 试验》[9]；

RTCA/DO‐161A 《机载近地告警设备最低性能标准》；

RTCA/DO‐178B/ED‐12B 《机载系统和设备合格审定中的软件考虑》[5]；

RTCA/DO‐181C 《机载空中交通管制雷达信标系统/S 模式(ATCRBS/Mode S)机载设备的最低运行性能标准》；

RTCA/DO‐185B 《机载空中告警和防撞系统(TCAS Ⅱ)的最低运行性能标准》；

RTCA/DO‐213《机头雷达天线罩的最低性能标准》；

RTCA/DO‐214《音频系统性能标准和飞机音频系统及设备的最低运行性能标准》；

RTCA/DO‐220《机载气象雷达具有前瞻性风切变探测能力最低运行性能标准》；

RTCA/DO‐242A 《广播式自动相关监视(ADS‐B)的最低运行性能》；

RTCA/DO‐254/ED‐80《机载电子设备硬件设计保证指南》[7]；

RTCA/DO‐260A 《广播式自动相关监视(ADS‐B)和广播式交通信息服务(TIS‐B)的最低运行性能标准》；

RTCA/DO‐263《机载冲突管理应用：检测、预防和解决》；

RTCA/DO‐272/ED‐99《用户需求的机场制图信息》；

RTCA/DO‐276/ED‐98《用户要求对地形和障碍物数据》；

RTCA/DO‐282A 《使用通用访问收发数据链(UAT)的广播式自动相关监视(ADS‐B)的最低运行性能标准》；

RTCA/DO‐286《广播式交通信息服务(TIS‐B)系统的最低运行性能标准》；

RTCA/DO‐289《飞机监视设备的系统最低运行性能标准》。

RTCA/DO‐185B 针对符合 7.1 版本避撞软件的 TCAS 设备的最低性能

做了详细的规定。该规范主要包含三部分内容：第一部分规范了 TCAS 的基本功能与可选功能、TCAS 与地面站及入侵机之间的交互方式、TCAS 设备性能的详细测试流程等；第二部分以有限状态机和逻辑表的方式定义了 7.1 版本避撞软件的所有程序流程，同时定义了该软件的函数及其输入输出接口、宏和变量；第三部分包含了符合 7.1 版本软件的伪代码。

RTCA/DO-181C 规定了机载空中交通管制雷达信标系统/S 模式（ATCRBS/Mode S，机载应答机）设备的最低运行性能标准。该文件详细规定了机载应答机基本的 S 模式数据链功能和其他可选功能、系统的监视性能和 S 数据链通信性能、应答机与其他系统的通信协议及 S 模式信息的传输协议、应答机在不同工作模式下的工作环境要求、S 模式应答机的五种功能分级以及应答机设备性能的详细测试流程等。

RTCA/DO-220 规定了具有风切变气象预测功能机载气象雷达的最低运行性能标准。该文件详细规定了机载气象雷达基本的风切变探测、气象探测、地形探测功能，对系统在标准测试环境下的最低性能进行了详尽的规定，同时规定了气象雷达的测试流程。该标准同时规定了用于测试设备的工作性能的一组气象数据库（含风切变）。

RTCA/DO-161A 规定了机载近地告警系统（GPWS）设备的最低运行性能标准，主要涉及总体标准，包括 TAWS 设备的功能、控制操作、控制接口、测试效率、操作模式、告警显示、虚警、故障监视与自检；标准测试环境下的最低性能标准，包括告警包线、模式自动选择、告警特性显示、失效控制、故障监视与自检以及测试环境标准。

1.2.2 ARINC

ARINC 公司，全名为航空无线电通信公司（Aeronautical Radio Incorporation），成立于 1929 年 12 月 2 日，由当时的四家航空公司共同投资组建，被当时的联邦无线电管理委员会（FRC）（后更名为联邦通信管理委员会）授权负责"独立于政府之外唯一协调管理和认证航空公司的无线电通信工作"。公司初期的主要工作是按照 FRC 的规定建设和运行陆基的航空话音通信设施和网络(高频(HF)工作方式),并为民航和军航提供 HF 话音通信服务。相关文件列举如下:

ARINC 404A 《航空运输设备和机架》;

ARINC 413A 《飞机电气使用和瞬态保护指南》;

ARINC 429 《Mark 33 的数字信息传输系统》;

ARINC 600 《航空运输航空电子设备接口》;

ARINC 604 《机内测试设备(BITE)》;

ARINC 607 《航空电子的设计指南》;

ARINC 609 《机电源系统的设计指南》;

ARINC 615A 《使用以太网接口的机载数据加载器》;

ARINC 624 《机载维护系统的设计指南》;

ARINC 660A 《CNS(通信、导航、监视)/ATM(空中交通管理)设计指南》;

ARINC 661 《座舱显示系统与用户系统接口》;

ARINC 664 《飞机数据网络》;

ARINC 665 《可加载软件标准》;

ARINC 708A 《具有前视风切变预测功能的机载气象雷达》;

ARINC 718A 《Mark 3 空中交通管制应答机(ATCRBS/Mode S)》;

ARINC 735A 《Mark 2 空中告警及防撞系统(TCAS)》;

ARINC 762 《地形感知和告警系统(TAWS)》;

ARINC 801 《光纤接插件定义(建议)》。

ARINC 768‐1 定义了 AESS 的系统架构[9, 10]。该文件重点对 AESS 系统设备的基本功能、信号接口(数字量、离散量、模拟量)、电气接口、显示与控制面板、系统自检、重量与尺寸、天线、布线和接插件进行了规范,同时提出了几种未来可能的扩展监视功能。ARINC 735A 标准的目的在于使各个厂家生产的 TCAS 设备能够在功能、接口上符合相同的标准,从而实现设备的相互兼容。它详细规定了 TCAS 的基本避撞功能、语音与视觉告警功能、与 S 模式应答机的接口、显示功能、控制面板功能、可程序设计性与可测试性;在设备兼容性上规定了系统的重量、尺寸、布线、接插件、电源、工作环境、设备冷却以及信号线(数字量、离散量、模拟量)的电气规范;同时还规定了 TCAS 天线的特性和安装规范以及 TCAS 在飞行仿真器中的使用规范。ARINC 718A 对 S 模式应答机进行了规定。在系统功能上规定了 S 模式应答机基本的空中交通管制射频信号收发、编译码、译码与应答、与 TCAS 的接口、控制面板功能、机内自检功能;在设备兼容性上规定了系统的重量、尺寸、布线、接插件、电源、工作环境、设备冷却以及信号线(数字量、离散量、模拟量)、射频信号传输的电气规范;同时还规定了应答机天线的特性和安装规范。ARINC 708A 对具有前视风切变预测功能的机载气象雷达的功能和接口进行了规定。在系统功能上规定了机载气象雷达危险气象探测基本功能和性能、语音与视觉告警功能、显示与控制面板功能及自检功能;在设备兼容性上规定了系统的重量、尺寸、布线、接插件、电源、工作环境、设备冷却以及信号线(数字量、离散量、模拟量)的电气规范;同时还规定了雷达罩、天线单元、T/R 组件的特性和安装规范。ARINC 762 的主要目的在于为航空公司提供一个普遍适用且具体可行的 TAWS 单元开发和安装指南。ARINC 762 描述了 TAWS 单元设备所具备的使用功能、确保可互换性的必要标准、形状参数以及引脚分配、ARINC 429 网络协议下的输入输出、模拟/离散输入输出、音频输出、数据加载、自动测试设备等的接口规范。对 TAWS 的内部测试与维护,ARINC 762 规定必须至少符合 ARINC 624"机载维护系统"或 ARINC 604"内置测试设备设计和使用指南"中的一种内部测试标准。ARINC 762 主要针对性能提出了一系列要求,对于具体实现手段没有强制要求。

1.2.3 SAE

SAE 是全球性的技术学会,该组织 1905 年在纽约成立之初,只有 30 名工程师会员,之后取得了长足的发展,目前已经扩展到 100 多个国家。SAE 最为知名的成就是它的技术标准和严格的自发性标准制定流程。来自众多国家的 8000 多名技术专家参与到 600 个标准制定委员会中,制定了众多标准和建议准则来支持产品设计和开发。世界各国政府法规和标准都援引了 SAE 的标准。1995 年,SAE 着手航空航天质量体系标准的制定。1999 年,SAE 发布了 AS 9100 标准的最终草案,并在 2001 年发布了航空航天质量体系标准 AS 9100A 版。AS 9100 是迄今为止最严格的质量体系标准。AS 9100 的认证是企业进入航空航天行业的通行证,尤其是美国波音公司、欧洲的空客公司和目前中国的大飞机项目均要求供应商获得 AS 9100 的认证。在航天领域,SAE 制定的标准包含所有航空航天标准(AS),航空航天建议措施(ARP),由 SAE 公布航天信息报告(AIR),航天资源文档(ARD)包括以下各项:

AS 9000《航空业质量体系标准》;

AS 9100(A)《国际航空航天质量管理体系=ISO9001+航空航天特殊要求》;

ARP 4754《高度综合或复杂的飞机系统的合格审定考虑》;

ARP 4761《对民用机载系统和设备进行安全性评估过程的准则和方法》[11];

SAE AS 9000 是专为美国航空工业及其供应商开发的质量标准。除 ISO9001 要求外,在标准中还包含了 36 项补充及解释条款,规定了航空、航天和国防的附加要求。AS 9000 是由美国主要的 11 家航空工业厂商、航空工业协会、AIA 和美国质量协会(ASQ)共同研究发展出来的质量体系标准。

AS 9100(A)在最大范围内为航空航天工业统一了质量管理体系要求,为世界各地的组织使用供应链中各层次的供应商建立了通用的要求。AS 9101 规定了评定报告、质量体系检查表的内容和形式,用于评定供应商质量体系与

AS 9100 符合程度的报告和记录表格。AS 9102 是 AS 9100 中的附加要求,规定了航天航空首件检验的要求、范围、评价和记录内容。AS 9100 提出了对关键特性波动的标识和控制要求。AS 9103 就如何对关键特性的波动进行管理以及达到这些管理要求的途径做出了规定,包括:了解影响关键特性的过程因素,使用合适的用于波动控制或减少波动分析的工具确定过程关键特性,对波动进行控制和能力评估,制定关键特性和过程参数控制的过程控制文件。AS 9110 适用于航空器维修的质量管理体系,AS 9110 标准涉及很多在《美国联邦航空条例》第 43 和 145 部标出的关于对从事维护、修理与大修任务的各种要求。这些要求包括"批准、检定、颁发证照"。以 ISO 9001、2000 标准为基础,另外加上近 100 项专门针对航空航天维护、修理和检修行业的要求,AS 9110 标准为供应商提供了一个全面的质量体系,其重点关注的是直接产品安全性和可靠性的领域。AS 9120 质量管理体系对航空器材的库存批发商提出了要求。

ARP 4754 表明对高度综合或复杂的飞机系统的合格审定需要考虑下列问题:制定需求;分配需求;考虑构架;综合;安全评估过程(高层级的);确定具体系统的研制保证水平;确认需求(完整性和正确性);设计、实施和验证等情况。

1.2.4　TSO

"技术标准规定"(TSO)是美国联邦航空局(Federal Aviation Administration,FAA)为拟用于民用航空器上的产品规定的最低性能标准。具体的标准列举如下:

FAA TSO‐C63c《机载气象雷达和地面测绘脉冲雷达》;

FAA TSO‐C92c《机载近地告警设备》;

FAA TSO‐C112《空中交通管制雷达信标系统/S 模式(ATCRBS/Mode S)的机载设备》;

FAA TSO‐C117《航空运输机载风切变告警和规避指示系统》;

FAA TSO - C119b《空中预警及防撞系统(TCAS)的机载设备,TCAS Ⅱ》;

FAA TSO - C151b《地形提示和告警系统》。

FAA TSO - C119b 是 FAA 对 TCAS Ⅱ 设备规定的最低性能标准,主要是要求设备应符合 DO - 185 规范以及软件 DO - 178B、硬件 DO - 254、测试环境 DO - 160 等,还有申请 FAA 批准所需提交的设备数据。FAA TSO - C112 是 FAA 对空中交通管制雷达信标系统/S 模式(ATCRBS/Mode S)设备规定的最低性能标准。它根据不同使用要求将设备分为 7 类,并规定了各类设备的工作环境、软件等指标。实际上仍是要求设备应符合 DO - 181C 规范以及软件 DO - 178B、硬件 DO - 254、测试环境 DO - 160 等,并规定了申请 FAA 批准所需提交的设备数据。FAA TSO - C63c 是 FAA 对机载气象雷达和地面测绘脉冲雷达规定的最低性能标准。实际上仍是要求设备应符合 DO - 220 规范以及软件 DO - 178B、硬件 DO - 254、测试环境 DO - 160 等,并规定了申请 FAA 批准所需提交的设备数据。

1.3 典型民机综合环境监视系统

自航空运输出现之时起,安全一直是这个领域的关键问题。安全依赖于三大支柱:通信、导航和监视。空中运输大面积普及之前,通信和导航就已经在发展。交通变得越来越密集,监视变得越来越重要。第一种监视工具雷达出现在 20 世纪 30 年代,在第二次世界大战时大量应用。现在雷达已经在各个领域通用化,例如空中交通管理、天气监视、航路速度控制等。密集的空中交通需要新的监视工具来保证安全。目前,大型客机的机载环境监视系统包括下列子系统:

(1)和地面二次雷达交互工作的应答机。

(2)空中交通告警和防撞系统(TCAS)。

（3）地形感知和告警系统（TAWS）。

（4）机载气象雷达（WXR）。

以上系统的协调工作,为机组和空中交通管制提供飞机周围交通和环境的更好感知。

下面简要介绍国际典型民机型号机载环境监视系统的构成和工作原理。

1.3.1　A320

大型客机 A320 的机载环境监视系统包含如下子系统。

1）近地告警系统（GPWS）

近地告警系统（GPWS）是飞机导航系统的一个子系统。飞机上安装 GPWS 可避免可控飞行撞地事故的发生,提升飞机安全性。GPWS 的任务是在飞机起飞或复飞和进近着陆阶段,且无线电高度在 $30\sim2450$ ft① 英尺时起作用。如果飞机接近地面时有撞地危险,近地告警系统会向飞行员发出目视和音响两种报警信号,以提醒飞行员采取有效措施。

A320 飞机安装的是 Mark Ⅲ 数字式 GPWS,引入了计算机的强大处理能力,使 GPWS 对特定地形和险峻地形的警戒功能大大提高。GPWS 的组成主要包括:近地告警计算机（GPWC）、GPWS/GS 转换指示按钮灯、故障/超控按钮灯、扬声器和着陆襟翼位置开关。GPWS 接收数字信号和离散信号,这些信号分别来自无线电高度表收发机的无线电高度（RH）,数字式大气数据计算机的气压高度、气压高度变化率及计算空速,仪表着陆系统（ILS）接收机的下滑道偏离和选择的跑道航向以及大气数据惯性基准单元（ADIRU）的 P 磁航向。并且,GPWS 将这些信号送到其相应的组件中,从而对飞机各种参数进行监视。最后,通过语音和视觉信号,以 5 种告警模式发出报警:

模式 1:过大下降速率;

模式 2:过大接近地形速率;

_____

① ft 为英制长度单位,1 ft＝0.305 m。

模式3：起飞后掉高过大；

模式4：基于飞机构型改变的不安全离地高度；

模式5：低于下滑道过多。

除了基本的 GPWS 功能以外，GPWS 还有增强型近地告警系统（EGPWS），它基于全球地形数据库，能提供地形感知显示（TAD），预测地形冲突和在导航显示器上显示地形；提供最小离地高度（TCF），提高着陆过程中低地形告警（见图1.2）。

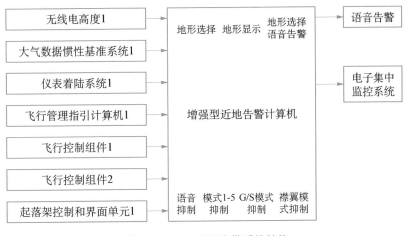

图1.2　A320近地告警系统结构

2）空中交通告警和防撞系统（TCAS）

空中交通告警和防撞系统（TCAS）能探测到安装有应答机的飞机，显示潜在的和预计的相撞目标，并提供垂直方向上的交通咨询（TA）和决断咨询（RA），以避免发生交通冲突。TCAS 一般在功能上独立于地基空中交通管制（ATC）系统。A320 TCAS 系统包括1个单信道 TCAS 计算机、2根 TCAS 天线、2个 S 模式 ATC 应答机、1个 ATC/TCAS 控制面板、交通决断咨询显示器和音响告警器（见图1.3）。TA 显示器显示相对于 TCAS 飞机的交通状况，有助于飞行员目视截获有威胁的飞机，RA 信息显示在垂直速度指示器（VSI）上，以保持与威胁飞机有安全的间距。除了通过显示器显示交通和决断咨询以外，TCAS计算机还能生成合成的语音告警。

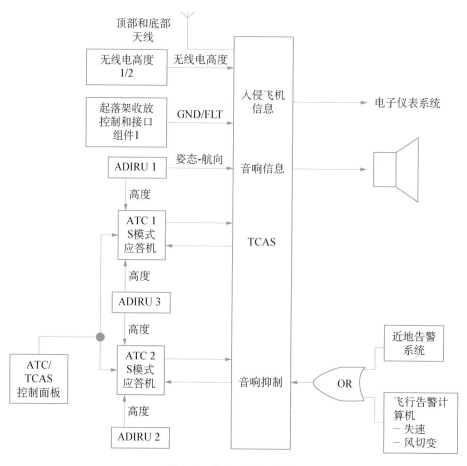

图 1.3　A320 TCAS 系统

1.3.2　波音 737NG

大型客机波音 737NG 的机载环境监视系统包含如下子系统。

1) 近地告警系统(GPWS)

波音 737NG 采用了增强型近地告警系统(EGPWS)，它是在传统的 GPWS

上发展而来的新一代近地告警系统。它在原有 5 种告警模式下,又增加了 2 种新的功能模式:最小离地高度(TCF)和地形感知。TCF 会根据机场数据库,比较飞机位置和机场位置,提供飞机过早下降的警告。TA 将根据全球地形数据库,随时比较飞机位置与地形数据库中的数据,显示飞机周围的地形,以尽早提醒机组注意地形。

波音 737NG EGPWS 包括了 1 台增强型近地告警计算机(EGPWC)、1 个近地告警组件(GPWM)、2 个气象雷达/地形(WXR/TERR)继电器和机长、副驾驶员的 G/S 告警抑制开关。EGPWS 从 GPWM、无线电高度表、ADIRS、SMYD、MMR、FMCS、DFCS、MCP、WXR 和 DEU 上获得各种数据,计算并确定触发各类警告(见图 1.4)。目视警告将通过 CDS 的显示组件、GPWM 及 G/S 警告抑制开关显示出来,音响警告通过 REU 在扬声器上发出。EGPWS 同时向 TCAS 计算机、气象雷达发送抑制信号,以确保能发出高优先级的警告。

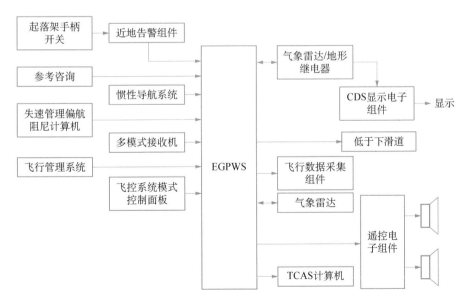

图 1.4 波音 737NG EGPWS 结构

2)空中交通告警和防撞系统(TCAS)

波音 737NG 采用 TCAS 来检测及显示危险接近的飞机,并指示机组改变飞行路线以相互避让。目前 TCAS 只显示对垂直空域危险接近的提示。TCAS 按接近危险程度不同,将入侵飞机分为 4 个等级,并提供 TA 或 RA 信息。TCAS 系统包括 1 台 TCAS 计算机、2 个 TCAS 天线、1 个 ATC/TCAS 控制面板。其中 2 个 TCAS 天线分别位于机身顶部和腹部(见图 1.5)。

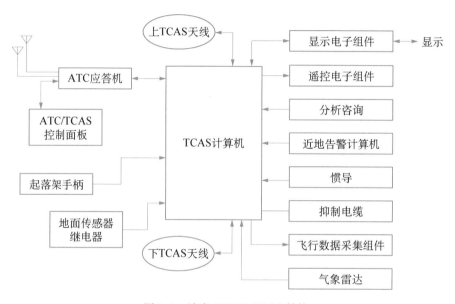

图 1.5 波音 737NG TCAS 结构

1.3.3 A380

A380 飞机将 TCAS、地形感知和告警系统(TAWS)、机载气象雷达(WXR)和 S 模式应答机综合在一个机箱内,构成了飞机环境监视系统(AESS),实现了数据一级的综合。飞机环境监视系统(AESS)采用霍尼韦尔公司久经考验的安全与信息产品,通过对天气、交通与地形感知能力的集成进一步优化了系统性能,其冗余设计提高了飞机的派遣率,降低了不定期的维修率。通过 EGPWS,信息在 EGPWS、CAS 100 和 S 模式 ADS - B 转发器与 IntuVu 三维气象雷达之间交换,该系统可为飞行员提供最新的飞行安全信息。

垂直情景显示器可同时显示天气与地形信息,以提高飞机的情境感知能力。集成的系统有助于提高飞机性能,使飞机的重量降低,以进一步降低运营成本。

在 A380 的 AESS 系统中,TCAS 通过应答机探测和显示周围的飞机,并计算出潜在的碰撞威胁和形成相关报告。TCAS 可在 ND 上显示飞机周围空域内的交通流量。在自动模式下,该系统可自动调整显示飞行轨迹上的入侵飞机,在人工模式下,飞行员可在 2 700～7 000 ft"上"(ABV)或"下"(BLW)两个显示开关之间进行选择。

TAWS 提供了 5 种模式的近地告警系统功能。基于全球地形数据库,TAWS 系统还能提供地形/障碍告警和显示及最小离地高度(TCF)功能。此外,A380 的 AESS 系统还能提供一种"智能告警"功能,例如它能在诸如 TCAS 的下降指令与 TAWS 的拉起指令之间进行判断,从而为飞行员提供最佳的告警指示。

机载气象雷达(WXR)提供了预测风切变和湍流探测功能。它可以连续扫描飞机附近的整个空域并将三维气象信息存储在数据库中。A380 上的新一代 WXR 系统增加了气象数据存储,而目前的大部分气象雷达设计并不能存储或添加数据,并且这些数据是三维的。在自动模式下,导航显示器(ND)和垂直显示器(VD)上可显示气象信息,并同时显示 FMS 飞行计划和 ADIRS 垂直飞行航迹角信息,使飞行员不仅能看到当前巡航高度,还能看到其他高度。在人工模式下,WXR 可根据飞行员输入的倾斜角或仰角,在 ND 上显示气象信息,或根据选择的方位角值在 VD 上显示气象信息。

如今新的技术使机组和空中交通管理能够获得更准确的交通和环境信息。这就是出现广播式自动相关监视(ADS - B)、空中交通态势感知(ATSAW)应用、跑道感知和咨询系统(RAAS)和机载机场导航系统(OANS)的原因。持续的交通流量增长将需要其他新的系统来满足安全需求。表 1.1 所示的系统框图描述了几大监视功能。

表 1.1　飞机环境监视系统(AESS)的监视功能

功能	空对地		空对空		
	飞机识别和位置报告	地形监视	交通监视	气象监视	跑道监视
现存系统	带 A 模式、C 模式、S 模式的 XPDR	TAWS	ACAS	WXR	跑道感知和咨询系统(RAAS)
	带 ADS - C 或 ADS - B 的 XPDR	—	AP/FD TCAS	带三维气象信息存储的 WXR	机载机场导航系统(OANS)
新系统	—	—	机载空中交通态势感知(ATSAW)系统	—	跑道偏离警告及预防(ROW/ROP)

（1）飞机识别和位置报告：最通用的系统是应答机加上二次雷达,但是其他系统像带 ADS‐C 或者 ADS‐B 的 XPDR 也能完成这个功能。

（2）地形监视：增强型近地告警系统(EGPWS),交通和地形防撞系统的 TAWS 模块(T²CAS)用于防止可控飞行撞地(CFIT)。

（3）交通监视：TCAS 提供告警与引导,避免飞机过度接近。ATSAW 用于明确识别周围飞机及其特点(如航向、速度、尾涡类别等)。

（4）气象监视：气象雷达侦测并在导航显示器(ND)上显示气象活动,如云、降水、湍流等。根据不同制造商提供的设备,天气检测使用不同的方法(自动倾斜、多普勒扫描或三维缓冲区)。

（5）跑道监视：OANS 在机场地图上显示飞机的位置来改善飞行机组的环境感知。结合 OANS 的 ROW/ROP 功能提供告警(视觉和听觉)和保护,防止超出跑道末端。RAAS 是 EGPWS 的一个模块,提供飞机是否在跑道上的音频信息。

这些监控功能可以合并到一个单一系统。例如：T²CAS 结合交通监视和地形监视。T³CAS 结合飞机识别、位置报告、交通和地形监视。AESS 结合以上所有功能,除了跑道监视。

1.3.4　波音 787

Rockwell Collins 公司为波音 787 提供了可配置综合监视系统 CISS 2100,提高了可靠性、减小了体积重量和降低了安装成本(见图 1.6)。它由 TCAS、TAWS、气象雷达和 S 模式应答机组成。Honeywell 公司提供 TAWS,而 Rockwell Collins 公司提供 PMR－2100 多路扫描气象雷达和应答机。CISS 2100 的处理器可通过光纤收集雷达数据,并与 TAWS 以及 TCAS 数据进行综合处理,最后显示于驾驶舱显示器上,飞行员可以单独选择雷达或 TCAS 数据。

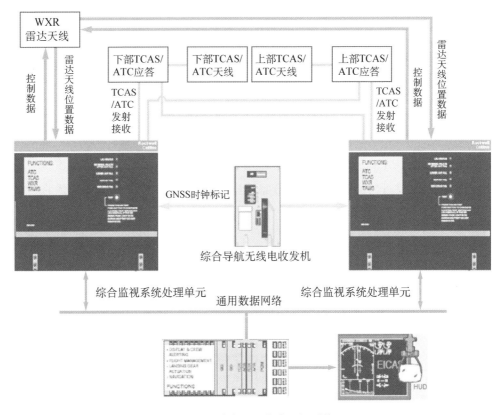

图 1.6　波音 787 综合监视系统

1.4　主要内容

环境监视系统完成飞机对空域附近气象信息的感知、地形数据的分析、空域飞机信息的获取,是现代化飞机的重要系统之一。本书结合国内外飞机制造企业空客公司、波音公司、庞巴迪公司的典型机型以及霍尼韦尔、通用电气等国际主要航电设备供应商的飞机环境监视系统典型产品,分析综合环境监视系统国内外发展情况,剖析监视系统架构。第1章介绍了世界上各种典型机型的环境监视系统,从早先装备的分列式 WXR、TAWS、TCAS 到综合化的 AESS、ISS。第2章介绍监视系统的架构设计,从分列式、联合式到综合式架构。第3章~第7章介绍飞机监视系统各部件的基本原理,涉及机载气象雷达、地形感知和告警系统、空中交通告警和防撞系统、S 模式应答机以及 ADS-B 等各个子系统,内容涵盖了架构设计、告警模型与算法、仿真与验证以及安全性分析等各个方面,展示了综合环境监视系统的各个关键技术,并且对民用飞机综合环境监视的未来发展趋势进行了探讨与分析。第8章、第9章对综合监视系统安全性进行分析,介绍模拟测试验证。第10章研究飞机综合监视系统未来技术发展趋势,如进近与滑行阶段的跑道监视技术、ACAS X 等方向,这些技术将会进一步提高飞机的智慧感知能力,提高飞行效率与安全性。

参考文献

［1］汪桂华.未来十年综合航电系统的发展趋向[J].电讯技术,2002,42(6)：23－26.

［2］何进.民用飞机机载监视系统发展综述[J].电讯技术,2014(7)：1025－1030.

［3］肖刚,敬忠良,李元祥,等.综合化飞机环境监视系统研究及其数字仿真测试[J].航空学报,2012,33(12)：2279－2290.

［4］Bateman D. Development of Ground Proximity Warning Systems (GPWS)[C]// Royal Aeronautical Society Controlled Flight into Terrain-One Day Conference. 1994.

［5］钱君,于超鹏,刘睿.民用飞机环境综合监视系统的发展及设计考虑[C].长三角科技论坛——航空航天科技创新与长三角经济转型发展分论坛.2012.

［6］Airlines Electronic Engineering Committee. Integrated Surveillance System (ISS) ARINC 768－1[Z]. Annapolis, Maryland, Aeronautical Radio, Inc, 2006.

［7］Airlines Electronic Engineering Committee. Integrated Surveillance System (ISS) ARINC 768－1[Z]. Annapolis, Maryland, Aeronautical Radio, Inc, 2000.

［8］RTCA. Minimum Operational Performance Standards for Traffic Alert and Collision Avoidance System 2 (tcas 2)[Z]. Washington, D. C. , 2008.

［9］RTCA. Environmental Conditions and Test Procedures for Airborne Equipment, DO－160G[Z]. Washington, D. C. , 2010.

［10］Kochenderfer M J, Holland J E, Chryssanthacopoulos J P. Next-generation airborne collision avoidance system[R]. Massachusetts Institute of Technology-Lincoln Laboratory Lexington United States, 2012.

［11］Ramsey J W. Integrated Modular Avionics：Less is More-Fresh Approaches to Integrated Modular Avionic Architectures Will Save Weight, Improve Reliability of A380 and B787 Systems[J]. Avionics Magazine, 2007,31(2)：24.

2

航空电子系统架构

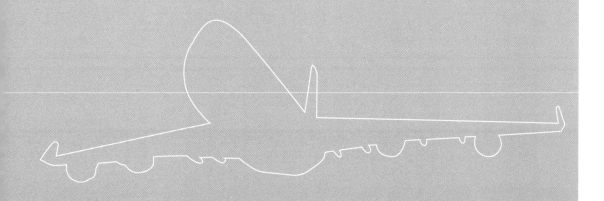

2.1　引言

目前,大型飞机上主要的监视系统包括气象雷达、空中交通告警和防撞、地形感知和告警等系统,以 A380 和波音 787 为代表的新型客机在航空电子方面已经出现了跨越式的进步。而机载监视系统关键技术主要包括雷达风切变探测、空中交通防撞算法、前视近地告警、多种监视系统的系统综合、综合告警、综合故障诊断与健康检测管理算法等方面,航空电子技术正朝着网络与开放式结构的综合模块化方向发展[1]。

高度综合化是航空电子发展的必然趋势。随着航电综合整体水平的提高,AESS 综合化水平也日益提升。网络技术的应用为综合模块化的航空电子系统发展提供了更广阔的空间。同时,在新航行系统数据链系统广泛使用的情况下,数据链将成为飞机获取环境信息的一个重要来源[1]。

随着飞机的性能和复杂性的提升,民用飞机的航空电子系统也在不断进化,特别是数字电子技术的应用使得航空电子系统架构得以快速发展,从 20 世纪 60 年代的分列式模拟航电系统,70 年代的分列式数字航电系统,80 年代的联合式数字航电系统,到 90 年代及现在的综合模块化航空电子系统,技术的进步使得航空电子系统的性能、计算能力、可靠性都得到了极大的提升,使得航空电子系统的重量、体积、功耗和线缆都大大减少,但同时也使得航空电子系统的复杂性和价格大大增加[2]。

航空电子系统架构的发展历程如图 2.1 所示。

2.2　分列式航空电子系统架构

分列式航空电子系统架构分为分列式模拟航空电子系统架构和分列式数

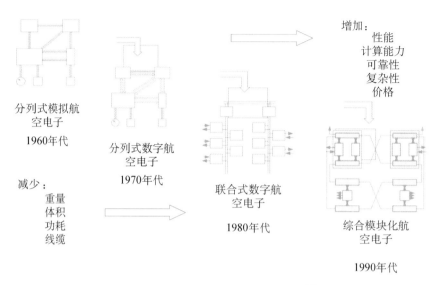

图 2.1　航空电子系统架构发展历程[2]

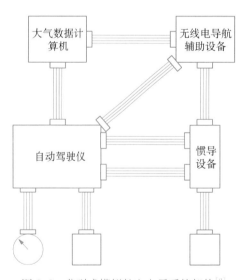

图 2.2　分列式模拟航空电子系统架构[2]

字航空电子系统架构两种模式。

分列式模拟航空电子系统架构如图 2.2 所示。20 世纪 50 年代到 60 年代之间所设计的飞机基本都是这种架构,其中一些至今仍在工作。分列式模拟航空电子系统架构的特点是,一系列互不相关的航空电子系统独立存在,或者由"点方案"(point-solutions)构成,每一个系统单独设计、实现适航取证。

子系统之间由硬联机连接,使得飞机上的线缆数量十分庞大。各系统功能由硬件电路互连而成,导致后续修改也十分复杂。各系统与电源、传感器激励、传感器信号、系统离散模式选择以及状态信号相连。飞机上有大量同步的且相似的设备用于传递航向、姿态和其他角度参数。每个子系统有独立的控制面板和显示设备。仪表设备通常是电磁设备,操作起来异常复杂,需要特殊技巧进行组装和维修。模拟航空电子系统的性能也受到组件公差、偏差、温度变化和长期漂移等引起的误差的影响[2]。数字计算机的成熟使得模拟设备逐渐被数字计算机所取代,随之而来的是分列式数字航空电子系统架构,如图 2.3 所示。早期安装在飞机上的数字计算机与当今设备相去甚远,它们笨重,计算速度缓慢,而且内存相当有限。

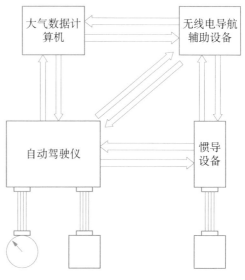

图 2.3　分列式数字航空电子系统架构[2]

　　早期分列式数字航空电子系统架构和分列式模拟航空电子系统架构几乎完全一样,只是由数字通信取代了模拟通信。但是,由于数字计算机所带来的计算速度、精度的提升,并且能够消除由组件公差和长期漂移等引起的误差,使得数字计算机逐渐取代了模拟电子系统,并且应用到飞行控制系统等领域,大大扩展了传统的狭义的"航电系统"的定义。

　　分列式数字航空电子系统架构有如下特征:①主要的功能单元拥有独立的数字计算机,对应的程序软件存储于内部存储器中。这些数字计算机是任务导向的、嵌入式的计算机。各系统拥有专属的功能,但同时也能和其他系统传输数据。它们的功能由软件而不是由内部电路定义,所有后续的改变和修正可以很容易地进行。②另一个重要的变化则是串行、双向的数字数据总线的引入,即 ARINC 429 总线。ARINC 429 总线是当前民用航空应用最为广泛的数据总线,尽管总线速度较慢(100 KB/s),但它仍是航空电子系统发展的一个重要里程碑。数据总线的引入使得在系统间传输信息变得更加灵活,并且大大减少系统间的线缆和连接器的数量,从而降低了重量和成本,同时也大大减轻了

将大量硬线缆装入机身的工作量。

分列式航空电子系统架构的出现早于大部分机载监视系统设备。20世纪50年代,国际民用航空组织(ICAO)采用军用敌我识别(identification friend or foe,IFF)技术,发展出空中交通管制雷达信标系统(air traffic control radar beacon system,ATCRBS),应用于复杂环境的空中交通管制(air traffic controller,ATC),机载设备为A/C模式应答机(XPDR)。以基于时间变量的临近飞行器接近速率的防撞算法为理论基础,结合二次监视雷达(SSR)技术体制,开展了空中交通告警和防撞系统(TCAS)的研制工作。同时也开始了模拟体制机载气象雷达(WXR)技术的研究。在这个时期,机载监视设备普遍采用抛物面天线、大功率磁控管发射机以及模拟信号处理等技术,存在体积大、重量重、故障率高、可靠性低等缺点[3]。

2.3　联合式航空电子系统架构

联合式航空电子系统架构下各系统功能是相互关联的,相互分享信息以增强整个航空电子系统的功能。相互关联的系统被分组到不同的域,域中的系统在局域数据总线上传递信息,域和域之间在更高层的总线上传递信息。

联合式航空电子系统架构使用专属的任务导向的现场可更换的计算机,各自拥有独立的嵌入式处理器和应用程序内存。

联合式航空电子系统架构下的机载监视系统由ISS处理器单元(ISSPU)、WXR天线单元(WRAU)、TCAS/XPDR/ADS‐B复用天线(TSA)、综合控制面板(ICP)等LRU组成[3]。这种架构的机载监视系统仍然属于联合式航空电子系统结构,仅仅对XPDR和TCAS的天线进行了物理综合,其他功能模块仍封装在4个LRU中,具有独立的CPU和I/O等模块,通过ARINC 429总线与其他系统相连[3],其原理如图2.4所示。

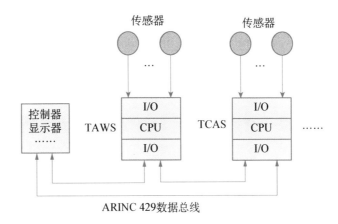

图 2.4　联合式航空电子系统架构下的机载监视系统原理

这样的结构阻碍了子系统之间的交互,告警信息得不到有效综合,同时重复使用了相同的功能模块,不能对硬件资源进行有效的使用,大大增加了系统的重量、体积和功耗。

2.4　综合式航空电子系统架构

为满足客户未来对于飞机经济性、维修性以及对系统功能不断增长的需求,大型民用客机的航空电子系统正朝着集成化、综合化的方向发展。A380、波音787、A350 均采用了不同程度的综合化监视系统取代传统的分立子系统,而且新机型的航空电子系统综合程度也在不断提升。

目前只有 Honeywell 公司和 Rockwell Collins 公司能够提供完整的飞机环境监视系统解决方案。其中 Honeywell 公司的飞机环境监视系统安装于 A380 上,基本配置如图 2.5 所示。它集成了增强型近地告警系统(enhanced ground proximity warning system,EGPWS)、T^2CAS/S 模式应答机、RDR - 4000 雷达系统。欧洲空客公司(Airbus)又与 Honeywell 公司签署了 A350XWB 综合监视系统合同,这套 ISS 与装在 A380 上的 AESS 一样。新的 AESS 重量减轻了 20%,尺寸减小了 50%,以前需要装在 8 个航空电子机箱中的4个系统,现在只需2个机箱,而且A380和A350XWB的客户可以使用相同的系统(见图2.5)。

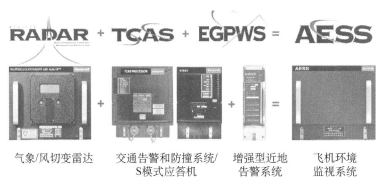

气象/风切变雷达　交通告警和防撞系统/　增强型近地　飞机环境
　　　　　　　　　S模式应答机　　告警系统　监视系统

图 2.5　A380 的 AESS 组成

Rockwell Collins 公司的解决方案可配置综合监视系统(configurable integrated surveillance system,CISS)。CISS 2100 安装于波音 787 飞机上,新一代产品安装于 A350 上,基本配置如图 2.6 所示。

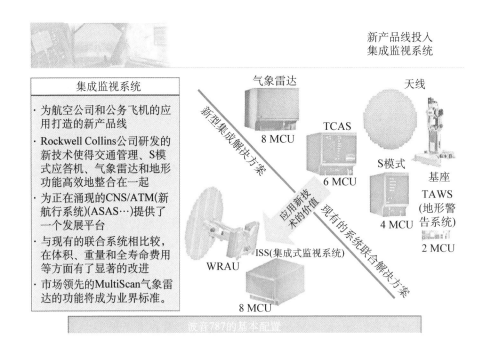

(a)

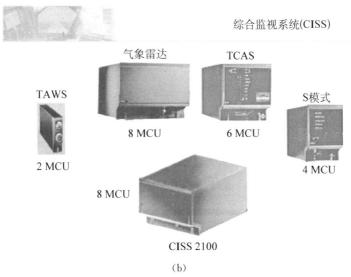

综合监视系统(CISS)

气象雷达

TCAS

TAWS

S模式

8 MCU

6 MCU

2 MCU

8 MCU

4 MCU

CISS 2100

(b)

图 2.6 波音 787 的 AESS 基本配置

图 2.7 为 Rockwell Collins 公司的 CISS 2100 系统结构图，相对于以往的航空电子系统有如下特点：

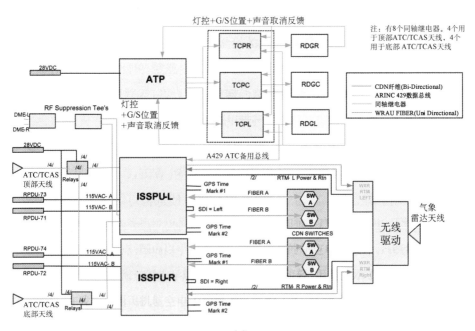

(a)

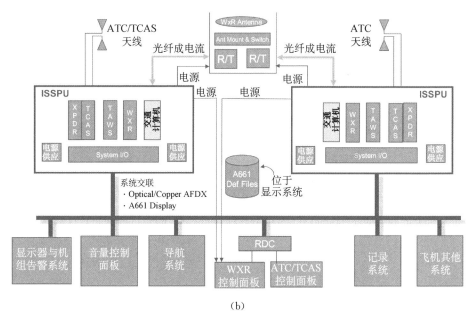

(b)

图 2.7 Rockwell Collins 公司的 CISS 2100 系统结构图

（1）将原有的 TCAS、XPDR、WXR、TAWS 处理器集成为一个 ISSPU，减轻了设备重量。

（2）TCAS、XPDR 为深度综合的模块，与 WXR、TAWS 共享接口资源，由交通计算机进行统一资源调度。

（3）广泛采用航空电子全双工以太网交换机（AFDX）（物理层为铜线或光纤）与其他系统（如导航系统、显示系统）相连，取代原有的 ARINC 429、ARINC 453 总线以及离散量接口，极大地简化了联机的复杂度，减轻了线缆重量。采用光纤取代原有的同轴电缆，完成 ISSPU 和 WRAU 之间的数据通信。

（4）采用远程数据采集器对 AFDX 和传统总线进行协议转换，以兼容传统的航空电子设备。如波音 787 上的 CISS 2100 的控制面板为传统的 429 接口，通过远程数据采集器连接到 AFDX 交换机，最终和 ISSPU 完成通信。

另外，CISS 2100 系统仍有如下可以进一步改进的空间：

TCAS/XPDR、WXR、TAWS 是相对独立的三个模块，拥有独立的操作系统和计算存储资源，未来的飞机综合环境监视系统（IAESS）可以将其综合为一个模块,共享操作系统和计算存储资源。

Rockwell Collins 公司的可配置综合监视系统 CISS 2100 安装在波音 787 上,新一代产品安装在 A350 上。CISS 2100 首次尝试将 TCAS、S 模式应答机、TAWS、气象雷达功能集合在一个独立的设备中,其集成度相当高。这种可配置的一体化监视系统将 8 个 MCU 的多扫描气象雷达处理与图像显示、6 个 MCU 的 TCAS、4 个 MCU 的 S 模式应答机、广播式自动相关监视(ADS - B)以及 TAWS 等系统集成在一个外场可更换组件的机箱内,并为将来的新功能提供了平台。该系统体现了行业内的一种趋势,即减少体积、重量、能耗及成本。这套系统包括 ISS 综合处理器以及使用光纤连接的接收器/转送器,雷达接收器将数据回传到 ISS 处理器上。Rockwell Collins 公司提供 ISS 中的 TCAS、S 模式应答机、WXR 等设备,将 TAWS 转包给了其他供应商。

另外的两大航空电子系统供应商 Thales 公司和 Smith 公司(已被 GE 收购)能够提供 AESS 的若干分立系统,目前正在积极开展系统中技术研究,初步形成了综合的 ISS 产品。ACSS 公司(由 L3 和 Thales 公司控股)可以提供 XPDR、TCAS、T^2CAS、T^3CAS 解决方案,其中 T^3CAS 解决方案能够提供气象雷达以外的监视功能。

目前大型飞机上主要的监视系统包括气象雷达、空中交通告警和防撞、地形感知和告警等,以 A380 和波音 787 为代表的新型客机在航空电子方面已经出现了跨越式的进步,图 2.8 给出 Rockwell Collins 公司 AESS 产品发展型谱。

1995 年,波音公司的波音 777 飞机的飞机信息管理系统(airplane information management system,AIMS)首次应用 IMA 技术[4]。传统的外场可更换单元(line replaceable unit,LRU)在小型化设计之后成为外场可更换模块(line replaceable module,LRM),安装于 AIMS 的两个机柜之中,使用专用高速背板总线 SAFE BUS 在模块之间通信。每个机柜内可安插 11 个 LRM,包括 4 个输入输出模块(input output module,IOM)和 4 个核心处理模

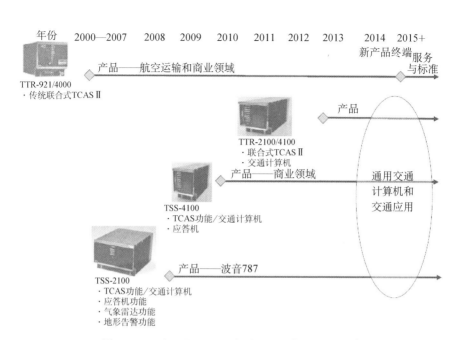

图 2.8　Rockwell Collins 公司 AESS 产品发展型谱

块(core processor module，CPM)，1 个备用 CPM 和 2 个备用 IOM 插槽，如图 2.9 所示[5, 6]。

SAFE BUS										
CPM/ COMM	CPM/ BASIC (左/右舱) CPM/ ACMF (左/右舱)	IOM	IOM	spare	spare	spare	IOM	IOM	CPM/ GG	CPM/ GG

图 2.9　波音 777AIMS 机柜结构

　　波音 787 飞机的航空电子系统的综合化程度较波音 777 更进一步。其 IMA 系统主要由通用核心系统(common core system，CCS)组成，CCS 由通用计算资源(common computing resource，CCR)、远程数据集中器(remote data concentrator，RDC)和通用数据网络(common data network，CDN)组成，安装在两个通过 CDN 进行连接的机柜中[7]。

空客公司的 A380 飞机并没有形成与波音 787 类似的、由机柜组成的中央处理系统，而是分布式地将各个处理模块布置在机身的各个位置，通过全双工交换式以太网(avionics full duplex switched ethernet，AFDX)交换机接入总线网络，并采用标准接口和规范，形成开放式的 IMA 结构[8, 9]，A380 的 IMA 系统架构如图 2.10 所示。

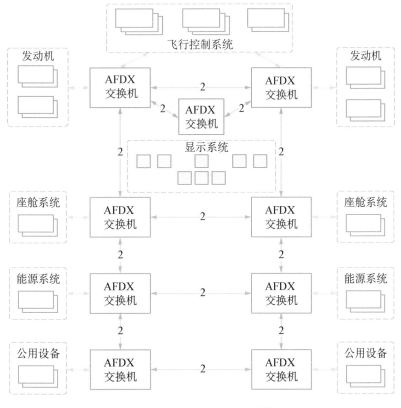

图 2.10　A380 的 IMA 系统架构

IMA 系统架构提供一个分区的计算、通信和 I/O 资源池，供多个航空电子系统功能使用。IMA 有以下特性：①IMA 的软硬件是分层的，软件分为应用层、核心操作系统层和硬件模块支持程序层，降低了各个层次之间的耦合程度，使得应用软件与硬件无关；②IMA 系统是一个开放式的架构，其软硬件的各层次之间的接口标准是公开的，如 ARINC 653 标准所定义的 APEX(application executive)界面，就是应用层与核心操作系统层之间的一个通用界面[7]；③IMA 系统共享通信资源，即通过一个高速、高性能、故障容错、确定性的通信网络完成系统间的信息交互，如航空电子全双工以太网交换机(AFDX)。

　　IMA 系统架构提供一个分区的，供多个航空电子功能使用的共享计算、通信的通用处理资源，通过 AFDX 数据总线与远程数据集中器(RDC)和控制与显示端连接起来[8, 9]，如图 2.11 所示。

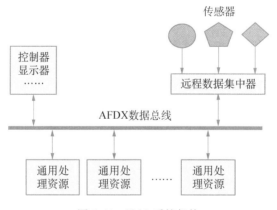

图 2.11　IMA 系统架构

　　未来的 ISS 应是高度综合化的 IMA 系统架构，和其他系统共享软硬件资源。专用资源如天线接口则使用专用 IO 单元。IAESS 将与导航系统甚至所有航空电子系统共享一套 IMA 系统架构，极大地减轻设备重量、降低成本、提高维修性和可靠性，如图 2.12 所示。

　　未来的 ISS 将集成新型的监视功能，如 ADS‐B、TIS‐B、机载间隔保障系统(airborne separation assistance system，ASAS)，同时提供监视净空流、弱涡流(weak vortex)等功能，从而为监视功能提供可行的平台。除了资源级的

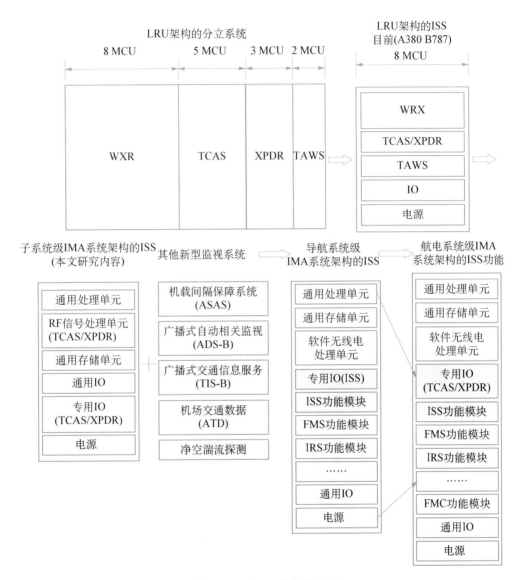

图 2.12　IAESS 综合化进程

综合之外，ISS 未来应能通过座舱系统向飞行员提供融合后的监视信息，最大限度地减轻飞行员的负担。

参考文献

［1］ Moir I, Seabridge A, Jukes M. Civil Avionics Systems［M］. John Wiley & Sons, 2013.

［2］ 李军生,李京生.民机综合模块化航空电子系统及其发展[J].航空制造技术,2013 (19)：8.

［3］ 尤海峰,刘煜.大型民用飞机 IMA 系统应用分析及发展建议[J].电讯技术,2013, 53(1)：110－116.

［4］ 周强,熊华钢.新一代民机航空电子互连技术发展[J].电光与控制,2009(4)：1－ 6.

［5］ 姚拱元,吴建民,陈若玉.航空电子系统综合技术的发展与模块化趋势[J].航空电 子技术,2002,33(1)：1－10.

［6］ Watkins C B, Walter R. Transitioning from Federated Avionics Architectures to Integrated Modular Avionics［C］. Digital Avionics Systems Conference，2007.

［7］ Littlefield L J, Viswanathan R. Advancing Open Standards in Integrated Modular Avionics：An Industry Analysis［C］. Digital Avionics Systems Conference，2007.

［8］ 朱文渊,李元祥,马进,等.飞机环境监视系统的数字仿真[J].电光与控制,2011, (9)：64－68.

［9］ 肖刚,敬忠良,李元祥,等.综合化飞机环境监视系统研究及其数字仿真测试[J]. 航空学报,2012,33(12)：2279－2290.

3

机载气象雷达

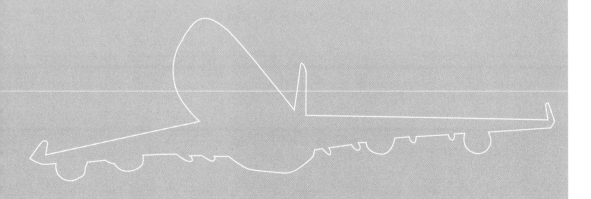

3.1　引言

　　机载气象雷达(airborne weather radar，WXR)是雷达领域的一个重要分支,是飞机尤其是民用飞机必不可少的重要电子设备。从 1955 年美国 RCA 公司生产的 AVQ‐10 气象雷达装上定期民航班机开始,美、英等厂商研制了多种民用气象雷达,早期除了 AVQ‐10 之外还有英国的 EKCO‐MEL 公司生产的 E‐160,苏联生产的 PDCH‐ZH 等。20 世纪 50—60 年代的气象雷达尚处在发展阶段,这一时期的机载气象雷达大多采用了大功率磁控管发射机、抛物面天线、模拟信号处理技术以及单色阴极射线管(CRT)的显示器[1]。六十多年来,机载气象雷达发生了巨大的变化,并已成为所有民用飞机必须安装的设备。

　　随着雷达技术的发展,目前的民用机载气象雷达已经发展成为以大规模集成电路、数字技术、彩色液晶显示、平板天线和具有湍流探测功能为技术特征的现代机载气象雷达。随着工艺、器件、制造、管理水平的提高,机载气象雷达制造技术有了很大的发展,涌现出了很多新的技术。机载气象雷达技术的发展大体分为 4 个阶段[2]。

　　第 1 阶段从 20 世纪 40 年代末到 60 年代,这一时期的雷达为普通单脉冲气象雷达,设计规范为 ARINC 564。

　　第 2 阶段从 20 世纪 60 年代到 70 年代。该时期的机载气象雷达是只具有时域处理能力的简单雷达。探测的主要内容是回波强度,以此来反映气象目标的含水量,通过目标的含水量以躲避潜在的湍流区域[3]。

　　第 3 阶段从 20 世纪 70 年代到 80 年代,这一时期逐渐发展出脉冲多普勒气象雷达,设计规范为 ARINC 708,最低性能标准为 RTCA/DO‐173。80 年代后,机载气象雷达加入了相参脉冲多普勒工作方式和频域处理能力,可以直接探测湍流[4]。这一时期,国际上相关科研人员开始关注低空风切变对飞机造成的严重危害,也成为这一时期的重大研究课题。

第4阶段从20世纪90年代开始,机载气象雷达具备了探测低空风切变的能力[5]。同时,多普勒气象雷达在大气遥感探测中也开始得到应用,如探测降水云内和晴空大气中水平风场和垂直风场、大气湍流和降水滴谱等。设计规范为 ARINC 708A,最低性能标准为 RTCA/DO-173 和 RTCA/DO-220[6]。

机载气象雷达是将气象雷达安装在飞机上,对飞机航路前方的气象状况进行探测与预警,以便使机组能够及时地发现危险天气现象,选择安全的航路,保证飞机和机上人员的安全。通常,民用飞机的巡航速度大约为 800 km/h,几个小时内的飞行距离就达到了上千公里。飞行区域内的气象状况瞬息万变,特别是雷暴、云团和湍流对飞机有重大威胁,一旦进入该区域,如果处置不当,将会机毁人亡,造成重大人员与财产损失[7]。据美国联邦航空局统计,低空风切变是美国自20世纪60年代中期以来数十架飞机失事或发生故障致使近千人遇难丧生的主要原因。由湍流造成若干机组人员及乘客受伤的情况每年亦有发生。同时据美国芝加哥奥黑尔机场的延误研究统计,该机场 66% 的延误是天气原因造成的。每年由于天气造成的航班延误,使航空公司和旅客的损失高达41亿美元。低能见度气象影响飞机飞行安全的另一种更严重的事件是可控飞行撞地(controlled flight into terrain,CFIT)。这是航空运输业中最多的一种致命事故。这早已引起了国际民用航空组织(International Civil Aviation Organization,ICAO)的高度重视。国际上解决的办法有两个研究趋势,一个是采用视景增强系统(enbianced vision system,EVS)技术,另一个是在现有X波段多普勒气象雷达基础上采用特殊的波束锐化技术和脉压技术来解决这一问题。后一个可能成为气象雷达的发展方向。

由于空中的气象条件变幻莫测,特别是极端天气多发的地区,仅仅通过地面气象设备来监测飞机航路上的气象态势是完全不够的。目前,大型民机都要强制安装具有气象、湍流、低空风切变探测功能的机载气象雷达,将飞机前方的气象状况通过导航显示器(navigation display，ND)显示出来，并及时将极端天气告警信息提供给飞行员[8]。因而研制性能优异的民用机载气象雷达，开始受到世界各国航空业界的重视，一些雷达公司充分利用其自身的技术优势，改进原有的民用机载气象雷达，研制出各种新型民用机载气象雷达。

3.1.1　国内外研究现状

在机载气象雷达湍流探测和低空风切变技术的研究中，美国走在世界的前列。20 世纪 70 年代后，美国国家宇航局(NASA)、FAA、Rockwell Collins、Allied Signal、Westhouse 等科研单位和生产厂商进行了大量的研究和试验，研究出了湍流与低空风切变的特征，揭示了它们影响飞行安全的机理，并提出了相应的应对策略。同时也从信号处理的角度，将湍流和低空风切变的特征从杂波背景下提取出来，如脉冲对法(pulse pair processing，PPP)、快速傅里叶变换法(fast Fourier transform，FFT)、缺口陷波法、自适应滤波法等，在很强的地杂波背景下，成功地探测到微下击暴流、低空风切变危险区的存在，显示给机组人员，发出预警信息并提示机组人员危险区域的存在与位置。1994 年，具有前视风切变功能的机载微波多普勒气象雷达开始投入商业运营。

目前，国外机载气象雷达生产厂商主要有两家公司，Rockwell Collins 和 Honeywell。Rockwell Collins 的产品主要有 WXR‐270、WXR‐300、WXR‐700C/X 和 WXR‐2100，Honeywell 的产品主要有 RDR‐4A/B、RDR‐2000 和 RDR‐4000。WXR‐2100 是 Rockwell Collins 在 21 世纪初期推出的采用多扫描技术且具有先进杂波抑制能力的新一代检测技术的机载气象雷达，目前装配于空客 A380 飞机上。WXR‐2100 多扫描气象雷达是第一部既可以自动工作，又可以由飞行员手动操作的气象雷达，它可以根据不同的时间以及不同的地理位置信息自动调整气象监测参数。

RDR‐4000 雷达是 Honeywell 于 2008 年推出的，具有脉冲压缩和三维气象探测能力，目前装配在波音 787 飞机上[9]。

在雷达信号处理方面,美国下一代地基气象雷达 NEXRAD 开始应用基于旋涡扩散率的湍流检测方法。目前民航界定义谱宽大于 5 m/s 的气象目标为湍流,湍流的另一个度量特征是湍流区域的旋涡扩散率,但其计算相对复杂,研究集中于旋涡扩散率的计算。目前有基于惯性导航系统数据、基于 QAR(quick access recorder)数据提供的飞机在飞行路径上的速度起伏(可以用于构建机上 In Situ 度量方法)、基于雷达测量(可由平均风速或者谱宽计算得到)、基于雷达极化参量(谱差分反射率)的计算方法。湍流检测的另外一种思想是把湍流作为目标,从统计检测的角度进行检测,即根据建立的回波参数化模型,构建相应的自适应检测器[10]。该类算法有基于回波幅度的高斯 Markov 模型和基于回波幅度的 AR 模型两种。参数化的方法可应用于低信噪比的情况,但是直接基于回波时间域模型的参数化方法需要大量的数据样本。为了提高湍流检测的可靠性,NASA 和 FAA 也正在进行新一代自动湍流检测系统的开发,寻找新的湍流度量[11]。

20 世纪 60 年代我国对机载雷达的脉冲压缩和脉冲多普勒雷达技术开展了深入研究,到 70 年代开始着手数字雷达技术的研究,从 70 年代末 80 年代初期开始脉冲重复频率雷达和合成孔径雷达的研究。随后,开始对影响飞机飞行的危害天气进行深入研究,如风切变探测、雷暴等。对机载气象雷达的研究比较欠缺,主要集中在地面气象雷达的研究上。中国电子科技集团公司是国内首家开展机载雷达气象探测的单位,并且在国内第一个把脉冲多普勒技术应用到机载雷达上[12]。

中国航空工业集团公司雷华电子技术研究所在 20 世纪 90 年代成功研制了国内第一部机载彩色气象雷达,并对湍流探测技术进行了详细的理论研究与硬件测试[13]。同时,该所还引进了 Rockwell Collins 公司的 WXR - 700X 型多普勒气象雷达,对机载脉冲多普勒气象雷达的低空风切变探测技术进行了研究。

2007 年,国家 863 计划资源环境技术领域办公室在北京召开"机载气象雷达云雨探测系统"重点项目可行性论证会,该项目从国家经济建设与社会发展对气象探测的迫切需求出发,旨在在我国现有技术基础上,研发机载气象云雨探测设备,对灾害性天气系统实施机动性的精细结构探测。项目的实施填补了我国在天基气象探测技术的空白,为我国气象业务防灾减灾能力的提高提供了重要的科技支撑。

纵观国内机载气象雷达产品和仿真器技术的发展,我国在雷达模拟的理论研究和设计实现方面已做了大量的工作,取得了一些成果。但是从总体上来看,在雷达模拟的全面性、可扩充性、系统通用性、兼容性以及产品化等方面,我国与国际先进水平仍有一定的差距[14]。

3.1.2　未来发展趋势

采用脉冲多普勒技术探测大气现象的民用机载气象雷达已成为当今民用机载气象探测的主要设备。脉冲多普勒体制的气象雷达不仅能够测定降水率与降水量、判定降水特性,而且能对湍流、低空风切变等气象现象的降水动态特性进行分析,其探测距离较激光雷达和红外探测器远。借助先进的信号处理软件能较好地抑制地杂波或海杂波,并消除由其产生的虚警;相控阵电扫描天线及脉冲压缩技术的应用,提高了雷达的时间及空间分辨率;固态发射机技术提高了发射机的稳定性,有利于获得优异的杂波对消性能,提高抑制杂波的能力;对数接收机及数字视频积分处理技术,扩展了雷达的探测范围,提高了探测精度;大规模集成电路及模块化结构,极大地提高了民用机载气象雷达的性能及可靠性;性能先进的计算机自动管理还降低了飞行员工作负荷,优化了雷达的使用效果。

机载气象雷达风场反演时,假定使用同一时刻的数据,实际上这是不可能的;特别是对于强对流系统,其变化非常迅速,这对反演精度影响很大。只能在信号处理系统和天线伺服系统许可的范围之内提高天线扫描速度,或者改进扫描策略来提高数据的时间分辨率,但多普勒雷达是利用天线的机械转动来实现三维空间扫描的,提高时间分辨率有一定的限制。而双偏振雷达可以获取粒子大小分布、形状、相态以及空间取向等信息,这对于研究云和降水的微物理结构、降水估测等均具有重要作用。因此,研制具有快速扫描和双偏振探测能力的机载雷达是今后的方向。

综上所述,未来的民用机载气象雷达将会向如下几个方面发展:

(1)采用模拟技术和先进的雷达技术,不断提高雷达系统设计与工艺水平,研制出新型的气象探测设备,扩展气象探测系统的作用范围。

(2)采用具有快扫和回扫性能的相控阵天线和脉冲压缩技术,以获取足够的驻留时间,提高分辨率;实现多波束扫描,雷达仅做方位角一周的扫描便可获取低层大气中三维立体的风场数据信息,可以迅速而准确地监测和预警下击暴流。

(3)加强对多普勒风场反演技术的研究。对多普勒风场资料进行定量分析,可以获得更加充分的应用。

(4)向数字化、小型化、微电子化、模块化、自动化、智能化及系列化方向发展。

(5)采用全固态化元器件、超大规模集成电路及模块化设计,进一步提高系统工作稳定性,结构紧凑,操作与维护简便。

(6)充分利用现代计算机技术的研究成果,采用高级系统支持软件和数据融合处理技术,提高实时信号采集、数据处理、显示、监控及数据传输的性能。

(7)减小系统体积,降低成本,增强可靠性与可维修性,研制出小型低成本民用机载气象雷达系统。

(8)进一步扩展机载气象雷达的用途,实现多种功能,如气象与气象回避、地形测量、地图测绘、信标导航与识别、辅助导航,军民两用,既测湍流,又测风切变等,以满足众多用户的需求。

3.2 工作原理与功能

3.2.1 工作原理

机载气象雷达主要由 4 部分组成:收发机、天线、控制单元和显示单元,其工作原理如图 3.1 所示。收发机包含天线控制部分及信号数据处理,其他外部输入包括飞机的航迹、姿态、电源、通信模块等。

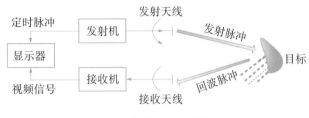

图 3.1　气象雷达工作原理

1) 天线单元

现代机载气象雷达都采用平板缝阵天线,其辐射缝阵面和后向板用垂直于它们的隔板填组合而成,可将发射机发射的射频无线电波经天线辐射到飞机前方关心的空间。在同样的口径下,平板缝阵天线比抛物面天线波束窄、增益高、副瓣低。方位波束越窄,雷达系统分辨率越高;副瓣越低,通过副瓣进来的干扰信号越小,越有利于飞行员识别目标。

天线安装在天线座上,天线的运动受扫描和俯仰激励信号驱动电机控制,天线的波束可透过装在机头上的雷达天线罩照射到飞机的前方。雷达天线罩的空间要能让天线在扫描和俯仰信号的激励下自由运动而不受机械干扰。激励信号可以给出天线的扫描、俯仰和空域稳定控制。天线空域稳定所需的爬升、横滚信号由飞机航姿陀螺或惯性导航系统提供。天线实现了空域稳定,飞机的姿态变化时可以始终保持天线扫视同一空间区域。

雷达天线罩的外形呈流线型,它的作用是保护天线,并能让天线辐射的射频无线电波透过。雷达天线罩一般用玻璃纤维蜂窝结构或其他材料制作。对机载气象雷达来说,对雷达波的透波性要好,不增或少增天线的副瓣电平。总之,雷达天线罩要符合 RTCA DO - 213 规范要求。飞机在地面时,雷达天线罩还要能方便地打开和关上。

2）收发机

收发机由发射机、接收机和数字信号处理器组成，它们各自的机内检测监视电路都包括在其中，可以检查其信号的有效性、电路的完整性和性能参数。

发射机在 X 波段频率上产生一个能在大约 300 n mile[①] 范围内照射气象目标的、具有足够功率的射频脉冲信号。这个信号通过双工器加到天线上辐射出去，同时也耦合到接收机前端。

天线接收的射频回波信号经双工器加到接收机，进行放大、检波和处理，从杂波/噪声背景中提取有用的目标回波信号，再经过数字信号处理器处理成显示器或电子飞行仪表系统（electronic flight instrument system，EFIS）能显示的形式。现代机载气象雷达接收机中设置的自动增益控制器（automatic gain controller，AGC）、灵敏度时间控制（sensitivity time control，STC）电路、路径衰减补偿（path attenuation compensation，PAC）电路、地杂波抑制（ground clutter suppression，GCS）电路、位到位 AGC（bin to bin AGC）电路等，使机载气象雷达日趋完善。

数字信号处理器将来自接收机的信号数字化，将有用信息的信号变换成能在雷达系统显示器或 EFIS 上显示的距离、方位和目标数据编码。然后将数据编码变换成显示器或 EFIS 能译码的格式。数字信号处理器要进行地杂波抑制处理，提取目标的强度和速度信号来检测湿性湍流和低空风切变。除此之外，对整个雷达系统进行定时和控制，使整个雷达系统协调工作，还对雷达系统进行机内故障检测/监视。总之，收发机是整个机载气象雷达的核心。

3）显示器和控制板

显示器是机载雷达系统的终端设备。现代气象雷达的显示器一般为彩色的，它将雷达系统获取的目标信号转变为荧光屏上人眼可视的二维图像，从而使飞行员通过雷达显示屏显示的雷达图像获知飞机前方扇形扫描区域内的气象信息。同时，显示器应具有气象雷达系统故障监视通告功能，若一般雷达系统的外

---

① n mile 即为海里，1 n mile＝1.852 km。

场可更换单元(line replaceable unit，LRU)有了故障，在显示器上就会显示出来。

控制面板包括飞行员要控制雷达工作所需要的开关旋钮，通过改变控制面板上的开关旋钮，可以控制雷达系统的功能状态、探测距离、天线倾斜等，如图3.2所示。

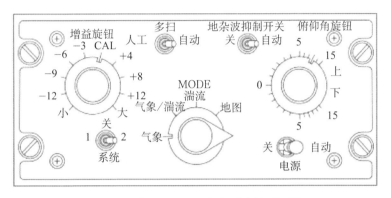

图 3.2 某型民用飞机气象雷达控制面板

控制面板上的开关控制工作状态、距离和系统增益，开关信息通过控制字产生器送至收发机的 CPU。CPU 利用这些控制字来协调整个系统的工作参数。显示器不参与雷达目标信息采集处理工作，它的任务是将已经处理好的雷达数据在 CRT 上显示出来。CRT 根据系统的设置显示气象、地形画面，也显示所有的工作状态以及故障单元告示。

3.2.2 系统功能

机载气象雷达主要探测飞机前方航道的天气状况，包括雷雨、冰雹、风暴、湍流、云雾和风切变等，具体可分为 5 大功能：气象回波显示、地形显示、风切变探测、湍流探测和地杂波抑制。图 3.3 所示为典型的气象雷达显示器面板。

1) 气象回波显示

雷达探测大气的基础是气象目标对雷达电磁波的散射。大气中引起雷达电磁波散射的主要物质是大气介质、云、降水粒子等。其中大气介质的散射包

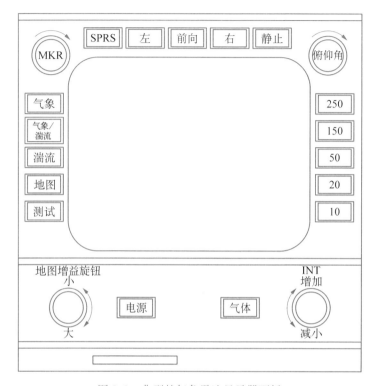

图 3.3　典型的气象雷达显示器面板

括大气气体分子的散射以及大气介质折射率分布不均匀引起的散射与反射。云、降水粒子的散射情况随相态、几何形状的不同而不同。猛烈的暴雨区,带有雨滴的中度以上的湍流区,湿性冰雹和直径较大较密的干冰雹区以及湿性微下击暴流风切变区,它们存有反射体(雨滴和湿冰雹),但是一般的云、雾气虽然有大量水汽微粒,但因其直径过于微细,加之较疏,不能产生有效的雷达回波信号,因此不能有效地探测。同理,干的雪花也不能产生有效的雷达回波,只有潮湿的大雪晶才能产生微弱的雷达回波。此外,气象雷达也不能直接探测洁净透明的晴空湍流和绝对干性风切变。图 3.4 所示是几种气象目标的反射特征。

机载气象雷达一般工作在 X 波段。在雷达有效探测范围内,具有一定体积的降雨区包含有较大的雨滴,能够对微波产生一定程度的反射,形成有效的

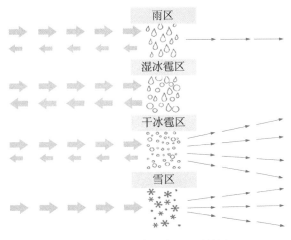

图 3.4　几种气象目标的反射特征

气象回波。现代机载气象雷达就是利用运动体的多普勒效应和雷达相参性质来提取气象目标回波信号的径向速度信息,探测出湿性湍流和微下击暴流低空风切变。不同性质的气象目标产生的回波强度不同,降雨率越大,雷达回波就越强。机载气象雷达以不同颜色来表征目标回波的强弱,即表示不同的降雨量,如图 3.5 所示。其中,不同的颜色代表的降雨量如下:

黑色:小于 0.76 mm/h;

绿色:0.76~3.81 mm/h;

黄色:3.81~12.7 mm/h;

红色:大于 12.7 mm/h。

2) 地形显示

地形显示通过提供飞机前的地形地图扩展了飞行员的视野。在黑暗或阴天等有限能见度条件下非常有用,是视景增强系统的重要组成部分。机载气象雷达工作在地形测绘状态,显示器上就会显示出雷达天线波束扫视到的飞机前下方扇形区域内的地形。

地形图提供带有主要地形信息的图景,例如城市、山、海岸和河流。观察城市、山峰、河流、海岸线、岛屿等地形轮廓的彩色雷达地图再结合航行图,可以帮

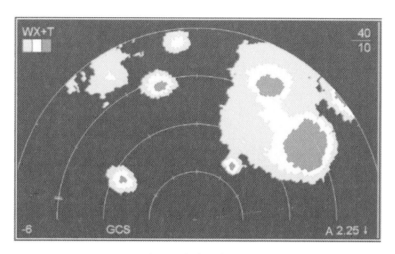

图 3.5　气象目标显示

助飞行员判明飞机当前的地理位置及飞机实际航向。有丰富雷达地图识别经验的飞行员和性能优良的气象雷达结合在一起,是对飞机和乘客安全的极大保障。同时,在缺少地面导航设备的荒凉地区,雷达地图也可以用作辅助导航。雷达地形显示如图 3.6 所示。

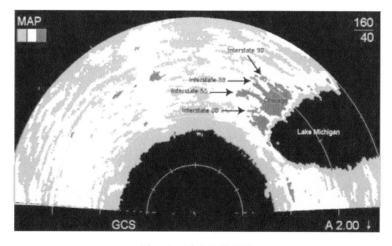

图 3.6　雷达地形显示

大地表面的田野和山地、江河湖海的波浪水面、城市的建筑物等,都对雷达射频无线电波具有不同程度的反射能力,可以产生一定强度的雷达反射回波信号。由于地面不同物体的形状不同,因此产生的雷达反射回波信号就存在着差异,这就是机载气象雷达能区分不同地形的基础。高反射表面,如城市中的建筑或山脉提供最密集的回波,平静的水面提供较少的回波。但是波动的水面也会提供很强的回波。天线波束宽度、飞机的高度、天线的下倾角都影响可以探测和显示的地形。下倾角越大,探测到的地形离飞机越近,探测到的地区也越小。

机载气象雷达在地形测绘工作状态时,对地形识别的能力是有限的。它较易识别那些对射频无线电波反射率差异明显、地形陡峭变化的分界线,如海岸线、岛屿、湖泊的轮廓线和大型工业城市的概略轮廓等,而不能识别城市中某栋大厦,更不能识别高速公路和铁路、装甲车和坦克,这些识别任务是由合成孔径雷达完成的。

3) 风切变探测

低空风切变是指大气中小距离上两点风速和(或)风向的变化。这里的风是三维的风,空间也是三维的空间,有水平风的垂直切变、水平风的水平切变和垂直气流切变三种类型。低空一般指离地 600 m 以下,更多的为 300 m 以下的空间。

对飞机具有极大危害的风切变是靠近地面的下击暴流,它有宏下击暴流和微下击暴流之分。宏下击暴流是大的下击暴流,它的外击风的水平分量范围超过 4 km (2.5 mi),破坏性风的持续时间为 5~30 min,风速可达到约 215 km/h (134 mi/h[①])。而微下击暴流是一种小的下击暴流,它的外击风的水平分量的范围小于或等于 4 km (2.5 mi),风速可达约 269 km/h (168 mi/h),一般持续时间小于 10 min。下击暴流除了有大小之分,还有干湿之分。所谓湿的微下击暴流的反射率大于 55 dBZ,干的则小于 35 dBZ。

图 3.7 所示为一个典型的微下击暴流风切变现象。

———————————

① mi/h(英里/小时),1 mi=1.609 34 km。

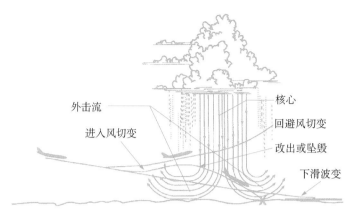

图 3.7　典型的微下击暴流风切变现象

　　如图 3.7 所示,在地面的宏下击暴流和微下击暴流都可造成破坏。宏下击暴流表明在积雨云母体下面存在一个不断下冲气流的软着陆,由于圆柱体内的冷空气要比周围的暖空气稠密,因此在圆柱体内的冷空气的大气压强要比它周围的大,这样就造成了冷空气向外推,在冷空气外流的前沿就引发了暴风。因为下击暴流在很小的距离上速度可以从正的变为负的,这个风速特征是微下击暴流风切变的一个重要特征。多普勒气象雷达就是利用这一速度特征来探测微下击暴流低空风切变。

　　当飞机进近时,微下击暴流的外流迎头(逆)风使飞机性能和空速增加。在一般情况下,飞行员为保持飞机航迹而降低空速。闯过了迎头风之后,飞机立即就闯入了下击暴流中,受到了强大的下击暴流的向下冲击,然后飞机再次闯入外流,但这时却是一个强大的尾(顺)风,降低了飞机的空速和性能。降低了空速的飞机已经十分危险,以至于不能保持其在遭遇迎头(逆)风时的航迹,飞机就可能坠毁。因此,必须提前探测低空风切变,以使飞机提前避开低空风切变危险区。风切变告警图示在雷达显示屏上的体现如图 3.8 所示。

　　风切变的告警条件,在 ARINC 708 标准中有严格的规定,如下所示。

　　(1) 从地面到 1 200 ft 之间输出声光警报;起飞时达到抬前轮速度前抑制警告输出,离地后打开;降落从 50 ft 到触地期间抑制警告输出;在 1 200 ft 以上禁止警告输出。

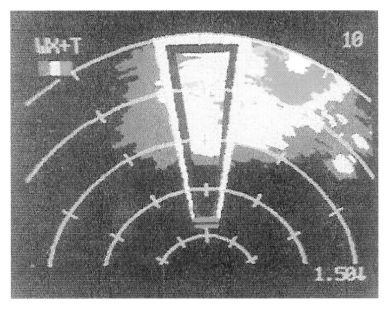

图 3.8　风切变显示

(2) 干(0 dBZ)或湿(60 dBZ)的风切变,如果在飞机前方±25°范围内,距离飞机至少 3 378 ft 远的范围为 1 km 的平均 F 因子不小于 0.13,必须告警;如果范围为 1 km 的平均 F 因子不大于 0.085,不得告警。

表 3.1 示出了风切变告警等级及相应的告警方式[15]。

表 3.1　风切变告警等级

警告等级	表现	报警接近	何时抑制
(1) 风切变咨询提示告警	可视:风切变图示 可听:没有	前方 5 n mile	没有
(2) 风切变注意通告告警	可视:风切变图示 可听:钟声或合成语音"监视器雷达显示"	3 n mile 内(但在风切变警告告警区外)	起飞时:从真空速等于 100 kn① 到雷达高度等于 50 ft 降落时:低于雷达高度 50 ft 飞行中:雷达高度 1 200 ft 以上没有警告

① kn(节),1 kn=1 n mile/h=1.852 km/h。

警告等级	表现	报警接近	何时抑制
（3）风切变警告告警	可视：风切变图示 可听：合成语音 起飞："前方风切变，前方风切变" 降落/进近："绕飞，风切变"	飞机轴向 0.25 n mile 内（仅起飞抬前轮）；3 n mile 以内（空中）；1.5 n mile 以内	起飞时：从真空速等于 100 kn 到雷达高度等于 50 ft 降落时：低于雷达高度 50 ft 飞行中：雷达高度 1 200 ft 以上没有警告

最小等级的告警称为风切变提示告警（等级 1）。风切变提示告警是在扫描区域的任何时候探测到风切变时进行告警，但是这个风切变事件是发生在风切变通告告警或风切变警告告警区域之外的，在飞机航向±30°，且在距离飞机 5 n mile 范围之内。风切变提示告警输出只是在显示器上显示风切变图标，没有语音信息。

风切变的第 2 个级别的告警是风切变通告告警（等级 2）。风切变通告告警发生在只要探测到风切变警告告警区域之外，但在飞机航向±30°，且在距离飞机 3 n mile 范围之内发生风切变事件之时。在起飞时，自飞机达到 100 n mile/h 空速时刻起一直到飞机离地高度 15 m（50 ft）之前，在着陆时，低于离地高度 15 m（50 ft）时，风切变通告告警被抑制。同时，在 701 m（2 300 ft，FAA 要求 1 200 ft）以上，就不会产生风切变通告告警。

风切变的第 3 个级别（最严重）的告警是风切变警告告警（等级 3）。风切变警告告警，是在飞机航向±30°，且在距离飞机纵轴每侧 0.25 n mile 范围之内的任何时候发生风切变事件。当飞机在地面上时，风切变警告告警发生在离飞机 3 n mile 之内；当飞机在空中时，为 1.5 n mile。在飞机起飞时，自飞机达到 100 n mile/h 空速时刻起一直到飞机离地高度 15 m（50 ft）之前，在着陆时，低于离地高度 15 m（50 ft）时，风切变警告告警被抑制。同时，在 731.5 m（2 400 ft，FAA 要求 1 200 ft）以上，就不会产生风切变警告告警。

图 3.9、图 3.10 对表 3.1 所包含的告警等级进行了直观描述。

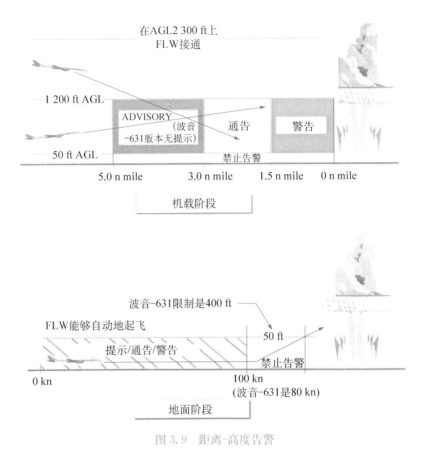

图 3.9 距离-高度告警

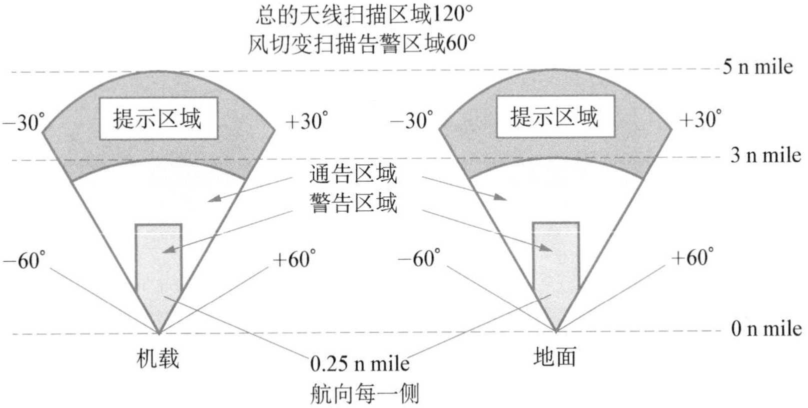

总的天线扫描区域120°
风切变扫描告警区域60°

图 3.10 距离-方位告警

4) 湍流探测

一般非相参的脉冲气象雷达只能用来观察目标的回波位置和强度。虽然它也可以观察到相继回波脉冲之间的强度变化，但是不能得到气象雨粒相对雷达的运动信息。要测得自由大气中气象雨粒的运动信息，必须采用脉冲多普勒（相参）雷达。

多普勒雷达的理论基础是电磁波的多普勒效应。所谓多普勒效应，是指发射信号频率源与接收者之间有相对运动时，接收到的信号频率将发生变化。由多普勒效应而引起的频率变化量称为多普勒频率 f_d。多普勒频率和目标相对于雷达的径向速度 v_r 之间有如下关系：

$$f_d = \frac{2}{\lambda} v_r \tag{3.1}$$

如果将运动目标相对于雷达的距离用弧度 $\Delta\phi$ 表示，可以得到

$$\Delta\phi = \frac{4\pi}{\lambda} v_r T \tag{3.2}$$

式中：λ 为雷达工作波长；T 为雷达发射脉冲的重复周期。

在气象雷达中，湍流目标是一个雨微粒速度呈现宽方差的气象目标。湍流与雨微粒的绝对速度无关，而与气象雨微粒速度的统计方差有关。多普勒雷达是通过多普勒频率来判断湍流的，多普勒频率越宽，湍流越大。在湍流区域中，气流速度和方向的变化都非常剧烈，因而会使飞机颠簸，而且会使机体承受巨大的作用力，对飞行安全十分不利。

湍流检测必须确定一个门限。通过空中飞行的实践，湍流告警门限确定为 5～6 m/s，现在一般取 5 m/s。在这种情况下，雨粒速度偏差为 5 m/s，相当于低、中湍流分界，这时可使飞机上发生食物和饮料溢出。湍流显示如图 3.11 所示，图中品红部分代表湍流。

5) 地杂波抑制

在飞机起飞与着陆阶段，由于雷达旁瓣触地，地杂波严重，而提取的气象

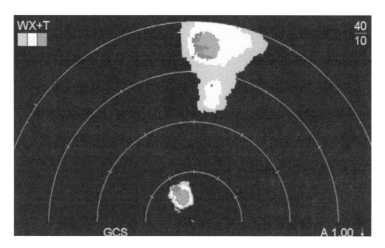

图 3.11　湍流显示

信息又是一种体分布目标,与面分布目标回波——地杂波混杂在一起,很难分辨出信号与杂波,如图 3.12 和图 3.13 所示。因此,在机载气象雷达信号处理技术中,地杂波抑制(ground clutter suppression,GCS)是关键技术之一。

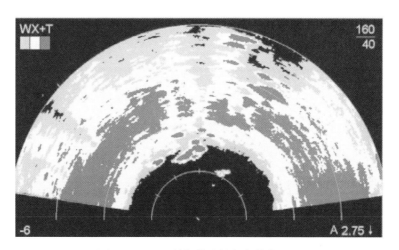

图 3.12　GCS 关闭状态的气象信息显示

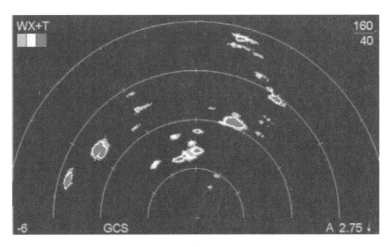

图 3.13　GCS 开启状态的气象信息显示

3.3　典型 WXR 设备及其技术特性

当前两大机载气象雷达生产商 Rockwell Collins 和 Honeywell 都是美国公司，A380 装载 Honeywell 的 RDR-4000[16]，波音 787 装载 Rockwell Collins 的 WXR-2100[17]，它们的主要性能指标比较如表 3.2 所示[9]。这两个型号的机载气象雷达都是全自动的，它们都可以在所有量程、所有高度、所有时间下，不需要飞行员调整仰角和增益的情况下，获得最佳的气象显示信息，并自动抑制地杂波，简化飞行员的训练要求和工作负荷，提高安全性。

表 3.2　两款雷达的主要性能指标比较

	WXR-2100	RDR-4000
处理器收发机大小	8MCU	3MCU
处理器收发机质量	27 lb[①]	15.6 lb
收发机输入电源	$(115\pm10\%)V_{ac}$ $(400\pm20)Hz$ 单相电	$115\ V_{ac}(96\sim134\ V_{ac})$ $360\sim800\ Hz$

（续表）

	WXR‐2100	RDR‐4000
功耗	额定 145 W	150 V·A
环境	RTCA/DO‐160D	RTCA/DO‐160E（－55～＋70℃）
软件	RTCA/DO‐178B Level C	RTCA/DO‐178B Level C
天线质量	双 27 lb 单 24 lb	双 29.5 lb 单 16 lb
天线类型	平板天线	平板天线
接收机噪声指数	4 dB	1.9 dB
发射频率	9.33 GHz	9.375 GHz
性能指标	236 dB（580 n mile）	238 dB
气象探测距离	320 n mile	320 n mile
湍流探测距离	40 n mile	40 n mile
风切变探测区域	5 n mile，±30°	5 n mile，±40°

①：1 lb＝0.453 592 kg。

3.3.1 WXR‐2100

Rockwell Collins 生产的 WXR‐2100 多扫描雷达，在气象信息的处理和精化方面采用了具有革命性的方法。多扫描雷达是全自动雷达，自动模式给飞行员的是最好的配置、最好的显示，而这在以往只有最有经验的雷达操作员经过反复操作才可能获得。多扫描雷达不仅减轻了飞行员的工作压力，同时也加强了气象探测能力，在一定意义上保障了乘客和机组的安全。

多扫描功能的关键是雷达能够同时多倾斜角扫描，从而同时探测雷暴天气的最下端反射部分和顶端反射部分，在有地杂波的影响下，采用先进的数字信号处理技术消除地杂波。想要更加深刻地理解多扫描功能的工作方式，首先要明白雷暴天气的反射剖面模型（见图 3.14）。一般来说，雷暴天气对雷达无线电波的反射能力分为三个层次：最大、最小和中等反射能力。

在雷暴的最下层是温度高于 0℃ 的区域，该区域完全由雨水组成，是雷暴

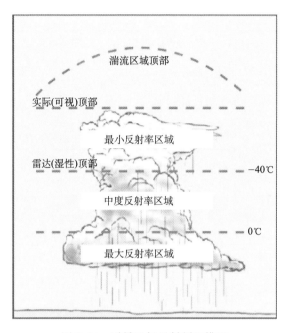

图 3.14　雷暴天气反射剖面模型

天气中反射雷达波能力最强的部分;在雷暴的中间层,温度介于−40~0℃之间,该区域由过冷水和冰晶构成,其反射能力开始减弱,因为冰晶对雷达波的反射能力很弱;在雷暴的最高层,则完全由冰晶构成,该部分对雷达来说,几乎是"看"不到的,而且该部分的温度随着经纬度的不同、一年四季的不同和一天内时间的不同而有所差异。另外,雷暴可以以 6 000 ft/min 的速度蔓延,对于一个成长中的雷暴来说,在可视部分的顶部,向上至几千英尺的高度,可能会有湍流拱形波形成。这种拱形波可能引发严重的湍流,而且雷达是探测不到的。如图 3.15 所示,随着雷达的倾斜角增大(即雷达往下看),所得到的气象信息显示是不同的。而在实际中,通过人工操作寻找一个最佳的倾斜角是很困难的,因为这最终会变为在观测雷暴最强反射部分和减少地杂波反射中的一个折中选择。

　　多扫描雷达功能的实际操作过程见图 3.16,首先获得两张不同倾斜角下的气象信息扫描图,每一张都是飞机航向上特定区域的最优化气象信息显示,然后叠加融合形成最终优化后的扫描图。一般来说,通过多扫描雷达自动调节雷达波束的倾斜角和雷达增益后,上端的雷达波束探测中程距离上的气象,而下端的雷达波束探测短程和远程距离上的气象(见图 3.17)。所获得的所有方向和距离上的气象信息扫描图存在暂时的数据库里,当飞行员选择了一定的距离后,计算机会自动选取对应部分的气象信息扫描图,抑制地杂波,显示数据,最终结果就是最佳的气象显示。

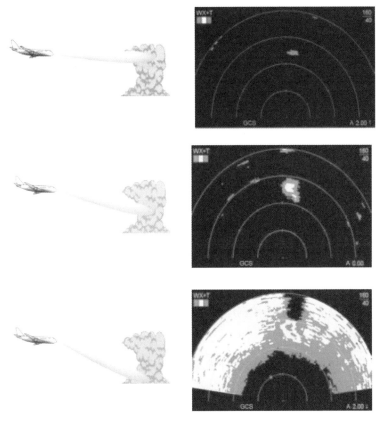

图 3.15   雷暴天气观测及相应显示(不同雷达倾斜角度)

图 3.16   多扫描雷达功能的实际操作过程

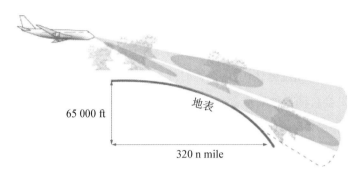

65 000 ft

地表

320 n mile

图 3.17　多扫描雷达的上端和下端雷达波束

WXR‑2100 的显著特性如下所示。

1）全自动操作

多扫描雷达是设计用来工作在全自动模式下的,不需要飞行员输入仰角或调整增益,只要选择想观察的距离即可。

2）多扫描技术

全面扫描长短距离并不断更新内存,从内存中调出的图像及时补偿飞机的运动(尤其在飞过保护时)。

3）无地杂波显示

Rockwell Collins 公司的第三代地杂波抑制算法可以去除 98% 的地杂波。波束与波束的比较生成反射率数据库,该数据库可以保证精确持续的地杂波抑制。

4）战略气象

因为多扫描雷达可以自动选择能提供最佳气象探测的倾斜角,而且有先进的地杂波抑制技术,该雷达可以略过雷达探测地平线,从而自动提供 320 n mile 范围的战略气象信息,如图 3.18 所示。

5）不同角度和范围的最优化气象探测

多个不同仰角的气象信息存储在内存中,当飞行员选择了一个距离范围后,从内存中获取不同角度扫描图的信息,进行融合并显示。因为可以多角度同时扫描,所以长距离和短距离内的气象信息都可以获得,无论飞机高度和探测距离如何选择,显示给机组的气象总是最优的。

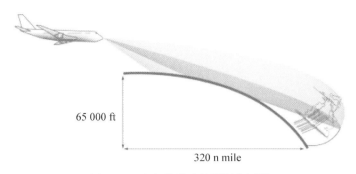

图 3.18　多扫描雷达的长距离探测

6）增益控制

增益控制包括传统的增益控制：多扫描雷达允许飞行员不论在自动操作和人工操作下，都可以增大或减小增益。

基于温度的增益补偿：在较高海拔进行巡航飞行时，多扫描雷达可以根据温度自动补偿增益，以对低雷暴天气反射部分进行探测。

基于地理季节的增益补偿：基于地理季节的增益补偿只提供距飞机 80 n mile 的范围内的补偿，当超过补偿上限时，会显示黄色的 PAC 警告条来提醒飞行员可能存在雷达阴影区。

基于海洋天气反射衰减的补偿：当飞越海洋或湖泊时，因为海上雷暴天气的反射能力衰减，多扫描雷达可以自动进行增益补偿以获得更加精确的气象信息显示。

7）飞越保护

飞越保护可以减少在巡航高度不经意间穿越雷暴顶的可能性。当过度关注雷暴天气反射能力较强的部分时，会忽略雷暴天气的可视顶部，这部分影响区域可能依然会出现在巡航航路上。如图 3.19 所示，在飞机飞近雷暴天气的过程中，雷达波束扫描范围从反射能力最强的中下部上升到雷达可视部分的顶部，导致雷暴天气从显示器上消失，事实是雷暴天气依然在飞行路径上。

当飞机飞近雷暴天气大约为 15 n mile 范围内时，多扫描雷达开始将存储的气象扫描图像与最新更新的图像进行对比，以显示最好的结果。当雷暴天气

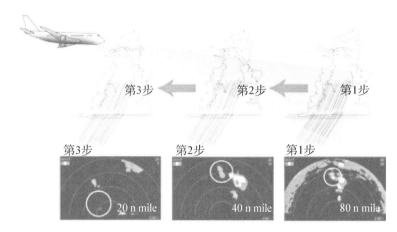

第3步   第2步   第1步

第3步   第2步   第1步

20 n mile   40 n mile   80 n mile

图 3.19 雷暴天气"消失"过程

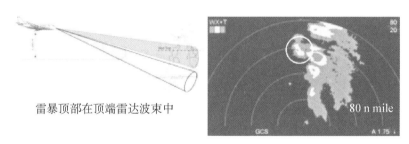

雷暴顶部在顶端雷达波束中

80 n mile

图 3.20 顶端雷达波束探测雷暴

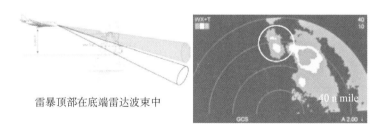

雷暴顶部在底端雷达波束中

40 n mile

图 3.21 底端雷达波束探测雷暴

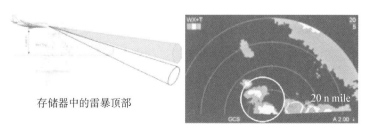

存储器中的雷暴顶部

20 n mile

图 3.22 显示存储雷暴信息

危险部分低于雷达波束扫描范围时,雷达开始显示所存储的雷暴天气扫描图片(见图 3.20～图 3.22),从而保证对飞机有危害的雷暴天气保留在显示器上,直到飞机完全飞过该雷暴天气区域为止。飞越保护只工作在 22 000 ft 高度以上。

8) 完全解耦的机长和副驾驶员操作

解耦操作功能使得机长和副驾驶员可以独立控制距离、增益和模式的选择,即使是工作在人工状态(见图 3.23),其中棕色部分(左上)为机长操作区域,蓝色部分(右下)为副驾驶员操作区域。

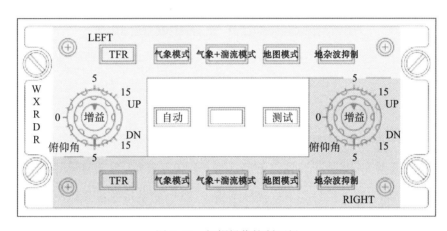

图 3.23　解耦操作控制面板

9) 机长和副驾驶员显示同步更新

在自动操作状态,即使机长和副驾驶员选择的模式和距离不同,气象显示依然是同步更新。

10) 较快更新速率

多扫描雷达的气象显示更新周期为 4 s,探测风切变模式除外。当飞机相对气象条件移动或转向时,多扫描雷达对所存储的数字图像进行相应的移动和旋转来进行补偿,提升刷新率,如图 3.24 所示。

11) 天线真零位置

天线可以自动更正出于飞机转动、安装、惯性等原因导致的位置不精确的误差。

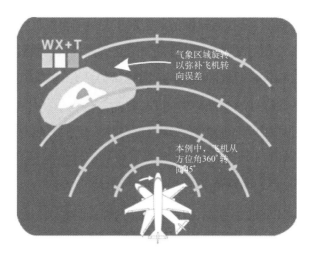

气象区域旋转以弥补飞机转向误差

本例中，飞机从方位角360°转向45°

图 3.24   飞机方向改变后的气象显示更新

3.3.2   RDR‑4000

RDR‑4000 机载气象雷达是由霍尼韦尔公司开发的，现装机在 A380 飞机环境监视系统（AESS）上。该气象雷达的一个新理念为：气象显示并不与天线的转动同步，即气象信息并不直接显示给飞行员，而是将通过天线所获得的气象信息存储在一个三维缓存器中，用来显示的气象信息只从缓存器中获取。三维缓存器的应用可以显著地改善对气象信息的分析和感知。霍尼韦尔 RDR‑4000 机载气象雷达如图 3.25 所示。

图 3.25   RDR‑4000 雷达扫描

RDR‐4000 的显著特性如下所示。

1）全自动操作

该雷达不需要飞行员输入仰角或调整增益，可以自动获取水平范围 $\pm 80°$ 和倾斜角 $\pm 15°$、距离 0～320 n mile 内的所有气象信息。

2）三维扫描

该雷达持续对飞机飞行路径上 320 n mile 范围内 150 万 $(n\,mile)^3$ 的空域进行扫描，获得的气象回波信息存储在三维缓存器中，然后飞机环境监视系统将三维缓存器中的气象信息显示在导航显示器（ND）和垂直显示器（VD）上，该过程如图 3.26 所示。同时对气象数据存储，可以方便事后检索。

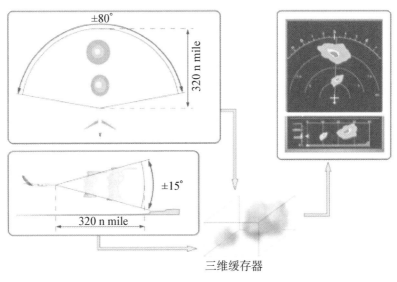

图 3.26　三维扫描过程

3）地球曲面修正

通过对三维缓存器中的气象信息的检索，该雷达可以自动修正地球曲率造成的偏差。地球曲面的影响只在 40 n mile 以外明显。

4）垂直剖面水平显示

垂直剖面水平显示合并了气象和地形资料，展示一个更加直观的水平垂直气象动态,减少了不必要的路径偏离,显示过程如图 3.27 所示。飞行员可以在特定的范围、角度、高度选择空间切片。包括如图 3.27 所示步骤。

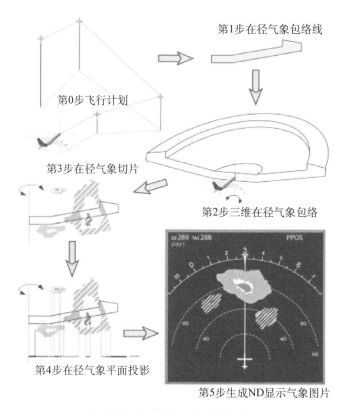

第0步飞行计划

第1步在径气象包络线

第2步三维在径气象包络

第3步在径气象切片

第4步在径气象平面投影

第5步生成ND显示气象图片

图 3.27 垂直剖面水平显示过程

第 1 步:环境监视系统在当前飞行路径上画出径气象包络线,包络线是针对当前飞行路径而言的,范围为飞行路径上下 4 000 ft 内,其中包络线下界不高于 25 000 ft,上界不低于 10 000 ft,如图 3.28 所示。

其中在包络线范围内的为在径气象,用实颜色显示;在包络线范围外的为非在径气象,用虚颜色表示。

第 2 步:环境监视系统围绕垂直轴线旋转,在径气象包络线,形成三维包络线。

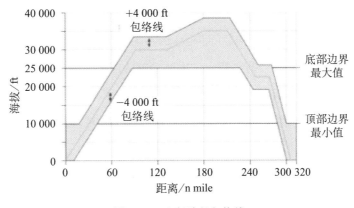

图 3.28　飞行路径包络线

第 3 步：三维包络线在三维缓存器内定义一系列垂直在径气象切片。

第 4 步：对每一个垂直在径气象切片，环境监视系统将在径气象反射率最高的部分投射到水平面上。如果没有在径气象信息，投射非在径气象信息到水平面上。

第 5 步：最后，对每一个垂直在径气象切片都进行同样的投影，获得完整的水平气象显示。

5）增强湍流探测

通过应用新的脉冲波形和先进的数字信号处理技术，该雷达的湍流探测能力有了很好的提升，探测范围为距飞机 40 n mile，飞机中轴线左右各 20 n mile 内，如图 3.29 所示。

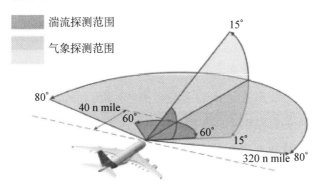

图 3.29　湍流探测范围

6）性价比高

RDR - 4000 只用 3 个 MCU 而不是 8 个，减重超过 50％，每年每架飞机节约 1 万美元燃油费。多余的空间允许安装额外的航电设备。不需要波导，省去了维护波导和开关的费用。改进的诊断系统节省了维护时间和劳力，节约了 30％ 的维护费用，且需要更少的备件。先进的处理器和天线提升了可靠性，至少降低了运行成本 30％。

Rockwell Collins 和 Honeywell 这两家公司的产品具有很强的竞争力，基本处于市场的垄断地位，就连欧洲的航空电子巨头 Thales 公司也没能进入民用机载气象雷达市场。再加上风切变适航验证所必需的标准数据库也为美国掌握，这些数据的建立经过了很多年，都是在真实资料的基础上建模重现的，别的国家想要拥有一样的数据库也不是一朝一夕之事，足见进入壁垒之高。而且机载气象雷达的国际标准有很多，其中最直接相关的有两个标准，分别是美国航空无线电通信公司（Aeronautical Radio Inc.，ARINC）的 708A - 3 标准和美国航空无线电技术委员会（Radio Technical Commission for Aeronautics，RTCA）的 DO - 220 标准。WXR 相关标准对航空电子设备制造商进行规范，引导新设备朝着最大可能标准化的方向前进。这两个标准对机载气象雷达的用途、组成、性能、电子电气接口、测试方法等做出了详细的规定。

3.4　雷达信号处理

机载气象雷达信号处理主要是从雷达回波信号中提取回波功率、平均多普勒频率（平均风速）和多普勒谱宽（速度谱宽）等湍流和风切变特征参数，用以判断湍流和风切变的存在以及危害程度。由于湍流和风切变现象的多普勒效应，气象目标回波信号的平均多普勒频率和谱宽与气象目标的平均速度和速度谱宽有一一对应关系。其中通过平均多普勒频率计算得到的平均风速用以计算

风切变危险因子 F，以判断风切变的存在以及危害程度；通过多普勒谱宽计算得到的速度谱宽用以判断湍流的存在以及危害程度。

3.4.1　信号处理方法

目前多采用脉冲对法（PPP）、快速傅里叶变换法（FFT）以及模型拟合法进行平均风速和速度谱宽的估计[17, 18, 19]：

（1）PPP 是一种极大似然无偏估计方法，通过计算相邻脉冲回波信号的相关函数来估计气象目标的平均速度和速度谱宽。

（2）FFT 法通过快速傅里叶变换计算每个距离单元内回波信号的功率谱，通过计算功率谱的一阶矩和二阶矩估计气象目标的平均速度和谱宽。

（3）模型拟合法通过非线性最小二乘拟合等拟合方法，拟合所提出的湍流和风切变信号的相关性函数模型或功率谱模型，通过估计模型参数得到气象目标的平均速度和谱宽。

3.4.1.1　脉冲对法

脉冲对法是一种常用的基于时域处理的平均速度估计方法，该方法最早由 Rummler 在 1962 年提出，现已在实际雷达系统中得到了广泛的应用[20]。脉冲对法是一种通过计算相邻回波信号的相关函数（或者协方差函数）来提取目标多普勒信息（平均速度和谱宽）的方法，其基本思想是：将每一个距离单元内的连续两个脉冲信号进行成对处理，从而计算气象回波信号的平均多普勒频率和谱宽。

设接收到相邻脉冲的回波信号为

$$S_p = a_p \mathrm{e}^{-\mathrm{j}\varphi_p} = X_p + \mathrm{j}Y_p \tag{3.3}$$

$$S_{p+1} = a_{p+1} \mathrm{e}^{-\mathrm{j}\varphi_{p+1}} = X_{p+1} + \mathrm{j}Y_{p+1} \tag{3.4}$$

则

$$S_p S_{p+1}^* = a_p a_{p+1} \mathrm{e}^{-\mathrm{j}(\varphi_{p+1} - \varphi_p)} = (X_p X_{p+1} + Y_p Y_{p+1}) + \mathrm{j}(X_p Y_{p+1} - X_{p+1} Y_p) \tag{3.5}$$

于是有

$$\varphi_{p+1} - \varphi_p = \arctan \frac{X_p Y_{p+1} - X_{p+1} Y_p}{X_p X_{p+1} + Y_p Y_{p+1}} \qquad (3.6)$$

设一个相干脉冲处理间隔的脉冲数为 N，则根据自相关函数的定义有

$$R(T_s) = \frac{1}{N} \sum_{p=0}^{N-1} S_{p+1} S_p^* \qquad (3.7)$$

则

$$R(T_s) = \frac{1}{N} \sum_{p=0}^{N-1} \left[(X_p X_{p+1} + Y_p Y_{p+1}) + j(X_p Y_{p+1} - X_{p+1} Y_p) \right] = \mathrm{Re} + j\mathrm{Im}$$

$$(3.8)$$

则平均相位差为

$$\overline{\Delta\varphi} = \arctan \frac{\mathrm{Im}}{\mathrm{Re}} \qquad (3.9)$$

平均多普勒频率和谱宽的估计为

$$\hat{f}_{\mathrm{ppp}} = \frac{1}{2\pi T_s} \arctan \frac{\mathrm{Im}}{\mathrm{Re}} \qquad (3.10)$$

$$\hat{\sigma}_{\mathrm{ppp}} = \frac{1}{\sqrt{2}\,\pi T_s} \sqrt{1 - \frac{|R(T_s)|}{R(0)}} \qquad (3.11)$$

式中

$$R(0) = \frac{1}{N} \sum_{p=0}^{N-1} S_p S_p^* \qquad (3.12)$$

3.4.1.2　快速傅里叶变换法

对多普勒信息的提取，还可以通过对回波信号进行傅里叶变换得到其频谱分布，进而导出平均多普勒频率和谱宽，即快速傅里叶变换法[21]。

设某一距离单元的气象回波信号采样序列为

$$Z_k = I_k + jQ_k \tag{3.13}$$

式中：I_k 和 Q_k 分别是第 k 个脉冲间隔内采样信号的同相和正交分量，则 Z_k 的功率谱 $S(f_i)$ 可通过傅里叶变换得到

$$S(f_i) = |F(f_i)|^2 = \left| \sum_{k=1}^{N} Z_k \exp\left(-j2\pi \frac{ki}{N}\right) \right|^2 \tag{3.14}$$

式中：$F(f_i)$ 为回波信号序列的离散傅里叶变换值，可通过快速傅里叶变换求得。

因为平均功率是功率谱的零阶矩，平均频率是归一化功率谱的一阶矩，谱宽的平方是归一化功率谱的二阶矩，所以有

$$\hat{P}_{\text{FFT}} = \sum S(f_i) \tag{3.15}$$

$$\hat{f}_{\text{FFT}} = \frac{\sum f_i S(f_i)}{\sum S(f_i)} \tag{3.16}$$

$$\hat{\sigma}_{\text{FFT}} = \frac{\sum (f_i - \hat{f}_{\text{FFT}})^2 S(f_i)}{\sum S(f_i)} \tag{3.17}$$

式中：$\hat{P}_{\text{FFT}}$、$\hat{f}_{\text{FFT}}$ 和 $\hat{\sigma}_{\text{FFT}}$ 分别为平均功率、平均多普勒频率和谱宽的估计。

3.4.1.3　模型拟合法

模型拟合法利用气象目标回波信号的功率谱服从高斯分布的特性，提出回波的自相关序列模型，通过将计算得出的自相关序列与模型进行拟合，估计出相应的谱矩参数，即平均功率、平均多普勒频率和谱宽[22]。

由于一个雷达距离单元内的回波信号是该单元内所有散射体回波的叠加，因此功率谱服从高斯分布，功率谱的参数化模型为

$$S(f) = \sum_{k=1}^{K} S_k(f) + \sigma_n^2 \tag{3.18}$$

式中：σ_n^2 为噪声的方差，其余回波的功率谱都服从高斯谱

$$S_k(f) = \frac{P_k}{\sqrt{2\pi}\sigma_k} \exp\left[-\frac{1}{2}\left(\frac{f-f_k}{\sigma_k}\right)^2\right] \tag{3.19}$$

式中：P_k、f_k、σ_k 分别为回波信号的 3 个谱矩，即平均功率、平均多普勒频率、谱宽。

则回波信号的自相关序列模型为

$$r(\tau) = \sum_{k=1}^{K} P_k e^{-2\pi^2\sigma_k^2\tau^2} \cdot e^{j2\pi f_k\tau} \tag{3.20}$$

式中：τ 为延迟时间。

自相关序列的模型中包含着 3 个谱矩，谱矩的参数化估计问题就是利用有限的雷达接收的回波样本计算得到自相关序列 $\hat{r}(\tau)$，然后从中估计出相应的谱矩参数 P_k、f_k、σ_k。一个最直观的谱矩估计方法就是计算回波自相关序列与模型的误差，并最小化，即下面的非线性最小二乘准则

$$\{P_k, f_k, \sigma_k\} = \min_{P_k, f_k, \sigma_k} C(P_k, f_k, \sigma_k) = \min_{P_k, f_k, \sigma_k} \left\| \hat{r}(\tau) - \sum_{k=1}^{K} P_k e^{-2\pi^2\sigma_k^2\tau^2} e^{j2\pi f_k\tau} \right\|^2 \tag{3.21}$$

式中：$\| \cdot \|^2$ 表示 2 范数。

3.4.2 湍流检测

根据多普勒效应，气象目标的速度谱宽与回波信号的多普勒谱宽的对应关系为

$$\hat{\sigma}_v = \frac{\hat{\sigma}_f \lambda}{2} \tag{3.22}$$

式中：$\hat{\sigma}_v$ 为速度谱宽估计值；$\hat{\sigma}_f$ 为通过 PPP、FFT 或模型拟合法估计得到的多普勒谱宽值；λ 为雷达波长。

湍流是根据雨粒的速度偏差来定义的，与雨粒的绝对速度没有关系。速度的偏差可以理解为速度的范围或谱，谱宽越宽，湍流强度越大。一般选择

5 m/s 为门限偏差,当气象目标的雨粒速度偏差超过这个门限速度时,就判断为湍流目标[23]。

3.4.3　风切变检测

根据多普勒效应,气象目标的平均速度与回波信号的平均多普勒频率的对应关系为

$$\hat{v} = \frac{\hat{f}\lambda}{2} \tag{3.23}$$

式中:$\hat{v}$ 为平均速度估计值;$\hat{f}$ 为通过 PPP、FFT 或模型拟合法估计得到的平均多普勒频率;λ 为雷达波长。

为了定量描述飞机遭遇风切变时的危险程度,国际上广泛承认的一种衡量风切变危害的尺度称为 F 系数,也称为危险因子。它是在飞行力学基础概念和已知风切变知识的基础上推导出来的,与飞机的总能量和速度变化率有关的一个指标。更简略来讲,危险因子取决于平均风速和速度谱宽这两个因素[24]。

定义 F 系数

$$F = \frac{\dot{W}_x}{g} - \frac{W_h}{V} = F_x - F_h \tag{3.24}$$

式中:$\dot{W}_x$ 为水平风速变化率;W_h 为垂直风速;V 为飞机的空速;F_x 为水平 F 因子;F_h 为垂直 F 因子。上述方程定量地确定了风切变对飞机能量状态和爬升能力的影响,利用前文所述的平均风速估计方法可得到水平风速 W_x,并规定顺风时为正。对于垂直风速 W_h,规定上升气流为正,由于其与雷达天线波束指向垂直,不易直接测得,仅可在工程上近似求出。

水平 F 因子 F_x 近似表示为[25]

$$F_x = \frac{\dot{W}_x}{g} = \frac{V}{g} \times \frac{\partial W_x}{\partial x} \approx \frac{V}{g} \times \frac{\Delta W_x}{\Delta x} \tag{3.25}$$

式中：$\dfrac{\partial W_x}{\partial x}$ 为水平风速随距离的变化；Δx 为两次风速测量之间的距离；ΔW_x 为 Δx 距离上的水平风速变化。

由式(3.24)可得，当飞机速度为 77 m/s 时，水平速度变化率 $\dot{W}_x = 0.1g$，其对飞机性能的影响($F_x = 0.1$)和垂直风速 $W_h = -7.7$ m/s($F_h = 0.1$)是相等的。因此，需要考虑 W_h 对 F 因子计算的影响。但是根据多普勒测速原理，脉冲多普勒雷达仅能测得水平速度 W_x 而不能直接测得垂直风速 W_h，因此需要用一种间接的分析法来估计与径向风速分量大小相关的垂直分量 W_h 值。假设一个轴对称的微下击暴流风场的理论模型，采用质量连续方程，在能量无耗条件下，可以认为

$$W_h = \beta h \frac{\partial W_x}{\partial x} \tag{3.26}$$

式中：$\beta = -2$ 代表飞机性能下降的风切变；$\beta = -1$ 代表飞机性能上升的风切变；h 表示飞机距离地面的高度。

因此，式(3.24)可表示为

$$F = F_x - F_h = \frac{V}{g} \frac{\partial W_x}{\partial x} - \frac{\beta h}{V} \frac{\partial W_x}{\partial x} = F_x \left(1 - \frac{\beta g h}{V^2}\right) \tag{3.27}$$

当 F 因子超过一定门限时，给飞行员发出危险警告，使飞行员尽快驾驶飞机回避低空风切变危险区，或是根据风切变规模和特点做出相应的回避措施。至于具体 F 因子的门限值如何设定则要根据具体机型、雷达型号以及实地情况来定，一般根据风速对飞机的影响，阈值设为 0.1 左右。

3.5　系统仿真

机载气象雷达可以探测飞机前方航道的天气状况，包括雷雨、冰雹、风暴、

湍流、云雾和微暴等,帮助飞行员正确评估气象态势,对飞行安全与飞行质量都有重要的保障作用,已经成为大型民用飞机不可或缺的重要部件。现有飞行模拟器对机载气象雷达设备的模拟多集中于其自身设备物理特性的计算机模拟,较少关注该设备显示画面与真实机载设备的视觉一致性。同时,由于高精度机外大范围气象条件模拟的计算量过于庞大,很难在飞行模拟器的硬件环境上实现与机载气象雷达仿真系统实时互动数据通信,进一步降低了现有高逼真度机载气象雷达仿真技术在飞行模拟器上应用的可行性。

　　WXR 系统仿真模块针对飞行模拟器中机载气象雷达设备显示画面的视觉仿真需求,利用基于卫星云图的风场、云场快速重建算法,并大幅简化气象雷达波束对云场、风场探测过程的模拟计算,形成一种支持大范围飞行模拟中机载气象雷达设备显示画面实时动态仿真方法。

　　为达到尽可能真实模拟机载气象雷达系统的数据接收、处理和显示功能,并可与飞行模拟器进行实时通信,WXR 系统仿真框架如图 3.30 所示。

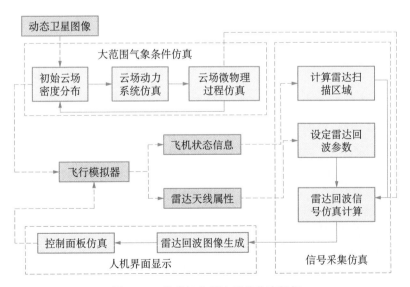

图 3.30　机载气象雷达系统仿真框架

机载气象雷达模拟软件包含"大范围气象条件仿真""信号采集仿真"和"人

机界面显示仿真"三个子模块,每个仿真模块独立运行,并实时交换数据。该软件接收外部飞行模拟器提供的飞机状态信息,并实时向飞行模拟器提供雷达回波图像和机外云场信息。

大范围气象条件仿真模块:通过一定的初始条件(动态卫星云图)建立飞行环境空间内的三维气象信息(云场密度、风场方向和云滴物体特性等)。

信号采集仿真模块:仿真计算机载气象雷达探测机外云场时的回波信号,结合飞行高度、姿态、速度和雷达控制面板设置等数据,模拟计算出云场对雷达发射信号的反射结果(云滴反射率和速度谱宽等)。

人机界面显示仿真模块:模拟机载气象雷达控制板,包括雷达倾斜角、探测距离及增益的设置;将信号采集仿真模块的处理结果以图像的形式显示。

3.5.1　大范围气象条件仿真

大范围气象条件重建是机载气象雷达仿真过程中的关键步骤,为气象雷达回波提供动态更新的机外气象目标(主要是云场和风场)特性[26]。现有高精度气象雷达回波仿真算法一般假设仿真系统能够得到外部气象条件,对大范围气象条件模拟的重视程度较为不足。实际上,由于计算能力和数据源的限制,成熟的数值天气模型无法在普通 PC 机上完成大范围气象条件的实时模拟,达不到机载气象雷达这种高机动平台上雷达回波模拟计算的需求。考虑到基于静态卫星云图反演云场的算法不能支持较长时间跨度的风场,上海交通大学研究人员[26, 27]提出基于动态卫星云图与简化风场数学模型相结合的反演计算思路,为机载气象雷达回波模拟提供实时、有效的机外气象目标特性。

Jos Stam 提出的云场流体模拟方程是一组简化的纳维-斯托克斯(Navier-Stokes,NS)方程:

$$\frac{\partial \boldsymbol{u}}{\partial t} = -(\boldsymbol{u} \cdot \nabla)\boldsymbol{u} + \nu \nabla^2 \boldsymbol{u} - \nabla p/\rho + f$$

(3.28)

$$\frac{\partial \rho}{\partial t} = -(\boldsymbol{u} \cdot \nabla)\rho + k \nabla^2 \rho + S$$

式中：u 为速度向量场；t 为时间；ν 为运动黏性系数；ρ 为云场密度；p 为压力；f 为外力项（通常为作用在流体体积上的力，如浮力或重力等）。∇ 为微分运算符号，分别应用于梯度、散度和拉普拉斯运算：∇p，$u \cdot \nabla$，$\nabla^2 p$。

为了模拟云场的动态演化，采用 Dobashi 提出的简化微物理模型计算云滴分布形状。该方法采用单元自动控制法：云的模拟空间使用一个三维网格表示，网格中的每个单元都有三个二元状态（水汽 hum、相变因子 act 和云 cld）；每个状态为布尔量。如图 3.31 所示，通过在每个时间步应用一组状态转换规则，可以模拟云场的形态的演化，包括云滴的形成、消散以及随风飘动情况[27]。

$$hum_k = f(hum_{k-1}, act_{k-1})$$
$$cld_k = g(cld_{k-1}, act_{k-1})$$
$$act_k = h[act_{k-1}, hum_{k-1}, \phi(act_{k-1})]$$
$$(3.29)$$

式中：k 为当前时刻；f，g，h 为基于布尔运算规则的演化函数。

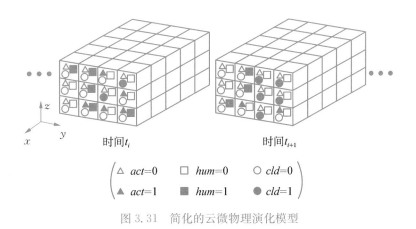

图 3.31　简化的云微物理演化模型

Dobashi 和 Jos Stam 的方法都存在模拟精度不足的缺陷，其模拟计算结果与实际云场、风场分布相比缺乏细节特征。为此，陈晓静提出在原始 Dobashi 演化过程（见图 3.32）的基础上[27]，通过导入动态卫星云图（见图 3.33）来限制水汽供应，形成与卫星云图类似的云场。

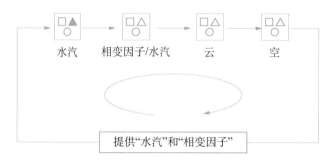

图 3.32　Dobashi 方法的云滴演化过程

在云场 N－S 方程解算过程中，云场密度 ρ 由 Dobashi 方法中云 cld 控制，而 Dobashi 方法中水汽 hum 由只是云图中像素值高于阈值的区域控制。

设在第 k 步解算时云场密度为 ρ_k，水汽分布为 hum_k，云滴分布为 cld_k，卫星云图为 I_k，则有

$$
\begin{aligned}
&\overline{\rho}_{k+1} = cld_k \\
&cld_k = hum_{k-1} \\
&hum_{k-1} = I_{k-1}(I_{k-1} > \alpha)
\end{aligned}
\qquad (3.30)
$$

式中：α 为卫星云图中判定像素为云的阈值，对于一般 8 位单信道灰度图像，$\alpha = 128$。

最后，云场密度 ρ_{k+1} 将由 $\overline{\rho}_{k+1}$ 作为初值，代入式(3.25)中进行计算。为保证气象条件的实时更新速度，上述所有计算都在二维网格中进行。典型计算结果如图 3.33 所示，其中热度图表示云场密度，箭头向量表示风场分布。

3.5.2　信号采集仿真

机载气象雷达发射机周期性地产生时间上短促而峰值功率强大的高频振荡电磁波，经过天线馈线分系统发射出去。发射分系统是间歇性工作的，在短暂的工作时间中产生电磁波并发射出去，然后停息直到进入下一个周期。天气雷达发射波通常为极化波，即场强在各方向分布不均匀。

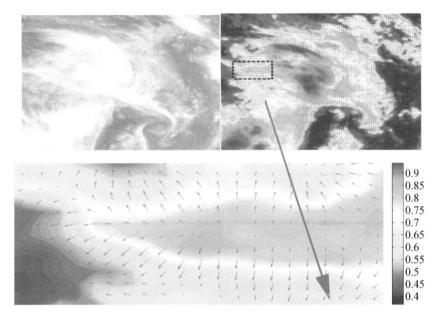

图 3.33 真实卫星云图及其重建风场和云场

雷达回波模拟计算根据飞机现有飞行姿态,计算飞机前方扇形区域上离散网格点的理论雷达回波强度(见图 3.34),形成动态机载气象雷达视觉仿真画面。

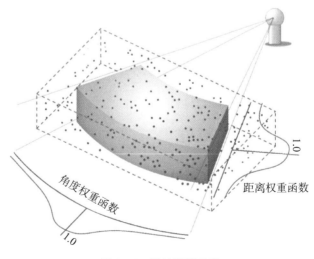

图 3.34 雷达探测示意

气象雷达每一瞬间接收到的云雨回波强度都是有效照射体积内所有的云和降水粒子的散射回波强度的叠加,这种将相关离散散射体信号相叠加的信号被称为复合信号。雷达回波信号强度可定义为

$$x = \sum_{k=0}^{N-1} A^{(k)} \exp\left[-\mathrm{j}\psi^{(k)}\right] \tag{3.31}$$

式中:$(\cdot)^k$ 为第 k 个离散散射体;N 为散射体数目;$A^{(k)}$ 为第 k 个散射体的幅度;$\psi^{(k)}$ 为第 k 个散射体的相位。

在不考虑系统损耗的情况下,第 k 个散射体的幅度取决于发射功率、天线形式、距离权重函数、角度权重函数、等效反射率因子和距离等参数。权重函数(距离、角度)表示在指定的距离和方位情况下,每一个散射粒子的变化分布。等效反射率因子是关于大气环境的函数。于是,在大气场中,处于 (x, y, z) 位置的散射体的回波幅度可以表示为

$$A(x, y, z) = \left(\frac{1}{r^4} w_a w_r Z_e\right)^{1/2} \tag{3.32}$$

式中:r 为散射体与雷达之间的距离;w_a 为角度权重函数;w_r 为距离权重函数;Z_e 为等效反射率因子。

距离权重函数体现了脉冲的形状,如图 3.34 所示,处于距离库中间和轴线附近的散射体有最大的权重系数,w_r 可以表示为

$$w_r = \exp\left[-\frac{(r-r_0)^2}{2\sigma_r^2}\right] \tag{3.33}$$

式中:$\sigma_r = 0.35\Delta r$,$\Delta r = c\tau/2$ 表示距离精度,c 为光速,τ 为脉冲持续时间。

角度权重函数 w_a 可以表示如下:

$$w_a(\varphi) = w_{tx}(\varphi) w_{rx}(\varphi) \tag{3.34}$$

$$w_{tx}(\varphi) = \left\{\frac{8 J_2\left[(\pi D \sin\varphi)/\lambda\right]}{\left[(\pi D \sin\varphi)/\lambda\right]^2}\right\}^2 \tag{3.35}$$

通常,可以认为 $w_{tx(\varphi)}$ 与 $w_{rx(\varphi)}$ 相等。

雷达回波的相位可以通过以下公式计算得到

$$\psi^{(k)} = \frac{2\pi D^{(k)}}{\lambda} \qquad (3.36)$$

式中：$D^{(k)}$ 为第 k 个散射体与雷达之间的双程距离；λ 为雷达波长。

在雷达仿真中，将扫描范围离散化，将其划分成扫描网格，设置雷达的扫描网格线为 100×100，即扫描的偏转角度为 $\pm 50°$，每一个扫描线分成 100 个点，并以 PPI 的方式显示，得到如图 3.35 所示的雷达回波图。通过不同的颜色来标识雷达回波的强度。

图 3.35　雷达回波图

3.5.3　人机界面显示仿真

通过调整 WXR 控制板（见图 3.36 和图 3.37）上的倾斜角、探测距离和增益控制按钮，可以改变 WXR 的工作状态。

图 3.36　较小增益设置

图 3.37　较大增益设置

综合显示接口可以将信号处理的结果以图像的形式直观地显示出来,显示的结果可以通过控制面板控制。较小的增益设置会得到较弱的回波画面,如图 3.38 所示;较大的增益设置会得到较强的回波画面,如图 3.39 所示。

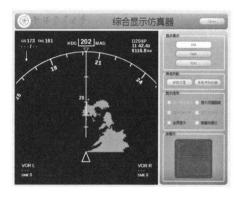

图 3.38　WXR 显示界面(较小增益)

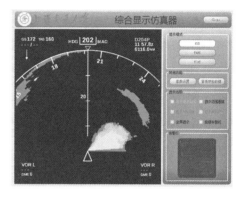

图 3.39　WXR 显示界面(较大增益)

当探测到湍流或风切变时,右下角告警灯会亮起,湍流为紫色标记,风切变为红色标记,湍流显示界面如图 3.40 所示。

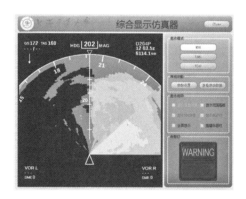

图 3.40　湍流显示界面

参考文献

[1] 林植平,荣卫国.民用机载气象雷达的现状与展望[J].江苏航空,1998(2):3-4.

[2] 周明.面向 AESS 的机载气象雷达仿真系统设计[D].上海:上海交通大学,2013.

[3] Airlines Electronic Engineering Committee. Airborne Weather Radar with Forward Looking Wind-Shear Detection Capability, ARINC 708A-3[S]. Annapolis, Maryland, ARINC, Inc, November 15,1999.

[4] Kuntman D. Evolution of Weather Radar to Add Forward Looking Windshear Detection Capability [J]. AIAA 93-3945,1993,8,11-13.

[5] Evans J, Turnbull D. Development of An Automated Windshear Detection System Using Doppler Weather Radar [C]. Proceedings of the IEEE, 1989,77 (11): 1661-1673.

[6] 王强.机载气象雷达发展[J].飞机工程.2010.

[7] 胡家美,李萍.国际航空气象预报的发展趋势[J].广东气象,2009(4):11-13, 19.

[8] Stimson G W. 机载雷达导论[M].吴汉平,等译.北京:电子工业出版社,2005.

[9] 金德琨,敬忠良,王国庆,等.民用飞机航空电子系统[M].上海:上海交通大学出版社,2012.

[10] Pinsky M, Ventura J F I, Otto T, et al. Application of a Simple Adaptive Estimator for an Atmospheric Doppler Radar [J]. IEEE Trans. on Geoscience and Remote Sensing, 2011,49(1):115-127.

[11] Hamilton D W, Proctor F H. Convectively Induced Turbulence Encounters during NASA's Fall 2000 Flight Experiments [C]. 10th Conference on Aviation, Range, and Aerospace Meteorology, 2001:371-374.

[12] 王静.机载气象雷达运动补偿算法的理论研究[D].北京:北京邮电大学,2009.

[13] 张培昌,杜秉玉,戴铁丕.雷达气象学[M].北京:气象出版社,2001.

[14] 骆文成.机载前视风切变气象雷达信号处理技术研究[D].西安：西北工业大学，2001.

[15] Doviak R J，Zrnic D S．Doppler Radar and Weather Observations [M]．New York：Academic Press，1993.

[16] Airbus．Getting to Grips with Surveillance [R]．FRANCE.

[17] Rockwell Collins．Collins WXR－2100 MultiScanTM Radar-Fully Automatic Weather Radar [R]．USA.

[18] 蔡仁成.现代气象雷达系统[M].北京：中国民航出版社,2004,144－148.

[19] 焦中生,沈超玲,张云.气象雷达原理[M].北京：气象出版社,2005,302－329.

[20] 卢晓光.机载气象雷达信号处理若干关键技术研究[D].天津：天津大学,2014.

[21] 高霞,李勇,李滔,等.机载前视风切变雷达信号处理方法分析[J].计算机仿真,2009,26(7)：58－61.

[22] 卢晓光,吴仁彪.基于非线性最小二乘的机载气象雷达回波谱矩估计方法[J].系统工程与电子技术,2014,36(3)：447－452.

[23] 于莹洁,李勇.一种机载气象雷达湍流信号的检测方法及仿真[J].西北工业大学学报,2015,33(1)：159－164.

[24] 刘畅.机载前视风切变雷达信号处理仿真软件开发[D].西安：西北工业大学,2011.

[25] 韩雁飞.强杂波背景下的低空风切变检测技术研究[D].天津：中国民航大学,2013.

[26] 张军.基于动态卫星云图的机载气象雷达视觉仿真方法[J].系统仿真学报,2016,28(6)：1344－1350.

[27] 陈晓静.面向 AESS 的机载气象雷达仿真激励系统关键算法研究[D].上海：上海交通大学,2013.

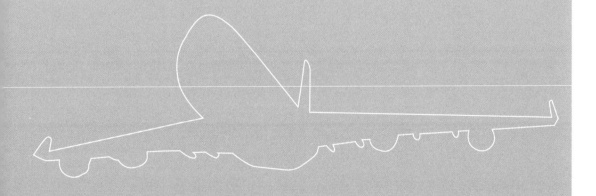

4

空中交通告警和
防撞系统

4.1　引言

在民用航空领域,发生过多起空中相撞事故,当时 TCAS 系统尚未研究并推广安装在飞机上。当飞机因为空管决策失误或者机载系统引导故障而在空中接近时,极易发生重大危险。20 世纪美国的一系列飞机空中相撞事件对机载防撞系统的研究和推广使用起到了重要作用。1956 年 6 月 30 日,在美国科罗拉多州大峡谷上空约 21 000 ft 处,两架民航客机相撞造成 128 人死亡(见图 4.1),空中交通告警和防撞系统的研发工作随后启动。1978 年发生在加州圣地亚哥上空的民航客机与轻型飞机相撞的事件直接推动了美国联邦航空局(FAA)对 TCAS 系统的研究。随后,1986 年 8 月 31 日,一架墨西哥航空的 DC‐9 和一架私人飞机在加州洛杉矶国际机场附近空域相撞,美国国会之后以法律的形式要求实施和推广 TCAS 系统。

图 4.1　1956 年美国科罗拉多州客机相撞事件

美国联邦航空局(FAA)规定:从 1993 年 12 月 31 日起,30 座以上客机必须配备 TCAS Ⅱ。

负责向欧洲各国推荐航空管理条例的欧洲空中航行安全组织,建议采用最新的机载防撞系统(ACAS Ⅱ),ACAS Ⅱ采用 FAA 批准的最新软件版本 7.0,ACAS 是 TCAS 在欧洲的名称。欧洲航空安全局(European Aviation Safety Agency,EASA)建议,在 2000 年 1 月 1 日后的最大起飞质量超过 15 000 千克或 30 座以上的客机上配备 ACAS Ⅱ。

我国民航客机大部分都预安装了最新版本的 TCAS 系统。

下面的几起事件体现了 TCAS 系统在保障生命与财产安全方面的重要意义。2001 年 1 月 31 日,在日本静冈县烧津市上空发生了两架日本航空的飞机接近事故,两机在最后一刻做出规避动作,避免了相撞,958 号航班无人伤亡,907 号航班 100 人受伤。此事件是由空中交通管制人员人为失误导致的。2002 年,在阿根廷马科斯华雷斯上空,那里有一段地面交通管制的监视盲区,从阿根廷科尔多瓦飞往首都的 SW6581 航班和从首都飞往圣胡安的 AR1436 航班经过这个盲区时,AR1436 的飞行员通过显示器发现两架飞机有发生碰撞的危险,其根据 TCAS 系统的提示,迅速降低高度,采取了有利的避让措施,最后两架飞机在最近距离只有 70 m 的情况下擦肩而过。正是由于采用了 TCAS 系统的建议,才避免了一场大灾难的发生。

TCAS 在实际应用中的确如上述事件一样发挥了很大的作用,但 TCAS 本身仍存在一些不足和缺陷,与空管系统、飞机自动驾驶仪系统、飞行员之间的协调还有待进一步提升。这些问题的存在导致空中相撞事故仍有发生。2002 年俄罗斯巴什克利安航空 2937 号航班,原计划由莫斯科飞往西班牙的巴塞罗那,机型为 Tu - 154。DHL 快递公司 611 号航班,机型为波音 757 - 200SF 货机,原航线是从巴林国际机场经意大利的贝尔加莫飞往比利时的布鲁塞尔。当地时间 2002 年 7 月 1 日 21 时 35 分,两架飞机在德国南部 Bodensee 附近空域相撞,造成双方机组在内共 71 人遇难(见图 4.2)。因此,需要进一步研究和改进 TCAS,以提升空域飞行安全性。

图 4.2　2002 年 Bodensee 空难 Tu-154 客机残骸

防撞系统的研究可以追溯到 1955 年,本迪克斯航空电子公司的 Doctor J. S. Morrell 发表"碰撞物理"一文(本迪克斯航空电子公司现在已经和 Honeywell 合并),其中包括了防撞系统的基础研究,即如何确定飞机间接近速率的计算机算法。1955 年通过航空运输协会(Air Transport Association, ATA),航空工业界希望寻求建立飞机空中交通告警和防撞系统。美国航空工业界在 1956 年到 1969 年间研究了空中防撞问题并对一些概念进行了分析与定义。1959 年,在 FAA 资助下组成防撞问题解决团队,该团队除了关注行业的最新发展成果外,也着手研发自己的空中交通告警和防撞系统。一些飞机制造商在 20 世纪 60 年代后期开始设计、研发机载空中交通告警和防撞系统。从 1972 年至 1976 年,在 FAA 的资助下,Minneapolis 的 Honeywell,美国无线电公司(Radio Corporation of America,RCA)和麦克唐纳-道格拉斯公司(McDonnell-Douglas Corporation)各自开发了空中交通告警和防撞系统并开始飞行测试。

在 20 世纪 60 年代和 70 年代,Honeywell 为美国陆军和 FAA 研制的数架原型机在 80 年代后期获得了 FAA 的首次鉴定。当时航空工业界希望在离散地址信标防撞系统的基础上,采用 S 模式应答机通信(报文)格式作为空对空离散地址通信技术,来制造这种空中交通告警和防撞系统。目前较新的技术是 Honeywell 利用广播式自动相关监视(ADS-B)技术,开发出的可实现顶级混合监控以及空中交通态势感知(ATSAW)功能的空中交通告警和防撞系统

(TCAS)(见图 4.3)。装备这种智慧交通(smart traffic)系统产品,能更直观地获取飞机外部状况。

图 4.3　Honeywell 新一代 S 模式应答机

在理论研究方面,国外也取得了很多成果。作为冲突探测与分析研究中公认的最早的科研成果——Reich 的飞机碰撞危险模型针对大西洋上空平行航路的碰撞风险而建立,所以适用于当时没有地面导航设备、没有雷达监视,也没有管制员干预的情况下的飞行,只考虑由于飞机位置误差导致的碰撞风险[1]。1993 年 G. J. Bakker 和 H. A. P. Blom 等人为了克服 Reich 模型限制条件多、参数不易确定、需要对大量统计数据进行分析才能得到较为满意结果的弊端,运用随机过程方法,通过求解偏微分方程来研究碰撞风险,运用马尔科夫过程解决了吸收边界的碰撞问题;分析了在瞬态边界情况下的交汇问题,并研究了三维航路网络的交汇率,不再要求速度和位置相互独立,而且考虑到了管制员、飞行员、通信导航监视设备、自动化设备以及程序等复杂的相互作用[2],但是该模型相对复杂,实用性不强。在冲突检测方面,Lee C. Yang 等把飞行目标信息对于航迹的影响当作扰动,采用概率密度方程来描述潜在的航迹误差。接着用 Monte Carlo 方法预测未来飞行航迹,进行冲突检测和解脱。但是此方法使用的前提是清楚概率的分布,否则将导致预测不精确[3]。J. Hu 等人把影响飞行的不确定因素看作一定比例的布朗运动,将其列入动力方程中。此方法将冲突的可能性看成是布朗运动中从一个时变的安全区域逃离的概率,可以采用较简易的计算工具实现,而且很容易得出解脱算法[4]。Karine Blin 等提出了航空器增强型的古典误差概率模型,通过该模型可以识别位置、速度及加速度等不同因素对定位误差的影响,该误差模型具有通用性,且适用于不同的概率算法[5]。麻省理工学院林肯实验室(MIT Lincoln Laboratory)研究了由空域中入侵航空器无线电应答信号同步错乱、地面回音杂波、系统可用传感器不完善和嘈杂导致的航空器速度、位置不确定,飞行员异常行为和航空器动力变化引起未来位置预测困难,系统必须平衡多个相互竞争的目标等问题,利用依赖概率模型表征各种不确定的信息来源及基于计算机的优化等先进算法和技术解决这些问题。

在国内,随着国民经济的发展,中国民航已经基本上形成了一个连接世界上最主要国家和地区的航空网络。我国民用航空事业在各个方面,包括通用航空、航空运输、机场建设、机群更新、航线布局、航行保障、飞行安全、人才培训等方面都持续快速发展,取得了举世瞩目的成就。其间大致经历了5个发展阶段,即1949年到1957年的开创阶段,1958年到1965年的调整阶段,1966年到1976年的曲折阶段,1977年到2001年新发展阶段,2002年之后的快速发展阶段。国家经济社会的快速发展带来了航空市场的强劲需求,使得中国民航成为全球仅次于美国的民航第2大国,成为国际民用航空组织第一类理事国。20多年来,我国民航运输总周转量、乘客运输量和货物运输量年均增长分别达18%、16%和16%,高出世界平均水平两倍多。根据民航局公布的数据显示,2015年,在世界经济增速放缓,国内经济下行压力较大的情况下,民航主要运输指标继续保持平稳较快增长。2015年,全行业完成运输总周转量851.65亿吨公里,比上年增长13.8%;完成旅客周转量7 282.55亿人公里,比上年增长15%;完成货邮周转量208.07亿吨公里,比上年增长10.8%,且民航安全形势总体平稳,全年全行业没有发生运输飞行事故和空防安全事故;预计在今后很长一段时期内都将保持这种旺盛的增长势头。在这样的趋势下,空中交通安全问题是民航方面面临的一个重要的问题。在现行的空中交通管制模式下,民航飞机都是遵照陆基导航系统所限定的由无线电信标建立起来的航线(即导航台)来安排航班的。然而该类设施由于地理、气候等方面的因素,不能建立在所有需要的地方。因此,飞机不能选取通往目的地的最直接路线,导致全球航路交通日渐拥挤,同时空域的整体利用率也不理想。2003 年起,我国未安装空中交通告警和防撞系统的民航客机已被禁止飞行,由于飞机结构、技术原因等无法安装 TCAS 系统的小型飞机已被严格限制飞行高度、飞行时段和空域范围,并逐步退出商业运营。虽然我国民航客机绝大部分都预安装了最新版本的 TCAS 系统,但是我国对 TCAS 系统关键技术的研究较少,整个理论体系和实践缺乏经验。

目前,国内的一些高校和科研院所开展 TCAS 研究,逐渐研发出了符合标准的 TCAS 产品。中国航空无线电研究所引进、消化、吸收国外 TCAS 技术,对于 TCAS 系统的自主发展起到了重大的推动作用。此外如陕西凌云电器集团有限公司、四川九洲电器集团有限责任公司、成都九洲迪飞科技有限公司等也在进行 TCAS 的研制和生产(见图 4.4)。

图 4.4　TCAS 典型产品

在国内理论研究方面,王有隆[6]从典型空难的角度分析了 TCAS 系统和飞行安全。王绍平、崔德光[7]给出了一种可用于空中交通控制的改进型冲突探测算法。傅小芮等[8]研究了空域多入侵机冲突的决策处理,分析了 TCAS 系统对多入侵机冲突处理的原理、流程,解析了处理功能模块,介绍了空中多入侵机冲突的 Pairwise 决策思路。赵洪元[9]对交叉的两条航线上可能发生的危险冲突次数进行研究,提出碰撞区域和危险冲突概念,研究得出一种新型的"交叉航线间隔"模型,最后推导并详细分析了在两条交叉航线上单位时间内飞机发生危险冲突次数的计算模型。程丽媛等[10]采用最优控制中的庞特里亚金极小值原理和内点约束条件,考虑只改变速度大小和只改变速度方向的解脱策略,研究了自由飞行中飞机的控制向量受约束时的平面冲突解脱问题。

4.2　工作原理与功能分析

机载防撞系统的概念出现在空中交通持续增长的 20 世纪 50 年代。FAA 称为 TCAS (Traffic Collision Avoidance System),国际民用航空组织(ICAO)称为 ACAS (Airborne Collision Avoidance System),欧洲普遍采用后一种说法。国际民用航空组织在 20 世纪 80 年代发展 ACAS 标准,1993 年 11 月官方认证了 ACAS。ICAO 附件 10 的第 Ⅳ 卷定义了三种类型的 ACAS 功能,ACAS Ⅰ 是第一代的 TCAS。TCAS Ⅰ 提供交通咨询(traffic advisories,TA)和周围飞机接近告警功能,辅助飞行员对空域周围环境感知,TCAS Ⅰ 主要安装在一些小型飞机和直升机上。TCAS Ⅱ 是 TCAS Ⅰ 的增强版,在垂直面内提供决断咨询(resolution advisories,RA)。针对 TCAS Ⅱ,ICAO 从 2003 年开始批准 TCAS Ⅱ 第 7.1 次更改。TCAS Ⅲ 原本的设计要求同时提供水平和垂直 TA、RA,但因为飞机水平机动性和 TCAS 位置信息精度问题而未实施装备(见表 4.1)。

表 4.1 TCAS 保护级别

		本机装备	
		TCAS Ⅰ	TCAS Ⅱ
目标飞机装备	只有 Mode A XPDR	TA	TA
	Mode C 或 Mode S XPDR	TA	TA 和垂直 RA
	TCAS Ⅰ	TA	TA 和垂直 RA
	TCAS Ⅱ	TA	TA 和协调垂直 RA

1989 年 9 月,RTCA 出版了 6.0 版本 TCAS Ⅱ MOPS(最低运行性能标准)(DO‐185),1989 年 9 月 6.0 版本在美国进入了全面服务阶段。系统改进之后,RTCA 在 1993 年 5 月发布了 6.04a 版本的 TCAS Ⅱ MOPS (DO‐185),但是该版本的 TTP 评估结果表明,RA 响应带来的实际垂直位移往往远大于 300 ft,对控制器和 ATC 系统带来不利影响。这导致了 7.0 版本的开发出现了许多变化和对避碰算法的改进,如听觉通告、RA 显示等。7.0 版本的MOPS (DO‐185A)于 1997 年 12 月获得批准,在自愿的基础上,于 1999 年在美国开始部署。不同于日本和乌布尔根事故,审查其他业务经验表明,飞行员偶尔会向"Adjust Vertical Speed,Adjust"(AVSA) RA 相反的方向机动。为了减轻飞行员在响应一个 AVSA RA 时增加其垂直速度的风险,所有 AVSA RA 改为"Level Off, Level Off"(LOLO) RA,由欧洲对这些更改进行广泛的验证。TCAS Ⅱ Version7.1 软件在防撞算法和处理逻辑方面都进行了改进,主要对反转逻辑、调整垂直速度、调整 RA 进行修正。2011 年,欧洲航空安全局发布了一项授权,要求在欧洲空域运行飞机的 TCAS Ⅱ计算机在 2015 年 12月之前完成 7.1 版本升级。

4.2.1 数据通信链路

TCAS 作为一个防撞系统,它首先是一个通信系统,通过数据链路获得其所需的高度数据。有两种数据链路可提供飞机的高度信息,分别是 C 模式数据链路和 S 模式数据链路。C 模式数据链路采用一问多答的形式,首先 TCAS

发出 C 模式询问,所有装备 C 模式和 S 模式应答机的航空器在接收到询问后,会将自身的高度信息按照 C 模式应答格式编码,并回答询问。S 模式数据链路[11]是在航空交通日益紧张后,在 C 模式数据链路的基础上发展起来的,它的问答形式是可选的,与工作方式有关。S 模式是使用离散寻址询问的一种数据链路技术,它所承载的不仅有航空器的大气高度信息,还可以有机场信息、航空器航路信息、前方航路天气信息等许多相关信息。装备 TCAS 的航空器之间可以通过 S 模式数据链进行飞行操作通知,避免相撞的可能。

S 模式的基本特征如下:

(1) 选择性寻址。S 模式信号格式能选择性询问单个的 S 模式异频收发机,一共有多于 16 000 000 个地址,使世界上的任何一架飞机都拥有一个唯一的地址。

(2) 检错和纠错。由于 S 模式通过选择性应答的方式进行飞机查询,这就要求 S 模式传送的数据能够通过特定算法保证自身数据的正确性。基于此点,S 模式的数据带有 CRC 校验冗余,并已有多种算法能对其数据进行检错和纠错。

(3) 自我调整再询问。能对未做应答的飞机进行再询问,再询问能显著提高检错概率,比如对处在边缘信号区域的正在转弯的飞机的信号进行处理。

S 模式的询问格式分为两种:一种是针对特定飞行器的"点名式"询问格式,这种询问脉冲串中带有需要询问飞行器的地址信息,其他的不能匹配该地址的飞行器则不应答该询问;另一种是在做地址提取时使用的全呼叫询问格式,它内部带有应答概率,收到该询问脉冲的 S 模式应答机按该应答概率应答此询问。

1) C 模式全呼询问/应答

C 模式数据链路主要传输的是航空器的高度信息,当航空器机载应答机探测到 C 模式的询问时,会将当前航空器所处的大气高度信息通过 C 模式数据链路进行应答。我国目前使用的空中交通管制(ATC)系统就是通过 C 模式数据链路进行航空器的高度识别,还没有融入 S 模式数据链路。TCAS 先发出 C 模式全呼询问,然后对 C 模式应答进行探测,探测到以后便可以得到装备 C 模式应答机的航空器所处高度,然后进行避让。S 模式应答机也会对 C 模式全呼询问做出 C 模式应答。

  图 4.5 是 TCAS 进行 C 模式全呼询问的脉冲信号格式,在询问波束的主瓣范围外,控制波束产生的 P_2 脉冲的强度大于 P_1 脉冲,从而 C 模式或者 S 模式的应答机在图 4.5 所示的时序关系中探测到 P_1、P_2 和 P_3 脉冲时,通过比较 P_1 和 P_2 脉冲的强度来决定是否需要进行 C 模式应答。对于 P_2 脉冲强度大于 P_1 脉冲强度的旁瓣询问不进行应答。

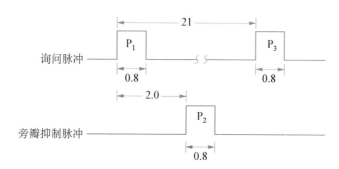

图 4.5 C 模式全呼询问脉冲格式(μs)[12]

  图 4.6 是 C 模式应答信号码位以及它们之间的时序关系。F_1 和 F_2 脉冲称为框架脉冲,每个应答信号都会有这两个脉冲;A、B、C、D 设计为数据脉冲,其下标为 1、2 或 4,共有 12 个资料脉冲。C 模式应答信号只用了 11 个脉冲(D_1 被弃用),这 11 个脉冲按照逻辑"0""1"进行组合,共有 2 048 种排列的可能,可以表示 $-1\,000 \sim 12\,100$ ft 的高度范围,其范围以 100 ft 的增量变化。图 4.7 是一个高度为 2 000 ft 的 C 模式应答信号实例。

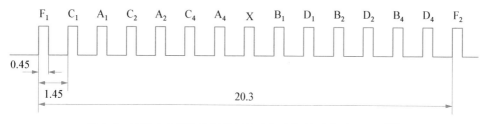

图 4.6 C 模式应答信号码位以及它们之间的时序关系(μs)[12]

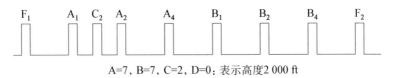

A=7, B=7, C=2, D=0：表示高度2 000 ft

图 4.7　表示高度为 2 000 ft 的 C 模式应答信号[12]

2）S 模式"点名式"询问

大多数 S 模式"点名式"询问信号格式如图 4.8 所示。整个应答信号分为头部脉冲和数据块。前两个头部脉冲 P_1 和 P_2，其脉宽为 0.8 μs，间隔为 2.0 μs，并用其模仿 A 模式和 C 模式询问的旁瓣抑制脉冲。非 S 模式应答机不会接收这些脉冲，也不会对剩余询问信号进行译码。P_6 脉冲脉宽为 16.25 μs 或者 30.25 μs，在 P_6 脉冲之内，存在很多反相，用其携带采用脉冲位置编码的询问数据。第一个反相位于脉冲前沿后 1.25 μs，应答机利用它同步其自身脉冲，以方便对后续数据进行译码。

询问数据通过 DPSK 来发射，两个相位反转位置之间的间隔为 0.25 μs，即数据的传输码率为 4 Mb/s。根据需要决定传输的数据位总数是 56 位还是 112 位。P_5 脉冲主要用于旁瓣抑制，它在时间上与同步反相脉冲 P_6 重叠。如果天线旁瓣的发射信号被接收，那么 P_5 脉冲比 P_6 强，这样应答机不会探测到同步反相，从而不会译码或者对询问信号进行应答。P_5 在天线主波束很弱，那么同步相位反相可以被探测到。

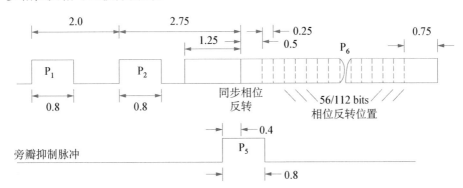

图 4.8　S 模式"点名式"询问信号格式(μs)[12]

目前，空中交通数据链路中使用的"点呼"格式有以下几种：UF00，UF04，UF05，UF11，UF16。其中 TCAS"点呼"所使用的是 UF00，全呼叫使用的是 OF11。在询问信号的数据位中有所要进行"点呼"飞机的地址，这个地址是通过全呼询问获得的。下面将介绍 S 模式全呼询问。

3）S 模式应答信号

S 模式的应答格式和其"点名式"询问信号格式比较类似，分为应答头部脉冲串和应答数据块。接收系统需要通过译码设备探测前 4 个头部脉冲来识别 S 模式应答信号。和 C 模式应答码间的时序关系不同，S 模式应答头部脉冲（以下称为"报头"）的时序关系如图 4.9 所示。数据块在 4 个报头脉冲之后，数据通过脉冲位置调制进行编码。在每个比特位置均持续 $1\,\mu s$，其中存在脉冲和非脉冲周期均为 $0.5\,\mu s$。二进制 1 表示脉冲后跟随非脉冲，二进制 0 表示非脉冲后跟随一个脉冲。这种形式的编码可以抵制信号干扰，这是由于存在干扰时，要在一个位置抑制一个脉冲而在相邻位置插入一个脉冲是不可能的。与询问信号格式一样，应答数据可以是 56 比特（短码）或者是 112 比特（长码），最后 24 比特形成校验位。

图 4.9　S 模式应答信号格式$(\mu s)^{[12]}$

4）多径干扰问题

空域中的飞机分布与飞机间的干扰有着密切的关系，当在低密度空域时，飞机间存在的干扰比较小；在高密度空域，飞机密度较大，相互之间存在的干扰也较大，这就需要使用 TCAS Ⅱ 监视系统在干扰限制标准下对高密度空域进行监视。在这些干扰中，有一种是询问信号和应答信号，并不是按照一条直接的传播路径进行通信，而是像地表和高空障碍物这样的能够对信号进行反射的反射路径,这种存在多条传播路径的情况就是多路径。TCAS Ⅱ 监视系统收到的目标飞机的应答信号,将受到地面或水面对该信号反射的延迟部分的干扰。干扰程度取决于反射面类型和目标应答机是用底部天线还是顶部天线发送信号以及 TCAS Ⅱ 系统是用底部天线还是顶部天线接收信号。与直接发送的信号相比,通过入侵机下天线发送的应答信号经光滑水面反射,再到本机 TCAS Ⅱ 系统下天线接收到该信号,此时的多路径信号有最大的幅度,反射的多路径信号可能等于甚至大于直接收到的信号。从光滑水面反射的多路径信号如果由 TCAS Ⅱ 系统的顶部天线接收,可比不经过反射直接收到的应答信号减少 15 dB。

TCAS Ⅱ 应答机发射的询问信号可能会受到该信号经过地面与水面反射部分的干扰,并可能使 C 模式询问信号转变为抑制信号或 A 模式询问信号。所以必须要将多路径信号减少到最低水平,通过小声呼叫序列询问能够使应答机以接近其 MTL 值的功率电平被询问。而采用小声呼叫询问又可以将大多数的多路径信号电平减小到目标飞机应答机 MTL 值电平以下,这样多路径的询问信号就不会被目标飞机的应答机应答,从而将上传链路中的多路径影响降低到可以接受的程度。反射面引起的多路径有两种情况,一种是询问链路或者应答链路中只有一个链路的信号被反射面反射,另一种是询问链路和应答链路中两个链路的信号都被反射面反射。某些多路径应答仍会不可避免地被收到,这些多路径信号如果足够稳定就可能会形成伪航迹而被跟踪,从而被误认为是目标飞机。如果某航迹有可能是伪航迹,则可能保留这条航迹来进一步验证是否为伪航迹。

5) TCAS Ⅱ 对其他系统的干扰

由于 TCAS Ⅱ 系统的询问和应答与空中交通管制地面雷达有相同的频率带,发射信号频率都为 1 030 MHz,接收信号频率都为 1 090 MHz。这使 TCAS Ⅱ 存在对地面雷达产生干扰并降低其性能的可能。TCAS Ⅱ 工作的高密度空域干扰问题也非常严重。为了平衡 TCAS 和地面雷达的需求,确保两者的兼容性,需要对原先的干扰限制算法进行改进。在 TCAS Ⅱ 干扰限制算法中增加新的干扰[13]限制不等式约束,规定相互抑制总时间不能超过 0. 01 s。同时高密度空域的更多询问也将产生更多的应答,从而对其他系统产生干扰,所以需要新的干扰限制不等式,对 TCAS 系统的发射率和功率进行限制。TCAS Ⅱ 最低性能标准和国际民用航空组织空中防碰撞系统标准,要求限制每个 TCAS 单元的询问率,所有 TCAS Ⅱ 询问平均应答率不超过 2%。在某些高密度空域,为了减少电磁干扰,不仅要降低发射率还要减小功率,而且减小的功率要确保在避免碰撞的范围内。在低密度空域 TCAS Ⅱ 允许的逼近速度可以达到 1 200 kn,而在高密度空域,TCAS Ⅱ 能够监视的入侵机的最高逼近速度只能达到 500 kn。逼近速度低,飞行员能有充足的时间处理发出的告警,所需要的监视距离就较小。监视距离越小,所需的发射功率也就越小,所以干扰限制使得功率的减小后仍能保证避免发生碰撞。

6)定向询问技术

在定向询问中,TCAS Ⅱ 是按照将空域分成前后左右四个射束进行定向发射询问,可以对空域达到 360° 的全方位覆盖。一次定向询问一个 90° 波束范围,降低了每次询问的飞机数量,也降低了重叠信号对目标应答信号的干扰。相比全向询问,定向询问的分区域发射可以将干扰降低到一定程度,但是从图 4.10 全向询问图和没有旁瓣抑制的定向询问图可以看到,定向询问还是会产生大量干扰,需要发射旁瓣抑制信号来控制询问信号中的旁瓣信号不产生应答。与本机距离很近的飞机由于和本机的发射天线靠得很近,询问波束内产生的旁瓣信号也能够被接收到。如果不经过特殊处理,这些收到旁瓣信号的飞机也会产生应答,这样就会导致飞机的数量和真实方向判断错误。发射控制波束的作用就是抑制旁瓣信号不产生应答,图 4.11 是有旁瓣抑制的定向询问图。有旁瓣抑制的询问信号就是在发射脉冲 P_1 和 P_3 之间,P_1 脉冲 0.8 μs 之后发射 P_2 抑制脉冲。图 4.12 是定向询问格式图,在主波瓣范围内,P_2 脉冲的强度比 P_1 脉冲小,目标飞机需要应答;相反,在旁瓣范围内,P_2 脉冲的强度大于 P_1 脉冲的强度,目标飞机就不需要应答。目标飞机可以根据接收到的询问信号中 P_1 和 P_2 脉冲强度大小来判定是否对该询问信号进行应答。

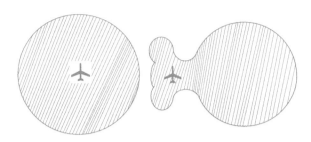

图 4.10　全向询问和没有旁瓣抑制的定向询问[14]

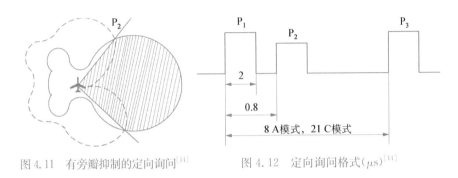

图 4.11　有旁瓣抑制的定向询问[14]　　　　图 4.12　定向询问格式（μs）[14]

对于顶部定向询问天线，各射束方位内的功率峰值应加以选择，以便有充足的距离能够覆盖，从而达到最大的监视距离。具有 90°方位射束宽度的 4 射束顶部定向天线，最高功率询问信号有效辐射功率至少为 52 dBm。为了保证两相邻射束交叉点有足够的覆盖，正向射束中的小声呼叫序列最大步进对应的功率应至少是 52 dBm，最大监视范围为 14 n mile；左右方向射束中的小声呼叫序列最大步进对应的功率应为 48 dBm，能够提供最大 8.8 n mile 的监视范围；后向射束中的小声呼叫序列最大步进对应的功率应为 41 dBm，能够提供最大 5.0 n mile 的监视范围。从底部全向天线发射的最大询问的有效辐射功率电平为 34 dBm，这样可以把多路径干扰减小到最低限度并减少限制干扰的影响。

4.2.2　工作原理

TCAS 系统主要包括 TCAS 计算机、天线、S 模式应答机、气压高度表、控制面板、大气数据惯性基准单元（ADIRU）、飞行管理导引和包线计算机（FMGEC）（见图 4.13）。具体部件如下：

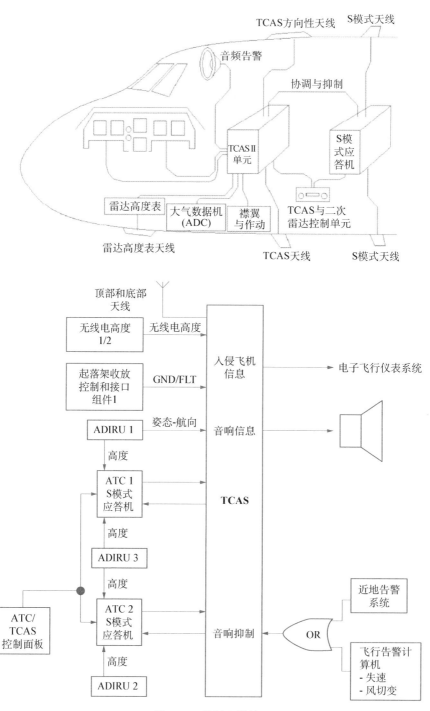

图 4.13 TCAS 结构

（1）TCAS计算机是TCAS系统的核心部件,其主要功能是发出询问信号、接收入侵飞机的应答信号、处理本机其他系统通信的数字和离散信号;将接收到的数据进行转换与区分,依据TCAS算法进行核心处理,将结果输出到显示单元和语音单元,触发相应告警,包括TA、RA。

（2）控制面板:用于驾驶舱人机接口,主要有TCAS工作方式选择、应答机工作方式选择和应答机编码选择等功能。

（3）EFIS系统:用于显示TCAS系统的目视信息。

（4）音响警告系统:用于产生TCAS系统的音频信息。

（5）S模式应答机:以约1次/秒的速率,间歇广播飞机的识别代码信号。这些信号不需应答,每次以"全呼应答"格式发送。不稳定的间隔(在0.95～1.05 s之间变动)发送,可避免与地面站发射机(询问机)或其他飞机的S模式应答机的发射发生同步变化。装有TCAS设备的飞机在监视范围内将收听这些间歇广播信号,并对装有S模式应答机的飞机做询问。

（6）天线:TCAS系统配备有顶部和底部两部四单元相控阵天线(见图4.14),通过四根同轴电缆与TCAS计算机相连。用来发射本机对周围空域飞机的询问信号,同时接收装备有TCAS系统的入侵飞机的应答信号。

1）TCAS的工作方式

目前航空器所携带的交通通信设备类型并不一致,有TCAS Ⅰ、TCAS Ⅱ、S模式应答机、C模式应答机、A模式应答机等。此处TCAS的工作方式主要是指TCAS与不同的交通通信设备之间的相互通信以及所采取的不同应对措施。TCAS并不对所有的目标都产生RA咨询,产生RA的一个重要原则就是航空器的高度信息。所以如果入侵飞机不能应答高度信息,TCAS就不能产生RA,而只能产生TA,根据距离进行避让。TCAS Ⅱ的各种空中/地面交通响应[11]如图4.15所示。

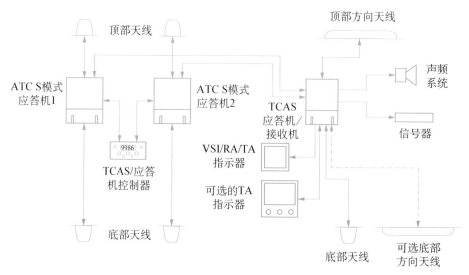

图 4.14　TCAS 天线布局

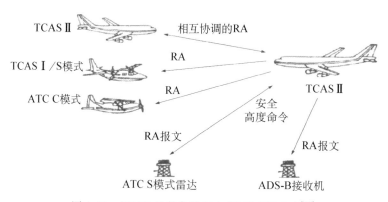

图 4.15　TCAS Ⅱ 的各种空中/地面交通响应[12]

对装有 TCAS Ⅱ 的航空器可以进行 RA 咨询,以及相互协调的 RA;

对装有 TCAS Ⅰ 或者 S 模式应答机的航空器只能进行 RA 咨询;

对装有 C 模式应答机的航空器只能进行 RA 咨询;

对装有 A 模式应答机的航空器可以进行 TA 咨询;

对地面 S 模式雷达可提供 RA 报文和安全高度命令;

对地面 S 模式接收机(ADS‐B 系统中的接收机)提供 RA 报文。

2）TCAS 的工作过程分析

TCAS 具有与地面站 ATC/S 方式相似的收发特性，它以 1 030 MHz 发射询问信号，并以 1 090 MHz 接收应答信号。TCAS 的工作过程包括三种检测方式：侦听态、S 模式监测和 C 模式监测，如图 4.16 所示。其中侦听态和 S 模式监测属于 S 模式目标的检测，C 模式监测依靠 C 模式询问完成。

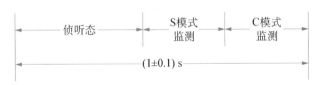

图 4.16　TCAS 工作周期分布[12]

（1）侦听态。

侦听态是 TCAS 处于被动侦听的状态中，用于获得 S 模式应答机发射的断续振荡信号。S 模式应答机每秒发射一条断续振荡信号来表示其存在，该信号是已被编码的下行数据链格式 DF11，该格式信息中包含 24 位飞机地址码。TCAS 侦听装有 S 模式应答机的飞机发射的断续振荡信号，一旦检测到 S 模式应答机发射的 DF11 信息，就可获得这架飞机的地址，并列入 TCAS S 模式点呼名单中。

（2）S 模式监测。

TCAS 在侦听状态获得临近装备 S 模式应答机的飞机地址后，在 S 模式检测周期内对该应答机进行"点名式"询问，其格式为上行数据链路 UF00，可以获得应答机的下行应答 DF00，其中包含目标的高度信息，这是 TCAS 最为关注的。同时还可以通过应答信号得到目标的方位、距离等信息。通过多次发射询问、接收应答的过程，便可以得到目标的航路、水平速度、垂直速度等信息，这些是防撞逻辑的基本要素。

（3）C 模式监测。

TCAS 针对 C 模式目标的监测主要通过 C 模式询问来实现。

图 4.17 为 C 模式小声呼叫询问的发送信号格式,除了 C 模式询问信号外还有两个脉宽为 0.8 μs、间隔为 21 μs 的幅度较低的脉冲,距离较近的飞机或者具有很高灵敏度应答机的较远的飞机可以探测到这两个脉冲。在大约 1 ms 之后,发送一个更强的 C 模式询问信号,在其第一个脉冲前 2 μs 处有一个脉宽 0.8 μs 的脉冲,这个脉冲的幅度与前一个询问信号强度一样,这两个信号形成应答抑制脉冲对。如果应答机应答了前一次询问,并记录了询问信号功率,则在新的询问中检测到抑制脉冲对后就不再对这次新的询问做出应答;而距离较远或灵敏度较低的 C 模式目标检测不到前一次询问以及这次询问抑制脉冲对的前一个功率较低的脉冲,于是对本次新的询问做出应答。询问信号可以跟着第三个、第四个询问,每个信号都比前面的强,通过这种方式已经对前面询问做出应答的目标便不会再对后面的询问做出应答,这样就可以降低应答信号之间的干扰。

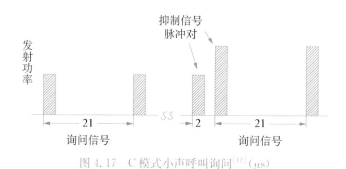

图 4.17　C 模式小声呼叫询问[12]（μs）

4.2.3　功能分析

TCAS 收发主机内含收发单元,通过上下两部 TCAS 天线发射询问脉冲,监视入侵飞机应答脉冲,从中取得入侵飞机的方位、距离、高度信息。TCAS 每个天线包括四个单元,以 1 030 MHz 频率在选定的方位发射询问脉冲,接收是指全方位同时接收,应答脉冲将在四个单元上的幅度差输入收发主机内的处理器,可计算出入侵飞机方位。TCAS 收发主机接收本机无线电高度表传来的高度数据,罗盘系统输入的磁航向数据,控制信号,气压高度数据,垂直基准组件来的姿态信息,空地状态离散数据,垂直速度,显示状态离散数据,两部 DME 系统来的抑制信号。这些数据输入 TCAS 收发主机进行计算,TCAS 收发主机处理的信息显示在垂直速度/TCAS LCD 显示器上,还有相应的音响警告,并给 FDR 提供需要记录的 RA 指引信息,给 ATC 和 DME 提供抑制信号。

　　TCAS S 模式应答机、S 模式地面站使用相同频率的信号发射与接收信息。TCAS 系统的 S 模式应答机以约 1 次/秒的速率,对本机附近的飞机断续发送识别代码信号。该 S 模式编码信号包括本机的 24 位地址码等信息。当 TCAS 系统收到 S 模式编码信号后,将该机的 24 位地址码加入询问列表中,逐个地询问列表中的飞机。然后 TCAS 收发主机会使用译码器对信息译码,从而得到入侵飞机高度等飞行参数。当 TCAS 侦测到飞机,通过一系列询问、答复进行跟踪,这类交互允许飞机高度、距离、方位的更新。通过测量询问信号发出至接收到应答信号的时间间隔,计算出入侵飞机的距离;通过方向性天线的定向性,获得入侵飞机的方位信息(见图 4.18)。TCAS 收发主机在综合了入侵飞机和本机的参数后,判断出飞机相撞的可能性,最后给出 TA 和 RA。TCAS 可以同时跟踪最多 30 架飞机,并显示最具威胁的 8 架飞机。

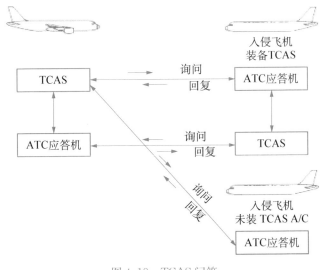

图 4.18　TCAS 问答

协调机动：S 模式数据链的交互为协调避撞机动提供可能。协调机动防止每架飞机进行飞行路径矫正时会导致危险情况，防止两架飞机向同一个方向机动导致紧急情况。在多数装备 TCAS 的两机相遇情景中，互相辨识几乎是同时进行的，但是这里有充分的延时来建立协调过程的优先级。第一架侦测潜在危险情景的飞机计算机动避撞方向，然后传输给其他飞机。其他飞机在计算机动方向时，考虑此因素而决定机动策略。可能会发生两架飞机同时侦测和同时传输相同方向协调信息的情况，此时含最高 24 位地址的飞机反转机动方向。在协调机动中，当相遇情景改变时，只有一次 RA 反转会发生。在如下情景中，初始 RA 会反转。

初始 RA 已经显示超过 9 s 或者含更低 24 位地址的飞机的垂直速度大于 2 500 ft/min（向上或向下）。对于兼容 TCAS Ⅱ 第 7.1 次更改的飞机，如果含最高 24 位地址的飞机没有遵从自己 TCAS 的指令，机动协调会将优先级给其他飞机。机动的协调可以分为如下阶段：

（1）侦测：本机 TCAS 侦听发射机信息。

（2）获取：本机接收发射信号，询问含 24 位地址码的入侵机应答机。入侵机应答机回复，包含气压高度等信息。

（3）跟踪：本机 TCAS 通过周期性地询问来跟踪入侵机。

（4）协调：如果入侵机成为威胁，本机 TCAS 计算避撞机动方式来预防相撞。两架飞机通过协调询问和答复来初始化协调过程。

以下几个重要的概念组成了防撞逻辑及避撞空域判断的关键因素：

（1）敏感等级（sensitivity level，SL）：TCAS 的 SL 分为 7 个级别，级别越高，监控的范围越大。

（2）最接近点（closest point of approach，CPA）：两机航迹在水平面上投影的交点。

（3）τ：入侵飞机到达 CPA 的时间（单位 s），水平 τ 等于入侵飞机到 CPA 水平距离除以地速，垂直 τ 等于两机高度差除以高度变化率。

（4）保护域（protected volume，PV）：PV 是装备 TCAS 航空器的受保护

区域,水平 τ 和距离修正(distance modification,DMOD)决定了 PV 水平范围,垂直 τ 和高度修正(altitude modification,AMOD)决定了 PV 垂直范围。

4.2.3.1　敏感等级(SL)

在进行避撞决策时,需要在"必须的保护"及"冗余的建议"中进行权衡抉择。这种权衡通过选择控制 SL 来实现,SL 决定触发 TA 和 RA 的时间门限,进而影响飞机的受保护空域,SL 级别越高,飞机受保护空域越大。保护区域的增加也会带来负面影响,TCAS 向机组发出虚警的概率随之增大。合理有效的 TCAS 逻辑需要明确必要的保护域,并屏蔽不必要的 TA 和 RA 通告。敏感等级(SL)与其对应的保护域(PV)共同确定了触发 TA 或 RA 的条件,以当前 SL 级别对应的 τ、DMOD,AMOD 判决条件最先出现为原则。

TCAS 对 SL 的使用有两种方法:

(1) 飞行员通过 TCAS 控制面板可以选择三种 SL 工作模式。

SL1:当飞机在地面或者 TCAS 系统不工作时,飞行员选择 SL1。

SL2:TCAS 实施全面的监视功能,并允许 TA 工作,但是 RA 工作将被抑制。

SL3~SL7:当飞行员在控制板上选择了 TA/RA 或者等效的工作模式,TCAS 根据当前自身的大气高度自动选择相应的 SL 级别(见表 4.2)。在这些级别中,TCAS 实施全面监视功能,允许 RA 和 TA 工作。

表 4.2　灵敏度级别对应的保护范围

自身高度/ft	SL	τ/s		DMOD/n mile		AMOD/ft	
		TA	RA	TA	RA	TA	RA
<1 000	2	20	N/A	0.30	N/A	850	N/A
1 000~2 350	3	25	15	0.33	0.20	850	300
2 350~5 000	4	30	20	0.48	0.35	850	300
5 000~10 000	5	40	25	0.75	0.55	850	350
10 000~20 000	6	45	30	1.00	0.80	850	400
20 000~42 000	7	48	35	1.30	1.10	850	600
>42 000	7	48	35	1.30	1.10	1 200	700

（2）地面 ATC 系统选择。

尽管使用 ATC 来控制 SL 的方法遭到了飞行员、管制员、FAA 的反对，但在 TCAS 的设计中还是使用了这种方法。它使用 S 模式的上行链路将 SL 选择信息由 ATC 传送给 TCAS 系统。当飞行员选择了 TA/RA 模式后，SL 的选择根据机载雷达当前的大气高度来实现。当飞机在 1 000 ft 以下地平面以上时，TCAS 会根据当前雷达的高度输入选择 SL2。如前所述，在 SL2 级别，TCAS 只允许 TA 工作而抑制 RA 工作。在 SL3～SL7 级别中，TCAS 将允许 RA 工作。SL3 将根据雷达的大气高度输入值设定，其余的 SL 根据飞机自身携带的大气高度表的高度值来选择。

监视包络线（见图 4.19）分为四部分，根据制造商不同，其水平范围可能为 14～100 n mile，TA、RA 的容量取决于 TAU 值。机组可以限制 TCAS 显示在给定的范围：全区域、上部或者下部。

```
+9 900 ft
+2 700 ft                              上
ALL
-2 700 ft                              下
-9 900 ft
```

图 4.19　监视包线图[11]

4.2.3.2　TCAS 咨询抑制

当本机处于高度限制时，TCAS 自动启动抑制逻辑，如表 4.3 和图 4.20 所示。

表 4.3　TCAS 自动抑制逻辑

高度限制	抑　　制
大于 48 000 ft MSL	RA CLIMB CLIMB 被抑制，保护飞机性能
大于 15 500 ft MSL	TCAS 不会询问未带高度信息的 A 模式和 C 模式飞机（当飞机的高度报告处于关闭状态），但是 TCAS 依然会询问 S 模式的飞机，即使它不报告高度
小于 1 700 ft AGL	地面逻辑启动，任何工作在 C 模式的飞机，离地高度小于 380 ft 被认为是在地面
小于 1 550 ft AGL	RA 加速下降被抑制

（续表）

高度限制	抑　　制
小于 1 100 ft AGL	RA 下降被抑制
小于 1 000 ft AGL	TA ONLY 自动启动
小于 500 ft AGL	TA 语音告警被抑制

注：MSL 为平均海平面，AGL 为离地高度。

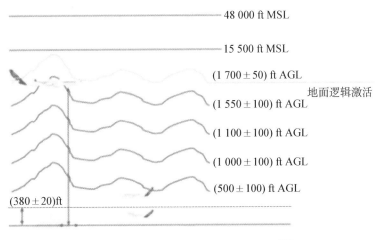

图 4.20　TCAS 自动抑制逻辑高度层[13]

4.2.3.3　TA/RA 产生原则

TCAS 的功能可以归纳为监视、跟踪、潜在威胁评估、交通咨询（TA）、决断咨询（RA）和避撞协调。下面介绍 TA/RA 的产生原则（见图 4.21）。首先引入一个时间概念 τ，它是飞行员分辨碰撞威胁性的大小及采取避撞措施所需的最短时间。TCAS 根据到达最近相遇点的时间而不是距离来决定何时 TA 或者 RA 工作，这个时间就是 τ，它是产生 TA、RA 的门限值。τ 是一个时间估计值，单位是秒。水平 τ 等于水平距离除以两者的水平接近速度；垂直 τ 等于相对垂直高度差除以两者的垂直接近速度。TCAS Ⅱ 的所有预警功能都是基于 τ 实现的。如表 4.2 所示，不同的 SL 级别对应不同的 TA 和 RA 门限。如

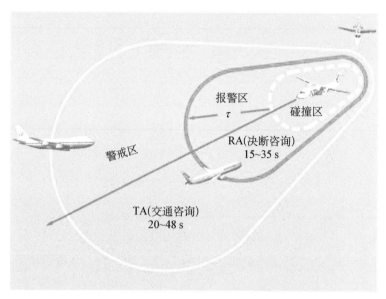

图 4.21　TCAS TA/RA 示意图

在 SL5 级别时,水平距离和水平接近速度的关系所构成的一个水平 τ 为 40 s 的区域,在这个区域内,TCAS TA 将工作以及一个会触发 RA 工作的 τ 为 25 s 的区域;同时垂直距离和垂直接近速度的关系所构成的一个垂直距离 τ 为 40 s 的区域,在这个区域内 TCAS TA 将工作以及一个会触发 RA 工作的 τ 为 25 s 的区域。但是,当一架入侵飞机距离很近但还没有跨越 τ 的界限时,不会产生 TA 或者 RA。为了在这些情况下提供保护咨询,距离 τ 的界限将被修正 (distance modification,DMOD),它将 TA 或者 RA 的判断依据由 τ 改为固定 的水平间距,DMOD 的值随着 SL 的不同而不同(见表 4.2)。同样在垂直方 向,入侵飞机的垂直接近速度较慢,此时垂直高度会修正为固定的高度差值 (altitude modification,AMOD),当两者的垂直高度达到这个差值时,TA 或者 RA 将工作。AMOD 的值随着 SL 的不同而不同,如表 4.2 所示。

综上所述,TA 和 RA 的产生根据三种事实的判断:τ、DMOD 和 AMOD, 其中 DMOD 和 AMOD 是在水平距离和垂直距离上 τ 的修正值。对于 TA 或 者 RA,无论是 τ 还是 DMOD,抑或是 AMOD,在水平和垂直方向只要满足一个触发条件，TCAS 将进行咨询工作。

4.3　输入输出接口

TCAS 系统向飞行员提供的是入侵飞机与本机位置的相对信息。在 TCAS 计算机获得入侵飞机的高度、距离、航向、方位等信息后，还需要知道本机的具体位置、高度、航向、高度变化率等信息，才能计算出入侵飞机的运动轨迹是否与本机的运动轨迹相冲突，进而确定发出何种警报类型。所以为了完成计算，TCAS 计算机需要本机的其他系统提供许多信息。

4.3.1　输入

输入的信息包括以下各项：

（1）航向、俯仰角、横滚角和气压高度信息：用来确定本机的位置、高度和飞行路径，上述输入数据由惯性基准系统提供。

（2）无线电高度信息：提供无线电高度信号，用来设定产生交通咨询和决断咨询的灵敏度等级。

（3）本机 24 位标识符：用来与入侵飞机之间建立防撞避让程序，即可产生与入侵飞机协调的垂直机动程序，由 S 模式应答机提供信息。

（4）最大空速信息：在决断咨询的计算中，用来进行两架飞机能够相撞的最大速率预测。

（5）空地状态信号：将飞机在空中或是地面的信息传送至 TCAS 系统。在地面时，TCAS 系统将不产生询问或应答信号；在空中时，TCAS 系统将抑制自我测试。

此外，飞行员控制面板可以供飞行员选择是否启用 TCAS 系统以及 TCAS 的工作模式。ATC/TCAS 面板对 TCAS 的控制包括：

（1）工作模式开关：工作模式开关用于选择应答机和 TCAS Ⅱ 的工作方式与功能（见表 4.4）。

表 4.4　TCAS Ⅱ 的工作方式与功能

工作方式开关	TCAS 系统功能
STBY	工作模式开关处于 STBY(准备)位时,应答机和 TCAS 发射机均不发射,但能接收信号。此时系统处于准备状态
ALT RPTG OFF	高度数据不可用,仅使用框架脉冲应答 C 询问。TCAS 发射机仍处于准备状态
XPDR	工作模式开关处于此位置时,应答机处于全功能状态,对 A 模式和 C 模式的询问正常应答
TA ONLY	在应答机正常工作的基础上,TCAS 系统正常工作,在周围空域出现入侵飞机时产生交通咨询
TA/RA	工作模式开关处于 TA/RA 位,应答机和 TCAS 均处于全功能状态,在周围空域态势紧张时不仅产生 TA 交通咨询,还产生 RA 决断咨询信息

（2）监视范围选择开关：TCAS 控制板上的监视范围选择开关,可以设置监视范围为正常(N)、上方(ABV)或下方(BLW)（见图 4.22）。

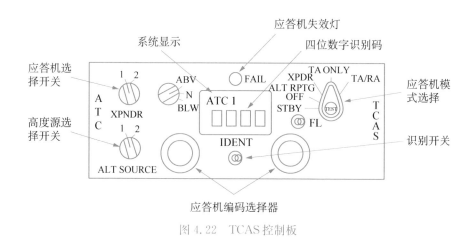

图 4.22　TCAS 控制板

（3）探测范围选择：电子水平位置指示器（EHSI）控制板上的 RANGE 旋

钮可以选择 TCAS 的显示范围。TCAS 的监视范围较小,一般调至 16 n mile、22 n mile 等较小距离,观察空域态势信息(见图 4.23)。

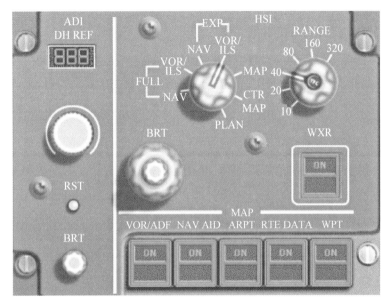

图 4.23 EHSI 控制板

4.3.2 输出

输出方式分为视频输出及音频输出两种。

1) 视频输出

TCAS 系统处理后显示的视频信息分 4 类: Nothreat(无威胁、白色空心菱形)、Proximate(接近、白色实心菱形)、TA(交通咨询、琥珀色实心圆形)、RA(决断咨询、红色实心正方形),级别从低到高。具体划分等级如下: 若入侵飞机高度在本机高度 1 000 ft 外或距离超过 11 km,则为 Nothreat;若入侵飞机高度在本机高度 1 000 ft 内或距离小于 11 km,则为 Proximate;若入侵飞机与本机 $\tau = 3\,600 \times$ 距离(n mile)/距离变化速率(kn)为 20～45 s(与本机高度有关),会有 TA 视频显示和音频警告;若 τ 为 20～30 s(与本机高度有关),会有 RA 视频和音频警告,同时在显示器上显示相应的垂直动作。

2) 音频输出

在 TA 状态下,当有飞机接近本机时,TCAS 会发出"Traffic,Traffic"的告警语音。在 RA 状态下 TCAS 会根据本机与对方飞机的位置发出规避策略语音提示,例如"Descend"和"Climb"。

TCAS 系统获得输入参数后,由交通计算机计算入侵飞机的动向和可能的危险入侵,发出交通咨询(TA)或决断咨询(RA),并显示在综合显示器上,其主要显示状态有 Nothreat、Proximate、TA、RA。同时系统会提供语音告警,使飞行员了解本机周围空域的交通状况,在达到告警阈值时提醒飞行员可能会出现的空中冲突,做好决断规避,防止与其他飞机危险接近。RA 告警是在 TA 告警之后,对可能继续加剧碰撞危险、提高危险等级的接近飞机进行决断,计算出适合本机的垂直爬升率或下降率指导值,TA、RA 都将给出语音告警[当到达两机进近最接近点(CPA)的时间达到阈值时],以使本机和入侵飞机保持安全距离。

图 4.24 和图 4.25 的内圈为 RA 保护区,外圈为 TA 保护区,我们以椭圆球状保护器为例,说明各种告警状态。若入侵飞机与本机高度差在 1 000 ft 以上或两者距离超过 6 n mile,则为 Nothreat;若入侵飞机与本机高度差在 1 000 ft 内或距离小于 6 n mile,则为 Proximate;若本机到达两机最接近点的时间 τ

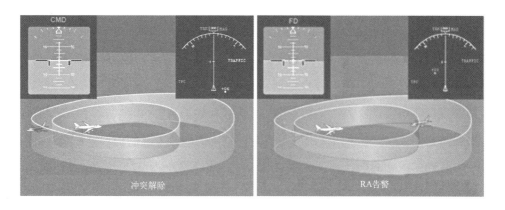

图 4.24　TA、RA 状态示意图 1

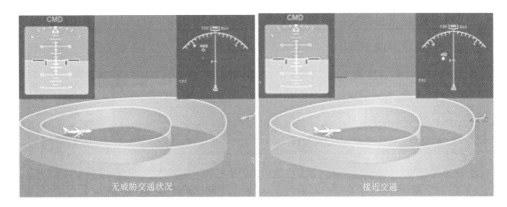

无威胁交通状况　　　　　　　　　　　接近交通

图 4.25　TA、RA 状态示意图 2

为 20～45 s(与本机高度相关),会有 TA 告警显示和语音提示;若 τ 为 20～30 s(与本机高度相关),会有 RA 告警和语音提示,同时在显示器上告知建议的垂直爬升率或下降率。

4.4　系统机动算法与策略

4.4.1　保护区模型

国际民用航空组织对于民用航空飞行高度有明文规定,只要按照此规定飞机都处于安全状态,基本不会发生危险(国际民用航空组织规定的飞行高度层见表 4.5)。只有当飞机因意外情况偏离预定航线时,才会发生空中安全威胁,触发 TCAS 系统告警。

表 4.5　国际民用航空组织规定的飞行高度层表

飞行高度层		飞行高度层	
m	ft	m	ft
14 900	48 900	15 500	50 900
13 700	44 900	14 300	46 900

（续表）

飞行高度层		飞行高度层	
m	ft	m	ft
12 500	41 100	13 100	43 000
11 900	39 100	12 200	40 100
11 300	37 100	11 600	38 100
10 700	35 100	11 000	36 100
10 100	33 100	10 400	34 100
9 500	31 100	9 800	32 100
8 900	29 100	9 200	30 100
8 100	26 600	8 400	27 600
7 500	24 600	7 800	25 600
6 900	22 600	7 200	23 600
6 300	20 700	6 600	21 700
5 700	18 700	6 000	19 700
5 100	16 700	5 400	17 700
4 500	14 800	4 800	15 700
3 300	10 800	3 600	11 800
2 700	8 900	3 000	9 800
2 100	6 900	2 400	7 900
1 500	4 900	1 800	5 900
900	3 000	1 200	3 900
—	—	600	2 000

　　为了保证飞机飞行安全,在当前的飞行冲突检测与解脱研究中,世界各国通过飞行管制规则均规定了飞机的安全间隔(见图 4.26)。在不同的飞行高度层,安全间隔是不同的。安全间隔是指飞机基于空间或时间的距离,通常分为水平间隔和垂直间隔[11]。

4.4.1.1 水平间隔

根据国际民用航空组织的规定,水平间隔的定义是:在空中飞行的两架飞机基于同一条基线的侧向距离或同一个基准点之间的航向夹角。本章中用到的水平间隔主要考虑侧向距离,如图 4.27 所示。

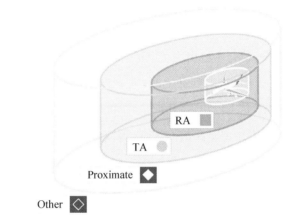

图 4.26　飞行保护区示意图[13]

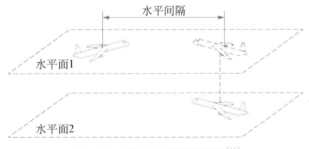

图 4.27　飞机水平间隔模型图[11]

4.4.1.2 垂直间隔

垂直间隔是一种距离间隔,通过飞机之间的垂直高度差来保证,通常被认为是一种最安全、有效的间隔。根据国际民用航空组织的规定,垂直间隔的定义为:空中飞行的两架飞机,在垂直平面上基于同一条基线间的距离,如图 4.28 所示。

水平面1
水平面2
垂直间隔

图 4.28　飞机垂直间隔模型图[11]

　　飞机在巡航阶段,若处于自由飞行状态,其飞行高度不变,飞行航迹一般认为是匀速直线路径。飞机在遇到冲突时,才会进行某些机动,如转弯、加速、降速、爬升和下降等来改变飞行状态,从而进行冲突解脱。

　　参考飞行管制规则中安全距离的规定,可以建立飞机的保护区模型。当某一飞机的保护区与周围空域其他飞机的保护区发生重叠时,表示两架飞机之间在未来某时刻可能会发生冲突,存在潜在的危险。常用的飞机保护区模型有圆柱保护区模型、球状保护区模型和椭圆球状保护区模型。

4.4.1.3　圆柱保护区模型

　　根据垂直间隔和水平间隔的要求,以飞机质心位置作为圆柱的中心。圆柱保护区模型如图 4.29 所示。对圆柱保护区模型边界进行函数描述需要将其分为上下表面和柱面两个部分 $\begin{cases} x^2 + y^2 \leqslant R^2 \\ -h \leqslant -z \leqslant h \end{cases}$。根据数学模型可知,圆柱上下表面和圆柱面的连接处是尖点,不可导。虽然圆柱保护区模型较为简单,但上述问题造成之后的解算比较困难。

4.4.1.4　球状保护区模型

　　为了克服圆柱保护区模型的一些缺点,有关研究人员提出采用球状保护区模型 $(x-a)^2 + (y-b)^2 + (z-c)^2 \leqslant R^2$,如图 4.30 所示。但是通常由安全间隔的规定可知,飞机的垂直间隔要求比水平间隔要求低得多。如果取球状保护区的半径为水平间隔,那么在垂直方向上,空域的有效容量会大大降低;如果取球状保护区的半径为垂直间隔,将不能满足在水平间隔上的安全间隔要求,留下飞行安全隐患。

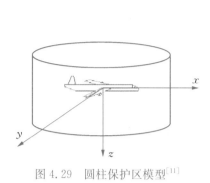

图 4.29　圆柱保护区模型[11]　　　　图 4.30　球状保护区模型[11]

4.4.1.5　椭圆球状保护区模型

综合以上特点,选择椭圆球状保护区模型 $\dfrac{x^2}{a^2}+\dfrac{y^2}{b^2}+\dfrac{z^2}{c^2}\leqslant 1$ 较为合适。该模型在避免圆柱保护区模型和球状保护区模型缺点的同时,吸收了前两者的优点。椭圆球状保护区模型以飞机质心为椭圆中心,水平平面 xOy 内的投影是一个半径为水平间隔的圆形,如图 4.31 所示。

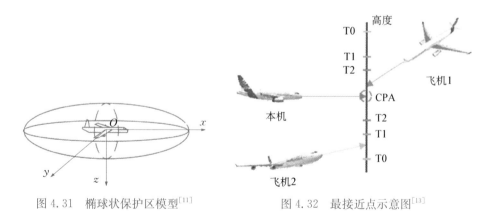

图 4.31　椭球状保护区模型[11]　　　　图 4.32　最接近点示意图[13]

4.4.2　避让逻辑

根据垂直间隔或者相对高度(气压高度的差异)及飞机间的距离这两个准则,入侵飞机可分类为 Other、Proximate、TA 和 RA。经常性地询问周围飞机保证垂直间隔与距离的变化,这类变化称为垂直速率和距离变化率。避撞威胁评估模块考虑以上准则和最接近点信息。CPA 是假设航迹不偏离,飞机间可能达到最小距离的点。形成两个判断准则:垂直间隔的 CPA 和到达 CPA 的时间。考虑两机距离、垂直间隔以及其变化,本机 TCAS 能够预测是否会在 CPA 点发生 TA 或者 RA 告警。在 CPA 点,定义了三类区域 T0、T1 和 T2。按本机和入侵机的垂直间隔定义了咨询的类型:

T0 和 T1 之间:TA;

T1 和 T2 之间:预防 RA,指导飞行机组避免当前垂直速度偏差;

T2 以下:修正 RA,指导飞行机组在垂直速度范围内机动。

TCAS 利用 τ 而不是 CPA 的几何位置来判断碰撞威胁,对于两架在同一轴在线的飞机,τ 是两机距离除以两机的相对速度。τ 减小导致碰撞威胁增加,当 τ 达到预先设定的阈值,TCAS 触发告警。

当两机距离减小时,如果 τ 的变化趋势反向,基于 τ 的计算方法可以防止触发告警。如图 4.33 所示,两架飞机相向平行飞行,当满足发出 RA 的条件时,TCAS 的机动策略算法做出决定,选择一种合适的机动方式来避免碰撞。首先,算法确定飞行机动的垂直判断,也就是飞机是否需要爬升或下降。然后,系统计算出 RA 的强度,即飞机需要以多大的速度改变其高度。大部分飞机上安装的 TCAS 只提供垂直方向的避撞,并不提供水平方向的转弯机动,因为偏航角度的精确性不足以做出适合的向左或向右的决定。

图 4.34 显示一个简化的判断选择过程。通常,飞机的飞行路线选择如下,其中一种基于爬升,另外一种基于下降。在有响应之前,假设每个路线都有 5 s 的延迟,接着以 0.25g 的垂直加速度在垂直方向加速,直到达到 1 500 ft/min 的速度目标。同时,假设入侵飞机按照原有的垂直速率保持直线飞行。TCAS 算法在这两种方式中选择一种在到达 CPA 点时能够提供最大垂直间隔的一种,在图 4.34 的情况中,TCAS 将基于以上判断过程选择下降。

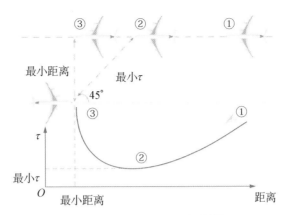

图 4.33 τ 值随时间的变化[13]

图 4.34 机动优化选择

对于将要穿越入侵飞机所在飞行高度的情况,TCAS 将选择一个不穿越高度的 RA 咨询,前提是这个 RA 可以导致在 CPA 时双方的高度差值满足最小高度限制(ALIM)。即便穿越的 RA 会得到相同或更大的高度差值,也将选择前者。但如果前者 RA 的效果使得在 CPA 时双方的高度差值不满足 ALIM,则 TCAS 会选择后者即穿越入侵飞机飞行高度。如图 4.35 所示,两种 RA 均满足 ALIM,此时 TCAS 还是会选择不穿越入侵飞机飞行高度的 RA。

在一些情况下,入侵飞机的垂直状态是实时变化的,在此情况下,初始的 RA 有可能起不到避让效果甚至会使双方更加接近,这时,初始的 RA 需要加强或者更改"方向"。图 4.36 所描述的是将一个初始为"爬升"的 RA 改为逻辑相反的"下降"RA。当入侵飞机也是一个装备 TCAS 的飞行器时,根据目前最新的 TCAS 标准,允许对于初始 RA 咨询做反向逻辑更改,但在做这个更改之

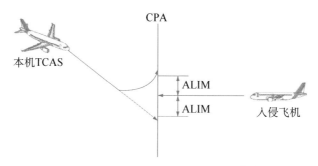

图 4.35　机动选择是否穿越高度层[12]

前,需要保持初始 RA 的运行时间至少为 9 s,以使双方对初始 RA 效果进行确认。若双方高度差值在 300 ft 以内,则不允许对初始 RA 做反向逻辑更改,因为此时反向逻辑更改的 RA 可能是一个穿越入侵飞机高度 RA,可能会有危险。在两架装备 TCAS 的飞机相遇时,穿越对方高度 RA 的优先权高于"加速"RA 的优先权的逻辑不成立,因为 TCAS 具有 TCAS - TCAS 协调功能,使得双方都不用穿越对方的飞行高度。

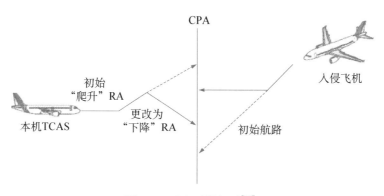

图 4.36　RA 反转机动[12]

当选定了机动的方式,接下来就要确定 RA 机动的强度了。强度选择的一个原则是在确保双方在 CPA 时满足 ALIM 高度差的基础上,最低限度地破坏当前的飞行线路。在执行了一个初始的 RA 后,TCAS 会继续监视、计算双方在到达 CPA 时的高度差值,如果情况变坏,则需要对初始的 RA 做出更改。如

图 4.37 所示，假设每个可能机动强度都有 5 s 的延迟，接着同样以 0.25g 的垂直加速度在垂直方向加速到达目标速度，TCAS 选择其中垂直速率改变最小的一种方式来完成所需的最小间隔。在图 4.37 中，当 RA 发出时，装备了 TCAS 的飞机正以 1 000 ft/min 的速率下降，5 种可能机动对应了不同的垂直速度飞机在 CPA 时刻的间隔。假设需求的最小垂直间隔是 1 000 ft，则图中最小的机动将是不下降的机动，飞行员将收到相应的语音提示。在图 4.37 中，如果入侵飞机高于 200 ft，那么可能就要选择"爬升"这一指令了。

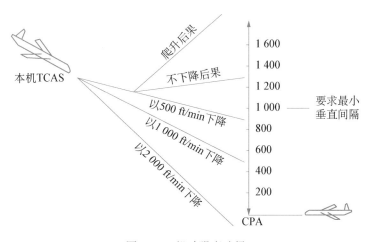

图 4.37　机动强度选择

面临紧急的加速状况时，因为 TCAS 的 1 Hz 更新频率和过滤延迟，其预测很有可能滞后于实际的情况。而这种延迟可能使得 RA 方式和它的强度的选择不符合实际情况，为了缓和该问题，TCAS 延缓发出 RA，而且有相应的算法来监测可能的变化，并且在必要时改变 RA。一般可以改变 RA 的强度，如从"不要下降"变为"爬升"，从"爬升"改变为"加强爬升"等。在某些情况下，TCAS 甚至会完全改变 RA，如从"爬升"改为"下降"，同时，与装配 TCAS 的入侵飞机的 S 模式应答机的协调也会改变。因为潜在碰撞前的时间很有限，这种完全相反的决策是一种很大的挑战，任何飞行员和飞机潜在的反应都可能导致之后间隔的减少。

由于飞机在空中一定高度上的爬升能力有限,所以在一定高度时,TCAS不会给出"爬升"或者"加速爬升"的RA。此时TCAS如果判断出"下降"的RA不能够在CPA产生足够的ALIM时,会给出"不下降"的反咨询。TCAS具有处理同时发现多架入侵飞机的能力,此时通过计算、判断会尽量选择一个RA,这个RA咨询可以确保与每个入侵飞机都保持合适的间距;如果没有RA满足这个要求,TCAS将使用"加速"RA、反向更改的RA来分时解决此问题。事实上,根据飞行记录显示,在TCAS投入使用以来,全世界范围内发生此种情况的次数不多于6次。在一个RA执行的过程中,如果TCAS判断初始的"正"咨询已经在到达CPA之前得到了ALIM,则这个RA将改为一个"反"咨询。比如将"爬升"的RA改为"不下降",将"下降"的RA改为"不爬升"。这种判断选择的依据是尽量使得飞机保持原来的飞行航线,减少相对于航向的位移变化。而对于初始为"反"的RA,则不会做出更改,除非在有必要的情况下改为"正"的RA或者反向的RA。

对于RA的选择,还有以下几点注意:高度在1 450 ft以下,TCAS不会给出"加速下降"的RA;高度在1 100 ft以下,TCAS不会给出下降的RA;高度在(1 000±100)ft以下,TCAS不会给出所有的RA。飞机正处在下降状态,而且正在穿越1 100 ft的高度,如果此时正在进行"下降"的RA,则将其更改为"不爬升"。经过CPA后,随着与入侵飞机的间距逐渐增大,所有的RA都将被取消。

当两架装备TCAS Ⅱ的飞机相互接近时,两者通过S模式数据链路通知对方自己将采用的RA,为了确保两个飞机采用互补的RA,当两者的初始RA相同时,具有较高的S模式飞机地址的飞机将初始RA改变为与其逻辑相反的RA。在RA期间,协调通信使用1 030/1 090 MHz频段进行监视询问和应答,协调通信每秒一次。协调通信包含本机所将采用的RA信息,比如一架飞机选择了"爬升"的RA,那么它将向对方发出协调通信,将对方所采用的RA选择限制在"下降"的RA中。

对于两架装备 TCAS 的飞机相互接近的情况,RA 选择的基本原则是,在选择 RA 前,每一个 TCAS 系统都必须检查是否已经收到另一个 TCAS 系统将要执行的 RA 信息。如果已经收到,那么 TCAS 系统将选择一个和对方 RA 逻辑相反的 RA 咨询,并通过协调通信通知对方自己所将采用的 RA;如果自身 TCAS 系统没有收到对方 TCAS 的协调通信信息,那么 TCAS 将对方视为没有装备 TCAS 系统的入侵飞机一样进行 RA 选择,然后发出协调通信,这种情况下双方 RA 在逻辑上是互补的。多数情况下,两架装备 TCAS 系统的飞机对对方的识别有一个先后过程,可以确保双方采用逻辑互补的 RA。但是少数情况下,双方同时检测到对方,并可能同时做出了相同的 RA 选择,此时就可能有相撞的危险。为了确保在这种极少数情况下双方也能做出逻辑相反的 RA 选择,做以下处理:在双方同时做出 RA 选择后,向对方发出协调通信信息,此时如果双方所采用的 RA 相同,则具有较高 S 模式飞机地址的 TCAS 系统将主动更改初始 RA,将其改为与初始 RA 逻辑相反的 RA 咨询,而另一个具有较低 S 模式地址的 TCAS 的 RA 将保持不变。

在协调过程中,根据入侵飞机的高度变化,TCAS 只能做出一次与初始 RA 相反的 RA 选择。初始的 RA 将被保持至少 9 s,除非具有较低 S 模式飞机地址的飞机的垂直速度大于 2 500 ft/min,导致初始 RA 的后果很危险。这个时延是用来给两架飞机对初始 RA 的效果观测留下充足的时间。

4.4.3　冲突探测

如图 4.38 所示,在飞机的每个时间点的位置和高度信息得到之后,可以利用这些信息来推测出飞机在未来的某个时刻的大概位置,图中飞机的位置是实时更新的,而且一般的民航飞机在一段时间内不会产生较大的机动,所以该方法是能够比较准确地预测未来飞机的位置的。

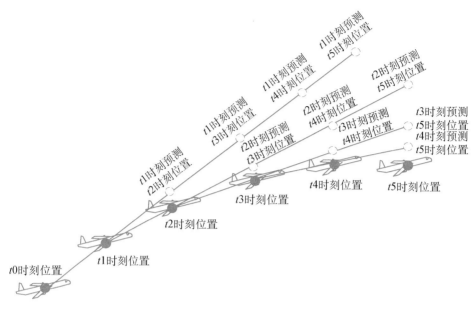

图 4.38 飞机未来位置预测图

利用两机的位置预测,可以直接预测两机的 CPA 点。假设本机在 t_{i-1} 时刻的空间坐标为 (x_{O1}, x_{O2}, x_{O3}),在 t_i 时刻空间坐标为 $(x'_{O1}, x'_{O2}, x'_{O3})$,入侵机在 t_{i-1} 时刻的空间坐标为 (x_{I1}, x_{I2}, x_{I3}),在 t_i 时刻空间坐标为 $(x'_{I1}, x'_{I2}, x'_{I3})$,那么,令两架飞机在未来任意时刻 t 之间的距离 d 为

$$d = f(t) = \sqrt{\sum_{j=1}^{3} \left[(x'_{Oj} - x_{Oj})t + x_{Oj} - (x'_{Ij} - x_{Ij})t - x_{Ij}\right]^2} \quad (4-1)$$

对 $d = f(t)$ 求导,在 $t = t' = \left| \dfrac{\sum\limits_{j=1}^{3} (x'_{Oj} - x_{Oj} - x'_{Ij} + x_{Ij}) \times (x_{Oj} - x_{Ij})}{\sum\limits_{j=1}^{3} (x'_{Oj} - x_{Oj} - x'_{Ij} + x_{Ij})^2} \right|$ 时刻,

可得到:

$$d_{\min} = f(t') = \sqrt{\sum_{j=1}^{3} \left[(x'_{Oj} - x_{Oj})t' + x_{Oj} - (x'_{Ij} - x_{Ij})t' - x_{Ij}\right]^2}$$

$$(4-2)$$

那么，$CPA = d_{min}$。 如果飞机信息采样的频率为 F，则 $\tau = t'/F$。 由此也可以推出两架飞机在 τ 点的相对位置。得到两架飞机在 τ 点的相对位置，可以结合飞机的保护区模型，判断冲突与否。

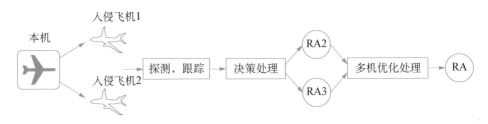

图 4.39　两架飞机冲突解脱

现在的空中冲突探测决策系统中对多机冲突的解决主要有两种方式：第一种为成对处理 pair-wise(P)，在这种处理方式中，潜在的冲突是通过一步步两两飞机的冲突解决以到达所有冲突的解决；第二种为整体处理 global(G)，在这种处理中，整个交通状况是同时被探测处理。在 global 方式中，本机同时对所有与冲突有关的飞机进行探测分析，相对 pair-wise 处理方式起来会比较复杂，增加了整个防撞逻辑的复杂性，但解决冲突的能力会有所提高。pair-wise 方式对大多数冲突的解决比较有效，逻辑原理也较为简单，对系统的实时性有很大的帮助。但它可能在某些冲突情况中会失效，以至于最终找不到一个决策方案，特别是在涉及冲突的威胁目标机的数目较多时，力求找到一个统一的机动以解决冲突是有很大难度的，所以这种方法存在局限性。

在实际中，多机冲突的情形可以分为两类：多个飞机只有两两间冲突的情形和多个飞机在同一点冲突的情形。我们可以把上面所说的两种多机冲突的解决方法对应为这两种冲突情况。在现实中，空中交通对所在空域的飞机有航道限制，这种限制会把空域按高度划分为不同的空域，飞机按一定的标准只能在特定的高度空域里飞行，而不能超越。所以同时多个飞机在同一点冲突的情形是很少的，特别是在非军事的航道里。所以，通常的 pair-wise 方式，就能满足多机冲突的解脱要求。TCAS 中的多机处理采用的就是典型的 pair-wise 方式。由监测技术的不同,空中冲突的也分为协同条件下的威胁和非协同条件下的威胁。所谓协同条件下的威胁,即冲突中的两架飞机都装备有 TCAS 和 S 模式应答机的情况下,协调子系统会把 RA 的信息通过 S 模式数据链传到另一个装备有 TCAS 的飞机,来确保两个飞机的机动是互补的。例如,如果第一架飞机在探测了威胁条件后选择了一个上升的机动来避免冲突,第二架飞机就会选择一个下降的机动来协同避撞。TCAS Ⅱ 在处理协同威胁上有非常成熟的优势,这也弥补了采用 pair-wise 方式来解决多机冲突的一些局限性,使得在绝大多数的多机冲突中,TCAS Ⅱ 都能得出较好的决策机动。

一般认为在多机冲突中,任意两个冲突点的距离较远,冲突点中的飞机完全有时间先由单个的冲突点得到一个避免冲突的决策(在 TCAS Ⅱ 中为 RA)。因此,多机冲突的模型往往可以化为多个两个飞机间冲突的情形来处理。这就是 pair-wise 处理方式的基本出发点。在将模型分化之前,系统会将冲突的飞机按照冲突的先后顺序和冲突中飞机的优先级来排列,然后再一架一架的有条不紊去解决。举例来说,假设有三架飞机进入空域层,第一架飞机先和第二架飞机冲突,然后再和第二架冲突,我们就可以先按照两架飞机冲突的模型来解决第一和第二架飞机冲突间的问题,等到冲突解决过程完成后,即两架飞机都恢复到非冲突模式后,分别记下此时各飞机的位置,速度和方向,再检测第三架飞机是否会和第一或第二架飞机冲突,有冲突再用两架飞机的模型进行解决,依此类推。而在 TCAS Ⅱ 系统里会按照 pair-wise 处理方式,对整个多机冲突做出预处理,而最后得出的是唯一的一个 RA 决策信息。当判断为多目标机冲突,MULTIAIRCRAFT 会对多个的 RA 进行最优化选择。TCAS 的多机处理由两部分组成:多机模拟和评估(Mufti-aircraft modeling and evaluation)和多机决策优化(Mufti-aircraft resolution optimization),根据前一部分模拟和评估的结果进行最佳决策选择。在决策处理(resolution)中会得出针对每架威胁机的 RA,我们知道,TCAS 的 RA 是一个垂直方向上的机动指示,因此,每个 RA 的组成包括指向(sense)和强度(value)两个部分。根据选择的飞机是否是新的入侵飞机,多机模拟和评估处理中将多机冲突分为了两类:新入侵飞机冲突和持续入侵飞机冲突。TCAS 会对每个探测到的入侵飞机建立一个信息队列,当探测到一架没有在信息队列存在的入侵飞机时,系统会对该机建立一个新的信息队列。对装备有 TCAS 的入侵飞机,本机能获得入侵飞机各种可靠的参数信息,并且能与本机进行商议,交换彼此的决策,此时优化技术处理方式被用来优化多机冲突中所有飞机的飞行机动,在避免冲突的同时把机动消耗降到最小。

4.5　系统仿真与模拟

4.5.1　数据激励

运行系统激励器软件,然后根据需要选择数据源。可编辑激励器需要人工输入每架飞机的三个航经点,通过"增加数据"按钮加入飞机信息队列,然后点击"可编辑动态"和"发送"按钮完成数据发送(见图 4.40)。

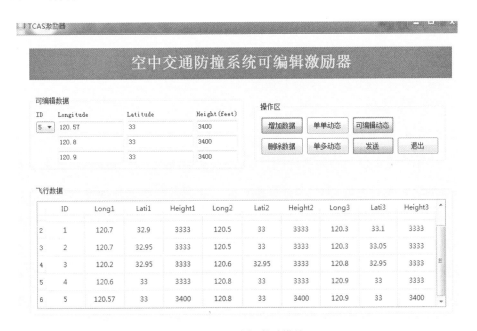

图 4.40　可编辑激励模块

同时,可以通过引导条激励模块直接接收在线飞行资料,或回放已经录好的飞行数据进行数据发送(见图 4.41)。具体操作为:选择 UDP 选项,单击"Online"按钮,开始在线接收数据;直接单击"Replayscene"按钮与"Online"按钮,进入回放数据模式。

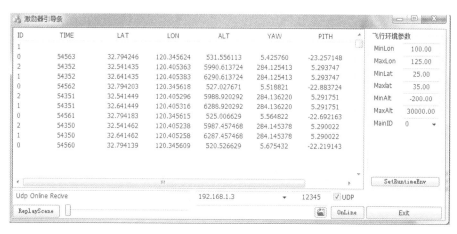

图 4.41　引导条激励模块

在上述数据源开始发送后,运行激励器软件,单击"开始"按钮,默认即为 ON 状态,开始接收与处理原始数据生成 TCAS 所需的资料格式,发送给 TCAS 系统,以便其接收、处理与解算。

4.5.2　仿真模块

空中交通告警和防撞系统(TCAS)接收来自飞机 S 模式应答机或者其他系统的输入飞行数据,TCAS 计算机对输入数据进行数据转换等预处理工作之后,传递给 TCAS 的 CPA 解算模块,结合到达最接近点的时间与距离,判断系统进入单入侵飞机 RA 决策还是多入侵飞机 RA 决策,最后将结果送至显示输出模块。TCAS 仿真模块具备空中态势感知,冲突侦测与解决基本功能,可以静态、动态仿真垂直单、多目标典型情况下的告警,其系统结构如图 4.42 所示。

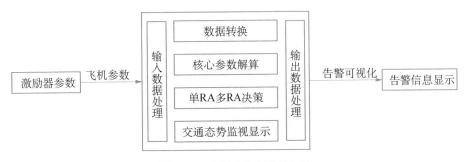

图 4.42　TCAS 仿真系统结构

在没有故障模式下，默认 TCAS 系统工作在 TA/RA 模式下。TCAS 仿真模块以动态链接库的形式提供，位于数字样机软件同目录下，文件名为 TCAS. dll。运行综合监视系统数字样机软件之后，TCAS 模块会自动加载运行，如图 4.43 所示。

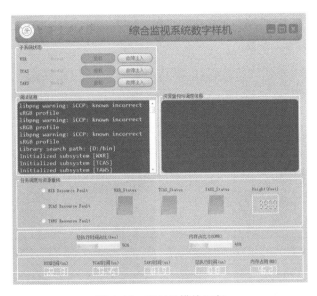

图 4.43　TCAS 模块运行

4.5.3　综合显示模块

运行综合显示仿真软件（见图 4.44），在软件主接口右侧显示模式中选择

"TCAS"按钮,切换到 TCAS 显示模式。在典型场景激励下,可以看到综合显示接口出现不同目标的入侵飞机,并出发相应告警。

图 4.44　综合显示仿真器中显示的 TCAS 告警信息

TCAS 单列式软件:

1) 单入侵飞机告警

运行 TCAS 单列式仿真软件,默认启动 TCAS 功能模式。在不同时刻激励场景的激励下,触发单入侵飞机的告警,具体如图 4.45 和图 4.46 所示。

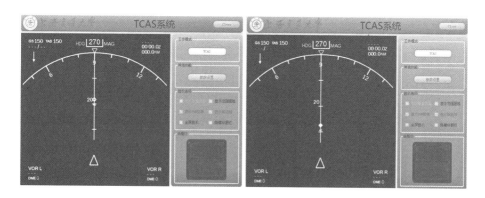

图 4.45　单目标监视接口

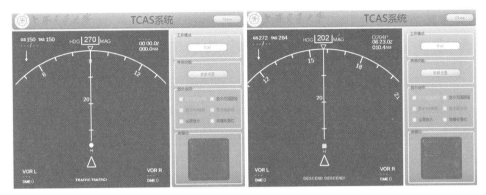

图 4.46　单目标 TA、RA 告警界面

2）多入侵机告警

运行 TCAS 仿真软件，默认启动 TCAS 功能模式。在不同时刻的激励场景激励下，分别触发多入侵飞机的告警，包括监视阶段的无威胁接近状态、交通咨询 TA、决断咨询 RA，如图 4.47 所示。

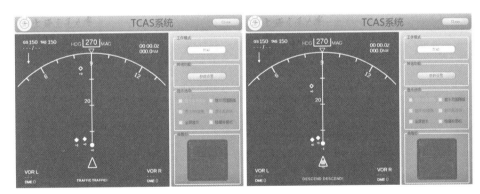

图 4.47　多目标空域态势

参考文献

［1］ Reich P G. Analysis of Long-range Air Traffic System：Separation standards［J］. The Journal of Navigation，1966,19(3)：331－347.

［2］ Bakker G J，Henk A P Blom. Air traffic collision risk modelling［C］. San Antonio，TX：IEEE Xplove，1993：1464－1469.

［3］ Lee C Y，James K K. Using intent information in probabilistic conflict analysis［C］. Boston：AIAA Guidance，Navigation，and Control Conference，1998：10－12.

［4］ Prandini M，Hu J，Lygeros J，et al. A probabilistic approach to aircraft conflict detection［J］. IEEE Trans. Intelligent Transport System，2000,1(4)：199－220.

［5］ Karine B，Marianne A，Frédéric B，et al. A stochastic conflict detection model revisited［C］. Denver，Colorado：AIAA guidance，Navigation and Control Conference，2000：5－8.

［6］ 王有隆.从德国博登湖撞机事件看 TCAS 与飞行安全[J].中国民航飞行学院学报,2005,16(6)：8－10＋12.

［7］ 王绍平,崔德光.空中交通控制的冲突探测算法[J].清华大学学报(自然科学版),2004,44(10)：1368－1371.

［8］ 傅小芮,林云松,童玲.TCAS 系统多目标机冲突决策处理的研究[J].自动化信息,2007,(11)：28－30.

［9］ 赵洪元.两条交叉航线上飞机发生危险冲突次数模型的研究[J].系统工程与电子技术,1998,20(5)：6－8.

［10］ 程丽媛,韩松臣,刘星.采用内点约束的最优冲突解脱方法[J].交通运输工程学报,2005,5(2)：80－84.

［11］ 顾博.民机空中交通防撞系统算法及仿真研究[D].上海：上海交通大学,2012.

［12］ 陈莹.TCAS 系统的相关研究与设计[D].成都：电子科技大学,2008.

［13］Airbus. Getting to grips with surveillance Issue I［R］. Airbus Flight Operations Support & Services，2009.

［14］顾凤莲.TCAS 监视功能关键技术的研究与设计［D］.成都：电子科技大学，2014.

［15］肖刚，敬忠良，李元祥，等.综合化飞机环境监视系统研究及其数字仿真测试［J］. 航空学报，2012，33(12)：2279－2290.

5

地形感知和告警系统

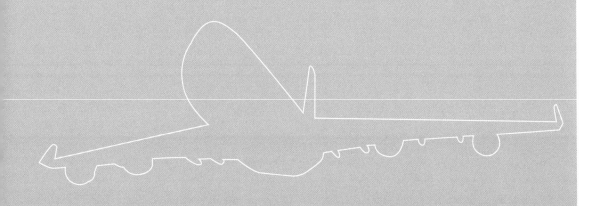

5.1　引言

在民用航空运输中,许多飞行事故并不是飞机本身机械故障(例如发动机、操控机构失效)等原因造成的,而是在飞机完全可控的情况下,由于对飞机周围地形条件等环境因素认知不全,而发生了飞机撞到地面、障碍物或水面的事故[1]。这类事故称为可控飞行撞地(controlled flight into terrain,CFIT)事故。目前,CFIT 已经成为威胁航空安全的最主要因素之一,全世界因 CFIT 而死亡的人数有数万人[2]。

1979 年 11 月,新西兰航空公司 901 航班撞到伊里布斯山,机上 237 名乘客和 20 名机组人员全部丧生[1]。图 5.1 所示为 901 航班撞到伊里布斯山后的一块残骸。

图 5.1　新西兰航空公司 901 航班飞机的一块残骸[1]

CFIT 事故的巨大危害引起了人们的注意,在对 CFIT 事故进行了大量研究之后,美国于 20 世纪 70 年代首先推出了适用于民用航空领域的近地告警系统(ground proximity warning system,GPWS)[3]。GPWS 通过一系列告警算法对无线电高度和其他飞行状态参数进行处理,及时为飞行员提供语音和指示灯形式的告警,以避免 CFIT 事故发生。

在美国联邦航空局(FAA)强制美国民用飞机安装 GPWS 之后,CFIT 事故明显减少。在此之前,每年发生 7~8 次 CFIT 事故,而在 1985 年之后,CFIT 事故每年仅发生 1~2 次[4]。

GPWS 的确在实际应用中发挥了很大的作用,但其本身存在一些不足和缺陷,因而 CFIT 事故仍然是民用飞机事故的主要部分。GPWS 存在的不足迫使航空界对传统的近地告警系统做出改善。Honeywell 公司于 1998 年推出了增强型近地告警系统(enhanced ground proximity warning system,EGPWS),EGPWS 主要增加了前视地形告警和地形显示两大主要功能,并且大大提前了告警的时间,给飞行员以更多的反应裕度,可以在更大程度上避免 CFIT 事故的发生[3]。

据统计,全世界已经安装 EGPWS 并且地形感知和告警系统设备正常工作的飞机,还没有发生过一起 CFIT 事故[2]。

5.2　主要产品性能

美国麻省理工学院航空航天系的 James K. Kuchar 和 Lee C. Yang 基于状态空间思想,提出了基于性能指标求取阈值的方法,并运用于地形感知和告警系统(terrain awareness and warning system,TAWS)的告警分析[5, 6]。FAA 也为 TAWS 制定了相应的规范,如近地告警设备最低性能要求 RTCA/DO-161A[7]、机载近地告警设备技术规范 TSO-C92c[8] 和地形感知和告警系统技术规范 TSO‐C151b[9]等。

在机载设备研发和生产方面,以Honeywell 公司为代表,该公司开发了 9 大系列共 30 多个规格的产品,应用于不同类型的飞机。在如今的民机领域,其 EGPWS 系列产品基本垄断了 TAWS 产品市场。图 5.2 为Honeywell 公司的一款 EGPWS产品。

图 5.2 Honeywell 公司的 EGPWS 产品

Honeywell 公司多种型号的 EGPWS 设备,如 MK Ⅷ,结合了丰富的GPWS 经验、地形数据库和技术显示。它可提供威胁地形的视听显示、基于地形威胁的前视地形警告、风切变的警戒和警告、高度报告、用于飞机降落和进场区地形的最小离地高度警报和倾斜角警报。

其他公司如 ACSS (Aviation Communications and Surveillance Systems)公司、Universal Avionics 公司和 Sandel Avionics 公司也各自推出了 TAWS 产品,应用于不同类型的飞机,且各具特色。

近年来,TAWS 开始增加一些新的功能,如智能跑道(smart runway)、智能着陆(smart landing)、合成视景(synthetic vision)、地形剖面和三维地形显示(vertical profile and 3D terrain display)等功能,TAWS 的功能在不断增强,TAWS 与空中交通告警和防撞系统(TCAS)等其他航电系统间的融合也在不断加深[3]。

5.3 工作原理与功能分析

国内的许多学者对机载监视系统各个子系统的结构、任务模型和告警算法都做了大量的分析和研究。参考文献[10~14]对 TAWS 的系统结构和功能原理等做了仿真研究;参考文献[15～18]对 GPWS 的各个告警模式的阈值曲线的生成方法做了深入研究;参考文献[19～21]对 TAWS 前视地形告警算法和前视地形图像显示等内容做了研究分析和模拟;参考文献[22，23]对 TAWS系统的激励技术做了相应的研究。

地形感知和告警系统接收来自飞机传感器或其他系统的输入飞行数据，TAWS 计算机对输入数据进行数据检验等预处理工作之后,传递给 TAWS 的各个告警模块,结合输入参数以及地形、障碍物和机场数据库,通过各个告警算法进行告警判断。若检测到危险,则将语音、灯光和文字告警信息输出到驾驶舱的扬声器、告警灯和 EFIS 显示器,将生成的前视地形图像输出到导航显示器(navigation display，ND)进行显示,其系统结构图如图 5.3 所示。

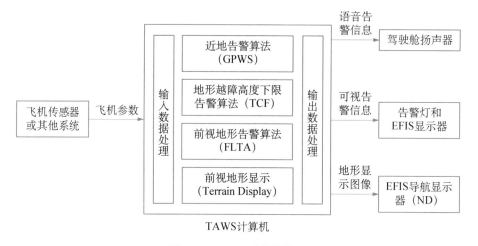

图 5.3　TAWS 系统结构图

5.4　输入输出接口

5.4.1　TAWS 输入数据定义

通过对 TAWS 的标准规范的研究[24]和对 EGPWS 各个告警功能所需的

飞机参数[25]进行分析和汇总,得出了 TAWS 所必需的基于 ARINC 429 协议的输入接口定义数据,如表 5.1 所示。

表 5.1 TAWS 输入 ARINC 429 数据接口定义表

数据类型	标号	有效数据位	数据名称	范围
BNR	100	11(18 - 28)	selected runway heading 选定跑道航向	±180°
BNR	110	20(9 - 28)	latitude 纬度	±180°
BNR	111	20(9 - 28)	longitude 经度	±180°
BNR	112	15(14 - 28)	ground speed 地面速度	4 096 kn
BNR	120	11(18 - 28)	latitude fine 精确纬度	±0.000 172°
BNR	121	11(9 - 28)	longitude fine 精确经度	±0.000 172°
BNR	164	16(13 - 28)	radio altitude 无线电高度	±8 192 ft
BNR	173	12(17 - 28)	localizer deviation 定位器偏离度	±0.4 DDM
BNR	174	12(17 - 28)	glideslope deviation 下滑道偏离度	±0.8 DDM
BNR	203	17(13 - 19)	barometric altitude 气压高度	±131 072 ft
BNR	206	13(17 - 29)	computed airspeed 计算空速	±1 024 kn
BNR	210	15(14 - 28)	true airspeed 真实空速	2 048 kn

数据类型	标号	有效数据位	数据名称	范围
BNR	212	11(19－29)	barometric altitude rate 气压高度变化率	±20 480 ft/min
BNR	314	15(14－28)	true heading 真实航向	±180°
BNR	320	15(14－28)	magnetic heading 磁航向	±180°
BNR	375	15(14－28)	flight path angle 航迹角	±4.0 rad
BNR	324	11(19－29)	pitch angle 俯仰角	±180°
BNR	325	15(14－28)	roll angle 滚转角	±180°
BNR	331	12(17－28)	longitudinal acceleration 纵向加速度	±4.0g
BNR	333	12(17－28)	normal acceleration 法向加速度	±4.0g
BNR	364	15(14－28)	vertical acceleration 垂直加速度	±4.0g
BNR	365	15(14－28)	inertial vertical speed 惯性垂直速度	±32 768 ft/min
BNR	370	16(13－28)	decision height 决断高度	±8 192 ft

TAWS 主要接收来自其他系统的 ARINC 429 协议的数据,但数据源可能不同,使得 TAWS 可以在不同的信号源之间进行选择,以满足精度或可靠度等需求。同时 TAWS 也接收来自其他系统的模拟信号或其他协议的信号。

TAWS 还需要接收来自其他系统或 TAWS 控制面板的离散控制信号。

表 5.2 给出了 TAWS 所必需的离散控制数据接口定义。

表 5.2　TAWS 输入离散控制数据接口定义表

数　据　名　称	数　据　意　义
landing gear 起落架	landing gear down or landing gear up 起落架放下或起落架收起
landing flaps 降落襟翼	landing flaps or not landing flaps 降落襟翼状态或非降落襟翼状态
flap override 襟翼收起	flap override activated if not active or flap override canceled if currently active 襟翼收起时襟翼超控生效或者襟翼放下时襟翼超控无效
landing gear override 起落架收起	landing gear override activated if not active or landing gear override canceled if currently active 起落架收起时起落架超控生效或者起落架放下时起落架超控无效
steep approach 陡峭进近	steep approach selected or not selected 被选择或未被选择陡峭进近模式
glideslope inhibit 不抑制下滑道	glideslope inhibit or not inhibit 抑制或告警
glideslope cancel 下滑道告警被取消	glideslope is canceled if glideslope function is active 下滑道告警功能激活时下滑道告警被取消
terrain awareness & TCF inhibit 抑制地形感知和离地高度告警	terrain awareness & TCF inhibit or not inhibit 抑制或不抑制地形感知和离地高度告警功能
audio inhibit 语音抑制	audio suppress enabled or disabled 激活或不激活语音抑制
GPWS inhibit 抑制 GPWS	GPWS enabled or disabled 激活或不激活 GPWS 告警功能
mode 6 low volume 模式 6 低音量	low volume or normal volume for mode 6 模式 6 低音量或正常音量

5.4.2 TAWS 输出数据定义

通过对 TAWS 各个告警功能所产生的告警信息[19]进行分析和汇总,得出了基于 ARINC 429 协议的 TAWS 输出数据接口定义(见表 5.3)。

表 5.3　基于 ARINC 429 协议的 TAWS 输出数据接口定义表

数据类型	标号	数据位	数 据 名 称
discreet	270	11	sink rate 下降率
discreet	270	12	pull up 拉起
discreet	270	13	terrain-terrain 地形-地形
discreet	270	14	do not sink 不要下沉
discreet	270	15	too low gear 太低起落架告警
discreet	270	16	too low flaps 太低襟翼告警
discreet	270	17	too low terrain 太低地形告警
discreet	270	18	glideslope 下滑道
discreet	270	19	minimums-minimums 最低-最低
discreet	270	20	terrain pull up 地形,拉起
discreet	270	21	caution terrain 注意地形

（续表）

数据类型	标号	数据位	数 据 名 称
discreet	270	22	terrain ahead pull up 前方有地形,拉起
discreet	270	23	windshear(SIREN) 风切变(警报)
discreet	270	24	caution windshear 注意,风切变
discreet	270	25	engine fail 引擎失效
discreet	270	26	vee one V1(抬轮速度)
discreet	270	27	terrain ahead 前方有地形
discreet	270	28	obstacle ahead 前方有障碍物
discreet	270	29	obstacle obstacle 障碍物,障碍物
discreet	272	11	minimums 最低
discreet	272	12	decision height 决断高度
discreet	272	13	approaching minimums 接近最低
discreet	272	14	approaching decision height 接近决断高度
discreet	272	15	zero（not supported） 零(不被支持)

数据类型	标号	数据位	数 据 名 称
discreet	272	16	ten 10 ft
discreet	272	17	twenty 20 ft
discreet	272	18	thirty 30 ft
discreet	272	19	forty 40 ft
discreet	272	20	fifty 50 ft
discreet	272	21	sixty 60 ft
discreet	272	22	eighty 80 ft
discreet	272	23	one hundred 100 ft
discreet	272	24	two hundred 200 ft
discreet	272	25	three hundred 300 ft
discreet	272	26	minimum 最低
discreet	272	27	plus hundred 上方 100 ft
discreet	272	28	decide 决断

（续表）

数据类型	标号	数据位	数据名称
discreet	272	29	fifty above 上方 50 ft
discreet	274	11	glideslope cancel 下滑道告警取消
discreet	274	12	GPWS alert GPWS 告警
discreet	274	13	GPWS warning GPWS 警告
discreet	274	14	GPWS INOP GPWS 告警不工作
discreet	274	15	windshear warning 风切变警告
discreet	274	16	audio on 语音开启状态
discreet	274	17	windshear INOP 风切变告警不工作
discreet	274	18	windshear caution 风切变警戒
discreet	274	19	callouts INOP 高度报告功能不工作
discreet	274	20	vee one INOP V1 功能不工作
discreet	274	21	engine fail INOP 引擎失效告警不工作
discreet	274	22	terrain awareness warning 地形感知警告

（续表）

数据类型	标号	数据位	数 据 名 称
discreet	274	23	terrain awareness caution 地形感知警戒
discreet	274	24	terrain awareness INOP 地形感知告警不工作
discreet	274	25	panel LED external fault 外部故障面板 LED 灯
discreet	274	26	front panel LED computer fail 计算机失效前面板 LED 灯
discreet	274	27	terrain awareness not available 地形感知告警功能不可用
discreet	274	28	terrain display discrete #1 地形显示离散数据 1
discreet	274	29	terrain display discrete #2 地形显示离散数据 2

除了输出 ARINC 429 协议的数据之外，TAWS 还需要给出扬声器或告警灯的控制信号以及输出到导航显示器（navigation display，ND）的前视地形图像数据。

5.5 GPWS 告警模式

GPWS 是 TAWS 的第一代产品，GPWS 告警算法通过接收无线电高度、气压垂直速度、修正空速、下滑道偏离度、襟翼和起落架状态等飞机状态数据作为输入，分别对各个告警模式的算法进行判断，若检测到危险，则会为飞行员提供语音和图像等告警信息，提醒飞行员进行相应的规避操作，离开危险状态，避免 CFIT 事故的发生,保障飞行安全[4]。

RTCA/DO - 161A[26]标准和 FAA TSO - C92c[8]标准规定的近地告警系统包含 6 项告警功能,并且参考 Honeywell 的 EGPWS 产品 MK Ⅷ的产品规范[25]和 ACSS 公司的 TAWS 产品的飞行员指南[27]有以下 GPWS 告警算法。

1) 模式 1 下降速率过大

模式 1 会根据飞机当前的无线电高度和垂直速率与模式 1 的告警阈值曲线进行对比判断,若当前状态落于包线内,则会对应地给出"下降率"或"拉起"的告警信息,如图 5.4 所示。

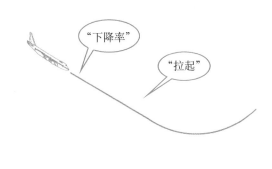

图 5.4　模式 1 下降速率过大[25]

模式 1 的告警逻辑判断框如图 5.5 所示。

当飞机状态处于外层阈值曲线(见图 5.6)和内层阈值曲线(见图 5.7)之间时,产生模式 1 下降速率告警,发出"下降率"的语音告警信息,告警灯点亮;当飞机状态处于内层包线之内时,产生模式 1 拉起告警,发出"拉起"的语音告警信息,告警灯点亮。

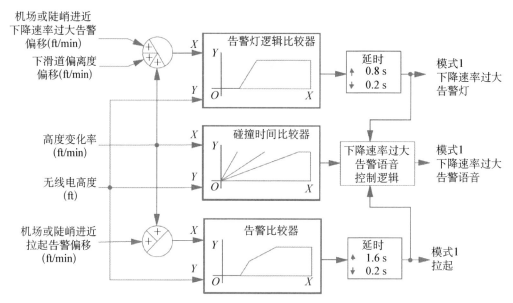

图 5.5　模式 1 告警逻辑判断框图[25]

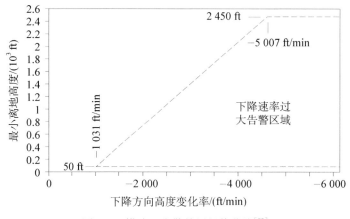

图 5.6　模式 1 告警外层阈值曲线[25]

2) 模式 2 地形接近率过大

快速上升的地形和过大的下降速率都会导致地形接近率的增大,根据飞机当前状态不同,模式 2 提供两种情况的保护。

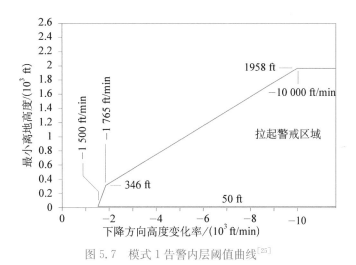

图 5.7　模式 1 告警内层阈值曲线[25]

（1）模式 2A 非着陆状态下。

当模式 2B 的启动条件（见下文）不满足时，启动模式 2A。当飞机状态进入模式 2A 的包线范围之内时，会对应给出"地形-地形"的语音告警信息，当飞机状态持续深入告警包线时，会给出"拉起"语音警告信息，告警重复发出直到飞机状态退出告警包线，模式 2A 地形接近率过大告警图如图 5.8 所示。

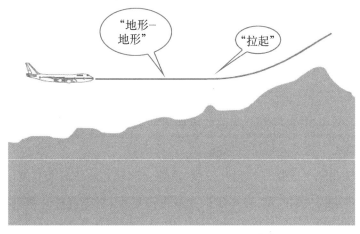

图 5.8　模式 2A 地形接近率过大[25]

（2）模式 2B 着陆状态下。

当满足以下三个条件中任意一个时，启动模式 2B：

a. 襟翼处于着陆状态。

b. 襟翼处于收起状态，飞机正在进行 ILS 进近，且下滑道偏离度在 ±2°
之内。

c. 起飞阶段的前 60 s。

当飞机状态进入模式 2B 的包线范围之内时，会对应给出"地形-地形"的
语音告警信息，当飞机状态持续深入告警包线时，会给出"拉起"语音警告信
息，告警重复发出直到飞机状态退出告警包线，模式 2B 地形接近率过大告警
示意图如图 5.9 所示。

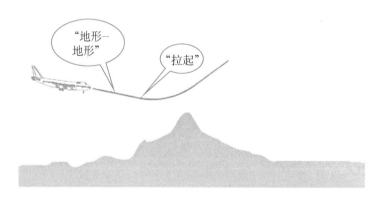

图 5.9　模式 2B 地形接近率过大告警示意图[25]

模式 2 的告警判断逻辑框图如图 5.10 所示。

模式 2A 和 2B 告警判断阈值曲线如图 5.11、图 5.12 和图 5.13 所示。

（3）模式 3 起飞或复飞后掉高。

当飞机在起飞或复飞的爬升阶段，系统会记录之前的最大高度，并与当前
高度比较得出损失的高度，在一定的无线电高度下，当飞机掉高达到一定值时
会对应给出"不要下沉"的语音警告信息，模式 3 起飞或复飞后掉高告警图如图
5.14 所示。

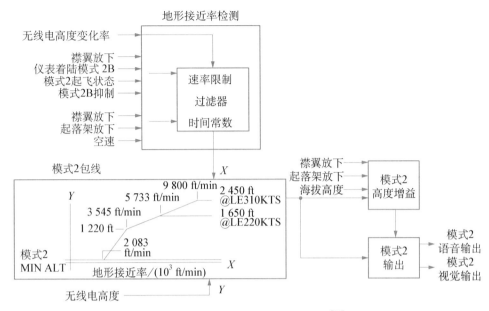

图 5.10   模式 2 告警判断逻辑框图[25]

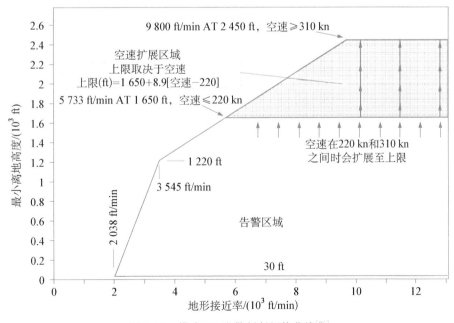

图 5.11   模式 2A 告警判断阈值曲线[25]

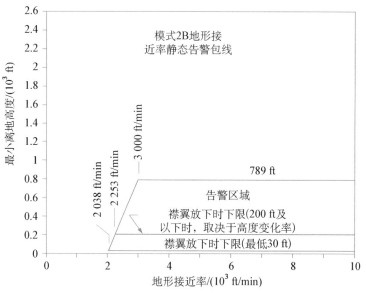

图 5.12　模式 2B 告警判断阈值曲线[25]

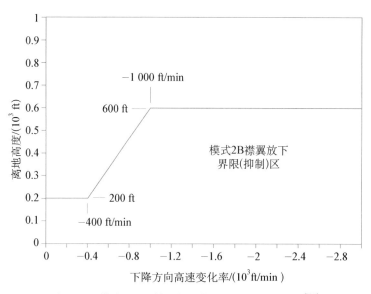

图 5.13　模式 2B 告警判断阈值曲线底部切断部分[25]

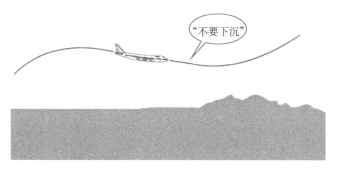

图 5.14　模式 3 起飞或复飞后掉高告警图[25]

模式 3 的告警判断逻辑框图如图 5.15 所示。

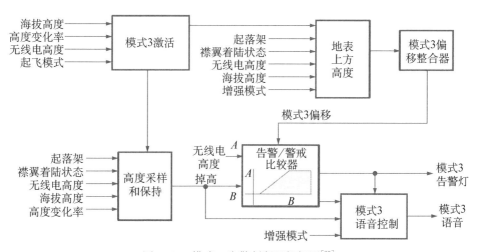

图 5.15　模式 3 告警判断逻辑框图[25]

模式 3 告警判断阈值曲线如图 5.16 所示。

（4）模式 4 非着陆状态下的不安全越障高度。

模式 4 对不安全的越障高度给出告警,根据飞机当前状态不同,模式 4 提供三种情况的保护:

a. 模式 4A 巡航或降落过程中,起落架收起,襟翼收起。

模式 4A 会将修正空速和无线电高度与模式 4A 的告警阈值曲线进行对比判断,若当前状态落于包线内,则会对应给出"太低起落架告警"或"太低地形告

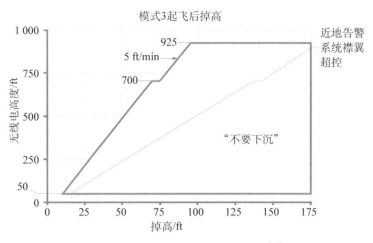

图 5.16　模式 3 告警判断阈值曲线[25]

警"的警告信息。

b. 模式 4B 巡航或降落过程中,起落架放下,襟翼收起。

模式 4B 会将修正空速和无线电高度与模式 4B 的告警阈值曲线进行对比判断,若当前状态落于包线内,则会对应给出"太低襟翼告警"或"太低地形告警"的警告信息。

c. 模式 4C 起飞过程中,起落架收起或襟翼收起。

处于模式 4C 时,TAWS 会根据飞机起飞阶段的无线电高度来动态计算最小离地高度(minimum terrain clearance),当飞机低于这一高度时,会对应给出"太低地形告警"的警告信息。

模式 4 的告警判断逻辑框图如图 5.17 所示。

模式 4A、4B 和 4C 的告警判断阈值曲线如图 5.18、图 5.19 和图 5.20 所示。

(5)模式 5 下滑道偏离度过大。

在降落过程中,且在一定的无线电高度下,当飞机低于下滑道过多时,会对应给出轻声语音和尖声语音两种不同的"下滑道"警告信息,如图 5.21 所示。

模式 5 的告警逻辑判断框图如图 5.22 所示。

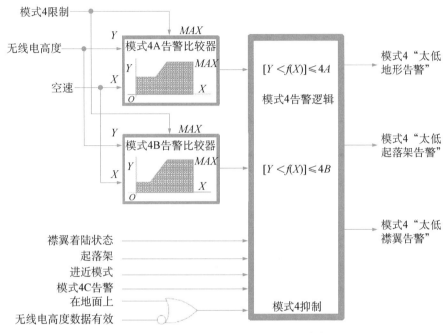

图 5.17　模式 4 告警判断逻辑框图[25]

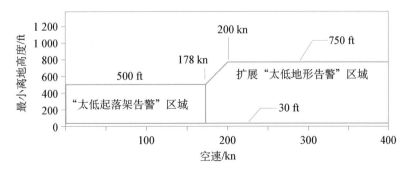

图 5.18　模式 4A 告警判断阈值曲线[25]

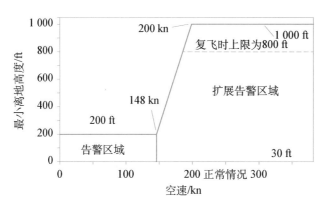

图 5.19　模式 4B 告警判断阈值曲线[25]

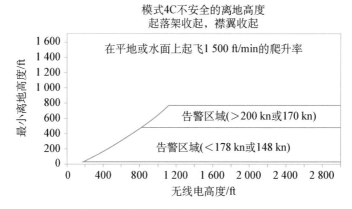

图 5.20　模式 4C 告警判断阈值曲线[25]

图 5.21　模式 5 下滑道偏离度过大[25]

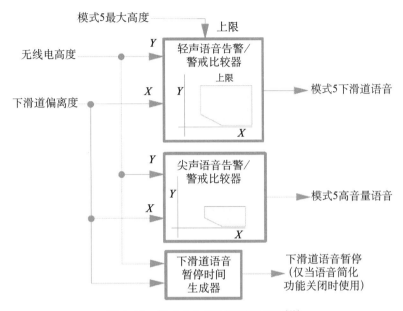

图 5.22 模式 5 告警判断逻辑框图[25]

当飞机起落架放下,截获下滑道准备进近着陆时,将下滑道偏差和无线电高度与图 5.23 和图 5.24 所示阈值曲线进行对比,当处于外层包线和内层包线之间时,产生音量较小的轻声语音"下滑道"告警(相对于正常音量减小 6 分贝),当处于内层包线之内时,产生正常音量的"下滑道"告警。

(6) 模式 6 倾角过大和高度报告。

在 FAA 的标准规范中,只要求在降落过程中下降到距离地面 500 英尺时,给出语音的"Five Hundred"报告。在目前的 TAWS 产品中,会对下降过程中的多个高度给出语音报告,如图 5.25 所示,并且会增加一项对于飞机倾角过大时进行告警的功能,如图 5.26 所示。在一些文献中,这两项功能统称为"咨询报告(Advisory Callouts)"。

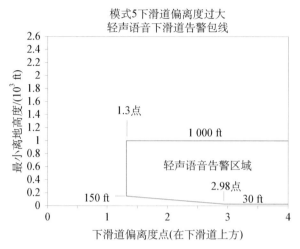

图 5.23　模式 5 警戒告警阈值曲线 1[25]

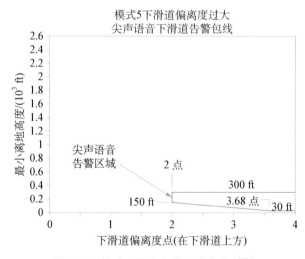

图 5.24　模式 5 警告告警阈值曲线 2[25]

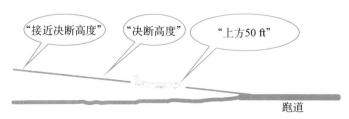

图 5.25　模式 6 高度语音报告[25]

图 5.26 模式 6 倾角过大告警[25]

模式 6 的倾角过大告警判断阈值曲线如图 5.27 所示。

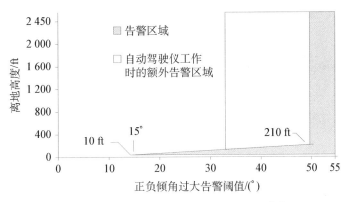

图 5.27 模式 6 倾角过大告警阈值曲线[25]

5.6 地形感知告警与显示

5.6.1 前视地形告警算法

前视地形告警利用飞机导航系统提供的飞机所处位置,根据飞机传感器及其他相应系统给出的当前飞行状态,计算出未来的飞行轨迹,并将其与自身地形数据库中的地形数据进行比较,判断是否会有危险发生,若有,则给出相应的提示或警报。

TAWS的前视功能主要依赖于地形数据库,在飞机沿着预定航路飞行过程中,不断搜索数据库,以实现前视功能。数字地图技术、地形回避以及GPS定位和导航等技术的发展,在技术上为 TAWS 的准确前视告警奠定了基础。

1)纵向告警曲线

TAWS 前视地形纵向告警曲线如图 5.28 所示。

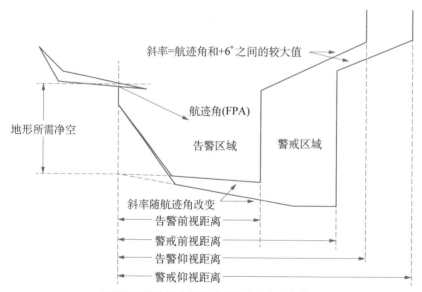

图 5.28　前视地形纵向告警曲线[25]

2)横向告警

在水平方向上,告警曲线呈梯形从飞机当前位置开始,两侧各展开1/8 n mile,并且以±3°的夹角向前延伸到纵向告警的范围,前视地形横向告警判断范围如图 5.29 所示。

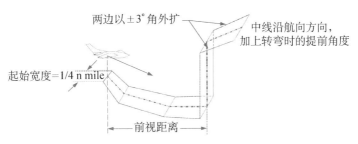

图 5.29　前视地形横向告警判断范围[25]

5.6.2　地形显示

TAWS 的前视地形告警算法将飞机预测航迹附近的地形海拔与飞机海拔高度相比较,根据两者之间的差值确定地形的危险程度,按图 5.30 所示的前视地形显示颜色和类型,确定地形的颜色和纹理,输出对应的地形图像。

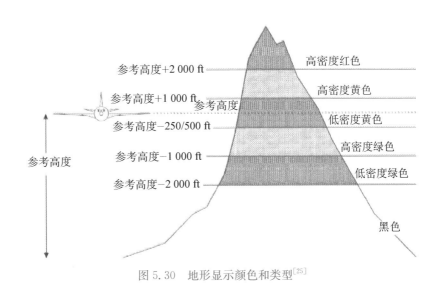

图 5.30　地形显示颜色和类型[25]

地形数据选用的是 NASA 于 2000 年的航天飞机雷达地形测绘任务(shuttle radar topography mission,SRTM)公开的 SRTM 390 m 分辨率数字高程模型(digital elevation model,DEM)[28],包括北纬 60°至南纬 60°之间的地形数据,覆盖 80% 以上的地球陆地表面,使用 WGS‐84 基准,被分为 1 经度乘以 1 纬度的数据文件块。

上海交通大学研发的 TAWS 仿真器中使用的是我国部分的真实地形高度数据,图 5.31 显示的是一个 SRTM 数据文件对应的真实的地形。

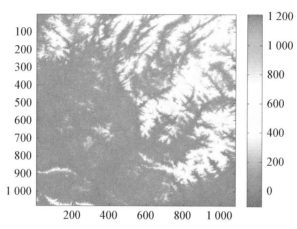

图 5.31　TAWS 模块使用的部分 DEM 数据[14]

图 5-32 是 TAWS 告警模块输出的前视地形图像。

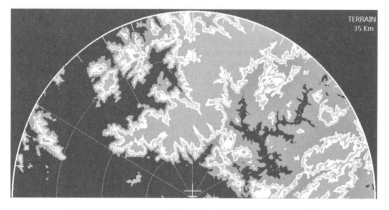

图 5.32　TAWS 告警模块输出的前视地形图像[14]

TAWS 仿真模块的机场数据使用了 X-Plane 飞行模拟器提供的全球真实机场数据[29],包括机场和跑道经纬度坐标、海拔高度等数据,能够为模式 4 和

TCF 告警提供机场方面的精确信息。

5.7 反应型风切变警告算法

风切变是指大气中两点之间风速和风向上的变化,大小可以用两点间风速差除以距离或时间表示。通常可分为水平风的垂直切变、水平风的水平切变和垂直风的切变。水平风的垂直切变指水平风的速度和方向随高度变化而改变;水平风的水平切变指水平风的速度和方向随着水平位移变化而改变;垂直风的切变是指水平面上两点间垂直风的风速和风向的改变。低空(高度小于 1 500 英尺左右)风切变是与强对流天气、锋面天气、低急流、地理、环境因素有关的大气现象,严重危害飞机的起降过程。当飞机穿越低空风切变时,急剧变化的空速会引起飞机升力突然增大或减小,并引起飞机操纵特性的变化,从而造成飞机轨迹偏离预定方向,有引发飞机撞地的危险[30]。

当出现可控飞行撞地危险状况时,地形感知和告警系统(terrain awareness and warning system,TAWS)能根据飞机飞行状态和地形条件,向机组人员发出告警提示。TAWS 中模式 7 通过空速、攻角、无线电高度等参数判断飞机是否处于风切变风场中,并根据危险程度向飞机员发出警戒(caution)或警告(warning)信号,提示飞行员驾驶飞机躲避危险[31]。

5.7.1 低空风切变告警功能原理

当无线电高度小于 1 500 ft 时,TAWS 模式 7 处于工作状态。通过大气数据计算机(ADC)提供的空速(V_{as})、攻角(α)、侧滑角(β),以及惯性基准系统(IRS)提供的飞机速度与姿态信息,可以解算出当前的迎风风速变化率和垂直空速。已知:

$$V_w^B = V_b^B - V_a^B \qquad (5.1)$$

式中：$\boldsymbol{V}_w^B$、$\boldsymbol{V}_b^B$、$\boldsymbol{V}_a^B$ 分别为机体坐标系下的风速向量、飞机运动速度向量以及气流相对于飞机的速度向量。

$$\boldsymbol{V}_a^B = \begin{bmatrix} \sin\alpha \cdot \cos\beta \cdot V_{as} \\ \sin\beta \cdot V_{as} \\ \cos\alpha \cdot \cos\beta \cdot V_{as} \end{bmatrix} \tag{5.2}$$

由 IRS 测得飞机的俯仰角 θ 和偏航角 Ψ，经坐标系转换可得到飞机航向风速 V_{head}、侧向风速 V_{cross}、垂直风速 V_{vert}：

$$\boldsymbol{V}_w^T = \begin{bmatrix} V_{head} \\ V_{cross} \\ V_{vert} \end{bmatrix} = \begin{bmatrix} \cos\psi\cos\theta & -\sin\psi & \cos\psi\sin\theta \\ \cos\theta\sin\psi & \cos\psi & \sin\psi\sin\theta \\ -\sin\theta & 0 & \cos\theta \end{bmatrix} \boldsymbol{V}_w^B \tag{5.3}$$

当航向风速变化率 V_{head} 和垂直空速 V_{vert} 超过警戒阈值时，TAWS 模式 7 向飞行员发出警戒信息提示飞行员保持飞机姿态；当 V_{head} 和 V_{vert} 超过警告阈值时，TAWS 模式 7 向飞行员发出警告信息提醒飞行员立即操纵飞机加速爬升避免失速坠机。

5.7.2　飞行环境模型

1) 大气模型与地形数据库

为了模拟 TAWS 工作在模式 7 时飞机周围的大气和地形环境，根据 ICAO 发布的相关标准[32]建立对流层和平流层相关大气环境模型。该模型根据高度确定飞机所在大气环境的声速、温度和空气密度。地形数据库采用 NASA 2009 年公布的全球高程数据库 ASTER Global Digital Elevation Model。

2) 低空风切变模型

为了模拟 TAWS 工作在模式 7 时飞机周围的风场环境，需要建立低空风切变风场模型。涡环的诱导速度场与低空风切变风场很相似，本节采用

Michael Ivan 提出的基于涡环方法[33]建立实时低空风切变模型,通过该模型可以求得风切变环境中任意一点 $O_A = (x_a, y_a, z_a)^T$ 的风向量 $\boldsymbol{V}_w = (V_{wx}, V_{wy}, V_{wz})^T$。

在以跑道入口为原点、进近方向为 $+X_R$ 轴的跑道坐标系下建立如图 5.33 所示的涡环模型。地面上方位于点 $O_P = (x_P, y_P, z_P)^T$、涡环半径为 R 的主涡环曲线方程为

$$
\begin{cases}
(x - x_P)^2 + (y - y_P)^2 = R^2 \\
z = z_P
\end{cases}
\tag{5.4}
$$

其流线方程为

$$
\psi_P = \frac{\Gamma}{2\pi}(r_{max} + r_{min})F(k)
\tag{5.5}
$$

式中: 涡环强度由预先设定的涡环中心垂直速度 $V_{wz}(0)$ 和涡环半径 R 确定。

$$
\Gamma = 2RV_{wz}(0)
\tag{5.6}
$$

r_{max}、r_{min} 为空间内任意一点 O_A 到主涡环的最大和最小距离。$F(k)$ 为椭圆积分函数,其中:

$$
k = \left| \frac{r_{max} - r_{min}}{r_{max} + r_{min}} \right|
\tag{5.7}
$$

当 $0 \leqslant k \leqslant 1$ 时,$F(k)$ 可以近似为

$$
F(k) \approx \frac{0.788k^2}{0.25 + 0.75\sqrt{1 - k^2}}
\tag{5.8}
$$

由流线方程得出点 O_A 相对于主涡环的径向(平行于 $x_R O_R y_R$ 平面)和轴向(z_R 轴方向)诱导速度 v_r^P 和 v_z^P 分别为

$$
\begin{cases}
v_r^P = \frac{1}{r_P} \frac{\partial \psi_P}{\partial z_R} \\
v_z^P = -\frac{1}{r_P} \frac{\partial \psi_P}{\partial r_P}
\end{cases}
\tag{5.9}
$$

式中：r_P 为 O_A 到涡环轴线的距离。由点 O_A 的径向速度可得 x_R、y_R 方向速度分量 v_x^P 和 v_y^P 为

$$\begin{cases} v_x^P = \dfrac{x_A - x_P}{r_P} v_r^P \\[3mm] v_y^P = \dfrac{y_A - y_P}{r_P} v_r^P \end{cases} \tag{5.10}$$

为了使风向量在地面上的垂直分量为 0，需要在与主涡环中心 O_P 相对于地面对称的点 $\boldsymbol{O_I} = (x_P, y_P, -z_p)$ 配置镜像涡环，其流线方程 $\Psi_I = -\Psi_P$，因此 Ψ_P 诱导出的风向量和 Ψ_I 诱导出的风向量在地面处幅值相等，方向相反。与式(5.5)、式(5.6)同理可得到 Ψ_I 在点 O_A 产生的诱导速度 v_x^I、v_y^I、v_z^I，则两涡环在 O_A 的合成诱导速度为

$$\begin{bmatrix} V_{wx} \\ V_{wy} \\ V_{wz} \end{bmatrix} = \begin{bmatrix} v_x^P \\ v_y^P \\ v_z^P \end{bmatrix} + \begin{bmatrix} v_x^I \\ v_y^I \\ v_z^I \end{bmatrix} \tag{5.11}$$

图 5.33 所示模型存在两种特殊情况：

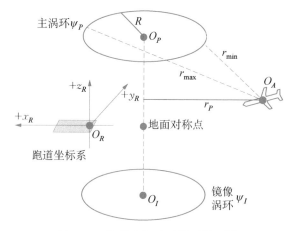

图 5.33　跑道坐标系下涡环模型[31]

（1）对于涡环中心轴线上的点（满足 $r_P = 0$），式（5.9）中的诱导速度接近无穷大，可以通过引入涡环的位函数推导涡环中心的诱导速度 V_w 为

$$\begin{cases} V_{wx} = V_{wy} = 0 \\ V_{wz} = \dfrac{\Gamma}{2R} \dfrac{1}{\left[1 + \left(\dfrac{z_A - z_P}{R}\right)^2\right]^{1.5}} \end{cases} \qquad (5.12)$$

（2）对于主涡环涡丝上的点（满足 $r_P = R$，$Z_A = Z_P$），式（5.9）中的诱导速度同样接近无穷大。采用 Gao Zhenxing 提出的利用 Rankine 复合涡解决涡核中心速度无穷大问题的方法[34]。将涡核看作半径为 r 的环型圆柱，涡核内部的涡量均匀分布，保证涡丝处的流速为 0，而涡核外部仍然服从流线方程 Ψ_P。从涡核中心到涡核半径处，流速呈线性分布，如图 5.34 所示。

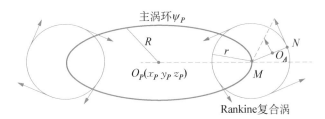

图 5.34　Rankine 复合涡涡核内的风向量[31]

当 $(r_P - R)^2 + (Z_P - Z_A)^2 \leqslant r^2$ 时，则 O_A 位于涡核内。图中点 M 坐标可以通过联立 $(x - x_P)^2 + (y - y_P)^2 = R^2$ 和直线 $O_P O_A$ 投影到水平面的直线 $O_P M$ 方程得到。涡核边缘点 N 的坐标为

$$N = M + \frac{r}{|MO_A|} \cdot MO_A \qquad (5.13)$$

由此可通过诱导速度方程式（5.9）、式（5.10）得到点 N 处的向量风速 $\boldsymbol{V}_w^N$。则点 O_A 的风向量为

$$\boldsymbol{V}_w = \frac{|MO_A|}{r} \boldsymbol{V}_w^N \qquad (5.14)$$

以 RTCA/DO‐220 中的典型风切变参数[6]为例，涡环中心 $\boldsymbol{O}_P = [-2000\ \ 0\ \ \ 600]_m^T$，涡环半径 $R = 600$ m，涡核半径 $r = 450$ m，涡环中心垂直风速 $V_{wz0} = 15$ m/s。可以得到如图 5.35 所示风切变垂直和水平剖面的风向量图。

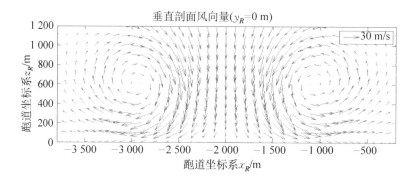

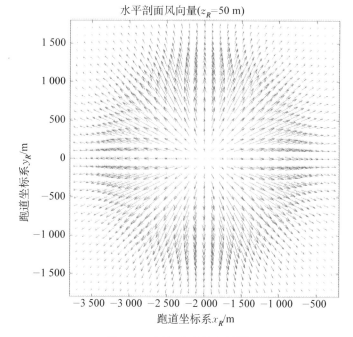

图 5.35　风切变中风向量[31]

3）气动力模型

已知飞机运动速度 $\boldsymbol{V}_b^B$ 是风速 $\boldsymbol{V}_w^B$ 和飞机相对气流速度 $\boldsymbol{V}_a^B$ 的向量和，可得

$$\boldsymbol{V}_{a}^{B}=\begin{bmatrix} u_{a} \\ v_{a} \\ w_{a} \end{bmatrix}=\boldsymbol{V}_{b}^{B}-\boldsymbol{V}_{w}^{B} \tag{5.15}$$

$$\begin{cases} \tan \alpha=\dfrac{w_{a}}{u_{a}} \\ \sin \beta=\dfrac{v_{a}}{V_{as}} \\ V_{as}=|\boldsymbol{V}_{a}| \end{cases} \tag{5.16}$$

且飞机气动参数和迎角 α、侧滑角 β 以及空速 V_{as} 密切相关,可知风向量将影响飞机的气动参数,进而影响飞机的运动特性和操纵特性。

4) 六自由度模型

为了得到飞机飞行速度的 $\boldsymbol{V}_b$,需要建立大型飞机的运动模型。最经典的模型是建立了飞机六自由度运动方程组[35],其中,力方程组为

$$\begin{cases} \dot{u}=rv-qw-g\sin \theta+X/m \\ \dot{v}=pw-ru-g\sin \phi\cos \theta+Y/m \\ \dot{w}=qu-pv+g\cos \phi\cos \theta+Z/m \end{cases} \tag{5.17}$$

式中: $\boldsymbol{V}_b=(u, v, w)^T$ 为飞机在机体坐标系下的线速度; $\boldsymbol{\omega}_b=(p, q, r)^T$ 为飞机在机体坐标系下的角速度; $\boldsymbol{\Omega}=(\phi, \theta, \psi)^T$ 为机体坐标系相对于 NED 坐标系的欧拉角; $\boldsymbol{F}=(X, Y, Z)^T$ 为机体坐标系下作用在飞机上的力; m 为飞机质量。

力矩方程组为

$$\begin{cases} \dot{p}=(I_1 r+I_2 p)q+I_3\overline{L}+I_4 N \\ \dot{q}=I_5 pr-I_6(p^2-r^2)+I_7 M \\ \dot{r}=-I_2 qr+I_8 pq+I_4\overline{L}+I_9 N \end{cases} \tag{5.18}$$

式中: $I_1 \sim I_9$ 为飞机机体转动惯量系数; $\boldsymbol{M}=(\overline{L}, M, N)^T$ 为机体坐标系下作用在飞机上的力矩。

运动学方程组为

$$\begin{cases} \dot{\varphi} = p + \tan\theta(q\sin\varphi + r\cos\varphi) \\ \dot{\theta} = q\cos\varphi - r\sin\varphi \\ \dot{\psi} = \dfrac{q\sin\varphi + r\cos\varphi}{\cos\theta} \end{cases} \tag{5.19}$$

导航方程组为

$$\begin{cases} \dot{x}_E = u\cos\theta\cos\psi + v(-\cos\varphi\sin\psi + \sin\varphi \cdot \sin\theta\cos\psi) + \\ \qquad w(\sin\varphi\sin\psi + \cos\varphi\sin\theta\cos\psi) \\ \dot{y}_E = u\cos\theta\sin\psi + v(\cos\varphi\cos\psi + \sin\varphi \cdot \sin\theta\sin\psi) + \\ \qquad w(-\sin\varphi\cos\psi + \cos\varphi\sin\theta\sin\psi) \\ \dot{z}_E = u\sin\theta - v\sin\varphi\cos\theta - w\cos\varphi\cos\theta \end{cases} \tag{5.20}$$

式中：$X_E = (x_E, y_E, z_E)^\mathrm{T}$ 为地面惯性坐标系下飞机的位置。

初始状态

$$\boldsymbol{X}_0 = (u_0 \quad v_0 \quad w_0 \quad \phi_0 \quad \theta_0 \quad \psi_0 \quad p_0 \quad q_0 \quad r_0 \quad x_{E0} \quad y_{E0} \quad z_{E0})^\mathrm{T}$$

$$\tag{5.21}$$

根据初始状态 $\boldsymbol{X}_0$ 及作用力 $\boldsymbol{F}$ 和力矩 $\boldsymbol{M}$，采用 4 阶 Runge-Kutta 积分法求解飞机的六自由度方程组，可得到任意时刻飞机六自由度参数。

5）气动力模型

为了获得飞机任意时刻所受气动力 $\boldsymbol{F}$ 和气动力矩 $\boldsymbol{M}$，需要建立飞机的气动力模型。目前可以查到的公开气动数据的大型飞机有波音 747 和 C5 等，下面介绍采用 JSBSim 的波音 737 气动力模型[36]。

飞机在气流坐标系下所受的阻力 F_D，侧力 F_Y，升力 F_L 为

$$\begin{cases} F_D = \bar{q}C_D(\alpha, \beta, h, \delta_e, \delta_f, \delta_g, \delta_{sb}, \delta_{sp}, \delta_{rv})S \\ F_Y = \bar{q}C_Y(\beta)S \\ F_L = \bar{q}C_L(\alpha, \delta_e, \delta_f)S \end{cases} \tag{5.22}$$

式中：C_L，C_Y，C_D 为飞机升力、侧力、阻力系数；$\bar{q}$ 为动压；s 为机翼参考面积；δ_e 为升降舵位置；δ_f，δ_g，δ_{rv}，δ_{sb}，δ_{sp} 为襟翼、起落架、发动机反推、减速板、扰流板位置。

转换到机体坐标系下为

$$
\begin{bmatrix} X \\ Y \\ Z \end{bmatrix} = \begin{bmatrix} \cos\alpha\cos\beta & -\cos\alpha\sin\beta & -\sin\alpha \\ \sin\beta & \cos\beta & 0 \\ \sin\alpha\cos\beta & -\sin\alpha\sin\beta & \cos\alpha \end{bmatrix} \begin{bmatrix} -F_D \\ F_Y \\ -F_L \end{bmatrix} + \begin{bmatrix} F_T \\ 0 \\ 0 \end{bmatrix} \tag{5.23}
$$

式中：F_T 为发动机推力。

飞机在机体坐标系下的力矩为

$$
\begin{cases} L = \bar{q} C_l(\beta, p, r, \delta_a, \delta_r, Ma, V) Sb \\ M = \bar{q} C_m(\alpha, \delta_e, r, q) S\bar{c} \\ N = \bar{q} C_n(\beta, r, \delta_r) Sb \end{cases} \tag{5.24}
$$

式中：Ma 为马赫数；V 为空速；$\bar{c}$ 为平均气动力弦长；b 为翼展。

控制量为

$$
\boldsymbol{C} = (\delta_e \quad \delta_r \quad \delta_a \quad \delta_{th} \quad \delta_f \quad \delta_g \quad \delta_{sb} \quad \delta_{sp} \quad \delta_{rv})^T \tag{5.25}
$$

5.7.3　低空风切变探测

低空风切变探测目前主要有两种。一种是以多普勒气象雷达、激光雷达、红外探测为核心的预测式风切变探测。以应用最广泛的多普勒气象雷达为例，预测式风切变探测可以探测到飞机前方 10 km 以内的危险风场，并给出告警信息，飞行员有充足的时间驾驶飞机规避低空风切变。预测式风切变探测的缺点有两个：一是风切变的时间尺度影响，即低空风切变从生成到消失一般只有几分钟到几十分钟，再加上多普勒雷达探测精确度的局限性，造成预测式风切变探测的虚警率（不必要的报警）和误警率（未能及时报警）均较高；二是预测式风切变探测包含流体微粒（雨点）的风场效果较好，但探测相对干燥纯净的空气准确度较差,同样会使预测式风切变探测的虚警率和误警率增大。

另一种反应式低空风切变探测是当飞机已经处于风切变风场之中,通过大气数据计算机(ADC)提供的空速、攻角、侧滑角以及惯性基准系统(IRS)提供的飞机速度与姿态信息,可以解算出当前的迎风风速变化率和垂直空速,通过理论公式或经验公式判断所处低空风切变的危害程度,向飞行员发出告警信息。反应式风切变探测的优点的是探测准确度较高,虚警率和误警率相对预测式风切变探测较低。缺点是反应式风切变在告警时已经处于风切变风场中,如果发生误警将引发灾难性的后果。

FAA 提出了风切变危害因子法[37],根据当前的迎风风速变化率($\dot{V}_{head}$,kn/s)、垂直风速度($\dot{V}_{vert}$,ft/min)和空速可以计算出风切变危害因子:

$$f(t) = \frac{\dot{V}_{wh}}{g} - \frac{V_{wv}}{V} \tag{5.26}$$

其中 $\dot{V}_{wh}$ 为风切变的水平分量变化率,单位为 g(重力常数);V_{wv} 为风切变的垂直分量(垂直地面向上为正),单位和飞机真空速 V 相同。

当 $f(t)$ 在一段时间内的平均值:

$$f_{av,x} = \int_{t_0}^{t_x} \frac{f(t)}{tx} \mathrm{d}t \tag{5.27}$$

超出阈值时,探测系统向飞行员发出告警信息。

必须告警:

$$\begin{cases} f_{av,x} \geqslant 0.105 & t_x \geqslant 10 \\ f_{av,x} \geqslant 1.049 & 5 < t_x < 10 \\ f_{av,x} \geqslant 0.210 & t_x = 5 \end{cases} \tag{5.28}$$

禁止告警:

$$f_{av,x} < 0.04 \tag{5.29}$$

FAA 提出的风切变危害因子法没有考虑到飞机的机动性能和飞机高度的

影响。事实上,飞机由于型号不同,所处的飞行状态不同,其遭遇风切变时的机动性能也不同,可以利用飞机剩余推力和飞机重量对公式进行修正。

飞机由于所处高度不同,遭遇风切变时的危险程度也不同。若飞机在决断高度(decision height,DH)遭遇 Warning 级别的风切变,飞机几乎没有安全规避的可能,可以利用飞机高度对公式进行修正[30]。

另外,FAA 的算法中并没有考虑到风速增加的水平风切变($\dot{V}_h > 0$)、上升气流($V_v > 0$),相比风速减小的水平风切变($\dot{V}_h < 0$)、下降气流($V_v < 0$)对飞机气动特性的不同影响。因此本节对公式进行适当的修改。当遇到风速增加的水平风切变、上升气流时,一般只给出 Caution 级别的提示提醒飞行员;当遇到风速减小的水平风切变、下降气流时,一般要给出 Warning 级别的提示提醒飞行员立即操纵飞机规避风切变[30]。

因此,对 FAA 风切变危险因子法的修正如下。在任意时刻,飞机距离决断高度的总能量为

$$E_A = mg(h - DH) + \frac{1}{2}mV^2 \tag{5.30}$$

设飞机利用剩余推力 F_{TL} 和到达决断高度的距离 $(h - DH)$ 可以获得的能量为

$$\Delta E_A = F_{TL}(h - DH)/k \tag{5.31}$$

式中 k 为待定的安全系数。显然 ΔE_A 越大,飞机的安全系数越高,即危险因子 F 越小,令

$$
\begin{aligned}
F &= \left(\frac{\dot{V}_{wh}}{g} - \frac{V_{wv}}{V} \right) \left(1 + \frac{E_A}{\Delta E_A} \right) \\
&= \left(\frac{\dot{V}_{wh}}{g} - \frac{V_{wv}}{V} \right) \left(1 + k \frac{mg(h - DH) + \frac{1}{2}mV^2}{F_{TL}(h - DH)/k} \right)
\end{aligned} \tag{5.32}
$$

安全系数 k 为定值,安全系数 k 设定得越大,F 也越大,系统更容易触发

报警,飞机越安全,但同时会增加无复飞必要的报警,即虚警。另外,随着高度 h 的减小,危害因子增大;可用推力越小,危害因子越大;当前飞机重量越大,危害因子越大。安全系数 k 可以通过蒙特卡洛模拟实验确定,而且不同的飞机类型可以通过模拟实验确定不同的安全系数 k,使本书提出的修正公式可以适应不同机型[30]。

参考文献

［1］ Wikipedia. Controlled flight into terrain ［EB/OL］. ［2013 - 6 - 1］.

［2］ 许卫东,呼曦. 机载增强型近地警告系统发展概述［J］. 航空制造技术,2008,16(2)：
50 - 53.

［3］ 何创新,钟建坡,侯学晖. 近地告警系统国内外现状与发展概述［C］. 第五届中国航
空学会青年科技论坛,2012：217 - 221.

［4］ David L. Forecasts 2009-Safety and security are in the doldrums ［EB/OL］. ［2009
- 11 - 04］. http://www. flightglobal. com/.

［5］ Kuchar J K. Methodology for alerting-system performance evaluation ［J］. AIAA
Journal of Guidance,Control and Dynamics，1996,19(2)：438 - 444.

［6］ Kuchar J K. A united methodology for the evaluation of hazard alerting systems
［D］. MA：Dept of Aeronautics and Astronautics Massachusetts Institute of
Technology Cambridge，1995.

［7］ SC - 128 Committee. RTCA DO - 161A, Minimum performance standard for
airborne ground proximity warning equipment ［S］. RTCA Inc. , 1976.

［8］ Department of Transportation Federal Aviation Administration Aircraft
Certification Service. TSO - C92c，Airborne ground proximity warning equipment
［S］. Washington，DC，USA，1996.

［9］ Department of Transportation Federal Aviation Administration Aircraft
Certification Service. TSO - C151b, Terrain Awareness and Warning System ［S］.
Washington，DC，USA，2002.

［10］ Xiao G，Qu Z，He F. Design and realization of IMA simulation platform based on
CPCI bus using VxWorks653 RTOS ［C］//Digital Avionics Systems Conference
(DASC)，2015 IEEE/AIAA 34th. IEEE，2015：10A1 - 1 - 10A1 - 8.

［11］ Department of Transportation Federal Aviation Administration Aircraft

Certification Service. TSO - C151b, Terrain Awareness and Warning System [S].
Washington，DC，USA，2002.

[12] 陈冬梅.机载增强型近地告警系统的设计[C].大型飞机关键技术高层论坛暨中国
航空学会 2007 年学术年会论文集,2007：363 - 367.

[13] 杨超.地形感知和告警系统(TAWS)研究及仿真实现[D].上海：上海交通大
学,2011.

[14] 李视阳,何方,赵春玲,等.飞机地形感知和告警系统仿真器设计[J].电子科技,
2013,26(11)：93 - 95.

[15] 麻士东,何运成,王仲,等.机载增强型近地警告系统仿真验证研究[C].
Proceedings of 14th Chinese Conference on System Simulation Technology &
Application，2012：266 - 271.

[16] 陈广永.近地告警系统报警曲线算法模型与控制仿真研究[D].南京：南京航空航
天大学,2008.

[17] 钱云燕,张浩淼,庹红娅,等."地形感知与告警系统"模式三的告警包线研究[J].电
光与控制,2013,20(1)：89 - 93.

[18] 钱云燕."地形感知与告警系统"阈值研究[D].上海：上海交通大学,2013.

[19] 张浩淼,庹红娅,杨超,等.基于概率的地形感知告警系统前视阈值分析[J].仿真
技术应用,2013,25(3)：523 - 529.

[20] 杨超,庹红娅,张浩淼,等.民机地形感知警告系统前视功能分析及仿真[J].电光
与控制,2011,18(7)：90 - 93＋97.

[21] Xiao G，He F，Wu J. Research on an EGPWS/TAWS simulator with forward-
looking alerting function [C]//Digital Avionics Systems Conference（DASC），
2014 IEEE/AIAA 33rd. IEEE，2014：7D4 - 1 - 7D4 - 11.

[22] 赵楠喆,胡士强.TAWS测试系统的飞行仿真激励技术[J].计算机仿真,2014,31
(9)：56 - 60.

[23] 赵楠喆.TAWS 系统激励技术[D].上海：上海交通大学,2014.

[24] Airlines Electronic Engineering Committee. Terrain awareness and warning system，ARINC 762 - 2000 [Z]. Annapolis，Maryland，ARINC，Inc.，2000.

[25] Honeywell International Inc. Product Specification for the Enhanced Ground Proximity Warning System [Z]. USA：Honeywell International Inc.，2009.

[26] SC - 128 Committee. RTCA/DO - 161A，Minimum performance standard for airborne ground proximity warning equipment [S]. RTCA Inc.，1976.

[27] Aviation Communication and Surveillance Systems. Terrain Awareness and Warning System Pilot's Guide [Z]. USA：ACSS，2007.

[28] 国际科学数据服务平台.SRTM90 米分辨率数字高程原始数据[EB/OL].[2010 - 05 - 31].http：//datamirror. csdb. cn/dem/files/ys. jsp.

[29] Robin P. X-Plane Airport & Navigation Data [EB/OL].[2013 - 05 - 02]. http：// data. x-plane. com/get data. html.

[30] 张舟.低空风切变下大型飞机建模危险探测与控制律研究[D].上海：上海交通大学,2012.

[31] 张舟,肖刚,徐悦,等.TAWS 低空风切变告警功能仿真验证平台设计[J].工程应用,2012,19(7)：51 - 56.

[32] Doc7488 - CD. Manual of the ICAO standard atmosphere [S]. 3rd ed. International Civil Aviation Organization，1993.

[33] Ivan M. A ring-vortex downburst model for flight simulations [J]. Journal of Aircraft，1986,23(3)：232 - 236.

[34] Gao Z X，Gu H B，Liu H. Research on the large aircraft flight through microburst wind field [J]. Chinese Journal of Aeronautics，2009（5）：459 - 466.

[35] McFarland R E. A standard kinematic model for flight simulation at NASA Ames [J]. 1975.

[36] Berndt J S. JSBSim：An open source flight dynamics model in C++ [C]//AIAA

Modeling and Simulation Technologies Conference and Exhibit, 2004.

[37] TSO - C117. Airborne Windshear Warning and Escape Guidance Systems for Transport Airplanes [S]. Federal Aviation Administration, 1990.

6

S 模式应答机

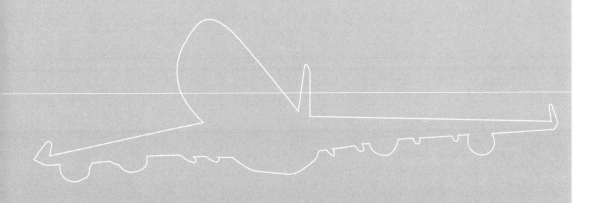

6.1　引言

由于空中交通增长和射频(RF)干扰,A 模式和 C 模式二次侦测雷达系统的性能已经不能满足需要。面对持续增长的空中交通流量,1994 年,欧洲开始实施"S 模式高级侦察初步应用项目",并进入建设阶段。2005 年 3 月到 2007 年 3 月,该 S 模式项目在法国、德国、英国投入运行,并使用可寻址 S 模式数据链路,读取飞机上不同类型的数据。欧洲控制中心的 S 模式项目,涵盖了 S 模式基本侦察和将来高级侦察的应用框架,包括理论方法的确定、成本效益分析、总体系统设计和组件的共同发展。从 20 世纪 80 年代开始,美国也开始进行 S 模式的研究。2002 年 7 月,FAA 宣布将 S 模式 1090ES 和 UAT 联合用作 ADS - B 链路,运用于机场和其他高性能飞机。

S 模式[1]是西方国家研制出的一种新的空中交通管理模式,可以解决 A/C 模式二次监视雷达存在的目标分辨力差、串扰、混扰等问题。该系统是一个 A/C 模式二次监视雷达和数据链的组合系统,可以提供比二次监视雷达更强的监视能力、更高的精度和可靠性。它能够在很大程度上解决 A/C 模式应答机系统中有限的信息编码、同步串扰和异步干扰等问题。S 模式应答机能够接收现行体制 A 模式/C 询问和 S 模式询问,并对它们进行译码。基于询问的类型以及 S 模式控制字段的内容,应答机编制相应的应答码,发射 A/C 模式或 S 模式的回答。S 模式应答机相对于 A/C 模式应答机的区别包括模式应答的延迟时间较长,S 模式有较强的抗干扰能力。当应答机接收到 S 模式询问信号后,在其同步相位翻转后延迟 128 μs 才开始回答。这期间,应答机将把询问的内容转移到飞机上有关的外部设备,并组织相应的回答。而对于 A/C 模式的询问,应答机在对 P1 和 P3 脉冲解码成功后,仅延迟 3 μs 就发送回答。在抗干扰方面,干扰源一般来自 A/C 模式的询问,形成的干扰分为两种情况:

（1）对数据块的直接干扰,当干扰信号的幅度小于询问信号 6 dB 时,应答机能正常地解码并给予回答,这正是 S 模式询问信号采用 DPSK 调制体制的原因之一,它具有良好的抗幅度调制干扰的能力。

（2）干扰脉冲与 S 模式询问信号的前导脉冲形成仅 A/C 模式全呼叫询问和仅 A/C 模式询问的信号,S 模式询问信号在自身体制上的优势使得其能够抗此类干扰。

S 模式系统相对于传统的空中交通管制雷达信标系统(ATCRBS)主要有以下优越性:

（1）S 模式监视使用的单脉冲功能使 ATCRBS 在减少查询次数的同时改进了目标定位。ATCRBS 查询和回答次数的减少则改善了射频(RF)干扰环境。

（2）S 模式要求每架飞机都有一个唯一的地址码。使用了这个唯一地址码,地面台可以向某一特定的飞机查询,精确地收到指定飞机的回答。由于地面台可以把查询限制在其感兴趣的目标上,因此信道间的干扰可抑制到最小限度;通过适当的查询定时,可以收到相距很近的飞机上发来的回答,而不会相互干扰;由于每个查询和回答都有唯一的地址码,因此信号中就允许包含从特定的某一飞机到另一飞机的数据链信息。

6.1.1　传统监视雷达

在早期的空中交通管制中,多采用一次雷达进行航空器侦测。一次雷达的工作原理是,地面的雷达通过天线发射高功率的脉冲信号。如果这些脉冲信号遇到空中的飞机,一部分就反射回来,被地面雷达接收到。根据回波信号,一次雷达可以计算出飞机的距离和方位。一次雷达的优点在于,利用飞机自身的反射信号,不需要飞机上装备任何额外的设备;主要缺点是不能区分真实飞机的反射信号和来自天空、地面的虚假目标反射信号,且不能准确地给出飞机的飞行高度和其他信息。二次雷达和一次雷达的根本区别在于工作方式不同。二次雷达更准确地称为二次监视雷达,二次雷达是在地面和目标应答机的合作下,通过上行询问内容和下行应答内容进行脉冲编码来实现其功能,也就是说,它必须经过两次有源辐射电磁波信号(地面询问和机载应答各一次)才能完成其应有的功能。二次雷达需要在航空器上携带一台特殊的收发机,即异频收发机(又称应答机)。与一次雷达采用的手段一样,二次雷达地面站以射频频率发射一系列脉冲串,只不过发射的功率要比一次雷达小得多。其发射功率只需足够克服单边路径的损耗,而一次雷达的发射功率却需要克服双边路径的损耗。机载应答机收到地面发射的信号后会以不同的频率向地面发送一组数据,其中包括飞机的飞行高度、飞行速度和飞机 SSR 代码、航班号等信息。地面二次雷达设备收到这组数据后便可以计算出飞机的位置信息、点迹报告和航迹报告,送到显示部分显示。采用上下行频分的方式可以防止应答与来自雨滴、鸟类和地面的反射混淆。飞机距离和方位的测定方法和一次雷达类似,如图 6.1 所示。

图 6.1　二次雷达(左)和一次雷达(右)

单脉冲技术是一种可以准确测量方位角的技术,它可以由一个应答脉冲确定方位角。单脉冲二次监视雷达是空中交通管制系统的基本组成设备之一,相当于一部询问机,向空中发射询问信号。飞机上的应答器在收到询问信号后自动做出应答。单脉冲二次雷达不但具有一般雷达的定位功能,还可以进行目标识别、提供目标高度数据,并且不易受气象和地物的干扰,可大幅提高空中交通管制(ATC)能力[2]。单脉冲二次雷达的应用,很大程度缓解了二次雷达存在的系统问题,但是在数据链路的需求方面仍然不令人满意。而且随着空中交通流量的日益增加,传统模式的二次雷达已不能满足 ATC 的需求。A/C 模式的代码数仅为 4 096 个,且易受到串扰和干扰的影响,对日交通流量在 1 000 架次以上的机场,其监视能力已接近极限。为此,美国 MIT 林肯实验室开展了先进雷达询问系统的研究工作,即 DABS 工程;同时,英国的研究机构也独立开展了相似的工作,称为 ADSEL 工程,两项工程的成果合二为一,由 FAA 命名为 S 模式。S 模式已被国际民用航空组织接受,作为二次监视雷达的行业标准。在 S 模式里,每架飞机接收到扫描后,用单脉冲技术做一次应答,应答内容包括所有必需数据,这些数据的准确性由校验位来保证。这样就分开了各个飞机间的应答,避免了 A 模式和 C 模式应答的相关,也降低了应答速率和由其他二次雷达产生的异步干扰。在美国,使用数据链路的地面设备,间歇性地对飞机进行主动控制,具有更大的自主性。

6.1.2　S 模式

S 模式,美国称为离散选址信标系统,具有无线电数据自动收发功能,随时向他方通报本机的固有信息(包括飞机注册号、机型等)和当前高度方位信息,并接收对方的信息。不仅便于地面指挥中心及时掌握情况给予导航联络,而且还便于同区域飞行飞机相互知晓以避免碰撞。其地面询问是一种只针对选定地址编码的飞机专用呼叫的询问。装有 S 模式应答机的飞机,都有自己单独的地址码,它对地面询问会用本机所编地址码来回答,因而每次询问都能指向选定的飞机,实现点名式的询问应答;同时S模式的上下行数据链可以用地空双向数据交流。带有S模式功能的单脉冲二次监视雷达(MSSR)兼容传统的空中交通管制雷达信标系统(ATCRBS)且具备地—空—地数据链路功能,改善了空中交通管制用户的高峰空中交通处理能力。S模式系统是一种发展的新概念,保留了ATCRBS的功能,而且增加了S模式特有的功能。S模式和ATCRBS的根本区别就是请求(询问)、回应(应答)(对飞机寻址)的方法,ATCRBS的方法是一种广播技术,因此所有飞机都接收地面雷达的询问信号,而且全部应答。假设许多应答恰好重叠,就会引起称为混淆的干扰。S模式方法利用离散寻址而不是广播方法来请求应答。每架飞机都分配有自己单独的24比特字地址,而且当被询问时,此飞机只在询问地址与它自己的相同时才应答。另外,询问是预定的,以便保证飞机的应答不重叠,由此消除了主要的干扰源。如果对某架飞机发出的询问未能收到回答,可在本次波束扫过期间再安排一次对该飞机的询问。S模式和ATCRBS第二个主要区别就是利用监视线路在雷达和飞机之间传递交通信息。S模式雷达对装有ATCRBS和S模式设备的飞机进行监视,并且在飞机和ATC设备之间起存储和正向通信数据中继作用。S模式的波形(上行和下行链路)含有56比特或112比特的信息数据,可以满足几乎所有的监视要求。数据线路是一个数字通信信道,在此信道上,例行信息(如气象和交通)和其他次要操作数据都可以传递,而对于较重要的信息可以在语音信道上传递。而且,该波形还包含校验数据,以便对应答信号进行查错和纠错。第三个主要区别是S模式询问降低了询问频率。雷达在其分配的响应时间内自我调整地询问飞机,以最少的询问次数获得必要的监视数据。

　　S模式是一种用于空中交通管理(ATM)系统的协同式监视和数据链系统[3]。它的询问、应答工作频率与二次监视雷达系统相同,分别为1 030 MHz和1 090 MHz。但是,S模式采用的询问信号调制方式为脉冲调制(ASK调制)和差分相移键控(DPSK)调制相结合,询问速率为4 Mb/s;应答方式为脉冲调制与二进制脉冲位置调制(BPPM)相结合,应答速率为1 Mb/s。S模式有四种类型的询问方式：标准的 3/A/C 模式询问、3/A/C 模式与 S 模式组合的全呼询问、仅采用 S 模式的全呼询问以及向某个指定飞机地址码的 S 模式应答机发出的选址询问。选址询问可以是仅提示身份或高度响应的监视或通信询问，或者是与通信报文相结合的询问。每一架装备了 S 模式应答机的飞机将被指定一个特定的地址。该地址允许对某架特定飞机进行询问，消除了来自天线波束范围内其他飞机的应答；因此，S 模式大大降低了应答信号的干扰、串扰、应答机占用以及由于反射引起的虚假应答信号。

S 模式应答机也是机载防撞系统（TCAS）工作的一个组成部分。TCAS 处理器通过接收对其他飞机询问产生的 S 模式全呼叫应答、应答机广播信号，或者 TCAS 捕获询问，可探测到装有 S 模式的飞机，并测量飞机之间的距离。此外，如果两架接近的飞机同时装有 TCAS 和 S 模式，那么它们将会采用 S 模式 112 位空-空监视协议（格式 16）来交换决断咨询信息。最后，采用 S 模式的 Comm-A 及飞机发出的 Comm-B 数据链协议，在 TCAS 处理器和地面询问机之间可进行 TCAS 决断咨询和敏感度级别指令交换。S 模式系统的一个重要特征是具有无误差传输数据链报文的能力。第 2 级基本监视能力使数据链可传输飞机身份 ID 和高度等信息。对于增强的监视要求（第 2 级的潜在发展），需要某种可嵌入到应答机中的机载数据链处理形式。

S 模式应答机可以答复 A 模式和 C 模式的询问。一个 S 模式二次雷达是能够完成基本监视或者增强监视。

基本的监视：S 模式二次雷达对特定飞机执行选择性的询问，通过 A 模式获得 SQWK 码，C 模式获得高度以及其他信息；

能够进行基本监视或增强监视：除了基本的能力，基本监视和增强监视的询问能够根据地面需求收集一些数据，如飞行航班号、速度、航向、选择高度。以下介绍 S 模式的一些术语：

（1）S 模式数据链：得益于 S 模式，在视距范围内（标称最大距离为 200 n mile），S 模式询问器能监视所有已装备应答机（A/C 模式或 S 模式）的飞机。S模式询问器能监视多至30架飞机,其精确度优于空中管制雷达信标系统 ATCRBS。

(2)基本模式监视:基本模式监视指一部分S模式数据链信息,包括一些参数,如飞机24位地址、飞机航班号、飞机高度、RA报告等。

(3)增强模式监视:增强模式监视指基本监视信息加上额外的一些数据链信息,包括一些参数,如选择高度、低速、气压设置、真空速、滚转角、磁航向、跟踪角速度、指示空速、真航迹角、马赫数等。

6.1.3　S模式特征

S模式的基本特征[4]为选择性寻址。S模式信号格式能选择性询问单个的S模式异频收发机。一共有多于16 000 000个地址,使世界上的任一架飞机都能拥有一个唯一的地址;地址码在问答过程中只起身份识别、符合信号格式标准的作用,不具有任何飞行操作、飞机性能状态方面的信息。

(1)检错和纠错。

(2)每次天线扫描进行单个询问或应答。

(3)自适应再询问。能对未作应答的飞机进行再询问。再询问能显著提高检错概率,比如对处在边缘信号区域的正在转弯的飞机。

(4)询问和应答信号数据率为Mb/s量级,数据通信能力强。

(5)与原有A/C模式兼容,可以进行全呼叫、仅A/C模式呼叫、仅S模式呼叫、点名呼叫。

(6)具有双接收信道和上下两套天线,利用分集工作原理,增强了空对空监视和通信能力。

随着新技术的出现,现在又有了一些可用的新方法,如约定式自动报告(auto-matic dependent surveillance-contract,ADS-C),自动广播式监视和大面积多点定位(wide area multilateration,WAM)。这些技术针对同一目标:实现在雷达无法覆盖或者雷达安装效能差的区域的航空器辨识和位置报告。新航行系统是国际民用航空组织(ICAO)提出并计划在 2010 年在全球推广的新一代通信、导航、监视和空中交通管理(CNC/ATM)系统。其监视系统的发展方案是二次监视雷达(SSR)和自动相关监视。虽然 A/C 模式的二次雷达使用比较广泛,但它存在很多缺陷。ICAO 把 S 模式二次雷达作为一种重要的监视方案推广,机载应答机也正在逐渐改装为 S 模式应答机。

在不考虑技术的情况下,监视方法可分类为以下几种。

(1)非独立的:飞机发送本机位置到地面站。

(2)独立的:飞机不发送本机位置到地面站,地面站计算飞机位置。

(3)协作的:这种方法需要机载主动系统。

(4)非协作的:这种方法不需要机载主动系统。

表 6.1 为所有可用于飞机识别和位置报告的方法。

表 6.1　飞机识别和位置报告的方式

	独　　　　立	非　独　立
非协作	一次监视雷达(PSR)	
协作	二次监视雷达(SSR),A、C、S 模式大面积多点定位(WAM)	约定式自动报告(ADS‐C),广播式自动相关监视(ADS‐B)

飞机识别和位置报告需要机载应答机,实质为二次雷达在工作。此雷达以 1 030 MHz 询问,以 1 090 MHz 等待应答机答复,如图 6.2 所示。基于此原则,二次雷达在三种不同的模式下工作:A 模式、C 模式和 S 模式。询问模式决定返回内容。例如,地面站询问飞机的高度,应答机以 C 模式返回。基于二次雷达的监视方法是协作的,二次雷达通过询问机载应答机来识别飞机;同时是独立的,根据应答机返回的信号计算飞机水平位置。一次雷达主要用于军事目的,它侦测任何返回信号的物体,是非协作且独立的。当二次雷达以 A 模式方式询问应答机时,应答机回复飞机身份(SQWK 码,也称 A 模式码,四位八进制数从 0000 到 7777)。SQWK 码格式允许 4 096 种不同码。当一架飞机进入ATC 扇区并且发送相同的 SQWK 码而另一架飞机已经在扇区内或者几架飞

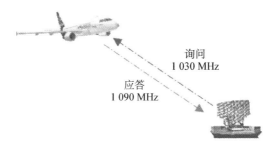

图 6.2　二次雷达询问与应答机应答

机的图形在 ATC 管理者屏幕的一个小区域内时,ATC 管理者对于区分飞机可能存在困难。二次雷达以 C 模式询问应答机,应答机以带气压高度信息回复。当二次雷达以 S 模式询问,应答机回复,并附带大量信息,包括飞机编号、24 位地址码、空速、航向、选择高度等。

6.2　S 模式系统

6.2.1　系统组成

应答机系统主要包括 S 模式应答机、天线、控制面板、TCAS 计算机、空中交通服务单元(ATSU)、飞行控制单元(FCU)、飞行管理导引和包线计算机(FMGEC)、大气数据惯性基准单元(ADIRU)。S 模式应答机必须接收 GPS 数据才能广播 ADS - B 数据,其通过 ADIRU 接收纯 GPS 数据。图 6.3 是一种 S 模式应答机的输入输出图。

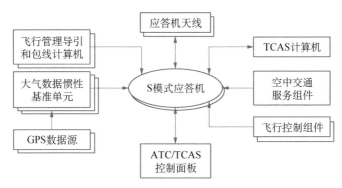

图 6.3　S 模式应答机的输入输出图

机载天线具有全向辐射和定向辐射能力。应答机能够接收现行体制 A/C 模式和 S 模式询问信号,并对它们进行解调、译码,基于询问类型以及 S 模式控制字段内容,编制相应格式应答信号并发射出去。图 6.4 是一种 S 模式应答机的结构示意图。

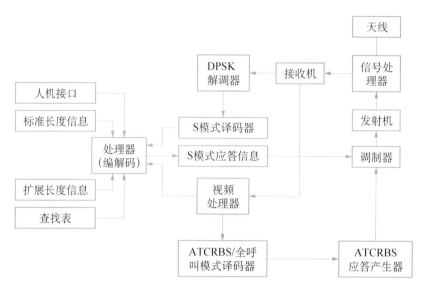

图 6.4　S 模式应答机结构示意图

6.2.2　系统参数

A/C 模式应答机[4](与 ATCRBS 配套的机载应答机)性能参数如下。

(1) 作用距离范围:1.85~370 km。

(2) 接收频率:(1 030±0.2)MHz。

(3) 接收带宽:±3 MHz(3 dB),±12.5 MHz(60 dB)。

(4) 接收最小触发电平:(−73±4)dBm。

(5) 接收动态范围:≥50 dB。

(6) 发射频率:(1 090±3)MHz。

(7) 发射脉冲峰值功率:250~500 W(54~57 dBm)。

（8）调制方式：PAM。

（9）应答速率：≤1 200 次/s。

（10）应答延迟：(3±0.5)μs。

（11）工作方式：广播式问答。A 模式报告飞机代码，C 模式报告飞机高度。

S 模式应答机（与 SSR 配套的机载应答机）频率、定时精度比 A/C 模式应答机更高，调制方式也不同。

（1）接收频率：(1 030±0.01)MHz。

（2）接收最小触发电平：(−76±4)dBm。

（3）发射频率：(1 090±1)MHz。

（4）发射脉冲峰值功率：250～500 W(54～57 dBm)。

（5）调制方式：DPSK 询问，PPM 应答。

（6）调制速率：4 Mb/s 询问，1 Mb/s 应答。

（7）应答延迟：(128±0.5)μs。

（8）工作方式：广播式问答或点对点问答。

6.3　工作模式和编码规则

6.3.1　传统应答信号处理

按照 ICAO 规范，传统空管二次雷达共有 6 种询问模式，即 1、2、3/A、B、C 和 D 模式。1 和 2 模式专用于军用识别询问；3/A 用于民用识别和军用识别；B 模式只用于民用识别；C 模式用于高度询问；D 模式作为备用询问[5]。询问模式和脉冲间隔如表 6.2 所示。实际现在的航管二次雷达使用的是 3/A 和 C 模式交替询问的模式。所以通常提到的传统模式是指 3/A 和 C 模式。3/A 和 C 模式的询问脉冲序列如图 6.5 所示，脉冲参数的定义如图 6.6 所示。

表 6.2   询问模式和脉冲间隔

模式	P_1 到 P_3 的脉冲间隔(μs)	作用	用途
1	3±0.1	识别	军用
2	5±0.2	识别	军用
3/A	8±0.2	身份	军用和民用
B	17±0.2	识别	民用
C	21±0.2	高度	民用
D	25±0.2	备用	备用

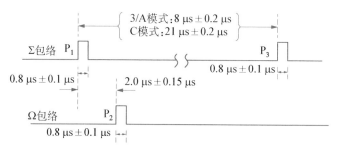

图 6.5   3/A 和 C 模式的询问脉冲序列(μs)

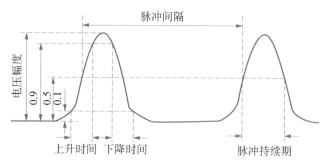

图 6.6   脉冲参数的定义

在建筑物密集的城市环境中,天线的上旁瓣有时会对周围的高层建筑产生一些非预期的发射,因此,还需要对天线的上旁瓣进行特别的抑制。S 模式系统的询问旁瓣抑制如图 6.7 所示。P_1 和 P_3 的间隔是指 P_1 和 P_3 的 0.5 电平处脉冲前沿之间的间隔,小数表示允许公差。各种询问模式是以 P_1 和 P_3 的间隔来区别的。P_1 和 P_2 的 0.5 电平处脉冲前沿之间的间隔是 $(2.0\pm0.15)\mu s$。P_2 的作用是抑制旁瓣方向上的应答机应答,它被称为旁瓣抑制脉冲。P_1,P_2,P_3 的 0.5 电平脉冲宽度都为 $(0.8\pm0.1)\mu s$,脉冲上升时间(0.1 到 0.9 电平)都为 $0.05\sim0.1\ \mu s$,脉冲下降时间(0.9 到 0.1 电平)都为 $0.05\sim0.2\ \mu s$。通过定向天线辐射询问脉冲对 P_1 和 P_3,用另外一个全向天线辐射参考脉冲 P_2,P_2 比 P_1 滞后 $2\ \mu s$,而两者功率相同。在主瓣方向上,P_1 和 P_3 的电平比 P_2 高,而在旁瓣方向上,P_2 高于 P_1 和 P_3。应答机将 P_1 和 P_3 与 P_2 比较幅度,若 P_1 和 P_3 比 P_2 大 9 dB 以上则应答;若 P_1 和 P_3 小于或等于 P_2 则抑制;其余情况可抑制也可应答。P_2 脉冲也称为控制脉冲。

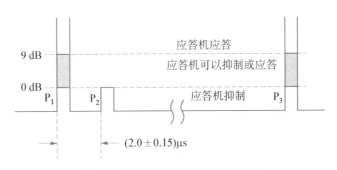

图 6.7　S 模式系统的询问旁瓣抑制

飞机上的应答机收到二次雷达发射的询问信号后,会自动检测询问信号,若满足应答条件,便根据询问内容产生相应的应答信号。每种询问模式的应答码格式是相同的,如图 6.8 所示。应答码由 16 个信息码字节组成,每个码有两种状态,有脉冲的时候为“1”,无脉冲的时候为“0”。F_1,F_2 称为框架脉冲,是二次雷达回波的标志脉冲。X 位是备用位,恒为 0。F_1,F_2 框架脉冲之间有 12 位信息码:$C_1 A_1 C_2 A_2 C_4 A_4 B_1 D_1 B_2 D_2 B_4 D_4$,它们可以编成 4 096 个应答码。SPI 是特殊位置标识符,一般不用。当两架飞机互相接近或者应答码相同,以致调度员难以从显示设备上进行识别时,调度员可以要求其中一架飞机在已回答的 12 个码基础上再增加一个 SPI。所有的应答脉冲宽度都为 (0.45 ± 0.1)

μs,每个脉冲的间隔容差相对于第一个框架脉冲 F1 为 0.1 μs。任意两个脉冲之间(不包括 Fl)间隔容差为 0.15 μs。每个脉冲相对幅度的变化不大于 1dB。应答码既可表示识别也可表示高度,具体由询问模式而定。当应答机响应识别询问时,应答码代表标识符。飞机识别应答码的 12 个信息码从高位到低位的排列顺序是 $A_1A_2A_4B_1B_2B_4C_1C_2C_4D_1D_2D_4$。12 个信息码分成 ABCD 四组,每组码有三个脉冲位置位,脉冲代号的下标表示这个脉冲在这组码中的权值。应答机响应 C 模式询问的应答码代表高度码。高度码的组成方式与标识符完全不同。它的组成顺序是 $D_1D_2D_4A_1A_2A_4B_1B_2B_4C_1C_2C_4$。其中 D_1 到 B_4 按"标准循环码"(格雷码)编码,它的最小递增单位是 500 ft,C 组码是"五周期循环码",其最小递增单位是 100 ft。这样,C 组码连续递增 5 次,标准循环码递增一次。

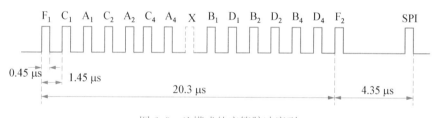

图 6.8　C 模式的应答脉冲序列

6.3.2　A/C/S 模式信号格式

传统航管雷达的询问信号为脉冲幅度调制信号,按地面对空中所询问的用途分为 A、B、C、D 共 4 种模式;而机载 ATC 应答机的应答信号为脉冲编码调制信号,分为 A/C 模式。S 模式的发展,使得地面二次雷达、TCAS 以及机载应答机在上述信号模式的基础上又发展了对应的 S 模式询问信号和 S 模式应答信号。

应答机最主要的功能就是帮助本机被地面雷达和入侵飞机的避撞系统及时识别,从而排除安全隐患。应答机在收到外来射频询问信号后,经过运算和处理，将本机的 ATC 编码(A/C 模式)或地址码(S 模式)以及飞行信息发送给该信源，实现地空之间的双向数据通信。应答机的工作模式包括二次雷达发出的询问脉冲串格式以及机载应答机应答信号的编码格式，两者是对应的[6]。地面雷达站通过设定询问信号中脉冲对(P_1 和 P_3)的不同时间间隔来区分不同询问模式，机载应答机据此采取相应的应答模式。

6.3.2.1　A/C 模式

A/C 模式的主要功能包括飞机代码识别和气压高度获取，从而帮助空管员识别本机身份，确保飞机之间安全间隔。应答机在收到雷达询问信号后，向地面发回 4 个八进制数字作为本机代码，这就是 A 模式。在 C 模式下，这 4 个数字不再表示本机代码，而是飞行的气压高度。实际工作中，通常采用 A/C 模式轮流交替询问应答的方式。本机代码由 ATC 赋给其管制空域内的飞机，同一架飞机在一次飞行过程中的代码可以改变。ATC 使用 squawk 一词表示这个代码，本节后面还将出现 squawk 一词。

在 A/C 模式下，应答机接收到询问信号后，飞行员需要将 ATC 给定的飞机代码输入应答机并发送给信源。例如，当 ATC 发出"Cessna 123AB，squawk 0363"的呼叫时，飞行员在本机应答机上输入代码 0363，通过无线电广播，该机的飞行信息和航迹将呈现在 ATC 雷达屏幕上，同时被附近其他的机载应答机和 ADS-B 二次雷达系统所接收。1 030 MHz 和 1 090 MHz 分别是上行询问信号和下行应答信号的调频。A 模式下，应答信号表示飞机编号；C 模式下，应答信号表示飞机高度。

非选择性询问信号(A/C 模式)由 P_1、P_2、P_3 三个脉冲依次构成，采用脉冲幅度调制方式，其基本格式如图 6.9 所示。其中 P_1、P_3 由定向天线向扫描区域发出，P_2 由全向天线发出，主要起到旁瓣抑制作用。各种模式询问信号对应的脉冲时间间隔如图 6.10 所示。其中，P_1 和 P_3 的脉冲宽度均为$(0.8\pm0.01)\mu s$，峰值功率为 $250\sim500$ W($54\sim57$ dBm)。在 A/C 模式下，P_1 和 P_3 的脉冲间隔分别为$(8\pm0.2)\mu s$、$(17\pm0.2)\mu s$、$(21\pm0.2)\mu s$、$(25\pm0.2)\mu s$。

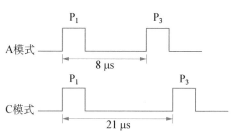

图 6.10　A/C 模式下，询问信号对应的脉冲时间间隔

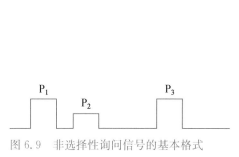

图 6.9　非选择性询问信号的基本格式

图 6.11 为 A/C 模式应答信号格式。机载 A/C 模式应答机发射的 1 090 MHz 应答信号由 3 个框架脉冲 F_1、X 和 F_2，12 个信息脉冲和 1 个识别脉冲 SPI 组成。F_1、X 和 F_2 主要起定时作用，标志着一组（12 个）信息脉冲的开始、中点和结束。在脉冲 F_2 后 4.35 μs 处有一个 SPI 脉冲。当飞行员持续按下控制板上 IDENT 按钮时，应答机将同时发射该 SPI 脉冲并持续（18±2）s，地面显示屏上对应这架飞机的游标会加亮或加粗，以便于管制员识别。

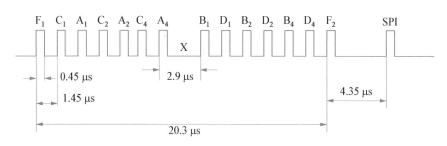

图 6.11　A/C 模式应答信号格式

在每个应答信号中，12 个信息脉冲分为各含 3 个脉冲的 A、B、C、D 四组，按 $C_1 A_1 C_2 A_2 C_4 A_4 B_1 D_1 B_2 D_2 B_4 D_4$ 的顺序从左至右排列（应答信息与编码表上八进制数字的对应顺序为 $A_4 A_2 A_1 B_4 B_2 B_1 C_4 C_2 C_1 D_4 D_2 D_1$，注意两者的区别），每个脉冲的下标代表其权值。各脉冲的宽度为 0.45 μs，间隔 1.45 μs。每个信息脉冲位高电平表示 1，低电平表示 0。这样，一共 12 个 0/1 代码组成了 4 个八进制数字，并作为应答信号发回地面。若在 A 模式下工作，

则这 4 个数字表示飞机代码；若在 C 模式下工作，则表示飞机当前的气压高度。所有脉冲的峰值功率为 $250\sim500$ W（$54\sim57$ dBm）。应答机发出代码 4722 时的脉冲串如图 6.12 所示。

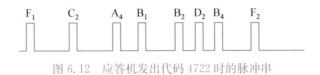

图 6.12　应答机发出代码 4722 时的脉冲串

此外，当交通繁忙或地面雷达站较多时，A/C 模式还存在同步串扰和异步串扰问题，如图 6.13 所示。这也对地面雷达站的显示分辨率和处理能力提出了一定要求。

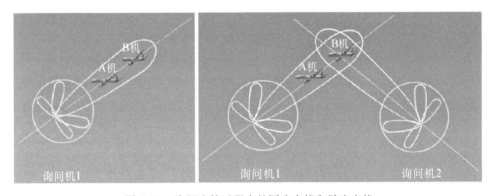

图 6.13　询问应答过程中的同步串扰和异步串扰

A/C 模式应答机只提供飞机的身份和高度信息，故只需与机载测高设备交联，获取气压高度数据。一般的机载高度源包括大气数据计算机（ADC）、气压高度表等，具有 ARINC 429、RS422 等数据接口。

6.3.2.2　S 模式询问信号

A/C 模式应答机大大提升了飞行安全性，同时也带来了串扰和系统饱和等问题。因此，提出了让地面雷达对飞机进行选择性询问的通信方式，即点名的概念。这样既有效解决了串扰问题，还通过减少无意义的问答次数，减轻了空管员的工作负担。这里的地址码具有全球唯一性，并且是 S 模式的重要工作特征。应答机在收到地面询问后，飞行员会在应答信息中写入本机地址码和其他飞行信息，然后发回信号源，从而实现地空之间点对点询问和应答，同时也没有同步和异步串扰的问题。

S 模式询问信号包括全呼和点名呼叫两类。全呼方式继承了 A/C 模式的设计思想，采取广播式询问；点名呼叫方式则实现了一对一询问[7]。图 6.14 是两者地空通信的示意图。

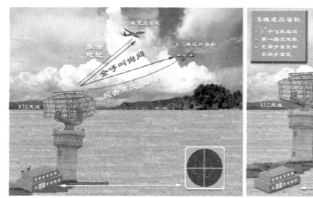

图 6.14　S 模式全呼叫和点名呼叫的地空通信的示意图

全呼询问包括 A 模式、C 模式、A 模式/S 模式全呼、C 模式/S 模式全呼、仅 A 模式全呼、仅 C 模式全呼 6 种，采用 PAM 调制方式，各自的特点如下：

（1）A 模式：与普通 A/C 模式雷达的 A 模式相同，当 A/C 或 S 模式应答机收到此询问时均作 A 模式回答。

（2）C 模式：与普通 A/C 模式雷达的 C 模式相同，当 A/C 或 S 模式应答机收到此询问时均作 C 模式回答。

（3）A 模式/S 模式全呼：在 A 模式询问信号的 P_3 脉冲之后 2 μs 处增加一个 1.6 μs 宽的脉冲 P_4，A/C 模式应答机对此询问作 A 模式回答，S 模式应答机对此询问作 S 模式全呼（格式 11）回答。

　　（4）C 模式/S 模式全呼：在 C 模式询问信号的 P_3 脉冲之后 $2\,\mu s$ 处增加一个 $1.6\,\mu s$ 宽的脉冲 P_4，A/C 模式应答机对此询问作 C 模式回答，S 模式应答机对此询问作 S 模式全呼（格式 11）回答。

　　（5）仅 A 模式全呼：在 A 模式询问信号的 P_3 脉冲之后 $2\,\mu s$ 处增加一个 $0.8\,\mu s$ 宽的脉冲 P_4，仅 A/C 模式应答机对此询问作 A 模式回答。

　　（6）仅 C 模式全呼：在 C 模式询问信号的 P_3 脉冲之后 $2\,\mu s$ 处增加一个 $0.8\,\mu s$ 宽的脉冲 P_4，仅 A/C 模式应答机对此询问作 C 模式回答。

　　地面二次雷达以 $1\,030\,MHz$ 频率发射询问信号。S 模式询问信号有两种格式：A/C/S 模式全呼询问和仅 S 模式询问。S 模式是一种点名询问的方式，点名询问需要飞机的地址码，获得飞机地址码的方式有两种：仅 S 模式询问和 A/C/S 模式全呼询问。为了与 A/C 模式二次雷达兼容工作，一般使用 A/C/S 模式全呼询问来获得飞机地址码。

　　A/C/S 模式全呼询问脉冲序列如图 6.15 所示。

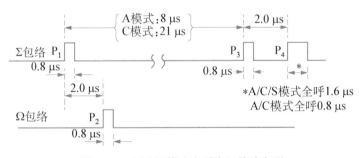

图 6.15　A/C/S 模式全呼询问脉冲序列

　　A/C/S 模式全呼询问类似于标准的 A/C 模式的询问信号，其差别是在 P_3 之后增加了一个 P_4。一个 A/C 模式的应答机在接收到 P_3 时就开始回答，即 $3\,\mu s$ 之后发送第一个回答脉冲 F_1，P_4 脉冲的存在对此没有影响。S 模式的应答机也能回答 A，C 模式的询问，但是当检测到 P_4 后就会停止 A/C 模式的应答而按照 P_4 脉冲的宽度来决定以何种方式应答。P_4 脉冲有两种宽度：$0.8\,\mu s$

和 1.6 μs。当 P$_4$ 脉冲的宽度为 1.6 μs 时，S 模式应答机会发出一个应答，在这个应答里包含它的地址。当 P$_4$ 脉冲的宽度为 0.8 μs 时，S 模式应答机不会产生应答。仅 S 模式询问脉冲序列如图 6.16 所示。

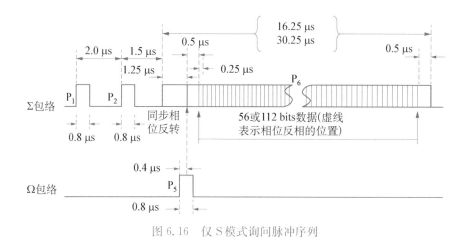

图 6.16　仅 S 模式询问脉冲序列

仅 S 模式询问信号前面两个脉冲 P$_1$ 和 P$_2$，宽度 0.8 μs、间隔 2 μs，类似于 A 模式和 C 模式询问的旁瓣抑制脉冲。一个非 S 模式应答机在收到这些脉冲时就会抑制它，也不再译码其余的询问信号。在 P$_2$ 之后是一个长脉冲 P$_6$，其宽度为 16.25 μs 或 30.25 μs，在 P$_6$ 之内有许多相位翻转以表示所传送的数据。第一次相位翻转在脉冲前沿后 1.25 μs 处，被应答机用来同步它的时钟以译码后续的数据。同步相位翻转也用作发送回答的时间参考，这和在 A/C 模式里使用 P$_3$ 的方式一样。询问机根据在同步相位翻转的发送和第一个回答脉冲接收之间的时间延迟来测量目标的距离。数据用差分相移键控的方式发送，当有 180 度相位改变时表示"1"，没有相位改变时表示"0"。相位翻转的位置间隔为 0.25 μs，即给出的数据率为 4 MHz。根据要求发送的总的数据是 56 位或者 112 位。数据块的前 5 位为数据链的格式号。数据块的末 24 位，为飞机地址码及校验位的组合。S 模式询问旁瓣抑制方法和 A/C 模式不同。在 S 模式里 ISLS 脉冲 P$_5$ 由天线控制波束发射，在时间上覆盖了 P$_6$ 脉冲的同步相位翻转。

如果发射的脉冲在天线旁瓣里，P_5 的幅度将比 P_6 强，应答机不能检测到同步相位翻转，也就不会再解码和回答询问。在天线主瓣内 P_5 的幅度比 P_6 弱，同步相位翻转就能被检测到。脉冲询问的规范如表 6.3 所示。

表 6.3　S 模式询问脉冲的规范

脉冲名称	脉冲宽度/μs	脉宽误差/μs	上升时间/μs		下降时间/μs	
			最小	最大	最小	最大
P_1，P_2，P_3，P_5	0.8	±0.1	0.05	0.1	0.05	0.2
P_4	1.6	±0.1	0.05	0.1	0.05	0.2
P_6（短）	16.25	±0.25	0.05	0.1	0.05	0.2
P_6（长）	30.25	±0.25	0.05	0.1	0.05	0.2
同步相位翻转：P_6 上升沿后 $(1.25\pm0.05)\mu$s； 后续相位翻转：在同步相位翻转后 $0.5+N\times0.25\pm0.02$ μs，其中 $N=0$，…，55 或者 $N=0$，…，111，相位翻转持续期小于 0.08 μs； 相位精度：在 0°或 180°的 ±5°内。						

6.3.2.3　S 模式询问格式

S 模式询问类型共有 5 种：全呼询问、侦察询问、COMM－A 询问、COMM－C 询问、广播询问。全呼询问用来获取雷达覆盖范围内的所有飞机的地址，它的地址校验段不能包含未知的飞机地址。用作全呼询问的"地址"包含 24 个二进制 1。S 模式二次雷达主要是作为侦察雷达，需要定期更新感兴趣的飞机的距离、方位、高度和身份资料。侦察询问的两种类型（UF＝04 和 UF＝05）即是分别询问飞机高度和身份代码[8]。COMM－A 询问与侦察询问有相似的功能，多了 56 位用于给飞机传输数据。共可以链接 4 个 COMM－A 询问，这样，数据容量增至 224 位。COMM－C 询问也称上行扩展消息（ELM）。MC 段包含 80 位数据，可以链接 2 到 16 个 COMA－C 询问，共有 1 280 位数据信息。空间和地面之间的所有数据传输都由地面控制。为便于地面控制，可使用单段 COMM－C 询问来控制下行 ELM 消息（要求多个 COMM－D 应答）。COMM－C 询问不能用作侦察（如更新飞机位置），因为没有可用的高度数据[9]。要完成一次位置更新，可独立发送一次侦察或 COMM－A 询问。S 模式上行询问如表 6.4 所示。

表 6.4　S 模式上行询问

序号	UF	内　　容	AP	备注
1	00000	3 个信息位＼RL：1＼4 个信息位＼AQ：1＼18 个信息位	24	空空监视短格式
2	00001	27 或 83 个信息位	24	
3	00010	27 或 83 个信息位	24	
4	00011	27 或 83 个信息位	24	
5	00100	PC：3＼RR：5＼DI：3＼SD：16	24	监视,询问高度
6	00101	PC：3＼RR：5＼DI：3＼SD：16	24	监视,询问标识码
7	00110	27 或 83 个信息位	24	
8	00111	27 或 83 个信息位	24	
9	01000	27 或 83 个信息位	24	
10	01001	27 或 83 个信息位	24	
11	01010	27 或 83 个信息位	24	
12	01011	PR：4＼11：4＼18 个信息位	24	仅 S 模式全呼
13	01100	27 或 83 个信息位	24	
14	01101	27 或 83 个信息位	24	
15	01110	27 或 83 个信息位	24	
16	01111	27 或 83 个信息位	24	
17	10000	3 个信息位＼RL：1＼4 个信息位＼AQ：1＼18 个信息位＼MU：56	24	空空监视长格式
18	10001	27 或 83 个信息位	24	
19	10010	27 或 83 个信息位	24	
20	10011	27 或 83 个信息位	24	
21	10100	PC：3＼RR：5＼DI：3＼SD：16＼MA：56	24	COMM－A,询问高度
22	10101	PC：3＼RR：5＼DI：3＼SD：16＼MA：56	24	COMM－A,询问标识码
23	10110	27 或 83 个信息位	24	

（续表）

序号	UF	内　容	AP	备注
24	10111	27 或 83 个信息位	24	
25	11000	RC：2\NC：4\MC：80	24	COMM－C，扩展长度信息

6.3.2.4　S模式应答信号

1）S模式应答信号格式

应答机以 1 090 MHz 的频率发射 S 模式应答信号。S 模式应答信号的格式如图 6.17 所示。

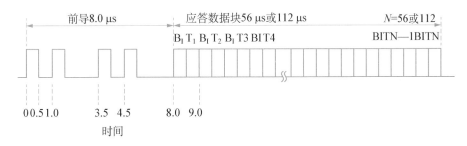

图 6.17　S 模式应答信号的格式

S 模式应答是由译码设备检测前 4 个脉冲的样式来确认的，这些头脉冲的间隔不可能由两个 A 模式或 C 模式的交叠而产生，如果由于另一台应答机回答产生的脉冲交叠掩盖了其中部分脉冲，4 个脉冲中的任何一个的前沿都可以用来测量距离[10]。

应答数据内容包含在头脉冲后的数据块中，这些数据是脉冲位置调制（PPM）编码的。每一数据位持续时间为 1 μs，有脉冲和空脉冲宽度各为 0.5 μs，合起来为一个脉冲周期。有脉冲后跟空脉冲为 1，空脉冲后跟有脉冲为 0。实际上，应答数据的每一位都发送两次，前 0.5 μs 有脉冲表示 1，无脉冲表示 0，而在其后 0.5 μs 内反相。这种编码格式能抵制干扰，因为如果在一个位置抑制了一个脉冲而又在相邻位置插入一个脉冲，这种干扰几乎是不可能的。随着一个询问的发出,应答数据可能是短格式的 56 位或者长格式的 112 位,其中最后 24 位是校验和地址的组合。应答信息的每一位都被译码并确定其置信度的高低。最简单的解码过程是认定回答位的前 0.5 μs 的信号强度是否大于后 0.5 μs(二进制 1)或者是相反(二进制 0),译码的置信度通过测量在信号强度弱的 0.5 μs 里的信号电平来判定:如果信号电平是低的且无干扰则是高置信度。另一种解码过程是选择应答头的脉冲作参考,类似于选择 F1 或 F2 参考脉冲的方式来辅助 SSR 译码,每一个应答数据脉冲都与参考脉冲,就其信号幅度或单脉冲值相比较,判断它们是否相关。相关表示高置信度,根据在 1 μs 周期里脉冲的位置判定是 0 还是 1。这种方法减小了强干扰脉冲改变译码数据或者多路径信号把判定降到低置信度的可能性。

2)S 模式应答信号内容

S 模式应答信号内容表示了 24 种有效的应答类型[11],现在已分配的是 8 种。如果信息的前两位是 11,表示是 COMM - D 应答,这种类型使用与 COMM - C 询问类似的方法传输大量的数据;另一种类型由前 5 位 DF 字段来定义。DF=00 和 DF=16 的应答类型是用于 TCAS 系统的空空监视应答。监视或 COMM - B 应答与监视或 COMM - A 询问相对应。只有当传输的数据同时用于更新飞机的距离、方位、高度信息或标识符时才使用较长的询问或应答格式。最普遍的 S 模式的应答,是包含高度数据的侦察应答。DF=04 或 DF=05 所指示的代码,分别有类似于 A/C 模式下 C 模式和 A 模式代码的功能。全呼应答在图 6.8 和图 6.9 所示的两种全呼询问之一时发送。二次雷达通过这个过程来确定装配了 S 模式的飞机及其唯一的 24 位地址。因此,在全呼应答码中,需要单独报告飞机的地址。一旦雷达发现飞机并确定飞机 S 模式的地址时,飞机就不再需要对全呼询问作应答。全呼锁定是 S 模式系统中最弱的部分,因为它的作用是拒绝检测飞机范围内的其他雷达询问。为了克服这个局限,使用了雷达站点地址,使全呼询问标上每个特定雷达的标识。另外,指明了网站地址的全呼锁定,限定只对全呼询问中含有那些网站地址的询问作应答。S 模式下行应答如表 6.5 所示。

表 6.5 S 模式下行应答

序号	UF	内 容	备 注
1	00000	VS：1\7 个信息位\RL：4\2 个信息位\AC：13\AP：24	空空监视短格式
2	00001	27 或 83 个信息位\P：24	
3	00010	27 或 83 个信息位\P：24	
4	00011	27 或 83 个信息位\P：24	
5	00100	FS：3\DR：5\UM：6\AC：13\AP：24	监视，询问高度
6	00101	FS：3\DR：5\UM：6\AC：13\AP：24	监视，询问标识码
7	00110	27 或 83 个信息位\AP：24	
8	00111	27 或 83 个信息位\AP：24	
9	01000	27 或 83 个信息位\AP：24	
10	01001	27 或 83 个信息位\AP：24	
11	01010	27 或 83 个信息位\AP：24	
12	01011	CA：3\AA：24\PI：24	S 模式全呼应答
13	01100	27 或 83 个信息位\P：24	
14	01101	27 或 83 个信息位\P：24	
15	01110	27 或 83 个信息位\P：24	
16	01111	27 或 83 个信息位\P：24	
17	10000	VS：1\7 个信息位\RI：4\2 个信息位\AC：13\MV：56\AP：24	空空监视长格式
18	10001	CA：3\AA：24\ME：56\PI：24	
19	10010	27 或 83 个信息位\AP：24	
20	10011	27 或 83 个信息位\AP：24	
21	10100	FS：3\D：5\UM：6\AC：13\MB：56\AP：24	COMM - B，询问高度
22	10101	FS：3\DR：5\UM：6\AC：13\MB：56\AP：24	COMM - B，询问标识码

序号	UF	内　容	备　注
23	10110	27 或 83 个信息位\AP: 24	
24	10111	27 或 83 个信息位\AP: 24	
25	11000	1 个信息位\KE: 1\NC: 4\MC: 80\AP: 24	COMM－D,扩展长度信息

6.3.3　编码规则

根据国际民用航空组织规定,S 模式数据链的编译码方式采用循环冗余编码方式,其中数据总长度为两种:56 位和 112 位,可以写成(56,24),(112,24)两种,就纠错能力而言,对于发生多于 24 位错误的情况,该种码无法进行纠错,但是并不妨碍检错的进行。在 S 模式数据链系统实际运用中,在无法纠错的情况下,可以再次对合作目标进行询问,让该合作通过重发数据的形式,达到接收正确,并计算 24 位的同位信息,在 S 模式数据发送的末端进行同位,然后与 24 位飞机地址码叠加,生成最终的 56 或者 112 位 DPSK 调制码发送。数据接收端对数据同样进行同位运算,将运算出的奇偶信息与解完飞机地址码后的同位码进行比较,用以确认传送是否正确。如果传送成功,则将传送确认信息返回给飞机。

6.3.3.1　飞机地址格式

S 模式是使用离散寻址询问的一种数据链路技术。它的选择性建立在通过飞机的 24 位地址对其身份进行明确识别的基础上。

所有装备了 S 模式应答机的运营类飞机都会被 ICAO 赋予一个全球唯一的 24 位地址码,或者称为 S 模式 16 进制码。这个码实际上是现役 S 模式应答机的编码,但通常从飞机的注册号衍生而来,与飞机的国籍有关,是注册许可的一部分。一般情况下飞机地址码不会改变,但在更换设备、变更飞机注册国时也有例外。比如,对飞行管理系统(FMS)做正常维护时,应答机可能从一架飞机转移到另一架飞机,此时其地址码也将发生改变。理论上,一共有

16 777 216 个 24 位地址码可用,这些地址在编排时通过互联网进行。相当多的未分配的代码块是为不同的 ICAO 地区保留的,并且有超过 300 万的代码还未分配给任何国家或地区。只要仔细管理,就不会有代码的短缺,即使在将来的很长时期内。总的地址多于 16 000 000 个,世界上的任一架飞机都能拥有一个唯一的地址。图 6.18 是 ICAO 分配的飞机身份地址格式(以英国为例)。24 位飞机地址分为 header block 和 hence codes 两个部分,前一部分为 header block,后一部分为 hence codes。如果 header block 的 6 比特是"010 000",这表示这架飞机是在英国注册的。剩下 hence codes 的 18 比特包括 262 144 种代码,它们可由英国以他们选择的任何方式分配。header block 和 hence codes 的长度,每个国家是不同的。比如,奥地利有 9 比特的 header block,这意味着它只有 32 768 种代码可供分配。一个国家可分配的代码数有以下几种: 1 024(10bit),4 096(12bit),32 768(15bit),262 144(18bit),1 048 576(22bit)。"000000000000000000000000"是非法地址,而"111111111111111111111111"是全呼地址。一台发射/应答机只接受 S 模式发送给全呼地址或者自己唯一地址的询问。当收到地面询问信号后,该编码作为应答信号从飞机发送给 ATC,并被二次监视雷达捕获和处理。编码一共有 4 096 种组合,因此又称"4096 码"。由于这些编码信息敏感度高,通信时必须谨慎操作,防止与其他编码特别是紧急状态编码相混淆,带来不必要的麻烦。

图 6.18   ICAO 分配的飞机身份地址格式(以英国为例)

飞机标识符主要包括三类:

(1) 常规状态编码:表示飞机在正常飞行过程中需要告知地面的一些飞行动作编码。

（2）紧急状态编码：在飞行过程中发生影响飞行安全的严重事件时的编码。

（3）ATC编码（squawk码）：前两种编码都属于特殊编码，并且具有国际通用性，驾驶员可以在未经ATC允许的情况下自行使用并发出信号。ATC编码则需要由ATC提供，在同一区域内具有唯一性，并且一次飞行过程中可以改变。仪表飞行条件下，ATC编码作为放行许可的一部分，在整个飞行过程中不会改变；目视飞行条件下，如果飞机不在ATC的管理范围内，则统一编码为squawk VFR（北美地区为1 200，欧洲地区为7 000），待进入ATC管理范围后，每架飞机会再次被告知一个区域唯一的squawk码。此外，如果通信频率发生改变，比如飞机离开原有的ATC管理范围进入另一个ATC小区，其编码也将再次变为squawk VFR。为避免编码产生歧义，每个ATC会被分配一个squawk代码段。邻近的ATC代码段没有重叠，可以各自独立地分配代码。事实上，并不是所有的ATC都使用二次雷达识别飞机，但所有的ATC都会给其管制区域内的飞机分配squawk码。比如，覆盖英国南部的伦敦飞行信息服务中心就不使用雷达图像，但它会为所有从它那里收到飞行信息的飞机分配一个squawk码0 027。这样做的目的是告诉其他装有雷达的ATC地区，某一架飞机正在使用自己这里的调频，以便在其他地区需要与这架飞机进行联系时为其提供方便。

在C模式工作状态下，应答机发回地面的同样是4个八进制数字，但此时已不再表示飞机的标识符而是高度码，代表了当前飞行的气压高度信息。ICAO规定的高度编码范围从$-1\,000\sim126\,700$ ft（$-304\sim37\,000$ m），民用航空通常使用的范围在$-1\,000\sim62\,700$ ft（$-304\sim19\,111$ m），因此只需要10个信息脉冲就能全部覆盖。目前通行的做法为：$D_4A_1A_2$为第一组，编成8个增量间隔为8 000 ft的格雷码组；$A_4B_1B_2B_4$为第二组，编成16个增量间隔为500 ft的格雷码组；$C_1C_2C_4$为第三组，编成5个增量为100 ft的码组。这样，一共有$8\times16\times5=640$组增量为100 ft的高度码组。

6.3.3.2　CPR 编码与解码

在 S 模式数据链路中采用的是简洁位置报告(compact position reporting, CPR)方式对经度、纬度进行高效的编码。在每次编码消息中将不再对长时间不改变的高位进行编码[12]。如飞机长时间位于南半球或北半球,所以 CPR 编码中半球标志位不需要重复发送;另外由于高位数据长时间不更新,所以会产生编码结果相同但飞机位置不同的情况。当只接收到一个位置消息时,根据该码进行译码具有不确定性,难以确定飞机真实的位置,因此 CPR 编码技术通过同时对精度、纬度进行编码来有效地解决此类问题。CPR 编码技术可使接收系统明确地确定飞机的正确位置。这是通过采用两种稍微不同的编码来实现的。两种形式的编码,称为偶形式编码和奇形式编码,分别占用发送时间的50%。经纬度的奇偶编码与经纬度符号的正负有关。如果在一个很短的时间间隔内(空中目标约 10s,地面目标约 50s)接收到两种编码形式的位置消息,接收系统就可明确地确定飞机的位置。对于空中的飞机而言,地球近似为圆形球体。CPR 编码技术为了确定飞机的准确位置,首先将地球划分成多个编号不同的区域(zone),然后再将每个区域细分为许多块。区域又分纬度区和经度区两种。纬度区和经度区的划分如图 6.19 所示。纬度区的尺寸不变,经度区的数量随纬度的增大而减小。当飞机从赤道向两极飞行时,经度区的数量逐渐减少。CPR 编码就是通过纬度区和经度区的编号来确定飞机的大致位置后,再由每个区的细分块来标定飞机相对精确的位置。CPR 解码算法需要一组奇编码和偶编码数据才能实现解码过程。

6.3.3.3　C 模式高度编码

S 模式 ADS - B 系统中的高度信息编码采用与传统二次雷达系统中的 C 模式应答信息相同的高度编码方式。C 模式高度编码规定高度数据用 11 位表示,其中前 8 位以格雷码编码形式表示,后 3 位则用五周期循环码表示。因为格雷码属于不能进行直接运算的无权码,所以在对高度信息编码的过程中首先要把格雷码转换为相应的二进制码。国际民用航空组织规定飞机飞行高度的

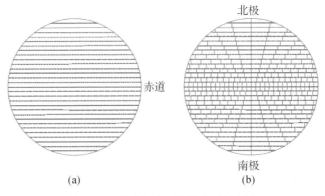

图 6.19 地球经度区和纬度区的划分

(a) 地球纬度区划分 (b) 地球经度区划分

编码高度范围在 1 200~126 700 ft(366~38 618 m)之间。在二次雷达系统中，当机载应答机接收到 C 模式询问脉冲信号时，机载应答机将发送高度编码。C 模式高度编码由 8 位标准循环码和 3 位五周期循环码两部分组成，C 模式高度编码码字结构如图 6.20 所示。当源于机载高度测量设备的气压高度信息有效时，将对高度信息进行 C 模式编码。

应答码字母												
ACV	D_1	D_2	D_4	A_1	A_2	A_4	B_1	B_2	B_4	C_1	C_2	C_4
—	0	标准循环码(Gray Code)							五周期循环码			

图 6.20 C 模式高度编码字结构

D_2，D_4，A_1，A_2，A_4，B_1，B_2，B_4 共 8 位是采用格雷码编码规则的标准循环码，D_1 位没有使用(设置为 0)，D_2 代表最高位，该部分编码的增量约为 500 ft(152 m)。五周期循环码由 C_1、C_2、C_4 共三位组成，C_1 代表最高位，增量约为 100 ft(30 m)。当输入高度大于 50 175 ft 时，编码最小增量为 100 ft；当输入高度为 50 175 ft 以下时，编码最小增量为 25 ft；当没有接收到有效地高度数据时，编码高度码字全为 0。

6.3.3.4　PI 效验位生成

1090ES 数据链路中规定在生成完整 88 位有效信息后要采用 24 位循环冗余校验(cyclic redundancy check，CRC)进行数据传送，以便接收机在接收信息后进行有效纠错和检错。CRC 是一种校验能力强、实现简单、软硬件均可实现的编码方式，在众多信息传输过程中得到广泛应用。当检测到数据信息位有误码发生时，可通过软硬件控制对方重新传送，直至数据信息正确为止。当信息在传输过程中，由于信道干扰导致信息传输出现误码，从而导致接收机接收信息错误，由于 S 模式数据链中采用的是汉明距离为 6 的 CRC 校验算法，因此应用 CRC 校验算法可以纠正 5 个以下(包括 5 个)的随机位置误码。

CRC 校验码由一个 k 阶生成多项式产生，一个 k 阶生成多项式可产生 $k-1$ 位的 CRC 校验码。通过正确的运用生成多项式可以利用 CRC 码检测出所有奇数位的随机误码，也可以检测出突发长度小于 $k-1$ 位的误码。S 模式报文就采用 CRC 校验技术，对传输过程中可能产生的误码进行检测纠正。在 CRC 校验中，将所传输的数据序列看作一个高阶多项式 $M(x)$，把多项式 $M(x)$ 与通信过程中约定的生成多项式 $g(x)$ 进行模二加运算，最后把计算得到的余数添加在传输数据位的后面一起发送。在接收方，把接收到的信息位和 CRC 校验码一起用同样的生成多项式 $g(x)$ 进行模二加运算，当计算得到的余数为 0 时，表示传输的过程中无误码发生，当计算得到的余数不为 0 时，表明接收到的数据中有误码存在。

6.4　主要功能和人机交互

6.4.1　主要功能

(1) 兼容 A/C 模式应答机的所有功能。接收地面控制中心的 A/C 模式轮询信号并应答，整个过程符合有关技术标准。

（2）地址报告能力，接收点名询问信号并应答。当机载应答机天线接收到与S模式特征相吻合（包括功率、宽度、个数、间隔等）的询问脉冲（全呼或选择性呼叫）时，S模式应答机需能够正常识别（"意识到"有地面二次雷达或附近飞机的TCAS系统向我发出询问，触发后续过程）、接收（包括滤波、解调、译码等）该询问信号。经过数据处理和飞行员操作，对应答信息（本机地址码、高度、位置、水平距离等）进行编码、调制，并发射给询问源。

（3）主动向本机附近空域发出S模式广播。内容包括本机地址码、高度、速度、位置等，通过断续发射器进行，广播频率为1 090 MHz。

（4）提供TCAS Ⅱ的输入条件。S模式应答机的输出信息将作为机载TCAS Ⅱ系统的输入条件，因此要求它能及时获取和处理周边飞机的应答，记录本机周边一定范围空域内其他飞机的航迹，并且进行简单的航迹预测，为TCAS Ⅱ提供决策信息，但不影响TCAS Ⅱ的决策过程。

（5）数据链通信和报告功能。根据数据收发和传输能力不同，S模式应答机的数据链通信等级分为5级，实际中可根据需求进行选择。

等级1：只能收发短报文（56位）。

等级2：等级1＋收发长报文（112位）。

等级3：等级2＋收加长报文（≥4×112位）。

等级4：等级3＋发加长报文（≥4×112位）。

等级5：等级4＋同时对多基站。

对于数据链的处理，S模式应答机通常有两种接口：标准长度信息接口和扩展长度信息接口。标准长度信息（SLM）收发要求应答机按照询问的数据内容进行应答，用下述方法之一可以实现：在应答机内部设计一个缓冲器，缓存空对地数据链的信息内容；为应答机装备一个数据接口，在应答产生之前转移应答机识别出的询问内容，以便这些内容被机载的外部设备使用，在应答时给出响应数据。

扩展长度信息（ELM）收发要求应答机在4 s周期内至少能处理一个16位

的完整信息,并发射至少 4 条空对地 ELM 信息。应答机需要有足够的保护措施,确保在天线与每个接口的双向传输中,10^3 条信息小于 1 个错误以及 10^7 条 112 位信息少于 1 位漏检错误的误码率。

采用扩展长度信息接口的应答机,在具备接收、校验、存储和响应上行 ELM 信息的同时,还要具备组合、发射 ELM 下行信息的能力。同时应能够对离开应答机、进入其他机载设备的数据提供适当处理,使之适合于目标系统。

在实施细节方面,全重超过 5.7 t 或巡航真空速超过 250 kn 的飞机在安装 S 模式应答机时,必须考虑天线多样性的问题,必要时需安装多套天线或采取等效手段,保证在各种飞行姿态下均不出现某个方向的信号被遮蔽或无法被覆盖的情况。另外,如果一架飞机在机体不同位置安装了一台以上的 S 模式应答机及配套天线,那么在不同飞行姿态下这些互为冗余的系统要能够自动切换。

实际运行中,S 模式应答机的高度报告步长为 100 ft,但设备应达到 25 ft 步长的技术标准。并且 S 模式应答机在为 TCAS II 提供决策信息时高度数据必须准确,否则将使航迹预测和 TCAS II 的预警功能失效。如果高度信息来自采用 Gillham 编码的数据源,那么送至 S 模式应答机之前要做修正,否则会出现偏差。

除了正常的询问应答之外,S 模式应答机还需具备一定处理监视信息的能力。同时,S 模式应答机应设有一般机载设备都具有的故障提示机制,并且与必要的机载数据源要有可靠链接,遵循 ARINC 718A 有关标准。

由于 S 模式应答机的输入源是人,不可避免存在操作失误,因此它应具有屏蔽非法输入和错误输入的功能。S 模式应答机还可设定为等待(STBY)、识别(与 ATC 建立通信链路时使用)等特殊状态。

6.4.2　人机交互

6.4.2.1　人机界面

S 模式应答机的人机界面可以与主飞行显示器(PFD)集成在一起,作为飞行管理和控制信息的一部分；也可以建立一小块专用的应答机控制板。但无论采取何种方式，都要考虑操作的简便性，并且确保飞行员通过某一种设备对 S 模式应答机的信息进行修改后，新信息也会反映到其他与之相关的 I/O 设备上。

A/C 模式应答机的编码输入设备和控制面板如图 6.21 所示，S 模式应答机的相应设备与之类似。图中的档位缩写含义如表 6.6 所示。

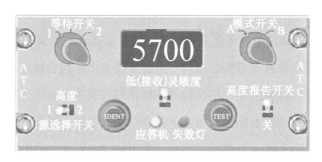

图 6.21　A/C 模式应答机的编码输入设备和控制面板

表 6.6　档位缩写含义

SBY/STBY	standby 等待	IDENT	identification 身份识别
ALT	altitude 高度	RPTG	reporting 报告
ST	set 设定	LO SENS	low sensitivity 低(接收)灵敏度

6.4.2.2　操作安全事项

这里以 A/C 模式应答机为例进行说明（S 模式应答机也存在类似问题）。试想 ATC 将一架飞机的编码从 1 200 变成 6 501。飞行员在输入新的编码时，可能先转动第二个旋钮得到 1 500，然后倒转第一个旋钮 1 - 0 - 7 - 6，得到 6 500，最后旋转第四个旋钮得到 6 501。这个动作在短时间内会使飞机发出被劫持的信号（7 500），从而不必要地浪费空管员精力和 ATC 通信资源。

目前的数字式应答机均使用按钮而不是旋钮，以避免上述问题。同时飞行守则也要求飞行员须谨慎地改变编码，避免无意中输入紧急状态编码。但是在飞行状态下，飞行员不能为避免出现暂时性特殊编码而将应答机置于 STBY

(等待)状态,因为这会使本机信息从地面雷达屏幕上消失,带来通信上的麻烦。只有当飞机在地面(滑行、起飞滑跑、着陆滑跑)时,应答机才可以而且需要置于STBY 状态。另外,如果飞行员将本机编码输错,则所有的应答机和 TCAS Ⅱ、ADS‐B 相关设备就不起作用了。

不论何种工作模式,所有应答机还有一个 IDENT(识别)键,它将启动应答信号中的一个特殊位,使地面控制中心及时掌握飞机飞行信息,并且确保和其他飞机的安全间隔。此外,IDENT 键还用来在无线电通信失效时用来判定设备故障是单向的还是双向的,即是否出现半双工的情况(可以收发但不能同时收发)。

6.5　S 模式应答机的应用 [13]

6.5.1　在空中交通管制中的应用

A/C 模式二次雷达的不足表现在几个方面: 其一,应答信号只有 12 位二进制,编码数量有限;其二,只能回答飞机的代号、气压高度,可交换信息少;其三,询问信号结构简单(只有 P_1、P_2、P_3 三个脉冲),不含识别成分,在询问信号工作范围内的全部飞机会同时获得询问信号,可能产生同时应答,造成混叠;其四,地面反射产生盲区,还有目标的方位、距离等参数的分辨率低等。

在 S 模式的询问信号中,一个 15 或 29 μs 的数据块可容纳 56 bit 或 112 bit 的数据,数据的前 24 位规定用于飞机的地址编码,其他的数据位可用于传送所需的飞机参数。利用 S 模式询问、应答信号中的飞机标识符,可以对目标飞机预先进行编码。S 模式地面雷达站利用飞机地址标识符能与飞机单独联系,询问机只向它负责监视的飞机进行询问,它用跟踪装置保存每架飞机的预测位置,待天线波束指向被选址的飞机时发出询问。通过这种选择性询问,使空地间问答次数减到最少,防止信号范围内的所有飞机同时应答引起的系统饱和、混叠的情况。为改善角分辨率,提高方位数据的精度,S 模式使用单脉冲技术。通过单脉冲技术,空地间一次问答就可确定出飞机的位置,减少了询问应答次数。利用 SS 模式 SR 监视飞机的空域,其安全间隔会大大减小。ICAO 对于雷达管制的规定是每个小时同高度允许 48 架飞机通过(间隔约 5 n mile)。同时,由于雷达数据的实时性,管制员可以随时在雷达显示屏上监控飞机的当前位置,即使存在风与其他因素的影响,飞机位置发生突然变化,管制员也能从雷达显示屏上随时知道,从而大大增强了飞行的安全性。

我国空管雷达建设系统已经具有一定的规模。当前,雷达数量达到 50 余套,配合雷达管制的实施,先后完成了京广航路、京沪穗航路雷达建设,为北京,珠海终端区,北京、广州区域,京广、京沪穗航路雷达管制提供了可靠的设备保障。在北京、上海、广州、深圳、珠海、三亚,西安区域 G212 航路、成都,大连等区域均实施了雷达管制,实现了由线到面的阶段性突破。

6.5.2　在广播式自动相关监视中的应用

广播式自动相关监视(ADS - B)是 ICAO 正在推广的集通信、卫星导航和监视技术于一体的新一代技术,也是基于飞机监视技术的应用系统。欧洲的 ADS - B 应用了由瑞典提出的利用自组织时分复用(S - TDMA)VHF 数据链广播飞机位置报告的技术;随后美国提出利用二次监视雷达(SSR)的 S 模式长格式自发报告广播飞机的 GPS 测定位置,作为 ADS - B 的另一种技术[14]。

ADS - B 系统由多地面站和机载站构成,以网状、多点对多点方式完成视距范围的数据双向通信。机载 ADS 信息处理单元收集到导航信息,通过 ADS - B 通信设备广播发出,机载 ADS 通信设备在收到地面发给飞机的广播信息后,经过处理送给驾驶舱综合信息显示器。ADS - B 的信息以 ADS - B 报文形成,通过空空、空地和地地数据链广播式传播。当前采用的数据链有 1 090 MHz S 模式扩展电文数据链(1090ES)、通用访问收发数据链(UAT)和甚高频数据链模式 4(VDL Mode 4)三种。

澳大利亚开发有 ADS‐B,就是使用 1 090 MHz S 模式扩展电文数据链。通过建立 28 个 ADS‐B 地面遥控站,完成了大陆西部地区 9 000 m 以上高空覆盖;2005 年以前,其民航机队完成机载 S 模式应答机的改装;改进的空中交通管制中心的"欧洲猫"空管自动化系统,可以处理和显示来自 28 个 ADS‐B 地面站接收到的机载 S 模式应答机的航迹信息。澳大利亚在短短 3 年时间,以很少的投入(仅 1 千万美元)就实现了监视技术的跨越式发展,使澳大利亚全境高空管制间隔缩小到 5 n mile。澳大利亚的空域结构及其分布和我国有相似之处,对我国的监视发展有很多可借鉴之处。如建立大飞行情报区的概念,以区域管制中心为龙头,下接多个终端管制中心和塔台,优化空域结构,合理运用空域资源,发挥空管自动化的优势;我国管制面积广,越洋航班多,飞行流量相对集中最东南沿海区域。针对这种特点,我们可以采用雷达监视与 ADS‐B 相结合的方法,合理使用 S 模式技术。

6.5.3　在防撞系统中的应用

现代飞机上的防撞系统,美国称为空中交通警告和防撞系统(TCAS),欧洲称为机载防撞系统(ACAS),两者实际上含义、功能是一致的。TCAS 系统往往需要与之兼容的机载应答机来配合其完成探测邻近目标的功能,TCAS 需要和 S 模式应答机协调工作,并与其他飞机以及地面雷达站交互通信,才能完成环境监视的功能。目前通用的 TCAS Ⅱ 系统是基于独立的 TCAS 和 S 模式应答机架构,来为飞机环境监视提供服务。TCAS 通过发射 1 030 MHz 的询问信号,并接收来自他机 1 090 MHz 的 S 模式应答机的应答信号,从而感知周边的交通态势;而 S 模式应答机接收来自他机 1 030 MHz 的 TCAS 询问,并发送 1 090 MHz 的应答信号来配合 TCAS 完成空中交通态势感知,也接收并应答来自地面航管雷达的询问信号以配合完成空中交通管制;TCAS 和 S 模式应答机均通过广播方式发送本机相关信息以供周边飞机感知交通态势。TCAS 通过发射询问与接收应答信号的时间间隔计算相对斜距,利用定向天线测向确定入侵飞机的相对方位,同时从 S 模式应答机发来的应答信号中直接获取入侵飞机的高度,基于这些参数,TCAS 可以完成防撞的功能。两者的协调工作如下所述:其他机载设备向 TCAS 和 S 模式应答机提供飞机性能数据,如无线电高度、未校正的气压高度以及本机性能信息等来辅助其进行交通态势感知。

随着研究的深入,TCAS 除了用于减少潜在的空中碰撞威胁外,该系统将来也许能用于缓解空中交通阻塞,增大飞行流量。它不仅可以在越洋航线上减小飞行间隔,还可以在仪表飞行条件下减小起飞间隔。同时,利用 TCAS 技术进行循迹爬升,还有利于减少飞机跨洋飞行的燃料消耗和缩小飞行间隔。循迹爬升允许飞机在较低高度尾随前面飞行的飞机,借助于 TCAS Ⅱ,爬升到前面飞机的高度,这样飞机在爬升中比前架飞机有更高的燃油效率和更少的湍流。另外,由于 S 模式应答机的应用,通过 S 模式数据链发射 GPS 协调信号和高度,可提高 TCAS 的效率和准确性,在越洋飞行中,可从飞机到空中交通管制中心之间转发位置信息。

参考文献

［1］Beasley B. Understanding mode S technology［R］. Aeroflex，2012.

［2］蔡建恒.S模式链路层设计[D].成都：电子科技大学,2006.

［3］杨剑.航管S模式应答机设计[D].成都：电子科技大学,2013.

［4］武乐琴,李玉柏.S模式技术综述[C]//2004年中国西部青年通信学术会议论文集.2004：712-716.

［5］徐君.S模式机载应答机信号处理系统研究[D].成都：西南交通大学,2012.

［6］阚茜.空中交通管制S模式二次雷达信号处理系统研究[D].南京：南京理工大学,2008.

［7］Orlando V A. The mode S beacon radar system［J］. The Lincoln Laboratory Journal，1989,2(3)：345-362.

［8］马进.基于FPGA的TCAS与S模式应答机综合化数字中频接收系统的设计与仿真[D].上海：上海交通大学,2011.

［9］陈士毅.S模式应答处理中的数据处理[D].成都：电子科技大学,2006.

［10］Manual on Mode S Specific Services. International Civil Aviation Organization ［M］. Second Edition，2004.

［11］Boisvert R E，Orlando V A. ADS-Mode S system overview［C］. Digital Avionics Systems Conference，12th DASC. ，AIAA/IEEE. IEEE，1993：104-109.

［12］何康.S模式航空管制雷达二次雷达数据链编解码方法的研究[D].南京：南京理工大学,2006.

［13］Bussolari S R，Bernays D J. Mode S data link applications for general aviation ［C］. Digital Avionics Systems Conference，14th DASC. IEEE，1995：199-206.

［14］International Civil Aviation Organization（March 2005）. The Third Meeting of Automatic Dependent Surveillance-Broadcast （ADS-B）Study and Implementation Task Force（ADS-B TF/3）［C］. Retrieved 2008-03-28.

7

广播式自动相关监视

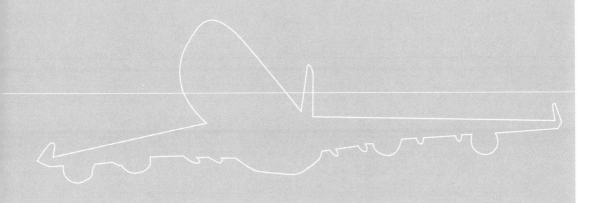

7.1　引言

7.1.1　交通管制系统

　　空中交通管制系统广泛应用于航空部门的空中交通管理中[1]。空中交通管理系统是一个实时信息处理系统,包括空中交通管制、飞行情报和告警服务。空中交通管制的任务是防止航空器与航空器相撞以及在机动区内航空器与障碍物相撞,维护和加快空中交通的有序流动。飞行情报服务的任务是向飞行中的航空器提供有助于安全和有效地实施飞行的建议和情报。告警服务的任务是向相关组织发出需要搜索救援航空器的通知,基于需要对工作进行统筹规划。空中交通管制系统一般拥有多个子基站,分布在不同的地理位置上,并在各个不同的空管区域中心,如机场或各个航管站安装基站。通常,空中交通管制系统(简称空管系统,ATC)要实时接收和处理来源于多部雷达系统提供的飞机的三维位置信息,同时接收来自航空公司及有关空中管制部门提供的飞行情报和飞行计划等信息,人机交互信息以及气象信息等。通过对这些信息进行综合处理,为保证空中航空器之间的安全间隔,地面管制员及时准确地掌握航空器的飞行动态,避免航空器与地面障碍物之间、航空器和航空器之间的危险接近和碰撞提供准确的判断信息。由于空管系统关乎航空器内人员的生命安全,因此空管系统需在准确性、可靠性和及时性上做出保证。

　　按管制区域不同,空中交通管制可分为塔台管制、进近管制及区域管制;按指挥时是否使用雷达监视设备而分为使用雷达的雷达管制和不使用雷达的程序管制两种管制模式。未装备雷达监视设备的管制中心只能实施程序管制;装备了雷达监视设备的管制中心正常情况下实施雷达管制或雷达监控下的程序管制,在雷达设备检修、停用期间实施程序管制;在邻近机场跑道的特殊区域实施以目视为主的塔台管制。

7.1.1.1　程序管制

所谓程序管制,是指航管人员根据预先制订好的飞行程序,凭借自身对周围地形、气候环境的经验,综合机组人员通报的目标所在方位、高度等飞行参数,通过无线电通话调度飞机,帮助机组人员的飞行。在飞机起飞前,机长必须将飞行计划提交给报告室,经批准后方可实施。飞行计划的内容包括飞行航路、使用的导航台、预计飞越各点的时间、携带油量和备降机场等。空中交通管制员将批准的飞行计划的内容填写在飞行进程内。管制员根据预定的飞行计划和飞行员在飞行中的位置报告,通过计算掌握飞机的位置、高度等信息,并根据航行规定,调配飞机之间的间隔,保持规定的安全距离和高度差,以确保飞机有序、安全地飞行。然而这种方式带有较大的经验性,不能充分利用时间和空间,管制效率很低。

7.1.1.2　雷达管制

雷达管制是一种空中交通管制服务,它使用雷达信息为航空器提供信息,是一种基于自动化空中交通管制系统的空中交通管制方法。与程序管制条件下通过飞行报告、领航计算、雷达标图等方法掌握航空器的航行等原理不同,雷达管制条件下,空中交通管制员直接使用雷达位置信息和雷达数据信息,及时、准确地掌握航空器的位置及飞行状态,从而使航空器之间的安全水平间隔大大缩小,飞行密度和空中交通流量大大增加。雷达管制作为现代空中交通管制的主要手段,具有程序管制无法比拟的优越性。雷达管制员根据雷达显示,可以了解本管制空域雷达波覆盖范围内所有航空器的精确位置,并根据航行规定来调配航空器之间的横向和纵向间隔,以保证飞行安全。雷达管制在保障空中运输安全的前提下,大幅度提高空域利用率,增加空中交通流量。

7.1.1.3　自动化管制

自动化亦称雷达自动化。自动控制广泛应用于雷达管制中,可以自动执行飞行过程的打印,跟踪飞机,提供数字显示,预测飞行冲突,并提供避免冲突的解决方案。20 世纪 50 年代末期,喷气式飞机的使用对空中交通管制提出了很多问题。60 年代中期,人们开始将电脑应用于雷达管制,70 年代和 80 年代建立了计算机与雷达控制终端雷达控制系统的组合,建立了全球定位系统(GPS)。在这个阶段,采用二次雷达架构,通过广播式自动相关监视(ADS - B)多点定位技术,通过中央接收机的计算机处理飞机的三维信息,从而实现真正的自由飞行。表 7.1 列出了空中交通监视手段和实现方法之间的关系。

表 7.1　空中交通监视手段和实现方法之间的关系

监视名称	雷达监视(RS)		人工相关监视	自动相关监视(ADS)
监视手段	一次雷达	二次雷达	一般通信方法人工传送飞机位置报告	数据链自动传送飞机位置报告
监视性质	独立监视	合作监视	相关监视	相关监视
对应管理方法	雷达管制(RS - ATC)	程序管制	程序管制	数据链管制(ADS - ATC)

7.1.2　自由飞行与下一代空中交通管理

如果从"交通"的概念来理解,这种责任转移是交通管理回归的原始理念[2,3]。众所周知,道路交通由司机自己的意识(而不是由交警指挥)来确定冲突的风险,保持安全距离,避免交通事故。交通安全责任主要由驾驶员承担,交警只负责交通安全管理。驾驶员承担交通安全的能力是由于他有能力观察和判断交通环境,并使用"查看和避免"冲突方法来确保交通安全。三维空间上的航空交通与此不同,在大多数情况下(通用航空的小型飞机除外),飞机之间必须保持的安全间隔远远大于人眼的视距范围,飞行员可以不用眼睛观察并确定相邻飞机的确切位置和飞行意图,但不能控制飞行空间和冲突,只能依靠空中交通管制和引导。可以看出,空中交通是"空中交通管制责任制"。在目前的空中交通管制模式下,民用飞机是按照地面导航系统限制航班的航路安排。飞行员使用由数千个无线电信标台和雷达网络建立的航路。由于这些设施不能在任何地方建立,飞机不能选择到达目的地的最直接的路线,而且飞行不能根据具体情况灵活改变路线,如空域阻塞或避免危险天气。随着全球航线流量的增加,空域总体利用率不高,民航管理部门引入了"自由飞行"的概念,开始实施自由飞行计划。目前,自由飞行计划已确定为 FAA 现代化计划的核心概念。自由飞行的概念首先由美国威廉·伯顿(William Burton)提出[4]。早在 1965 年,威廉·伯顿提出,飞机可以通过自动化空中通信和驾驶舱数据交换显示来代替地面设备。然后,他对自己提出的理论进一步完善,建立了一个自由飞行碰撞模型。这个自由飞行的碰撞模型称为"双冰球模型"。它在飞机附近创建了两个区域:外部警戒区域和内部保护区域。如果两架飞机的飞行路线相距很远,警戒区不会碰撞,空中交通管制人员知道飞机之间有足够的空间;如果警戒区相撞,空中交通管制人员将对面临的问题进行评估,并发布变更航道。两架飞机的保护区绝对不允许触碰。警戒区和保护区的范围由定位精度等技术条件决定。

美国航空无线电技术委员会(Radio Technical Commission for Aeronautics)对自由飞行的定义为:"自由飞行是在仪表飞行规则下的一种安全有效的飞行体系。飞行约束被限制在一定的范围和时间段内,并且只有在确保飞行间隔以防止机场拥挤并避免进入未经批准的空域时才适用"。自由飞行的基本思想是将目前的主动飞行控制转变为被动控制,空中交通管制员不再主动指引飞机飞行,只有飞机间隔小于标准有潜在的冲突时才会参与其中。在自由飞行的系统中,飞行计划用于提供流量控制信息,而不是飞行间隔。其意义在于完成飞行中的战略间隔(基于飞行线路)向战术间隔(基于位置和速度向量)的一大转变。自主路线确定使用户可以灵活地确定飞行路径,并且不再受当前的约束。用户根据其经营目标,如节省燃料、缩短飞行时间、避免危险天气或空域阻塞来确定自己的飞行计划。用户将自己的飞行计划提交给交通管理中心,交通管理中心汇总飞行计划,然后根据信息预测可能的空域阻塞或飞行碰撞的时间和地点,并向每个用户发布预报。在飞行中,用户仍然可以根据需要手动更改原始飞行计划,导航和定位设备,以使飞机能够满足用户的愿望。地面控制中心掌握每架飞机的位置信息和短期飞行意图,进行飞行监测和飞行预测。相应的位置信息和飞行意向也将通过 ADS-B 与附近其他的飞机共享。如果参与空域堵塞的用户不打算改变其飞行计划,相关的交通管制部门将进行干预,并将限制涉及的部分或全部航班,以确保飞行安全。为了实现这一目标,除了建立完善的空域监视系统之外,下一代空中交通管理(next generation air traffic management,NGATM)[5]基础设施还必须采用新技术和新方法,为飞机运行提供有效和更强的导航技术支持。如果飞机可以实时感知到自己的情况,可以冷静地判断冲突的风险,调整安全间隔,选择规避操纵;如果飞机的精确导航能力得到保证,则不会偏离预期的飞行航路。可以想象,当天空的飞机都能不依赖管制调配自行保持规定的安全间隔,并且有能力沿着预期"管线"轨迹精确飞行,管制员对飞机运行的干预就会大大减少,空中交通管理就能从容地应对未来更加密集的空中交通的挑战。

关于飞机境况感知能力如何获得支撑的问题。机载"空中交通告警和防撞系统"(TCAS)技术,现在已广泛应用于情境感知技术。在飞行中,机载 TCAS 可以预先认识渐近目标(或"进入目标")的运动,并指示飞行员选择规避机动飞行的决策信息。TCAS 可以依靠空中交通管制来缓解交通冲突,而依靠飞机之间的相互检测,同时利用"询问-应答"信息交流,以感受周围的交通状况。TCAS 情境感知功能单一,机载设备复杂,安装成本高,通常不适合通用航空飞机。因此,TCAS 技术在下一代民用航空运输系统中或许难以发挥主导作用。近年来,广播式自动相关监视(ADS-B)技术快速发展,为增强航空器情境感知能力开辟了广阔的前景。在过去 20 年中,ADS-B 技术[6]是国际新型导航系统不断发展的通信、导航、监视技术的综合应用,它集成了从机载导航系统导出的精确导航数据(包括识别码、三维位置、速度矢量、飞行意图等)。它使用地对空数据链路通信模式,实时、自发、间歇(每秒一次)地广播。在地面上,用数据链接收(而不是二次雷达)可以捕获监视目标;在空中,相邻运行的飞机通过相互监视他方广播(而不是相互检测和询问)将能够感知到空中交通状况,判断和避免冲突。下一代ADS-B技术开发将进一步开发空对空广播功能,地面采集现场交通、机场信息、空域气象等空中交通相关信息,并通过ADS-B数据链发送给飞机。飞行员在飞行阶段可以及时了解自己的情况,减少对空中交通管制的依赖。与TCAS技术相比,ADS-B的空中协同能力明显增强,针对下一代空中交通用户(商用和通用机载系统)在机载配置方面进行了优化。未来的空中交通,飞机的精密导航可描绘为"在轨运行"。根据仪表飞行规则,飞机的精确飞行取决于机载导航系统的性能水平和航路(或空域)中导航信标的水平。当两级达到要求的准确性、完整性、连续性、可用性和报警能力等要求时,飞机将能够按仪表,而不是在空中交通管制员的指导下精确导航。可以看出,机载导航性能和空域所呈现的导航性能可以通过统一规模进行评估,这是"所需导航性能"(RNP)的概念。使用RNP概念飞行,飞行员可规划各种(或等级)路线和空域,根据不同飞行的阶段,在符合飞机性能规定下,使用相应的RNP飞行程序,实现"在轨"运行。

通常RNP飞行程序是使用区域导航(RNAV)方法设计的,RNP程序中的航点是一系列坐标点,而不是导航点。换句话说,RNP的导航规则依赖机载系统导出三维坐标,而不是依靠导航信标来导航。可以看出,RNP区域导航技术的应用可以充分发挥飞机的自主飞行能力,有效降低飞行员对地面控制和地面导航设备的依赖。图7.1中两张图片分别是美国达拉斯Ft. worth机场在实施RNP区域导航程序之前和之后的出发轨迹。从这两幅图我们可以清楚地看到RNP区域导航在雷达引导中的比较优势。首先,RNP区域导航离场比雷达引导离场效率高,因为RNP离场是自助飞行;然后非人为干预比人为干预更规则和安全;最后,使用RNP区域导航率明显优于雷达引导。这个优势,对于空域通常受到较多限制的中国民用机场来讲是最有价值的。

图 7.1　纷乱的雷达引导离场航迹与实施 RNP 规则后的离场航迹对比

ADS-B 技术、区域导航方法、RNP 空域规划和运行程序,都是支持空中交通安全责任向空中转移的技术手段,它们在下一代空管系统基础设施架构中,应当处于优先和重点发展地位。传统系统与 ADS-B 系统的区别如表 7.2 所示。

表 7.2　传统系统与 ADS-B 系统的区别

传统系统	ADS-B 系统
雷达	卫星
低效率的路径	基于性能的导航
话音通信	语音与数字通信
不同的信息	自动化决策支持工具
碎片化的天气预报	综合气象信息
天气能见度	低能见度下的改进
规则性的安全系统	预测性的安全系统
国家空域	在拥挤的城市群中

7.1.3 ADS‑B国内外发展

自动相关监视(ADS)技术是基于卫星定位和地对空数据链路与飞机进行通信的监控技术[7]。ADS‑B源于ADS概念,不仅成功应用于无雷达区域的远程飞机运行监控,而且与传统雷达监控技术相比具有成本低、精度高、误差小、监控能力强等明显优势,在高密度飞行区域也有广泛的应用[8,9]。ADS‑B的通信协议和数据格式目标由国际民用航空组织(ICAO)负责,多个国家参与,共同制定相关的标准,如ICAO ANNEX 10 Vol. IV, ICAO DOC 9871等。此外,各个国家也有自己定义的一些标准,如美国RCTA制定的ADS‑B标准有DO‑260 *Minimum Operational Performance Standards for 1 090 MHz Automatic Dependent Surveillance-Broadcast（ADS‑B）*（DO‑260 1 090 MHz ADS‑B最低实施标准）、DO‑260B *Minimum Operational Performance Standards for 1 090 MHz Extended Squitter Automatic Dependent Surveillance Broadcast（ADS‑B）and Traffic information Services-Broadcast（TIS‑B）*（DO‑260B 1 090 MHz扩展振荡ADS‑B最低实施标准和广播式交通信息服务）、DO‑249 *Development and Implementation Planning Guide for Automatic Dependent Surveillance Broadcast（ADS‑B）Applications*（DO‑249 ADS‑B应用的发展和实施计划指导)等。中国民用航空局根据国际标准制定了适合中国国情的相关ADS‑B标准[10],如IB‑FS‑2008‑002《广播式自动相关监视(ADS‑B)在飞行运行中的应用》、AC‑91‑FS/AA‑2010‑14《在无雷达区使用1 090 MHz扩展电文广播式自动相关监视的适航和运行批准指南》、CTSO‑C166b《基于1 090 MHz扩展电文的广播式自动相关监视(ADS‑B)和广播式交通信息服务(TIS‑B)设备》等。

7.1.3.1 ADS‑B在美国的应用

美国的ADS‑B项目起步较早,但前期未给予足够重视。自从瑞典的座舱综合信息显示器演示成功后,美国才将ADS‑B项目列为重点发展项目。现阶段美国的 ADS-B 研究已进入了规划的中期阶段[11]。美国所有航空公司的航空器都已经安装了 ADS-B 机载设备并开始运行；在内陆地区，征得美国国家航空航天局（NASA）的认可和验证后，已经开始普及 ADS-B 系统；加速 ADS-B 系统应用到航空器之间的所有环节，包括认证、审批等，确保各条航路上能尽快实现 ADS-B 监视；同时美国也开始安装相关的广播设备，这些广播设备可供 ADS-B 系统使用，安装了 GNSS 接收机以及座舱综合信息显示器的航空器可以获得管制员所掌控的所有空中交通信息，甚至包括航空天气图等。美国的通用航空比运输航空更早的采用了 ADS-B 技术，这是因为美国的通用航空在民用航空运输业所占份额较大，发展速度快，政策方面限制较少，相比其他国家十分发达。考虑到通用航空器的飞行灵活性比较大，在适航性方面比较放松，机载设备的加装受限制较少，最重要的一点在于通用航空更多地采用目视飞行规则，风险较大。ADS-B 系统可以很好地解决以上问题，只需要将通用航空器的机载设备稍微改装，配备座舱综合信息显示器，航空器飞行员就可以自主处理一些冲突的情况。在美国通用航空领域普及了 ADS-B 系统以后，安全性得到了极大的保证。

ADS-B 系统包含 3 种数据链：S 模式 1090ES，VDL Mode 4 和 UAT。在数据链选择的问题上，考虑到 1090ES 模式的上行能力受种种因素的限制比较大，没有 UAT 模式的上行广播能力强，美国将 1090ES 模式和 UAT 模式同时应用在航空运输中。这两种模式都能满足对航空器的监视，FAA 做出如下规定：

（1）在高度 18 000 ft 之上的所有飞行使用 1090ES 数据链模式。

（2）在高度 18 000 ft 以下的所有飞行使用 UAT 数据链模式。

（3）装备不同模式的航空器之间不得相互进行通信联系。

这些规定很好地解决了两种模式同时应用带来的种种不便，同时覆盖了整个美国的空域。2000 年，FAA 在阿拉斯加开展了 CAPSTONE 项目，该项目主要针对 ADS-B 技术进行试验和评估，将在阿拉斯加的一片较大空域内，实行相对开放的自由飞行。考虑到该地区的私人飞机比较多,通用航空的飞行流量很大,拟实施 UAT 模式为主题来验证 ADS-B 技术所特有的"见到后避让"的能力。CAPSTONE 计划期间内将完成 280 多架航空器的改装,同时建立 11 个地面站。从 2001 年开始,FAA 对无雷达覆盖区域的加装 ADS-B 系统的航空器提供"类雷达"服务。现阶段 FAA 计划加大项目的投入,计划再引进 200 套航空电子设备,同时将地面站点增设到 30 个。截至 2003 年底,项目覆盖的区域飞行事故率降低了 80% 以上,死亡事故率降低了至少 90%。

CAPSTONE 项目的阶段规划如下:

Ⅰ期:在阿拉斯加的 Yukon 以及 Kuskokwim 地区开展小范围的 ADS-B 技术试验。在 CAPSTONE 计划Ⅰ期规划过程中,需要完成 180 多架通用航空器的改装,在西阿拉斯加地区部署 ADS-B 地面站点,接收 ADS-B 报文。以 ADS-B 技术为基础,缩小通用航空飞机的飞行间隔至 5 n mile,下一步将向 3 n mile 过渡。所有的 180 架通用航空器同时安装座舱显示器,用于监视周围空中交通态势,了解周边地形、天气环境等。

Ⅱ期:将试验区域扩大到阿拉斯加东南部地区,对东南部地区的通用航空器实施改装,用以进行 ADS-B 试验。在Ⅰ期的基础上包括阿拉斯加的两大地区新增加 200 架航空器用于 ADS-B 改装。新增 11 个 ADS-B 地面基站,将试验范围扩大到 250 000 mi²①。与Ⅰ期相比,Ⅱ期将更多的关注点放在如下方面:

(1) 可控飞行撞地事故:航空器发生撞机事故,如撞山而引起的事故;可控飞行撞地事故是指在机组毫无觉察的情况下,使得航空器撞地或者飞入水中而造成的事故,而不是由飞机本身故障。

(2) 空中飞机相撞事故。

(3) 由于缺少飞行情报而引起的飞行事故。

(4) 不支持(IFR 仪表飞行规则)。

Ⅲ期:FAA 将在阿拉斯加全州区域内推广 ADS-B 技术。FAA 的 ADS-

---

① mi 为英制长度单位英里,1 mi=1 609 m。

B 发展政策中原本只计划采用单一的 ADS 数据链路,但是没有全盘否定两种数据链路同时存在的可能性。现阶段为了推广 ADS-B 技术应用于全美范围,美国已经将 1090ES 数据链路和 UAT 数据链路同时使用并做出了相关的使用规定。此外,FAA 要求某些特定飞机装备两种数据链路(俗称多模式)的接收机,使其能同时接收上述两种数据报文,这也是美国 ADS-B 数据链政策的实施基础。目前 RTCA 已经制定了 UAT 数据链的最低运行性能标准(MOPS)DO-282,FAA 则制定了基于 UAT 的机载硬件技术标准(TSO)TSO-C154a。

2002 年,美国联邦航空局(FAA)终于出台了 ADS-B 数据链发展政策以及支持 ADS-B 技术发展的规划蓝图。主要包括近期、中期和远期规划。

近期规划(2002—2006 年):

(1) 定义 ADS-B 最初发展阶段的国内技术系统底层结构。

(2) 允许"袖珍型"(不具备上行广播能力)地面设备继续安装和存在。

(3) 在空中交通终端区域,增强航空器之间的自主协同避撞能力。

(4) 商用和通用航空配备相应机载设备。

中期规划(2007—2012 年):

(1) 在本土装备符合本阶段底层结构定义的技术系统。

(2) 装备相应机载设备的商用运输机队开始受益。

(3) 完成 ADS-B 在航路应用的前期鉴定、认证、批准程序。

(4) 2007—2012 年间,国家空域系统(NAS)在全国范围内安装符合"1 090 MHz S 模式扩展自发电文数据链"(1090ES)和"通用访问收发数据链"(UAT)标准格式、可支持空中交通监视和地对空上行广播的地面设备系统。

中期规划的目标描述:在空中交通服务方面,将使用 ADS-B 数据(标识符、位置报告、速度、飞行意图等)来提高空中交通监测系统的能力;在安装标准地面设备的地区,发布广播式交通信息服务(TIS-B)信息,以便配备 ADS-B 接收机和驾驶舱交通信息显示(CDTI)设备的航空器飞行员获得与空中交通管制人员一致的空中交通信息;机场坐标控制,飞行员可以通过 TIS-B 与 ATC

部门达成一致的现场操作信息;在配备标准地面设备的地区,通过 UAT 数据链路上行广播,发布 FIS－B 信息,配备了 UAT 接收机和飞机的驾驶舱显示器可以收到天气图。

远期规划(2012 年以后):

(1)商用运输机队装备达到 ADS－B 规定的终端及航路空域各阶段飞行的要求,ADS－B 在终端和航路能按照定义、认证和执行程序持续运行。

(2)通用航空机队继续装备 ADS－B 机载设备,由 NAS 提供 TIS－B 和 FIS－B 信息广播。

美国的 ADS－B 技术发展规划有着非常清晰的发展思路。ADS－B 应用路线是:先通用航空,后商用运输,重点开发上行广播和机载应用。在商业运输航空应用中,美国 UPS 机载电子技术公司已经生产了 ADS－B 技术连接 AT 2000 型驾驶舱交通信息显示器(CDTI)。AT 2000 可以访问机载 ADS－B 接收机输出数据,机组人员可以选择不同的页面,随时查看当前的空中交通状况、地形图和天气图等图形信息。

图 7.2 和图 7.3 分别是 AT 2000 显示的空中交通状况、地形图和气象图的实物照片。这种设备已经通过了认证,并在部分波音 757、波音 767 飞机上安装使用。

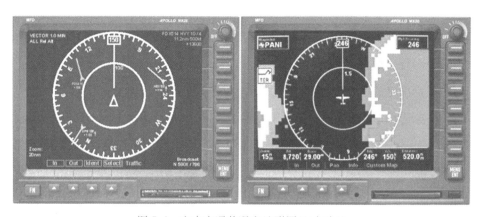

图 7.2　空中交通状况和地形图显示页面

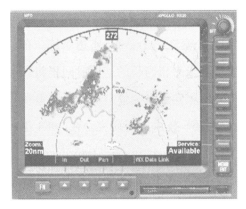

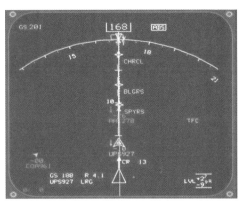

图 7.3   天象图显示页面   图 7.4   飞行显示实例

图 7.4 是 ADS-B 航迹信息在电子飞行仪表系统（EFIS）上的显示实例。EFIS 的屏幕清楚地显示了告警范围以及"入侵飞机"的标识符、高度、上升/下降率、渐近率等航迹信息。机组通过电子飞行仪表，主动掌握空中交通状况，增强了空中交通告警和防撞系统的性能。

针对没有装备专用飞行电子图形显示设备的经济型小飞机，美国

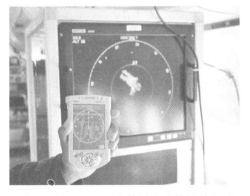

图 7.5   与 UAT 配合使用的手持终端上显示的交通状况图例

还开发了一种计算机应用软件。这种软件可以安装在笔记本电脑或掌上电脑里。由机载 UAT 接收的 ADS-B 广播信息接到便携计算机内，借助计算机显示屏还原成空中交通状况、地形图、气象图等图形信息。图 7.5 是这类应用软件在手持终端上显示的交通状况图例。

美国的 ADS-B 发展计划是 2002 年制订的。2006 年 5 月，美国联邦航空局长马里恩布兰奇在克利富兰城市俱乐部讲话时指出：近年来，FAA 越来越清楚地认识到 ADS-B 是下一代航空运输系统（NGATS）的基础。事实上，没

有 ADS-B 也就没有 NGATS。FAA 计划 2014 年之前在美国本土安装 400 套 ADS-B 地面站设备,与此同时将停止使用 125 套在用的 ATC 雷达系统。布兰奇还预言:ADS-B 技术不仅在近期,而且在未来相当长的一段时间里将影响通信、导航和监视系统。这场 ATC 系统的彻底变革将会使空中交通容量在 20 年里翻三番。美国早在 1978 年便开始对 ADS 技术进行研究。在 1983 年完成的海洋区域系统改进报告(The Oceanic Area System Improvement Report,OASIR)的研究报告中,针对洋区空管系统的改善,搜集了各类的可行方案,其中便包括以卫星通信来实行的 ADS。ICAO 针对 ADS 的发展也成立了航空移动卫星通信(AMSS)和 ADS 研究组,其目的是研究卫星通信协议的标准化,以确保 ADS 使用的卫星通信能兼容于其他陆空通信系统。美国在改良二次监视雷达(SSR)系统时,将旧式的模拟雷达信号改为数字信号,成为 S 模式二次监视雷达,并在美国各地架设了超过 150 座的 S 模式雷达。在发展 ADS-B 时,美国便沿用相关的技术,利用 S 模式作为 ADS-B 的通信方式,之后的各项研究与发展也大多以 S 模式为基础。1994 年初,FAA 在 Boston Logan 机场对 ADS-B 的地对地通信进行试验。FAA 在 Logan 机场附近架设了 4 个地面站,负责发出 GPS 的差分修正信号,并接收来自 3 架装有 ADS-B 设备的载具发射的位置信号,其中包含一架 Cessna 172 飞机、一架 Cessna 421 飞机及一台地面车辆。这个试验证实了 ADS-B 的地面监视能力。1999 年,FAA 与阿拉斯加的一家通用航空公司合作,在其一百多架小飞机上安装了 UAT 模式的 ADS-B 设备进行试验飞行。阿拉斯加地区以山区为主,气候恶劣,雷达无法低空覆盖。由于地域广大,该地区的通用航空极为发达,因此飞机撞山等事故发生非常频繁。在这些通用飞机上安装 ADS-B 设备后,安特雷奇(Anchorage)空管中心的雷达显示屏上,可看到这些装有 ADS-B 机载设备的小型飞机并提供管制服务;飞行员可以根据 CDTI 的地图显示保持与周围高山的间隔;ADS-B 数据链还能提供气象信息,使得小飞机也能得到气象雷达显示,减少了飞机进入恶劣天气区域的可能性;飞机之间还可以相互监视,在许多没有管制员指挥的小机场,飞行员可以利用 ADS‐B 显示,相互协同起降,防止在跑道占用上出现冲突,极大地提高了飞行安全。到 2003 年,阿拉斯加的飞行事故率降低了 86％,死亡事故率降低 90％。2000 年 10 月,FAA 进行了第二次操作评估,地点在肯塔基州的 Louisville 机场,目标是在发展并评估使用 ADS‐B 的系统之后,对航电设备与空管程序进行修正,以满足使用 ADS‐B 提升空管如下 4 方面能力的要求:

(1) 最终进近间隔(final approach spacing)。

(2) 离场间隔(departure spacing)。

(3) 机场场面监视(airport surface situational awareness)。

(4) 最终进近与跑道占用警告(runway and final approach awareness)。

试验证明,安装有 ADS‐B 机载设备的飞机,不管是在飞行中或是在机场滑行或等待阶段,都可以向四周广播,报告它目前的位置。地面的 ADS‐B 接收机接收到飞机传来的相关信息后,可以实时传达给地面管制员,向他们提供清晰的机场场面图像;同时,机载的 ADS‐B 也可监视机场场面的交通信息。在 2003 年和 2004 年,RTCA 对 ADS‐B 技术标准进行发展和改进之后,2005 年 9 月,FAA 正式将 ADS‐B 确定为未来空中交通管制的基础。使用 ADS‐B 建立起基于卫星的高精准监视系统,可以使当前使用的二次雷达逐步退役,只在繁忙机场保留二次雷达作为卫星失效的备份。FAA 获得了 1.65 亿美元的 2007 年和 2008 年度财政预算用于开始在全国空域建立 ADS‐B 系统,包括支持和扩展将当前在阿拉斯加(15 个 GBT)和东海岸(22 个 GBT)使用的 ADS‐B 信息融入当前的空管系统中。2007 年 5 月 31 日,FAA 宣布批准将 ADS‐B 用于阿拉斯加地区的空中交通管制,在航路实施 5 n mile 的 ADS‐B 间隔,这为 ADS‐B 在全美国的使用铺平了道路。

2007 年,国际电话电报公司(International Telephone and Telegraph Corporation, ITTC)被 FAA 选为主承包商实施 SBS 项目计划,ITTC 全权负责美国的 ADS‐B 基础设施建设,同时搜集、处理和验证 ADS‐B 数据报文,并传输至 ATC,供管制员进行空中交通管制。为了实现利用交互式多模卡尔曼滤波算法对 ADS‐B 航迹和雷达航迹进行融合处理,多传感器跟踪系统(multi-sensor tracker)必须将 ADS‐B 数据报文中的位置导航不确定度类别(navigation uncertain category for position,NUCP)或者位置导航精度类别(navigation accuracy category for position,NACP)转换成测量协方差矩阵,由于 NUCP 或者 NACP 来自 GPS 接收机,然而卫星导航定位存在多种不确定性,如卫星轨道误差、卫星时钟误差、电离层误差、多径效应和接收机噪声等,最终可能导致 ADS‐B 数据报文中 NUCP 或者 NACP 与实际情况不相符,因此,2009 年 ITTC 的 Mueller 对 ADS‐B 数据报文中的 NUCP 和 NACP 质量进行了验证评估,得出的结论为 ADS‐B 与雷达航迹融合时权值的分配提供了指导性参考。

7.1.3.2 ADS‐B 在澳大利亚的应用

根据澳大利亚航空服务局公布的资料,澳洲全境有 23 处航管雷达设施。除西部珀斯和北部的达尔文两个终端区各装备两套雷达以外,其余 19 处雷达集中分布在东部昆士兰、新南威尔士和维多利亚地区,雷达覆盖区域还不到全国空域的 1/3。澳洲中部广袤的无雷达区域,以往空中交通管制只能采用程序管制方法,管制效率十分低下。在这样的基础条件下,仅投资 1 000 万美元,把全国高空航路管制间隔缩小到 5 n mile,简直是匪夷所思的事,但是澳大利亚用三年多时间把它变成现实。成功的秘诀就在于合理地应用了广播式自动相关监视(ADS‐B)技术。2003 年 9 月澳大利亚运输部发布了一则消息:基于对澳大利亚中西部地区飞行流量的预期和投资成本的核算,澳大利亚毅然放弃了以航管雷达覆盖澳洲大陆的意图。取而代之的是,在中西部地区建设 ADS‐B 监视系统,与现有航管雷达设施组合成一个覆盖澳洲全境高空的空中交通服务监视系统,如图 7.6 所示。目标是实现澳洲大陆地区 30 000 ft(含)以上高空空域 5 n mile 间隔空中交通管理服务。这就是澳大利亚航空服务局的高空空域计划(upper airspace program,UAP)[12]。

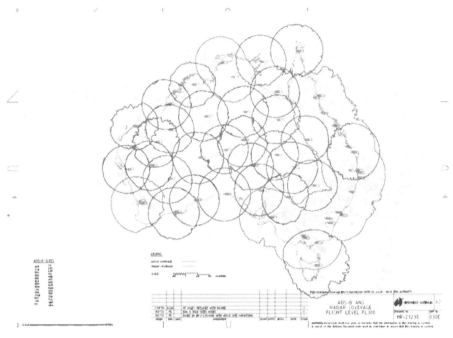

图 7.6　澳大利亚 30 000 ft 以上雷达和 ADS－B 空中交通服务监视系统覆盖图

澳大利亚 UAP 的主要特点：

（1）建立 28 个 ADS－B 地面遥控站，完成大陆中西部地区 30 000 ft 以上高空覆盖（见图 7.6 中的绿色覆盖圈。图中红色覆盖圈为现有雷达覆盖区）。

（2）2005 年底以前，国内商用运输机队基本完成机载设备改装。

（3）改进空中交通管制中心的 Eurocat-X 空管自动化系统，使之具备同时处理和显示来自 200 个 ADS－B 地面站的 1 000 个 ADS－B 航迹目标的能力。

（4）设置一套接收机自主完好性监测系统（RAIM），为管制中心实时提供 GNSS 完好性监测信息。

（5）制订和认证基于二次雷达、ADS－B 联合监视的 5 n mile 安全间隔高空空域管制服务规则。

到 2006 年 5 月，已经有 5 个标准 ADS－B 地面基站建成并投入使用，全部地面设备安装计划已在 2006 年底完成。澳大利亚航空服务局还与美国全球定位系统(GPS)代理经营方 VOIPE 当局签署了一项关于升级 GPS 系统,确保 ADS‐B 运行完好性的合作协议。2006 年 1 月 6 日,Jetsta 航空公司的空客 A320 飞机、Virgin blue 航空公司的波音 737 飞机,分别使用空客和波音飞机上的标准机载仪表,首次完成了 ADS‐B 航迹引导飞行,标志着 UAP 计划开始尝试性实施。目前,除了澳大利亚本土的航空公司以外,新加坡航空、英航、越南航空、韩亚航空、EVA 航空、卢森堡航空等,已按照国际民用航空组织《附件 10》第 77 项修正案的建议,使用 1090ES 数据链信息报告 ADS‐B 航迹的飞机,在无雷达地区已经可以获得类雷达监控下的程序管制服务。

澳大利亚在发展 ADS‐B 技术应用方面,走了一条与美国截然不同的路线。美国本土有着世界上最完善的雷达监视系统和管制服务体系,因此美国不急于更新现有的航路监视技术。ADS‐B 技术首先被美国用来解决非管制运行的通用航空领域突出的安全隐患和情报服务问题。澳大利亚地广人稀,难以部署雷达监视网,严重制约了澳洲大陆空中交通容量。但是澳大利亚抓住了 ADS‐B 新技术发展的机遇,实现了航行监视技术体制的跨越式发展,澳洲的发展理念如下:

1)目标探测不用雷达用接收机

飞行航路上增加流量,缩小间隔,必须以可靠的航行监视手段为前提。雷达是最常规的监视方法。要将航路纵向间隔缩小到 5 n mile,必须保证监视雷达在飞行航路上 100% 连续覆盖。在澳大利亚,要实现 30 000 ft 以上高空完全覆盖,如果选择常规雷达监视方法,即使单重覆盖,至少也要新增 28 套航管二次雷达。仅此一项大约就要花费 1.5 亿美元。然而,澳大利亚毅然放弃了雷达监视方案,用 28 套 ADS‐B 地面接收机取代同等数量的二次雷达设备。该方案的优势为:①把投资成本降低了一个数量级;②地面 ADS‐B 接收机双冗余配置,相当于双重覆盖效果,而且消除了雷达固有的顶空覆盖盲区;③ADS‐B 地面设备就安装在原有的甚高频地空通信遥控站,大大降低了建设成本,运行上也不附加新的管理成本。

ADS-B 接收机截获其覆盖空域范围内所有航空器播发的 1090ES 报文，这些报文包含了飞机标识符、高度、位置和飞行意图等所有航迹信息。ADS-B 地面站通过高速数据电路把这些报文传给布里斯班的空中交通管制中心，由自动化系统把报文还原成可视航迹目标，显示在管制屏幕上，实现了等同于雷达监视效果的"类雷达服务"。

2）地面基站只收不发

澳大利亚设立 ADS-B 基站，只为满足航行监视，只要求接收 GPS 信号和 1090ES 下行广播。不像美国的地面基站，除了接收航迹信息之外，还要发送广播式飞行信息服务（FIS-B）和广播式自动识别系统（AIS-B），甚至机场情报通播（ATIS-B）等上行广播资料。因此，澳大利亚的地面基站设计非常简单，如图 7.7 所示。两套接收机互为主备，工作模式只收不发，涉及的相关技术非常单一，设备成本价格低廉，能源消耗极其有限（甚至可采用太阳能供电），技术上非常易于实现，管理上可以无人值守。

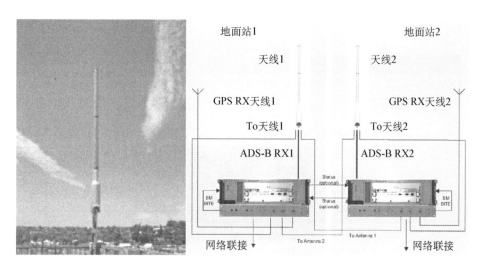

图 7.7　ADS-B 地面基站配置

3）地空数据链

澳大利亚在 ADS-B 地空数据链的选择上，采取了务实的"拿来主义"。既然 1090ES 数据链完全可以满足空中交通管制航迹监视的要求,同时国际民用航空组织《附件 10》修正案已明确制定了 1090ES 全球可互用标准,此外波音、空客公司的标准机载设备都具有符合 ICAO 标准的 1090ES 航迹电报播发功能,所以上述应用对于澳大利亚已经足够了。采用"拿来主义",直接选择 1090ES 数据链支持 ADS‐B 应用,使澳大利亚不但避免了在地空数据链开发上无谓的耗时费力,而且大大节约了地面设备开发和机载设备改装成本,实在是高明之举。

4)实验系统

澳大利亚高空空域计划(UAP)的制订建立在科学的实验和评估基础之上。但是澳大利亚的实验没有搭建规模性的地面平台,没有复杂的机载设备改装,也没有额外的航迹处理系统。他们选用了两种轻型飞机(无 TCAS 设备的"冲‐8"飞机、有 TCAS 装备的"空中国王"飞机),采用霍尼韦尔公司标准的 KLN‐94 型机载 GPS 和 KT‐73 型 S 模式应答机进行简单组合,如图 7.8 所示,把 GPS 定位信息加载到 S 模式扩展报文上,生成 ADS‐B 航迹信息,机载设备改装相当简单。

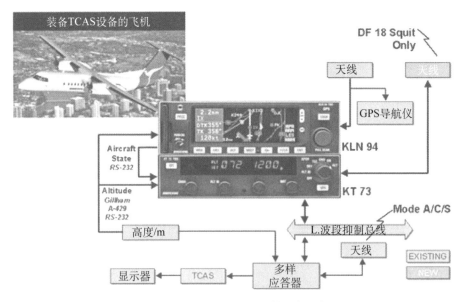

图 7.8　ADS‐B实验用机载设备组合

实验飞机以距离布里斯班管制中心大约 300 km 的班达堡机场为飞行实验基地。他们在班达堡机场附近的一个甚高频遥控台安装了一台接收机,将接收机截获的 ADS-B 航迹电报传回布里斯班管制中心,由在用的自动化系统进行处理和显示。就是在这样一个简易的实验系统上,他们采集和分析了实验区域从地面到 100 n mile 空域范围的飞行实验数据。在定点飞行实验的基础上,航空服务局改装了 15 架经常在布里斯班空域活动的直升机和小型飞机进行运行实验,进一步验证了高密度飞行区域 ADS-B 的性能,为制订 UAP 计划奠定了科学的基础。

5) 目标显示方案——多种目标,一个平台

在澳大利亚,东南沿海地区有完善的雷达监视系统,中西部地区采用 ADS-B 监视体系。管制员不禁会问:如果一架飞机由东部机场飞往西部的珀斯,最初,管制员看到的是雷达目标,在飞离雷达覆盖区,进入 ADS-B 覆盖区以后,ADS-B 目标将怎样监视呢?在布里斯班管制中心,"欧洲猫-X"(Eurocat-X)型自动化系统可以兼容处理雷达航迹和 ADS 航迹,并可生成 4 种目标。雷达信号处理器生成两种目标——雷达目标和飞行计划推测目标,ADS 信号处理器生成两种目标——ADS-B 目标和 ADS 目标。4 种目标以不同的识别符号显示在同一管制屏幕上:○表示雷达目标,☆表示 ADS-B 目标,△表示 ADS 目标(未按 ADS-B 标准改装的 FANS 1/A 飞机),□表示飞行计划推测目标。

常规情况下,管制显示屏只出现雷达目标和 ADS-B 目标(少数没有装备 ADS-B 设备但装备了 FANS 1/A 设备的飞机,其位置报告可以生成 ADS 目标。飞行计划推测目标是极端情况下生成的目标)。当一架飞机在雷达覆盖区飞行时,显示屏显示出我们熟悉的雷达目标,当这架飞机飞进 ADS-B 覆盖区,目标的标识符号由"○"变为"☆",但标牌信息将不会发生改变。管制员可以在一个显示桌面上同步(或顺序)地实施雷达服务和"类雷达服务"。

6) 基于 ADS-B 的应急备份系统

为了防止系统失效,空管自动化设备必须配置备份系统。通常雷达管制系

统的应急设备是基于雷达信号处理的,而澳大利亚却巧妙地利用了 ADS 信号处理系统作为自动化系统的应急系统。在"欧洲猫 - X"空管自动化系统中, ADS 信号处理机是独立于主系统的一个子系统,一旦主系统失效,或雷达探测系统失效,都不会影响 ADS 信号处理机独立工作,可见,这是一种既经济又实用的应急备份方法。除了实施 UAP 计划之外,澳大利亚航空服务局还开展了进一步用 ADS - B 技术的研究和实验。相关研究内容包括:①机载 ADS - B 接收和显示。他们利用德国 Filser 电子公司的生产 1090ES 接收机和德国 ULM 公司生产的专用处理器组合成一个机载 ADS - B 接收处理系统。这个机载系统所提供的数据,可以在空客标准的 CDTI 2000 型座舱显示器上显示飞行员所需的导航、地形、交通冲突等图形信息,也可以在一般个人电脑上显示上述图形信息。这种机载系统对于不装备座舱显示器和 TCAS 的小型飞机来说是一个福音。②多功能系统(M - ADS - B):通过增加同步接收器,可选择接收多种信号模式(A/C 模式、S 模式、ADS - B、ACARS、D - ATIS 等),使 ADS - B 的服务能兼容和覆盖多种机型。③广域多功能系统(WAM - ADS - B):更进一步的技术发展方向是利用广域网技术,组成互连互通的 ADS - B 信息网,全网由 GPS 同步,并实现全网遥控和遥测。

7.1.3.3　ADS - B 在欧洲的应用

欧洲是 ADS - B 技术的策源地。世界上第一次机载"驾驶舱交通信息显示器"(CDTI)与 ADS - B 技术的联合演示,就是 1991 年 2 月瑞典民航局在首都 Bromma 机场进行的。但是在欧洲,ADS - B 技术的应用似乎更艰难些。相比美国和澳大利亚,欧洲各国要统一推广某种技术标准,难度大得多。好在 20 世纪初,欧洲一体化进程大大推进了新航行技术在欧洲的应用。2004 年 5 月,欧洲空管(EUROCONTROL)发布了欧洲实施新航行技术的政策,制定了"欧洲民航委员会通过新通信和监视技术应用推进空管一体化"(cooperative ATS through surveillance and communication applications deployed in ECAC, CASCADE)的实施计划[13],从此吹响了欧洲空管向新技术进军的号角。其有两大技术内核：ADS‐B 和 Link 2000＋。Link 2000＋是基于甚高频数据链模式2(VDL 2)技术的地空数据链,主要用来为管制员‐飞行员数据链通信(CPDLC)服务。关于 Link 2000＋及其应用,下文还将谈及。在 ADS‐B 技术应用方面,CASCADE 描述了如下多方面应用和服务内容。

(1) 无雷达区域的应用(ADS‐B NRA)：用于增强无雷达区(远离陆地的海上平台、海岛等区域)的航行监视能力,并提供容量、安全和效率类似雷达监视的引导服务。部分面临淘汰的老旧雷达,出于成本效益的考虑也建议采用ADS‐B NRA 方式实施更新改造。

(2) 雷达区域应用(ADS‐B RAD)：在雷达监视(包括有 ADS‐B 补充监视)区域,用于改进 A、B、C、D、E 类空域的航路、终端区以及各个飞行阶段的空中交通管理能力。并逐步由 ADS‐B 地面设备更替航管二次雷达,优化和降低地面监视系统的投入成本。

(3) 机场场面监视应用(ADS‐B APT)：在管制机场,ADS‐B 的应用可为场面监视系统提供飞机和车辆等目标物的活动信息。ADS‐B 可自成系统,与在用场监雷达(或 ASDE‐3 系统)组合成互补的联合机场场面监视系统。也可以集成在先进地面活动引导与控制系统(A-SMGCS Level 1)或场面探测设备(ASDE‐X)概念的场面监视系统中。

(4) 地面交通态势感知(ATSA SURF)：说明机组掌握滑行、跑道运行中的相关信息。例如在驶入滑行道口、进入使用的跑道前、起飞前等,机组可利用CDTI,观察周围活动物体的动态,避免冲突。

(5) 空中交通态势感知(ATSA AIRB)：在飞行过程中,使机组能通过CDTI 掌握邻近航空器的位置,提高避撞主动性,增强 TCAS 性能。

(6) 进近目视增强(ATSA VSA)：在目视进近、间隔较小情况下,使机组通过 CDTI 掌握其他进近航空器的位置和速度,以保持最佳安全间隔。

(7) 机载数据采集(ADS‐B ADD)：采集航空器系统运行中生成的额外数据信息,利用 ADS 自发广播发给地面。主要为航空营运人或维修人员提供监控信息。

　　为了使早期较成熟的技术较早投入应用和服务,CASCADE 计划在实施上划分了两个进程:第一进程,2004 年启动,2008 年实施,主要致力于 ADS－B技术的早期应用。重点增强无雷达(ADS－B NRA)或雷达监视手段不完备(ADS－B RDA)地区的地空监视服务,改善机场场面监视服务(ADS－BAPT)。在更新空管设施的同时获得 ADS－B 技术的低成本效益。在第一进程中,机载 ADS－B 设备只发不收,因此又称 ADS－B OUT 技术。第二进程,2006 年启动,2010 年实施。将改进 ADS－B 的应用软件,重点开发"机上态势感知"(ATSA SURF、ATSA AIRB、ATSA VSA)功能,更多地开发和利用机载运行数据(ADS－B ADD)。在此进程中,机载 ADS－B 系统不但要发送自身的航迹信息和运行数据,还必须有能力接收和处理邻近飞机发出的航迹信息,因此又称为 ADS－B IN 技术。

　　CASCADE 项目分别设立了运行专业组、认证专业组、计划编制专业组三个专门机构,协调全欧统一的技术标准、技术认证和实施计划,有力地推进了ADS－B 技术在欧洲的应用。在 ADS－B OUT 技术发展方面,欧洲已拟定了ADS－B 技术系统的底层结构,并且开始生产符合底层结构标准的设备。这些设备不但在澳大利亚投入使用,而且也在欧洲各地安装。到 2006 年 4 月,欧洲已经安装了 24 个 ADS－B 地面站,以支持无雷达和雷达管制区域的 ADS－B应用仿真测试。部分欧洲国家的航空公司机队已经选装了符合国际民用航空组织《附件 10》第 77 项修正案的机载 ADS－B 设备,并且通过了适航认证。为了迎接未来 ADS－B 技术全球发展的挑战,欧洲的飞机制造商已经开始开发具有飞机自主监视能力的 ADS－B IN 机载设备(收/发电台和显示器)。

　　在疆土分制的欧洲,要推进统一标准 ATM,难度是可想而知的。即使这样,欧洲人也没有各行其是、无序开发。在"一个天空"旗帜下,欧洲空管空前统一。在发展规划方面,欧洲民航组织设立了"欧洲单一天空空中交通管理"(SESAR)项目,研究和制订了欧洲民航 34 个成员国共同协调执行的一体化欧洲空管系统。在计划执行方面，由 CASCADE 项目的三个权威专业组统一制定全欧的实施技术标准，统一进行全欧的底层结构系统认证，统一指导全欧 ADS-B 过渡计划的协调实施。并且在奥地利、德国、法国、西班牙、地中海地区、爱尔兰、葡萄牙、瑞典和英国分别设立了 9 个"监视技术第一软件包的合作确认"(CRISTAL)机构，保证 ADS-B(附带广播式交通情报服务(TIS-B))在欧洲大陆的实验和确认工作整体推进。真正做到了标准统一、开发有序、管理高效、稳步推进。

1) 应用目标现实而明确

欧洲空管是一个代表股东利益的代理管理组织，它的体制决定了其投资目标的现实性。在 ADS-B 技术开发和应用方面，欧洲空管首先考虑的不是越洋远程航路的监视，而是紧密结合欧洲大陆的空管需求，以改进陆地区域、高密度飞行的空中交通监视为基本目标。海岛和近海不便安装或空中交通不值得配置雷达的无雷达区域，用 ADS-B 作为主要监视手段；雷达覆盖不完善的区域，ADS-B 作为补充监视手段；雷达覆盖区域，ADS-B 作为技术升级手段；在机场运行区域，ADS-B 作为场面辅助监视手段。这是欧洲空管的 ADS-B 近期应用目标。下一步，欧洲空管主要开发 ADS-B IN 的应用。解决的问题主要是：增强高密度飞行空域飞机间的相互监视；增强飞行(滑行)过程对地面情况的监视能力；增强地面对机舱和飞机运行状况的监视能力。从欧洲空管的发展目标可以清楚地发现，雷达监视技术将逐步被 ADS-B 技术取代，不仅是因为雷达设施投资大、管理成本高，而且由于雷达技术已无法胜任下一代空管系统的监视需求。

2) 自主的技术应用路线

欧洲的 ADS-B 应用路线，既不同于美国，也明显区别于澳大利亚。欧洲不具备美国高度集中的国家空域系统(NAS)优势，1998 年以来，统一后的欧洲空管才开始修补"一个天空"下的管制缝隙。ADS-B 技术对欧洲空管来说，可谓天赐良机。当美国在通用访问收发数据链(UAT)上开发 ADS-B 技术，谋求改进通用航空机队的自主监视和情报截获能力时,欧洲空管却把 ADS-B 技术应用的重点聚焦在增强高密度飞行区域空中交通管理系统的整体监视能力方面。在这一点上,欧洲空管与澳大利亚民航服务局不谋而合。但是相比澳大利亚,欧洲对 ADS-B 技术的应用更细腻,更系统,更有远见。澳大利亚技术应用路线是"拿来主义",无论地面还是机载设备,技术上对外依赖性较强,而且比较多地关注于眼前的受益。欧洲则更注重 ADS-B 技术的全面运用。欧洲对底层结构的设计、技术体制和产品标准的制定和认证、未来"自由飞行"环境的技术准备(空对空、空对地监视技术)等方面的考虑,都明显高澳大利亚一筹。

3)数据链选择

ADS-B 技术应用的一个重要前提是地空间数据传输载体的选择。由于欧洲空管的 CASCADE 项目的目标是通过新通信和监视技术应用推进欧洲空管一体化,因此,CASCADE 在地空数据链的选择上是监视与通信并重的。在监视方面,首选国际民用航空组织《附件 10》第 77 项修正案建议的"1 090 MHz S 模式扩展型自发报文"(1090ES)数据链。由于不考虑天气图一类的图像信息传输,1090ES 数据链可以满足 CASCADE 定义的所有 ADS-B 应用项目的数据传输要求(包括第二进程的应用要求)。在通信方面,CASCADE 有机地融合了 Link 2000＋地空通信数据链。Link 2000＋数据链是欧洲空管开发的基于国际民用航空组织"航空电信网/甚高频数据链模式 2"(ATN/VDL 2)的地空通信数据链。利用 Link 2000＋数据链,管制员可以向机组发送放行许可类短指令。某些常规的、重复性的指令,甚至无需管制员干预,可自动生成和发送(如通信通道转换、新配二次代码等);机组可以通过数据链访问地面的 OTIS 数据库,获取所需的机场情报通播(ATIS-B)、机场气象(METAR)、航行/雪情通告(NOTAM/SNONTAM)等地面运行环境数据。利用 Link 2000＋数据链,还可以进行话音通道的话筒键检查,防止甚高频话筒键卡死造成话音通道阻塞等。在美国,FAA 同时选用 1090ES 数据链和 UAT 数据链来支持 ADS-

B 应用。美国的两种数据链分别用来装备不同机队,通用航空机队使用 UAT 数据链,商用运输机队主要使用 1090ES 数据链。与美国不同,欧洲空管的两种数据链都用于商用运输机,分别用来承载不同的业务数据。1090ES 数据链承载监视(surveillance)数据,Link 2000＋数据链承载通信(communication)数据。两种数据链并行应用,可以满足较长时期地空数据通信的需求。机载方面,Link 2000＋数据链是通过数/话兼容的其高频通信通道传输的,对于符合 FANS1/A 标准配置的飞机来说,硬件改动很少,技术上易于实现。

4）ADS－B 在俄罗斯的应用[8]

由于俄罗斯的领土广大且气候寒冷,传统的通信、导航与监视技术在俄罗斯有其实施上的困难。在那样广阔的领土及恶劣的气候环境下,助航设备的架设及维修需耗费极大的成本,但俄罗斯的地理位置处于多条重要的国际航路上,发展更先进的助航设备对俄罗斯,甚至全球的航空界都是一项重要的课题。在领土如此广阔的俄罗斯要建立全新的飞行管理系统需耗费相当庞大的成本,但俄国政府仍有很强的决心要改善该国的飞行环境,并已着手进行并已完成几项 CNS/ATM 的相关计划,其中一项便是在 2005 年 10 月前完成 ADS－B 监视系统,其 ADS－B 系统采用 VDL Mode 4 为通信基础,并符合 ICAO 对 VDL Mode 4 的要求。

俄罗斯的国家航空运输部门考虑俄罗斯的民航业状况后,认为 VDL Mode 4 是最适合该国的 ADS－B 系统的通信方式,最有利于由现行的航管系统过渡到未来 CNS/ATM 系统。

7.1.3.4　ADS－B 在中国的应用

中国一直在研究和跟踪 ADS－B 在世界范围内的发展趋势,研究制定我国的 ADS－B 技术发展政策[14]。1988 年中国民航就开启了第一条新系统航路 L888 航路的建设,L888 航路建设装备了 FANS 1/A 定义的 ADS－C 管制员工作站(监视工作站),并建立了网络数据管理中心。2000 年,此系统完成评估工作,进入测试运行阶段。该系统具备自动相关监视功能,并且其网络数据管理中心也具备"飞机通信寻址报告系统"（ACARS）的数据处理能力，从而该系统可以收集和融合国内各地分布的"遥控地面站"（RGS）数据，或者通过卫星接收"飞机通信寻址报告"资料，用于实现对大陆空域和越洋空域的空域监视和航迹跟踪。该系统虽然不能完全满足对高密度目标空域的空域监管需求，但是已经完备了为航空器供给"管制员-飞行员数据链通信"（CPDLC）服务的能力，也为未来自动相关监视技术发展打下基础。

2004 年，我国先后建成了北京、广州、上海 3 个主要区域的空管中心。三大区域空管中心的空管系统均能够实现基于 ACARS 数据的 ADS，均能够供给"管制员-飞行员数据链通信"（CPDLC）服务。2005 年，中国民航飞行学院先后在 6 种机型将近 200 架飞机上安装了 UAT 系统，现已达到能够对本场初级、中级教练机进行实时准确的航迹跟踪监视。通过 UAT 的 TIS-B 服务，飞机和飞机之间的交通信息清晰，飞行安全提升。民航空管局也在成都九寨机场和成都双流机场各装备了 1 套 ADS-B 地面台用于测试验证。计划未来能在成都到九寨之间的航路实现基于 1090ES 的 ADS-B 技术实现和可靠性验证。民航空管局还在成都-拉萨航路、西沙航路、B215 航路的管制中心建立了 ADS-B 航路技术应用工程。其成都-拉萨航路中，分别在拉萨甘巴拉、拉萨贡嘎机场、昌都达玛拉、林芝米林机场和甘孜康定机场各架设了一个 ADS-B 地面台站。并在拉萨装备了一套空管系统，此项目完成了成都—拉萨上主要飞行高度层上的 ADS-B 信号覆盖。西沙的 ADS-B 系统建设包括 1 套双机备份的地面设备，2008 年 11 月完成安装和调试，此系统可用于对西沙现有雷达管制的补充，强化了南中国海的空域监管能力；也以此项目收集装备 ADS-B 机载设备的飞机信息，用于对机载设备性能的分析。香港民航署也远程引用了这些资料用于测试验证。我国民航局《中国民用航空 ADS-B 实施规划》2012 年版中关于通用航空 ADS-B 实施规划里明确通用航空 ADS-B 建设与运行将按照"统一规划、分类指导、与运输航空协调推进"的原则，融合我国五年发展规划计划按两个阶段推进。至"十二五"末，已经实现重点区域、重点通用航空活动 ADS-B

监视服务应用,争取到"十三五"末,全面实现通用航空活动的 ADS‐B 监视服务。我国的通用航空采用国际民用航空组织标准的 1090ES 数据链。同时《中国民用航空 ADS‐B 实施规划》中 2012—2015 年的主要任务有加快北斗卫星导航在通用航空监视的应用。民航局支持和推进相关科研生产单位研制出具备高安全性、高可靠性的基于 BD 系统的机载设备和地面设备,组织开展兼容北斗卫星导航系统的 ADS‐B 机载设备适航审定和地面设备准入审定。通用航空企业推进现有机载设备加装和改装 ADS‐B 功能的工作已经完成。2016—2020 年,实施目标中有引入北斗卫星导航系统作为 ADS‐B 定位数据源,推进 ADS‐B IN 技术应用,为通用航空未来的自由飞行提供完善的安全保障。主要任务有结合国际民航 ADS‐B IN 技术应用进展情况与我国通用航空发展实际,推进机载设备 ADS‐B IN 功能升级,在部分区域试验并应用航空器 ADS‐B IN 运行。

7.1.4　国外主要 ADS‐B 设备厂商

目前,国外有多家公司都在开发 ADS‐B 相关的设备,包括法国的 Thales 公司、意大利的 SELEX 公司、美国的 Garmin 公司、Sensis 公司、Honeywell 公司以及德国的 COMSOFT 公司等[15]。

(1) 法国 Thales 公司:提供了一套无缝连接的产品系列,用以支持 ADS‐B 从空中到地面的一系列应用方案。该公司开发的 ADS‐B 地面站设备 AS 680 采用 1090ES 数据链路,并将系统输出数据以 Asterix category 021 的形式发送到相关网络系统,以提供整个航路及终端区域的监视功能。为了更好地配合空中交通管制,Thales 开发的 EUROCAT 能够将 ADS‐B 数据及雷达数据及 ADS‐C 数据完全融合在一起,以支持 CDTI 功能;在场面监视方面,Thales 开发的 STREAMS 能够将 AS 680 地面站数据和 S 模式机场场面监视传感器(MAGS)数据进行融合,以提高飞行员的情境意识并改善空域容量。

（2）意大利 SELEX 公司：SELEX 通信公司开发的 ADS－B 地面站设备基于 1 090 MHz S 模式数据链，具备支持航路、终端区域、场面监视等应用的能力，能够提供 ADS－B、TIS－B 及 FIS－B 服务，其开发的地面站设备兼容 VDL 4 数据链。SELEX 公司开发的 ADS－B 地面站设备可以完全独立运行，与 RTCA DO－260A，DO－178B 及 ICAO Annex 10 Volume IV 完全兼容，监视范围可以达到 250 n mile，监视容量大于 300 个目标，时间延迟小于 400 ms，位置向量更新率达到 0.5 Hz，数据输出采用 ASTERIX Category 021 的形式提供给客户端应用。

（3）美国 Garmin 公司：第一家在通用航空领域推出认证的 ADS－B 数据链接收机。Garmin 公司开发的 ADS－B 设备 GDL 90 采用 UAT 数据链技术，集 ADS-B 消息发射、接收功能于一体。GDL 90 宽带收发机内置 WAAS GPS 传感器，可以为其他设备提供高精度的位置信息，其精度可以达到 2 m。GDL 90 虽然不能直接装在驾驶舱仪表板上，但可以与 Garmin GMX 200 彩色多功能显示器（MFD）或其他经批准的座舱显示器相连。

（4）美国 Sensis 公司：同时开发了基于 1090ES 的 ADS－B 收发机和基于 UAT 数据链的 ADS－B 收发机。其中 1090ES ADS－B 设备符合 DO－260、DO－260A 标准，UAT ADS－B 设备符合 DO－282A 标准。该公司在世界范围内进行了广泛的 ADS－B 实验，其 ADS－B 收发机已经被 FAA 的 Capstone 计划采纳，加拿大哈得逊海湾也正在使用该公司的 ADS－B 收发机。Sensis 公司开发的 ADS－B 设备能够同时监视 500 个目标，其信息延迟时间小于 500 ms。1090ES 的 ADS－B 收发机的覆盖范围可以达到 250 n mile 以上，数据输出采用 ASTERIX Category021 形式。而 UAT ADS－B 收发机的覆盖范围可以达到 200 n mile 以上，数据输出采用 ASTERIX Category023 形式。2007 年，Sensis 公司成功中标中国民航 ADS－B 验证工程项目。

7.2 ADS‐B 工作原理与功能

7.2.1 工作原理

ICAO 对 ADS‐B 的定义是:ADS‐B 是可以用于传输飞行参数信息的空中交通监视系统,例如,使用数据链路广播模式在特定时间间隔内广播如位置、航道和地面速度的信息,而任何地面设备可以申请此功能。ADS‐B 是国际民用航空组织制订的未来监视技术发展的主要方向,可以通过其 S 模式 1090ES 数据链确定安装 ADS‐B 机载设备的飞机。飞机的准确性和完整性等信息发送到地面站和其他飞机进行定期广播,这将形成一个空间和综合监测系统,并实现飞机的位置和状态的实时监控。ADS‐B 主要包含以下几层含义。

(1) A(automatic 自动):下行数据不需要人工操作,上行数据不需要应答。

(2) D(dependent 相关):下行信息数据全部来自本机机载设备。

(3) S(surveillance 监视):提供经度、纬度、高度等位置有关的监视数据。

(4) B(broadcast 广播):一对多的周期性广播式数据发送。

ADS‐B 设备主要分为地面设备和机载设备[16]。一般情况下,机载设备通过将全球导航卫星系统(GNSS)定位信息、气压高度表数据等数据综合处理后生成下行链路的数据内容。地面设备接收下行数据,译码后得到飞机航迹跟踪数据,显示在地面空管系统显控设备上,用于空管系统实现覆盖范围内的空域管制;同时地面设备通过地面台站 TIS‐B 网管接收陆基雷达、气象雷达或其他 ADS‐B 地面台站(多点定位时)数据,数据综合处理后生成气象服务数据和交通状态信息作为上行数据链路的数据内容,发送给机载设备,用于实现飞机和飞机间的交通信息互通和气象信息显示。装备了 ADS‐B IN 的机载设备无需 TIS‐B 信息,也可自行对自身周围空域交通情况实现监控。ADS‐B 主要信息是飞机的四维位置信息(经度、纬度、高度和时间)、其他可能的附加信息(冲突告警信息、飞行员输入信息、航迹角、航线拐点等信息)以及飞机的识别信息和类别信息。此外,还可能包括其他一些附加信息,如航向、空速、风速、风向和飞机外界温度等。这些信息可以由以下航空电子设备得到:GNSS、惯性导航系统(INS)、惯性基准系统(IRS)、飞行管理系统(FMS)和其他机载传感器(如大气数据系统)。ADS‐B 地面设备接收机载设备发送的标准 ADS‐B 模式报文信号,并将其处理后生成标准 CAT021、CAT023 报文,通过高速以太网发送给空管监视设备,同时 1090ES S 模式 ADS‐B 地面设备还能够向机载设备发送广播式交通信息服务(TIS‐B)和自动相关监视转播(ADS‐R)信息,其来源主要是接收到的 1090ES 模式的 ADS‐B 飞机信息、UAT 模式的 ADS‐B 信息和二次雷达信息。ADS‐B 系统架构如图 7.9 所示。

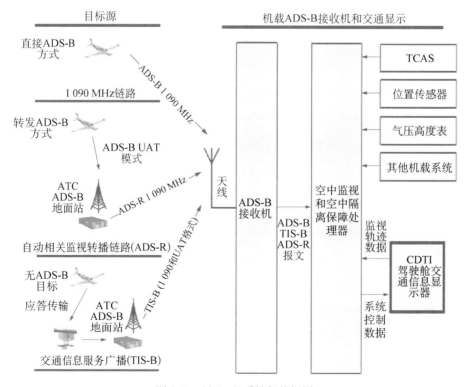

图 7.9　ADS‐B 系统架构框图

　　机载设备通过 GNSS 卫星获得飞机实时的位置信息和三维速度信息,从大气数据系统得到飞机的气压高度信息,通过机载收发机将上述信息及其他附加信息如飞机标识、飞机类别等向空中和地面进行广播,供其他飞机和地面用户接收和显示[17]。地面管制单位将接收到的飞机信息输入空管系统,提供给管制员进行类雷达的管制监视;空中的飞机接收到其他飞机的信息,经过处理显示在驾驶舱交通信息显示器(CDTI)上。CDTI 是 ADS - B 系统中最主要的人机界面,它将 ADS - B 架构中的导航信息、地形警示信息、气象雷达信息、交通信息服务、邻近飞机广播信息等,通过显示系统提供给飞行员,使飞行员有更清晰的空中交通管理信息及与管制员一样的窗口化航情显示。在机场内的车辆上安装 ADS - B 发射和接收设备,机场的场面管制席可以进行场面车辆的监视,而机场内的车辆同样可以监视周围的飞机和车辆,防止跑道的非法侵入。

7.2.1.1　ADS - B 消息

　　1 090 MHz ADS - B 系统使用 S 模式扩展应答机向外广播飞机的位置、速度、意图和其他相关信息。RTCA/DO - 260A 定义了 S 模式应答机寄存器、事件驱动消息格式以及 56 位数据格式,同时定义了各种消息的更新速率[15]。表 7.3 描述了 ADS - B 消息结构[18]。

表 7.3　ADS - B 消息结构

位序	1~5	6~8	9~32	33~88	89~112
DF=17 位域名	DF=17	CA	AA ICAO 地址	ADS - B 消息域(ME)	校验位(PI)
DF=18 位域名	DF=18	CF=0	AA ICAO 地址	ADS - B 消息域(ME)	校验位(PI)
		CF=1	AA 非 ICAO 地址		校验位(PI)
		CF=2 和 3	AA	TIS - B 消息域(ME)	校验位(PI)
		CF=4	TIS - B 管理消息(预留)		校验位(PI)

位序	1～5	6～8	9～32	33～88	89～112
		CF＝5	AA 非 ICAO 地址	TIS‐B 消息域（ME）	校验位（PI）
		CF＝6～7	保留		
DF＝19 位域名	DF＝19	AF＝0	AA 非 ICAO 地址	ADS‐B 消息域（ME）	校验位（PI）
		AF＝1～7	为军机预留		

DF＝17 下行链路分配给基于 S 模式应答机的 ADS‐B 发送系统使用。每个断续振荡信号包含 112 位,其中 56 位(位 33～位 88)为 ADS‐B 消息体,包含导航、意图或其他 ADS‐B 数据信息。其余 56 位分别为:5 位下行链路(downlink format,DF)、3 位设备能力标示(capability,CA)、24 位 ICAO 地址(announced address,AA)以及 24 位校验位(parity identify,PI)。

DF＝18 下行链路分配给非应答机的 ADS‐B 发送系统使用。当接收系统接收到数据后,知道它是由非应答机系统发出且没有协商能力。当 DF＝18,那么其后三位 CFC Code Format 的编码值用于指示消息体 ME 域段是 ADS‐B 消息还是 TIS‐B 消息。CF＝0 和 1 则表示扩展应答机所承载的消息是 ADS‐B 消息,否则为 TIS‐B 消息。CF 编码还表示地址域"AA"是否为 24 位 ICAO 地址。

DF＝19 下行链路分配给军用飞机使用。此时,如果 AF＝0,则位 9～位 32 用于 24 位 ICAO 地址,位 33～位 88 用于传送 AD S‐B 消息,位 89～位 112 用于校验;如果 AF＝1～7,则位 9～位 112 用于将来军用飞机应用扩展。非军用飞机 ADS‐B 用户不能通过应答机发送 DF＝19 格式的 ADS‐B 消息。

7.2.1.2　ADS‐B 格式化消息

ADS‐B 格式化消息即为通过 1090ES 发送的 56 位 ADS‐B 格式化数据,用于生成 ADS‐B 报文,其状态向量数据源由动态导航系统和传感器提供。对于基于 S 模式应答机的应用,状态向量信息保存在相应的寄存器中。当 ADS-B 系统广播时,寄存器的内容插入所传送的 112 位断续振荡的 56 位数据中,ADS-B 消息域(ME:位 33～位 88)定义了飞机空中位置消息如表 7.4 所示。ADS-B 系统定义了消息结构见表 7.5～表 7.10[19]。

表 7.4　飞机空中位置消息

位序	1～5	6～7	8	9～20	21	22	23～39	40～56
位域名	类型	监视状态	单双线	高度	时间指示	CPR 奇/偶编码格式	CPR编码纬度	CPR编码经度

表 7.5　地面位置消息

位序	1～5	6～12	13	14～20	21	22	23～39	40～56
位域名	类型	运动能力	飞行方向/地面航迹状态指示	飞行方向/地面航迹	时间指示	CPR奇/偶编码格式	CPR编码纬度	CPR编码经度

表 7.6　目标标识及分类消息

位序	1～5	6～8	9～14	15～20	21～26	27～32	33～38	39～44	45～50	51～56
位域名	类型	目标类型	身份字段 1	身份字段 2	身份字段 3	身份字段 4	身份字段 5	身份字段 6	身份字段 7	身份字段 8

表 7.7　空速消息子类型 1 和 2

位序	1～5	6～8	9	10	11～13	14	15～24	25
位域名	类型	子类型	意向改变标志	IFR 能力标志	NACv	东向速度指示	东向速度	东向速度指示
位序	26～35	36	37	38～46	47～48	49	50～56	
位域名	东向速度	垂直率源	垂直速率符号	垂直速率	保留	气压高度差符号	气压高度差	

273

表 7.8　空速消息子类型 3 和 4

位序	1~5	6~8	9	10	11~13	14	15~24	25
位域名	类型	子类型	意向改变标志	IFR能力标志	NACv	飞行方向状态位	飞行方向	空速类型
位序	26~35	36	37	38~46	47~48	49	50~56	
位域名	空速	垂直率源	垂直速率符号	垂直速率	保留	气压高度差符号	气压高度差	

表 7.9　飞机状态消息

位序	1~5	6~7	8~56
位域名	类型	子类型	意向状态信息

表 7.10　飞机操作状态消息

位序	1~5	6~8	9~20	21~24	25~40	14	15~24
位域名	类型	子类型＝0	能力等级编码（CC）		操作模式	MOPS版本号	NIC
		子类型＝1	CC	长度/宽度			
位序	26~35	36	37	38~46	47~48	49	
位域名	NACP	BAQ＝0	SIL	NIC$_{BARO}$	水平参考方向	保留	
		保留		航迹角/飞行方向			

7.2.1.3　ADS‑B 消息更新速率及优先级

具有 ADS‑B 发送功能的飞机可以对外广播上述 ADS‑B 消息，基于 S 模式应答机的 ADS‑B 消息的最大传输速度是每秒 6.2 个消息。应答机每秒传送的事件驱动的消息不能超过 2 个。因此，平均每秒传送的消息为 2 个空中位置消息、2 个空中速度消息、0.2 个标识消息以及 2 个事件驱动消息。

ADS‑B 空中位置消息广播速率：ADS‑B 空中位置消息广播速率为与上次空中位置信息广播间隔在 0.4~0.6 s 范围内随机分布（异常情况除外）。

ADS‐B 地面位置消息广播分为高/低两种速率：如果选择了"高"广播速率，ADS‐B 地面位置消息广播为与上次地面位置信息广播间隔在 0.4～0.6 s 范围内随机分布；如果选择了"低"广播速率，ADS‐B 地面位置消息广播为与上次地面位置信息广播间隔在 4.8～5.2 s 范围内随机分布；"高"速率是缺省的广播速率。ADS‐B 飞机身份和类型消息广播速率：当 ADS‐B 发送空中位置消息或以"高"速率发送地面位置消息，ADS‐B 飞机身份和类型消息广播速率为与上次身份和类型消息广播间隔在 4.8～5.2 s 范围内随机分布；当以"低"速率发送地面位置消息，ADS‐B 飞机身份和类型消息广播速率为与上次身份和类型消息广播间隔在 9.8～10.2 s 范围内随机分布；当没有发送位置消息时，以 4.8～5.2 s 间隔时间发送。ADS‐B 空速消息广播速率：为与上次空速消息广播间隔在 0.4～0.6 s 范围内随机分布（异常情况除外）；在以下 ADS‐B 消息发送异常情况下，ADS‐B 消息发送将被延迟：如果另一个 ADS‐B 或者扩展断续振荡消息的发送正在进行中；如果相互抑制接口（mutual S即 pression interface）有效。ADS‐B 消息的优先级由高至低依次为：空中和地面位置消息、空速消息、飞机身份及类型消息。除非系统相互抑制接口有效，ADS‐B 发射机应该以此优先级来安排消息的发送。

7.2.1.4　ADS‐B 报文

当 ADS‐B 接收机从 1 090 MHz 广播接收到 ADS‐B 消息后，报文生成模块从 ADS‐B 原始消息中提取相应的信息，对消息进行重新汇总，构成 ADS‐B 报文。该过程的实质是完成 ADS‐B 消息到 ADS‐B 报文之间的映射。ADS‐B 报文可以提供给系统中其他模块直接使用。ADS‐B 报文独立于具体应用和数据链路技术，也就是独立于特定的消息格式和网络协议，这样可以使不同的 ADS‐B 数据链路技术的应用具有互操作能力。针对 ADS‐B 所传送的监视消息类型不同，可将 ADS‐B 报文分为三类：状态向量报文、模式状态报文、条件报文。这些报文内容可以根据使用者的具体应用需求进行定制。

1) 状态向量报文

状态向量报文(state vector report，SV)主要包含飞机或机动车辆的当前运动状态和状态向量的测量精度等信息。每一个广播的 SV 都包括了唯一的发送方地址、经纬度、高度、水平速度(北向、东向)、水平/垂直不确定度等数据，所有这些数据的参考坐标系都使用 WGS-84 坐标系。其他状态向量包括气压高度、纵向速度、地面轨迹和空速，将提供备份监视能力，以防止几何信息受到干扰或者由于导航能力本身的限制对监视造成影响。状态向量报文所包含的信息在三类报文中最为活跃，因此，系统需要经常更新状态向量报文来满足飞机或地面应用所要求的精度。表 7.11 描述了状态向量报文的具体组织形式以及 ADS-B 消息与状态向量报文之间的映射关系，其中 TOA 为报文适用时间。

表 7.11　状态向量报文结构

元素	SV 结构	TOA	信　息　来　源
0a	报文类型	TOA-R	报文组装模块
0b	报文结构	TOA-R	报文组装模块
0c	报文各位域有效标志	TOA-R	报文组装模块
1	目标地址	TOA-R	所有 ADS-B 消息的"AA"域
2	地址限定符	TOA-R	飞机身份及类型消息和所有非-应答机(DF=18)ADS-B 消息的"CF"域
3	报文适用时间	N/A	报文组装模块
4	纬度编码(WGS-84)	TOA-P	空中位置消息或地面位置消息
5	经度编码(WGS-84)	TOA-P	空中位置消息或地面位置消息
6	地理高度(WGS-84)	TOA-R	由报文组装模块计算
7	N-S 速度	TOA-V	空速消息
8	E-W 速度	TOA-V	空速消息
9	地速	TOA-P	地面位置消息
10	地表航向	TOA-P	地面位置消息

元素	SV 结构	TOA	信 息 来 源
11	气压高度	TOA-P	空中位置消息
12	垂直速率（WGS-84）	TOA-V	空速消息
13	导航完整性分类（NIC）	TOA-P	空中位置消息或地面位置消息
14	纬度估计值	TOA-R	由报文组装模块进行估计
15	经度估计值	TOA-R	由报文组装模块进行估计
16	N-S 速度估计值	TOA-R	由报文组装模块进行估计
17	E-W 速度估计值	TOA-R	由报文组装模块进行估计
18	监视状态	TOA-R	空中位置消息和空速消息
19	报文模式	TOA-R	报文组装模块

2）模式状态报文

模式状态报文（mode state report，MS）包含的是消息发送者当前的操作信息。这些信息包括飞机的呼号、S 模式地址和其他一些状态向量中不经常更新的参量信息。模式状态报文的更新速率比状态向量报文低，消息发送者发送的数据类型根据参与者的设备等级而不同。相对于本地系统时间，模式状态报文将随着其他报文的更新而更新，在收到或表示没有资料（在之前 10 s 内没有收到任何数据）时，此报文中的所有元素将更新。表 7.12 描述了模式状态报文的具体组织形式以及 ADS-B 消息与状态向量报文之间的映射关系。

表 7.12　模式状态报文结构

元素	MS 报文结构	信 息 来 源
0a	报文类型	报文组装模块
0b	报文结构	报文组装模块
0c	报文各位域有效标志	报文组装模块
1	目标地址	所有 ADS-B 消息的"AA"域
2	地址限定符	飞机身份及类型消息和所有非应答机（DF=18）ADS-B 消息的"CF"域

（续表）

元素	MS 报文结构	信 息 来 源
3	报文适用时间	报文组装模块
4	ADS－B 版本	飞机操作状态消息
5a	呼号	飞机身份及类型消息
5b	发射机类别	飞机身份及状态消息
5c	目标长度及宽度编码	飞机操作状态消息
6	紧急/优先级状态	飞机状态消息（Subtype＝1）
7	能力等级编码	目标状态消息和飞机操作状态消息（Subtype ＝0）
8	操作模式	飞机操作状态消息和目标状态消息
9a	SV 质量- NAC_p	飞机操作状态消息及目标状态消息
9b	SV 质量- NAC_v	空速消息
9c	SV 质量- SIL	飞机操作状态消息和目标状态消息
9d	SV 质量- NIC_{BARO}	目标状态消息和飞机操作状态消息（Subtype ＝0）
10a	航迹角及水平参考方向（HRD）	飞机操作状态消息

3）条件报文

条件报文（on condition report，OC）是为支持将来能力而提供。当航空器在特定的环境下飞行时，ADS－B 系统向外广播航路改变意图信息，包括当前航路意图改变点（TCP）和未来航路意图改变点（TCP＋1）。当航空器飞过TCP 时，TCP＋1 就成为新的 TCP，而此数据只有在支持区域导航的系统中才能提供。条件报文包括目标状态报文（target state report，TS）和空速参考报文（air referenced report，AR），但是并不局限于这两种报文，在将来还可能包括其他条件报文，如航路意图改变报文（trajectory change report，TC）。同样，条件报文的更新率比状态向量报文的更新率低，而且只有当相关数据可用时，ADS－B 发射系统才发送相关的数据信息，用于生成对应的条件报文。

表 7.13 和表 7.14 分别描述了目标状态报文与空速参考报文的具体组织形式以及它们分别与 ADS - B 消息之间的映像关系。

表 7.13 目标状态报文结构

元素	TS 报文结构	信 息 来 源
0a	报文类型	报文组装模块
0b	报文结构	报文组装模块
1	目标地址	所有 ADS - B 消息的"AA"域
2	地址限定符	飞机身份及类型消息和所有非应答机（DF＝18）ADS - B 消息的"CF"域
3	报文适用时间	报文组装模块
4a	水平意向：水平数据可获取标志	目标状态消息
4b	水平意向：目标航向或航迹角	目标状态消息
4c	水平意向：目标航向航迹指示	目标状态消息
4d	水平意向：水平模式指示	目标状态消息
5a	垂直意向：垂直数据可获取标志	目标状态消息
5b	垂直意向：目标高度	目标状态消息
5c	垂直意向：目标高度类型	目标状态消息
5d	垂直意向：目标高度爬升能力	目标状态消息
5e	垂直意向：垂直模式指示	目标状态消息

表 7.14 空速参考报文结构

元素	AR 报文结构	信 息 来 源
0a	报文类型	报文组装模块
0b	报文结构	报文组装模块
0c	报文各位域有效标志	报文组装模块
1	目标地址	空速消息（Subtype＝3 或 Subtype＝4"AA"域）
2	地址限定符	飞机身份机类型消息和所有非应答机（DF＝18）ADS - B 消息的"CF"域

（续表）

元素	AR 报文结构	信 息 来 源
3	报文适用时间	报文组装模块
4a	空速	空速消息（Subtype＝3 或 Subtype＝4）
4b	空速类型	空速消息（Subtype＝3 或 Subtype＝4）
5	航向	空速消息（Subtype＝3 或 Subtype＝4）

7.2.1.5　1090ES ADS‑B 收发系统

1090ES ADS‑B 系统主要由以下几个部分组成：外部输入数据源、OUT发射子系统、IN 接收子系统及输出客户应用。其中，外部输入数据源可为来自GNSS 的信息、飞行员输入信息等，out 发射子系统将本航空器自身的经度、纬度、速度、高度、爬升率和方向等信息以 S 模式自动向空间广播，in 接收子系统可接收并显示空中飞机或地面目标的信息，从而实现空空监视或对机场车辆目标的场面监视。其功能框图如图 7.10 所示。

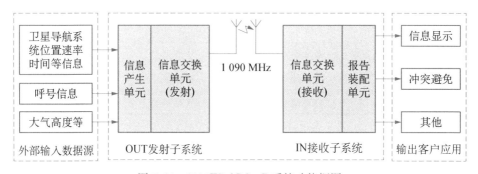

图 7.10　1090ES ADS‑B 系统功能框图

ADS‑B 发射子系统（ADS‑B OUT）包括消息收集处理模块和消息生成发送模块，功能框图如图 7.11 所示。发射子系统从本机的机载设备（GNSS 设备、高度表设备、显控设备等）获取的源数据如本机 ID 号、经度、纬度、速度、高度、爬升率和方向等信息，通过 S 模式扩展断续振荡方式将信号调制在 1 090 MHz 频率上，以固定的频率广播。消息收集处理模块由接口及消息缓冲区、消息组装及消息编码功能模块组成;消息生成发送模块由调制器、发射模块和发射天线组成。为了实现空空监视、地空监视,发送功能是机载 ADS-B 系统的基本功能。

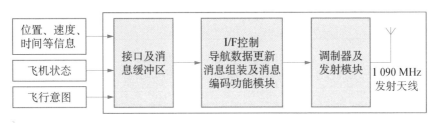

图 7.11　ADS-B OUT 发射子系统功能框图

发射子系统可以基于 S 模式应答机,也可以基于非应答机的发送设备。基于 S 模式的 ADS-B 系统,只需要做少许改动就可以直接使用 S 模式调制器及 1 090 MHz 发射机,但是天线必须采用全向天线。发送功能是机载 ADS-B 系统的基本功能。地面系统通过接收机载设备发送的 ADS-B 消息,监视空中交通状况,起类似雷达的作用。ADS-B 消息中的位置信息一般都是通过 GNSS 导航系统获得,高度源通过气压高度表获得。GNSS 的定位精度决定了 ADS-B 系统消息中位置信息的精度。因为 GNSS 使用的是 WGS-84 坐标系,所以 ADS-B 系统消息中的水平位置是以 WGS-84 为基准的,与我国 2008 年 7 月 1 日所启用的中国 2000 坐标系一致。目前 GNSS 系统的定位精度已经达到了 10 m 量级,所以 ADS-B 的 ADS-B 的定位精度也达到了 10 m 量级。传统的雷达系统受固有的角分辨率限制,监视精度相对较低,而且无法分辨距离太近的目标。

1 090 MHz ADS-B 接收子系统(ADS-B IN)主要由消息接收模块和报文组装模块组成,如图 7.12 所示。ADS-B 接收子系统接收标准 1 090 MHz S 模式信号,消息接收模块由 1 090 MHz 接收天线、接收机和解调模块组成;报文组装模块由消息译码、数据缓冲区、报文组装和输出缓冲及接口模块组成。具备 ADS-B IN 功能的飞机可以直接接收其他飞机或地面站发送的 ADS-B 消息,并将其显示在驾驶舱交通信息显示器(CDTI)上,使机组能够实时监视一定距离范围内其他飞机的运行状况,实现空空监视,提高飞行安全性能。

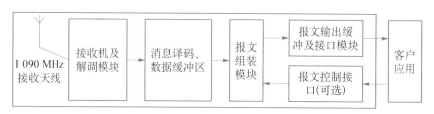

图 7.12 ADS-B IN 接收子系统

7.2.2 ADS-B 功能

按照飞机广播信息传递方向划分,ADS-B 技术可划分为发送(ADS-B OUT)和接收(ADS-B IN)两类[20]。

ADS-B OUT:航空器装备了 ADS-B OUT 设备后,其机载设备周期性地(2～3 次/秒)向空中发送下行信息,一般包括航空器标识符(ID)、经度、纬度、高度、速度、方向和爬升率等信息。ADS-B OUT 属于机载 ADS-B 设备的基础功能。地面台接收处理和显示这些下行链路的 ADS-B OUT 消息,可实现空域交通状况监控。ADS-B OUT 信息中飞机经度和纬度数据一般来自 GNSS 系统,高度数据来自气压高度表。GNSS 设备的定位精度决定 ADS-B 的下行数据的位置精度;OUT 是机载 ADS-B 设备的基本功能。地面站通过接收飞机机载 ADS-B 设备发送的 OUT 信息,监视空中交通状况信息,起到类似于雷达监视且优于雷达监视的功能,如图 7.13 所示。

ADS-B IN:航空器装备了 ADS-B IN 设备后,即可直接接收和处理其他航空器发送的 ADS-B OUT 信息,同时也可以接收 ADS-B 地面站发送的包括 TIS-B(广播式交通信息服务)、FIS-B(广播式气象状况服务)和 ADS-R(自动相关监视转播)信息,从而实现空空监视功能。ADS-B IN 可实现在驾驶舱交通信息显示器(cockpit display of traffic information,CDTI)上显示航空器自身周围一定空域内其他航空器的运行状况,从而提高机组的空中交通监视和预警能力。另外,安装了 ADS-B OUT 设备的机场场面车辆的交通信息也可以显示在机载 CDTI 设备上。ADS-B 的技术如图 7.14 所示。

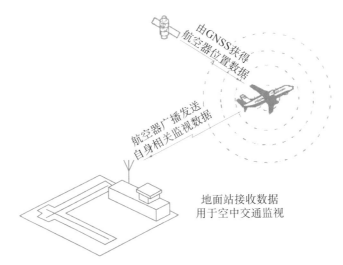

图 7.13　ADS-B OUT 技术

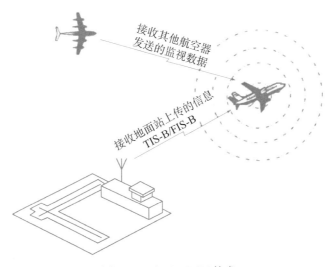

图 7.14　ADS-B IN 技术

ADS-B 地面设备有如下主要功能:

(1) 接收机载 1090 ES S 模式 ADS-B 设备发送的信息。

(2) 接收机载 UAT 模式 ADS-B 设备发送的信息。

(3) 从地面组网接收二次雷达发送的空中交通状态信息。

（4）向机载设备发送交通信息服务广播（TIS－B）。

（5）向机载设备发送自动相关监视转播（ADS－R）。

（6）向空管设备发送标准格式的空中交通信息。

借助 ADS－B OUT 和 ADS－B IN 通信设备，ADS－B 系统可以具备三种功能：广播式自动相关监视（ADS－B）、广播式交通信息服务（TIS－B）和广播式飞行信息服务（FIS－B）。

（1）广播式自动相关监视（ADS－B）：安装 ADS－B OUT 和 ADS－B IN 通信设备的飞机之间可以共同享有相互的位置、速度和其他信息。飞机可以获得周围临近飞机的位置数据，计算出临近飞机相对于本飞机的位置和移动。同时地面站也监控安装 ADS－B OUT 通信设备飞机的情况，获得飞机的型号、经纬度、速度和飞机的识别号等信息，对飞机进行有效的监视；

（2）广播式交通信息服务（TIS－B）：TIS－B 是一种地面基站的服务，它可以将地面基站具备的交通全景信息提供给具有 ADS－B IN 通信设备的飞机，也就意味着无论飞机是否具有 ADS－B OUT 通信设备，都可以接收来自地面的数据信息，从而通过 CDTI，安装有 ADS－B IN 设备的飞机可以获取不具备 ADS－B OUT 通信设备的飞机的监控数据等信息（数据来自雷达或其他监视设备）。TIS－B 也可以用于多重数据链，提供使用不同数据链的安装有 ADS－B IN 设备的飞机之间的数据传输；

（3）广播式飞行信息服务（FIS－B）：与 TIS－B 类似，FIS－B 也是一种地面基站服务。FIS－B 传输的是不需要人工控制的飞行员使用的咨询信息。它使飞行员在国内和国际空域飞行更加安全和高效。FIS－B 能提供给飞行员必要的气象信息和文本信息，例如航空气象报告和机场终端区域预报、特殊使用空域信息、空勤通知和其他信息等。

7.2.3 数据接口

系统外部接口：图 7.15 是基于 UAT 数据链技术的地面广播收发机

(GBT)的基本外部接口,ADS－B 为下行数据,TIS－B 和 FIS－B 是地面二次
雷达等相关设备形成的上行数据,通过 GBT 的地面接口,进入 GBT,由天线广
播上行数据给空中的飞机。

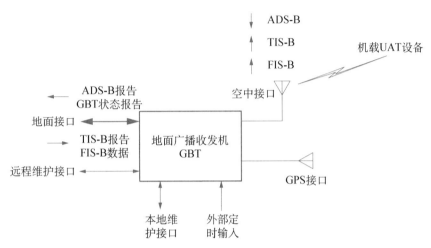

图 7.15　基于 UAT 数据链技术的地面广播收发机的基本外部接口

　　具有 ADS－B 功能的飞机可以对外广播各类所需监视信息,分为以下
几类。

　　(1) 标识号(ID)。ADS－B 所传递的基本标识信息包括三种: ①呼号(call
sign)。由 7 个字母数字组成,不接受 ATS 服务的飞机和车辆以及军用飞机不
需要此类信息。②地址(address)。用于唯一标识飞机的 24 位地址。③类型
(category)。由 ICAO 定义的航空器类别信息,如轻型机、中型机等。

　　(2) 状态向量。在全球统一参考坐标系下的三维位置和速度信息。状态
向量信息的精度将影响监视应用的使用效果。对使用 ADS－B 监视应用的精
确度需求基于状态向量的每个元素的不确定度。影响状态向量精度的因素包
括导航传感器系统的误差、ADS－B 报告系统错误、适应时间的误差(由报告延
迟造成的)和处理过程引入误差。A/V(aircraft/vehicle)状态向量包括以下元
素: ①三维位置。经纬度和高度、几何位置元素使用 WGS－84 坐标系。②三

维速度。水平速度向量和垂直速度,使用 WGS－84 坐标系。③飞机转向标示:左转、右转、直飞。④导航不确定度类别(navigation uncertain category, NUC)。导航变量的不确定度类别根据 ADS－B 发送系统的 NUC 数据集划分,包括位置导航不确定度类别(NUCP)和速度导航不确定度类别(NUCR)。NUC 也需要报告,以便于监视应用可以决定报告的位置是否处于可接受的完好性和精度等级内。所有接收机必须动态计算水平保护等级(HPL),HPL 是指在飞机所处水平面内以飞机的真实位置为圆心的圆的半径。

(3) 状态和意图信息。用于支持 ATS 和空空应用,包括 3 类:①当前意图信息(current intent)。当前需要分布的飞机意图状态,包括目标高度、所期望的航迹等。②航路意图改变点(trajectory change point)。提供航路发生改变的相关意图信息,如当前航路意图改变点(TCP)、未来航路意图改变点(TCP＋1)。③紧急/优先状态(emergency/priority)。用于标识紧急或优先级状态的相关信息,如非法侵入告警、油量供应不足等。

(4) 分类号。用于标识参与者支持特定服务类别的能力,如基于 CDTI 的交通显示能力、冲突避免、精密进近等。

(5) 其他种类信息。ADS－B 能够传送给另一方所需的任何种类信息。

简而言之,ADS－B 传送的主要数据类型是飞机的经度、纬度、高度、速度向量、航迹角、航线拐点、飞机型号、飞机识别号和航路意图等信息。

7.3 ADS－B 数据链技术

ADS－B 系统主要包括数据链、地面站、ATC 系统、机载设备等。其中数据链路是 ADS－B 技术非常重要的一个部分。目前,ADS－B 技术可选的数据链技术有以下三种: S 模式 1090ES、UAT、VDL Mode 4。

7.3.1 S 模式 1090ES

S 模式 1090ES 数据链是一种由美国麻省理工学院林肯实验室研究提出的基于二次监视雷达(SSR)S 模式的扩展电文[21]。目前 S 模式 1090ES 数据链已经在 TCAS 和 ADS‐B 系统中得到了成功应用。S 模式 1090ES 数据链是在 56 位短 S 模式数据链基础上的扩充。传统 S 模式数据链的消息格式为 56 位,采用脉冲位置调制(pulse position modulation,PPM),码元宽度为 1 μs、传输速率为 1 Mb/s、传输频率达 1 090 MHz。由于其消息格式简单、传输的信息量较少,因此需要一种适合高效率数据传送的新型数据链[17]。S 模式 1090ES 将传统的 S 模式数据链的 56 位的消息格式扩展为 112 位。图 7.16 所示为 S 模式 1090ES 数据链格式:前 8 μs 的 4 个脉冲是 S 模式 1090ES 信号的报头,4 脉冲报头的这种脉冲位置的特殊分配确定了扩展 S 模式信号报头的唯一性,增强了信号的抗干扰能力和识别能力。其后的 112 μs 包含传送信息的数据块,其中的数据信息包含目标飞机的参数,如位置、高度、航速、航向、呼号等,其中最后 24 位是根据 88 位数据信息生成的 CRC 校验位。扩展 S 模式信号数据块由 112 位数据字节成,这些数据通过 PPM 进行编码,每一位持续时间为 1 μs,每一位的表示形式是:用 0.5 μs 的高电平和 0.5 μs 的低电平表示"1";用 0.5 μs 的低电平和 0.5 μs 的高电平表示"0";信号传输频率为 1 090 MHz,传输速率为 1 Mb/s。本节所述 S 模式数据链路指的是长 S 模式,即 1090ES 数据链路。

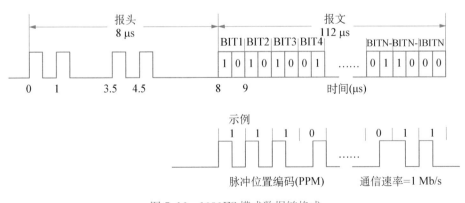

图 7.16 1090ES 模式数据链格式

它的下行频率是1 090 MHz,信息格式是简单的脉冲位置编码,数据传输速率为1 Mb/s。S模式1090ES用发射机和发射天线来传送不同的消息,包括24比特码、高度、呼号等。由于信息格式简单,承载信息能力较弱,所以在一个编码中只能传输一个特定类型的信息。而这些信息的更新率也有所不同,位置信息和速度信息每0.4～0.6 s更新一次,标识信息和类型信息每4.8～5.2 s更新一次,航路点信息每1.6～1.8 s更新一次。

S模式1090ES采用扩展型断续振荡的方式,由112个信息脉冲构成的S模式ADS-B长应答信号通过机载设备每隔1 s广播一次。112位信息脉冲串的前88位为消息位、后24位为奇偶校验位。ADS-B的信息内容包括经度、纬度、方位和速度等信息,具体如图7.17所示。

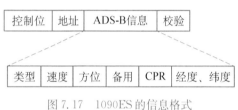

图7.17　1090ES的信息格式

7.3.2　UAT

通用访问收发数据链(universal access transceiver,UAT)是美国MITRE/CAASD IR&D从1995年开始研制的多用途的宽带数据链,是专门为ADS-B设计的一种数据链系统。起初是为了开发一种新型的宽带数据链以适应ADS-B的功能性需求,它所带来的益处已得到美国和国际组织的高度关注,已成为相关备选技术方案。UAT在特定的978 MHz公共宽带信道上工作,采用二进制连续相位频移键控CP-FSK,调制速率1.041 667 Mb/s。机载UAT设备约每秒一次广播ADS-B消息以对外转达其状态向量及其他信息。UAT的ADS-B消息可在给定时间内根据所发射信息的多少分为两种格式:UAT ADS-B基本消息和UAT ADS-B长消息。UAT地面站可以通过发送UAT帧的ADS-B字符段中的ADS-B消息来支持广播式交通信息服务(TIS-B)业务。美国在其安装的通用飞机上采用的工作频率为978 MHz,数据传输速率是 1Mb/s。UAT 数据链成本较低,上行链路容量大,是唯一适应所有的 RTCA ADS-B 最低航空系统性能标准的数据链配置。UAT 为宽带数据链,带宽在 1~2 MHz 之间,工作于 L 波段,通信范围为 960~1 215 MHz,在 UAT ADS-B 航空器和地面站的传输采用单一的共同频率 978 MHz 的频道,传输速率为 1 Mb/S,这种单一的频道结构保证了准确无误的空空连通性和避免了多个频道接收和调整程序。UAT 频道大小可变化以确保在未来高密度交通环境下能够维持足够的 ADS-B 性能。UAT 使用混合媒介接入,即包含时隙和伪随机存取,其基本发送管理单元为一个 UAT 帧,采用二进制连续相位频移键控 CP-FSK。一个 UAT 帧(1 s)前 32 个时隙 188 ms 供地面站广播 TIS-B 及 FIS-B 信息。后 812 ms 分配给 ADS-B 报告,每秒一次,每个 ADS-B 报告为 16 字节或 32 字节,其中地面广播部分为时分复用并采用时间同步以减小信息重叠,ADS-B 部分采用随机接入的方式。图 7.18 为 UAT 信息结构[15]。UAT 的最小时间度量单位是 MSO,每个 MSO 时长为 250 μs,一帧共 4 000 个 MSO,地面部分包含 32 个时隙,每个时隙包含 22 个 MSO。每个信息传输必须在一个有效的信息起始时机(MSO)开始。每架飞机、每台车辆在 ADS-B 段中随机选择 MSO 进行数据传送。ADS-B 段前后各有 48 个 MSO 的保护时间,用于克服时间漂移。MSO 经初始的 6 ms 保护时间后,每个 UAT 帧的 ADS-B 部分跨度 3200 MSO (从 MSO752 到 MSO3951),每帧只传输一个 ADS-B 信息,从 3200 MSO 中随机选择开始

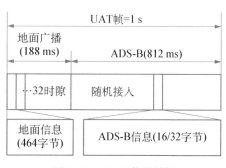

图 7.18　UAT 信息结构

传输,这样可防止两架飞机的 UAT ADS-B 信息互相干扰。

UAT ADS-B 信息包含 3 个部分:

(1) 比特同步:UAT ADS-B 信息活动部分的第一个部分为一个 36 位同

步序列,即 1110101011 00110111011010010011100010,从左往右发送。

（2）信息数据块：UAT ADS‐B 信息活动部分的第二个部分为信息数据块,支持基本 UAT ADS‐B 信息有 144 位,长 UAT ADS‐B 信息有 272 位。

（3）前向纠错：最后一个部分为前向纠错（FEC）。FEC 产生于基于有规则的 RS 256‐ary 代码,基本 ADS‐B 信息为 96 位的 RS（30,18）代码,长 ADS‐B 信息为 112 位的 RS（48,34）代码。对于任何长度信息的本原多项式为：$p(x) = x^8 + x^7 + x^2 + x + 1$,生成多项式为 $G(x) = n(x - a^1)$,RS(30,18),$p=131$,$i=120$,RS(48,34),$p=133$。a 是一个 Galois 域的大小为 256 的一个原始元素。发送 ADS‐B 信息时,先发送同步序列,再将数据块序列和前向纠错序列从左往右依次发送。

UAT 工作原理如下：设计每秒时长为一帧,帧始于每个 UTC(协调世界时)秒。每帧分为两段：前 188 ms 是第一段,用于地面站发送;余下的 812 ms 为第二段,用于移动(空中或地面)用户的发送。UAT 的最小时间度量单位是 MSO,每个 MSO 时长为 250 ms,一帧共 4 000 个 MSO。如图 7.19 所示。

图 7.19　UAT 的帧格式

地面站最小信息传输单位是时隙,一个时隙有 22 个 MSO。因此第一段由 32 个时隙构成,每个地面站被分配一个时隙。第二段由飞机和地面车辆所共享,每架飞机、每台车辆在 ADS‐B 段中随机选择 MSO 进行传送。

7.3.3 VDL Mode 4

VDL Mode 4(VHF Data Link Mode 4),即甚高频数据链模式 4,最早起源于 20 世纪 80 年代的瑞典,目前已是由 ICAO 和欧洲电信标准协会(ETSI)推荐的规范化 VHF 数据链技术,其技术核心为自组织时分多址接入(self-organizing time division multiple access,SOTDMA)协议,VDL Mode 4 协议支持 ADS-B 以及类似广播短重复消息的应用,并可以"平滑地"增加交通流量。VDL Mode 4 基于 OSI 参考模型,要求严格的时间同步,工作在 VHF 航空频段 108 136.975 MHz,采用 25 kHz 标准通道,GFSK 调制,数据速率达19.2 kb/s。TDMA 将 VHF 通信通道分为若干帧,再将帧分为众多的时隙(time slot)。SOTDMA 在每个时隙的起始都会给予任何一个平台(飞机、地面站或车辆)一次利用整个信道发射数据的机会(不会产生信号叠加的情形),所以各平台按此方法竞争时隙就必须实现全系统的精密时间同步。建立在SOTDMA 协议基础之上的 VDL Mode 4,其时隙必须与 UTC 严格同步,而自组织(self-organizing)的含义即指由于与 UTC 建立了同步,VDL 模式 4 无需地面系统控制就可应用。相关 VIP 协议(VDL Mode4 interface protocol)进行工作,而"竞争"胜利的平台在某一特定的时隙里就可发射有关自己的信息。VDL Mode 4 里的每一帧(也称超帧,super-frame)的时间跨度达 60 s,包含 4 500 个等长度的时隙,每个时隙 13.33 ms,每秒 75 个时隙。每个时隙均可由一台无线收发机(装于飞机、地面车辆或地面固定站)用来发送数据信息。系统内所有的移动平台和固定站的时间基准信息均来自 GNSS,这样时隙的准确同步以及按计划时隙的发射对所有用户来说都是相互知道的,这样数据链通道就可以高效利用,用户也不会同时发射。作为"自组织"协议,VDL Mode 4 可以在地面系统构架之外正常工作,也可以支持空对空、地对空数据通信及其相关应用(目前不支持话音)。SOTDMA 的 VHF 数据链不仅用于 ADS-B,并能用于其他空地通信和广播:广播式交通信息服务(TIS-B)、飞行信息服务广播(FIS-B)、DGNSS 增强广播 GIS-B、AOC 的点对点通信和 A-SMGCS 应用。VDL Mode 4 采用两个独立的 25 kHz 全局标示信道(GSC),高密度区域可使用一个附加信道(本地信号信道 LSC),采用高斯频移键控(GFSK)调制,信号传输速率 19.2 Kbit/s。VDL–4 数据链主要的特点在于通道预约访问协议。VDL 4 可高效地交换短重复信息和支持适时应用,有效的传输时间分为大量的短时隙与 UTC 同步,每一个时隙可用于一个无线电应答机传输数据。它使用自组织时分多址接入(SOTDMA)的方式,使 VDL 4 的运行不需要任何地面设施,能支持空空和空地的通信和应用。SOTDMA 是将一个通信波道,按时间划分成许多时间片段,每个用户将其信息放入不同的时间片段中传输,按此同一通信波道就可以让许多不同的使用者共享,同时所传输的信息也不会互相干扰,并且不论地面端或空中端的使用者,共同以同一时间源作为同步,以绝对的时间点作为存取通信波道中时间片段的依据,如此通信波道可以纯粹传送资料,不必另外加上同步信号,以提高通信容量。SOTDMA 中使用者的共同时间标准是 UTC。

VDL 4 有能力处理超载情况,并适应交通管制和安全的方式。VDL 4 用户选择合适的时隙后传输一个超帧。超帧通常由 4 500 个时隙组成,跨度 1 min,每秒 75 个时隙。每个时隙都可由任何飞机或地面电台作为接收和发送占用,每个用户可以同时占用多个时隙。VDL 4 数据链时隙的大小适应于容纳一个 ADS–B 报告。每个时隙的传输可分为 4 个阶段:发送功率建立、同步、数据突发帧和保护时间间隔。当多时隙传输时也包含 4 个阶段,只是数据突发帧跨越更长的时间,其余 3 个阶段和单时隙长度相同。因此,传输占用时隙越多传输效率就越高,但是传输数据越长受到的干扰越大。所以在实际的应用中应该根据具体情况选择合适的传输数据长度。VDL Mode 4 基本原理是数据链用户利用 GNSS 进行定位和时间同步,并通过 VDL Mode 4 数据链将其位置报告广播出去。这些位置报告可以为通信链路上的各种链路管理和应用进程所用,通过这些信息实现链路管理。可以在没有地面系统的情况下实现其基本功能。VDL Mode 4 使用频率为 118～137 MHz,采用标准的甚高频频宽(25 kHz)信道传输数据,数据传输速率为 19.2 Kb/s。

表 7.15 是对三种数据链技术的比较。

表 7.15　三种数据链技术比较

	S 模式 1090ES	UAT	VDL Mode 4
使用频率	1 090 MHz	建议使用 DME 频段,没有达成世界范围内的标准,在美国使用 978 MHz	建议使用 VHF 频段,需要多通道。没有世界范围内的标准或共识
码速率	1 Mb/s	1 Mb/s	19.2 Kb/s
访问方式	随机访问	下行:有分配 ADS-B 块的随机方式; 上行:固定分配	自组织时隙:时隙由 GPS 同步
地空通信距离	>200 n mile 取决于地面系统的天线增益和灵敏度	>200 n mile 取决于地面系统的天线增益和灵敏度	>200 n mile 取决于地面系统的天线增益和灵敏度
ICAO 标准	Mode S SARPS Annex 10 Amendment 77 via SCRSP	目前还不是 ICAO SARPS	Annex 10 AMCP
主要文件	DO-260,DO-260A,DO-181C,ED-73A,ED-86	DO-282	Eurocae ED-108
实施方法	升级现有的应答机软件,使用现有的天线;通用航空器需要加装新的机载设备	加装新的机载电子设备、收发信机、天线	加装新的机载电子设备、收发信机、天线

　　这三种数据链都能满足当前 ADS-B 应用的基本要求,但都不甚完美。由于欧洲和美国两大商用飞机制造基地的产品生产标准不同,在选用地空数据链时,出于兼容现有机载设备、兼顾终极发展目标的考虑,政策取向也各有侧重。在改装上,1090ES 改良自 TCAS 的系统,仅需要升级现有的 S 模式应答机软件,再加装上一条 GPS 联机即可改装完成,其他两种数据链都需加装新的机载

设备。在抗干扰性上，1090ES 数据链使得 ADS－B 与二次雷达都使用 1 090 MHz 频段，会造成链路的拥塞。VDL Mode 4 的传输将对现有的 VHF 话音和数据通信造成无法接受的干扰。UAT 是专门为 ADS－B 设计的数据链，不存在频段干扰现象。在空空监视范围上，UAT 可达 125 n mile，而 VDL 4 为 70 n mile，1090ES 为 40～50 n mile。在通信容量上，UAT＞VDL Mode 4＞S 模式 1090ES。在适用 RTCA 标准方面，UAT 是唯一的适应所有的 RTCA ADS－B 最低航空系统性能标准的数据链配置（RTCA/DO－242A）。使用 UAT 技术的空对空 ADS－B 性能总体上优于其他两种数据链。

根据民航总局关于 ADS－B 的技术政策，并考虑到我国未来空管系统与国际接轨问题及在全球范围内的相互操作性（目前只有 S 模式 1090ES 数据链技术是被各个国家、地区和组织所接受的标准），我们在实施 ADS－B 项目计划时要优先考虑使用 1090ES 作为数据链路技术。同时，考虑 UAT 机载设备和地面站的性价比、功能特性和适用范围，在通用航空飞行活动频繁的特殊区域可以考虑采用 UAT 作为支持 ADS－B 数据链技术，暂不考虑采用 VDL Mode 4 作为我国 ADS－B 系统的数据链路。

7.4 ADS－B 应用

7.4.1 ADS－B 技术应用

1991 年 ADS－B 技术首次在瑞典首都的 Bromma 机场成功演示，多年来，在国际民用航空组织新航行系统发展规划的指导下，欧洲、北美和澳大利亚等地区的航空组织进行了卓有成效的研究和实验。研究和实验的成果表明，随着航空机载设备智能化程度越来越高，地空双向数据通信能力越来越强，ADS－B 技术的应用[22]前景一片光明。ADS－B 技术用于空中交通管制，可以在无法部署航管雷达的大陆地区为航空器提供优于雷达间隔标准的虚拟雷达管制服务;在雷达覆盖地区,即使不增加雷达设备也能以较低代价增强雷达系统监视能力,提高航路乃至终端区的飞行容量;多点 ADS-B 地面设备联网,可作为雷达监视网的旁路系统,并可提供不低于雷达间隔标准的空管服务;利用 ADS-B 技术还在较大的区域内实现飞行动态监视,以改进飞行流量管理;利用 ADS-B 的上行数据广播,还能为运行中的航空器提供各类情报服务。ADS-B 技术在空管上的应用,预示着传统的空中交通监视技术即将发生重大变革。ADS-B 技术用于加强空空协同,能提高飞行中的航空器之间的相互监视能力。与应答式机载防撞系统(ACAS/TCAS)相比,ADS-B 的位置报告是自发广播式的,航空器之间无需发出问询即可接收和处理渐近航空器的位置报告,因此能有效提高航空器间的协同能力,增强机载防撞系统(ACAS/TCAS)的性能,实现航空器运行中既能保持最小安全间隔又能避免和解脱冲突的空空协同目的。ADS-B 系统的这一能力,使保持飞行安全间隔的责任更多地向空中转移,这是实现"自由飞行"不可或缺的技术基础。ADS-B 技术能够真正实现飞行信息共享。空中交通管理活动中所截获的航迹信息,不仅对于本区域实施空管是必需的,对于跨越飞行情报区(特别是不同空管体制的情报区)边界的飞行实施"无缝隙"管制,对于提高航空公司运行管理效率,都是十分宝贵的资源。但由于传统的雷达监视技术的远程截获能力差、原始信息格式纷杂、信息处理成本高,且不易实现指定航迹的筛选,难以实现信息共享。遵循"空地一体化"和"全球可互用"的指导原则发展起来的 ADS-B 技术,为航迹信息共享提供了现实可行性。ADS-B 的技术应用主要分为以下几个方面。

7.4.1.1 监视系统

1) 一致性监视

在空中交通管制(ATC)中,飞行状态一致性监视(conformance monitoring)是航管系统运作中的一项核心任务,管制员通过监视系统提供的飞机位置信息监视飞行状态的一致性,以确认飞机是否按指定航路飞行。ATC 一致性监视能够保障冲突避免机制的正确执行,确保冲突检测和解决机制的有效性,维护限制空域的安全性。早期的一致性监视主要是管制员通过雷达监视画面,观察飞机之间的位置后,将预期位置和实际位置进行后比较做出的判断,这种方法对管制员提出了很高的要求,且准确性较差。Reynolds 和 Hansman 基于故障检测技术提出了"一致性残差算法"用于一致性监视。经过仿真,该算法能够较快地在飞机航路点改变的情况下探测到其存在的非一致性。ADS - B 系统可以加强监视的功能,为一致性监视提供优于雷达的更高的精确性、更快的更新率和更强大的内容状态信息。Chze Eng Seah 等在 Reynolds 和 Hansman 的基础上,将雷达数据和 ADS - B 数据应用于算法,提出了用于探测"非一致性飞机"的一致性监视算法。其模拟结果的一项数据表明,在同样的探测时间延迟下,ADS - B 数据产生的误报警率远低于雷达数据。ADS - B 应用于飞机一致性监视,其性能要优于雷达。

2) 场面监视

ADS - B 技术不仅可以加强空中的监视能力,同样也可以用于机场场面定位,为地面车辆安装定位装置后可为低空飞机和地面飞机、车辆提供低成本的、有效的监视。ADS - B 技术用于机场地面活动区,可以降低成本实现航空器的场面活动监视。在繁忙机场,即使装置了场面监视雷达也难以完全覆盖航站楼的各向停机位,空中交通管理"门到门"(door to door)的管理预期一直难以成为现实。利用 ADS - B 技术,通过接收和处理 ADS - B 广播信息,将活动航空器的监视从空中一直延伸到机场登机桥,因此能辅助场面监视雷达,实现"门到门"的空中交通管理。甚至可以不依赖场面监视雷达,实现机场地面移动目标的管理。NASA 曾在"低能见度着陆和场面操作(LVLASO)"的项目中测试过基于 S 模式 1090ES 的 ADS - B 在机场场面环境下的数据传输能力。Daniel Storm Hicok 根据 ICAO 和 RTCA 对场面监视系统提出的要求"先进地面活动引导与控制系统"(A - SMGCS)对其测试结果进行了性能评估,评估的重点主要为定位精度、覆盖率和更新率。评估结果表明:当采用区域差分 GPS 作为其位置信号源时,可以达到高定位精度的要求;当 ADS - B 达到 2 次/秒的传输速率时可以满足更新率的要求；而要达到场面的完全覆盖的要求，可以将更多 ADS‐B 接收机放置在事先优化好的位置。

7.4.1.2 防撞系统

防撞问题（即冲突避免问题）是飞机飞行安全的核心问题。目前，飞行安全的责任主要在于地面管制，飞行员按照地面管制的要求执行飞行，当面临突发冲突时，飞行员执行 TCAS 给出的 TA 和 RA 方案以实现规避，达到防撞的目的。在未来的"自由飞行"中，借助于 ADS‐B 技术，解决冲突问题主要有两种研究思路：采用冲突探测和解脱(CDR)的模型方法；采用飞行间隔保持的方法。

冲突探测和解脱：采用此方法可以概括为飞行状态估计‐冲突、探测‐冲突解脱。对 CDR 的研究早期集中在其原型算法上，James K. Kuchar 和 Lee C. Yang 对这些算法进行了很好的归类和比较。值得一提的是，CDR 算法不仅可以应用在航空领域，也可以广泛应用于公路交通和水路交通上。早期的 CDR 模型中，主要是采用卡尔曼滤波等方法进行飞行状态估计，将 ADS‐B 技术引入 CDR 系统后，通过 ADS‐B 可以获得其他飞机的精确状态信息，简化了 CDR 模型中飞行状态估计过程，减少了冲突探测和冲突解脱的时间，对飞行安全起了至关重要的作用。ADS‐B 应用于 CDR 后，处理中长期的冲突可以采用航路预测的方法，而要处理紧急的冲突，也可以将 ADS‐B 应用于 TCAS，对现有 TCAS 进行改进，用以最后的告警及冲突解脱。

1）航迹预测

为了保证地面管制对飞机运行的管理效率，降低飞行冲突可能性，确保飞行安全，未来空管引入了航迹预测的重要概念。利用 ADS‐B 地面站采集的精确资料，地面管制对飞机进行航迹预测，可以尽早地发现即将到来的冲突并告知飞行员，达到增加空域容量、避免冲突的目的。Javier Lovera Yepes 等人提出了"基于意图的航迹预测算法(IBTP)"。IBTP 算法包含三个过程：混合估计、意图推断、航迹预测。运用该算法的前提是执行 IBTP 算法所需的信息来自精确的 FIS‐B 消息、静态数据库和 ADS‐B 消息，其中 FIS‐B 提供天气及其他飞行信息;静态数据库提供空域特殊使用信息、机场位置和导航辅助等信息;ADS‐B 则提供飞机位置、速度和飞行计划等精确信息。对 IBTP 算法仿真测试表明 IBTP 算法显著改善了飞机意图推断的精确性,降低了意图推断的时间延迟。相比同类的航迹预测算法,IBTP 算法将航迹预测的时间大大缩短,为冲突避免赢得了时间。在 IBTP 算法的基础上,林熙、张军等人提出了"基于 ADS‐B 技术的意图分类航迹预测算法(CABTP)",用以实现飞行状态估计和航迹的预测。该算法改进了 IBTP 算法处理多机问题时产生的繁杂计算,充分利用 ADS‐B 提供的信息,首先将意图模型过滤和分类,而后应用算法进行验证。通过仿真验证,CABTP 算法较 IBTP 算法不仅提高了精确度,而且提高了预测的效率,提升了 IBTP 算法的实用性。此外,邓炜、张军等人提出的适用于航路改变情况的冲突概率预测算法,充分利用了 ADS‐B 所提供的航路意图信息,进而实现预测期内航路改变情况下的冲突概率计算,有效地预测飞行中将发生的冲突。

2)交通告警和防撞系统

ADS‐B 应用于现有的空中交通告警和防撞系统(TCAS)能提供来自其他飞机的位置、速度等精确信息。利用 ADS‐B 提供的精确数据的同时并不会改变 TCAS 原有的核心功能(ADS‐B 数据不会作为 RA 计算的数据输入)。ADS‐B 数据的使用只是使 TCAS 交通显示器或 CDTI 显示更为精确的周围飞机的方位角和速度。使用 ADS‐B 后,TCAS 可以在更大范围内尽早地发现冲突飞机,并在更短的时间内做出反应。从性能分析的角度出发,F. I. Romli 等人将安装有 ADS‐B 系统的 TCAS 与没有安装 ADS‐B 的 TCAS 做了模拟比较。其结论是前者相比于后者,TA 和 RA 时间将缩短,需要保证的安全间隔也将随之缩短,前者较后者性能有了提升。新一代 TCAS 系统将不仅具备现有 TCAS Ⅱ系统的垂直规避功能,而且具备新型的水平规避的功能。水平规避将带来诸多优势,如可以简化垂直规避时地面空管系统的运行操作,此外相比于垂直规避使飞机爬升或下降,飞行员更愿意改变航向达到规避目的。然而,水平规避却对位置精度提出了很高的要求,现有的机载设备和传统的空管管制无法满足要求。彭良福和林云松对 TCAS 的水平规避模型进行了研究,研究指出基于 GPS 精确定位技术和 ADS - B 技术,将使水平规避变为可能。相应给出了两种水平规避模型:改变速度不改变航向;改变航向不改变速度。其研究表明:为了使得水平机动策略能更有效避免冲突,速度和航向角度改变都必须在一定范围内。届时飞行员将根据 RA 报告中给出的速度和航向角度改变范围进行水平规避。其研究还指出,后续的研究可以围绕速度和航向角度同时改变的情形进行讨论。

7.4.1.3　飞行间隔保障

冲突问题的解决,还可以从保障飞机飞行间隔的角度出发进行研究。Thomas Prevot 等人提出的"利用四维航迹和机载间隔辅助系统 ASAS 进行交通管理的概念"。空中交通管理(ATM)通过四维航迹管理飞机的飞行轨迹,在飞行过程中,机载间隔保障系统(ASAS)维持不同飞机之间的飞行间隔,将两者结合,更可以有效地保持飞行间隔,防止飞行冲突。

1) 机载间隔保障系统

根据 FAA 和欧洲航空安全组织(EUROCONTROL)的定义,机载间隔保障系统或称机载间隔辅助系统(ASAS),两者具有相同的内涵,它是指能使飞行员维持与一架或多架飞机的距离,并提供飞机周围相关交通飞行信息的系统。机载飞行间隔保障系统(ASAS)概念最早是在 1995 年 3 月 S1CASP - WG - 2 悉尼会议上提出的,会议认为目前出现新的局面,已产生了两类空中交通管理功能混合的问题:一是原先一切有助于飞行间隔保障的功能都由地面管制服务负责,二是避撞功能的扩展已可根据空域类型、气象条件和所采用的飞行规则(IFR 或 VFR)作为由飞行员和管制员分担的功能。ASAS 的功能是基于 ADS - B 和 CDTI 的结合而发展的。通俗地说,就是让飞机也能知道自己和邻近飞机之间的交通态势(具有了 ASAS,飞机上就具有了和类似地面 ATM 一样的交通态势图)。因而在尚未构成威胁而告警以前,预先自主地保持间隔,提高对空中交通势态的自我警觉。不仅如此,通过 ASAS,管制员也承担了保持飞行间隔的责任。如飞机进场时,在 CDTI 的辅助下,飞行员将所需安全间隔程序设计写入飞行管理系统(FMS),ASAS 自主地保持飞行间隔,此时地面管制的角色转变为监视场面态势、处理紧急状况而不是主动的管制,使得地面管制员从实际意义上得到减负。如此,ASAS 在保持飞行安全性的同时增加了空域容量。

2) 四维航迹管理

根据联合规划发展处(JPDO)对未来 ATM 系统的展望,未来 ATM 系统将出现三种比较大的转变:网络化的信息访问;基于性能的服务;基于航迹的空管运行。目前 JPDO 正在着力探索如何进行基于航迹的运行,四维航迹就是其重要的发展方向。四维航迹管理是 ADS-B 另外一个重要的应用。四维航迹(4DT)是指将飞机的纬度、经度、高度与飞机现在或将来所处位置的时间相结合的一种特定航迹。四维航迹的纬度、经度、高度和所处时间信息,都通过 ADS-B 系统获取。4DT 空中交通管理分为两种:长期的 4DT 运行和短期的 4DT 运行。长期的 4DT 运行涵盖飞行的大部分航路,包含飞机的起飞和降落,为飞机设计好精确的航行计划,称其为战略目标(strategic goals)。短期的 4DT 运行与长期的 4DT 运行有着不同的目标和要求,短期的 4DT 运行要求根据需要执行战术决策(tactical decisions)覆盖飞行的下一阶段,战术决策可能会随时修改,如发生飞行冲突或由于气象因素。由此看来,短期的 4DT 运行属于空中交通管理的范畴,但是可以用来解决突然出现的飞行冲突。使用四维航迹的还可以很好地实现飞行管理系统(FMS)的 RNP,RNAV 和 RTA 等一系列功能。

3) ASAS 与 4DT 的结合

ASAS 能实现飞机与飞机之间的间隔保持,但通常情况下 ASAS 并不能实现初始间隔程序正确设置。4DT 可以在起飞前就编写好航路计划,但却不具备同一区域和多架飞机保持间隔的功能。针对上述情况,NASA 兰利研究中心提出了将 ASAS 与 4DT 管理相结合的概念——4D－ASAS。David Wing 对其概念做了解释。4D－ASAS 具备以下功能：RNP；RNAV；RTA；ADS－B（out & in）；ASAS；4D－ASAS 综合功能。同时，David Wing 还提出了用以解释 4D－ASAS 如何支持 ATM 的一种可能的模型。Rob Ruigrok 等人也提出了将 4DT 和 ASAS 联合应用于航站管制区（TMA）的方案，以此来解决高密度终端区域的管理问题。目前，作为 ADS－B 应用的重要组成部分，4D－ASAS 的研究还有待深入。由于 4D－ASAS 可以适用于任何空域，并能解决众多复杂空域问题，未来的"自由飞行"中，使用 4D－ASAS 解决飞机冲突将不再是问题。

7.4.1.4　辅助进近

1）增大机场降落能力

从历史数据看，世界航空运输量正在以每年 5%～6% 的速度逐年递增，急速增长的航空运输量对现有空域系统的容量提出了严峻的要求，增大机场降落能力也成了亟待解决的问题。解决办法是修建更多的机场，或者在原有的机场上修建更多跑道。现行的空管系统在"仪表气象条件（IMC）"下（即云雨天气情况），采用仪表着陆系统（ILS）进行最终进近和着陆，采用场面监视雷达显示飞机的位置状况。保持飞行间隔主要由管制员负责，进近程序的完成必须由管制员和飞行员共同承担。在"目视气象条件（VMC）下"（即晴天的情况），飞行员完全可以看到跑道，此时保持与其他飞机的间隔成了飞行员的主要责任，通常情况下，进近的最后的 5 mi 飞行员会使用 ILS 辅助着陆，进近的程序的最后完成也主要由飞行员负责。基于现有的导航和监视技术，在 IMC 情况下的两平行跑道同时进近，为了防止 ILS 的相互干扰，相邻两跑道横向间隔须大于4 300 ft，这也是目前由于天气原因而导致航班误点的主要原因。而在 VMC 情况下，两平行跑道间横向间隔仅需要 750 ft。J. David Powell 等人介绍了如何使用 ADS－B 技术和远景显示技术增大机场容量的方法。将 ADS－B 提供的精确位置信息和远景显示技术结合，飞行员可以全面的掌握机场场面交通态势情况,即使在 IMC 的情况下,通过 CDTI 也可以为飞行员提供清晰的合成视景显示,实现类似于 VMC 情况下的平行跑道进近,将目视间隔运行扩展到低能见度的条件下。此外,针对飞机的漩涡尾流对飞机平行进近和进近时纵向(in-trail)间隔保持产生的制约影响,J. David Powell 等人的研究还给出了如何使用 ADS－B 以及远景合成显示技术来削弱上述影响的方法。通过 ADS－B以及远景合成显示技术,可以在不扩建机场的同时增加机场跑道数目,并能削弱飞机的漩涡尾流对飞机按纵队进近的影响,增大了机场降落能力。

2) 连续下降进近

连续下降进近(CDA)是指进近的过程中取代传统阶梯形的下降方法,采用平滑的连续的下降方式,飞行员在每个下降高度层不询问地面管制员获得批准,而根据周围情况优化进近的方法。CDA 最大的优势是可以提高空域利用率,并节省燃油。

目前,世界上的大部分机场,飞机的汇合(merging)在很大程度上依赖于开环雷达的导引。最新提出的飞机的汇合与间隔(merging & spacing)技术是指使将巡航阶段不同高度层和不同方向的飞机汇合,并在优化过的飞行包线内以最小的速度改变将该股到达流精确地安排到跑道入口。上述技术的实现都与ADS－B 技术紧密相关,基于 ADS－B 的四维航迹管理技术将有助于实现飞机的汇合与间隔,4DT 间隔管理程序还能够与 RNP 最终进近程序联合,实现飞机的连续下降进近。NASA 兰利研究中心对此已经做了深入研究,目前正在对系统进行运行及评估。

3) 防止跑道入侵

FAA 将"跑道入侵"定义为:在机场跑道周围区域发生的任何涉及飞机、车辆、人员或其他地面物体在飞机起飞、即将起飞、着陆或即将着陆时造成碰撞危险或导致所需安全间隔被打破的事件。跑道入侵对飞机起飞以及飞机的最终进场构成了严重威胁,许多基于陆基技术的系统已经应用于防止跑道入侵,如机场交通区安全保障系统(AMASS)、跑道情况信号灯系统(RWSL)等。但是上述系统都不能完全解决跑道入侵的问题,ADS－B技术凭借其高速更新率(至少1秒/次),可以满足飞行员对外界情况实时掌握的要求,为飞行员处理跑道入侵提供充分的反应时间。Duane Ludwig介绍了一种基于ADS－B技术的驾驶舱直接告警系统,该系统可以最大限度地减少误报警率,减少跑道入侵,最终提高机场运行效率。

7.4.2 ADS－B技术存在的问题

7.4.2.1 体制制约成果应用

在ADS－C的技术体制内,ADS的航迹报告是有条件选择发送的。机载ADS报告系统对报告信息的要素选项、重复报告周期、发送选址都是可以预设的。飞机在收到地面发送的上行申请电文后发送ADS下行电文,将使用者约定的报告内容通过空地数据链和地面传输网络送达用户端[23]。因此,ADS信息的使用是契约制的。也就是说,空管或航空公司签派等地面用户要想获得所需的ADS报告,必须逐架飞机、逐条航路(或航段)约定报告信息,同时还必须与提供空地、地地数据链传输业务的运营商定制信息传输服务。用户约定的飞行航迹越多、信息要素越多、重复报告周期越短,则支付的信息服务费就越高,而且按照SITA格式电报计量的通信费用特别昂贵。在这样的技术体制下(附加了"第三方服务"成本),虽然在低密度航路上,基于ADS监视技术的空中交通服务和航空公司运行管理都能够实现,但高额的运行成本却让空管和航空公司等用户望而却步,航空器已配置的先进机载设备、配套建设的地空数据链和地面使用设备也只能束之高阁[24]。

7.4.2.2 技术兼容问题

首先是双向通信制式的差异。ADS－B的通信制式是广播式双向通信,而我国用来进行航迹跟踪和管制数据通信的地空数据链采用美国ARINC公司的AEEC 618/AEEC 622协议方式,属应答式双向通信。此通信制式的数据刷新率受应答协议制约,其同步性和实时性都不能满足高密度飞行管制服务需求,无法与 ADS - B 技术兼容。其次是数据链容量的差异。ADS - B 所使用的数据链应能满足高密度飞行监视的要求,因此对数据长度和通信速率都有很高的要求。国际民用航空组织推荐的全球可互用的 ADS - B 的广播数据链——1 090 MHz S 模式扩展电文数据链(S 模式 1090ES),最大下行数据长度达到112 位,最大数据率达到 1 Mb/s。而我国现用的 RGS 地—空数据链,最大下行数据长度为 32 位,最大数据率仅为 2 400 b/s,显然不能与 ADS - B 广播电文相容。再则是传输技术上的差距。ADS - B 广播电文是面向比特的数据串,下行数据到达地面后,必须透明地传输至航空管制或航空运行签派等地面客户端。而现有系统中,通过 RGS 或卫星截获的下行数据,须转换为面向字符的 SITA报文格式,经低速的自动转报网传输到客户端。这种信息传输方式的低效率以及传输时延的不确定性,不能适应高密度飞行监视。解决现有系统与 ADS - B技术兼容问题,关键是选择新的地空数据链系统。数据链是 ADS - B 技术重要的组成部分,当前,许多国家和组织出于不同的开发意图,开发出了多种多样的数据链,从中选择适合本国实际的数据链类型,是确定机载设备性能和发展地面设施的前提。各国对 ADS - B 数据链的选择各持己见,但主流意见基本倾向于以下三种:

(1) 甚高频数据链模式 4(VDL Mode 4)——欧洲较流行;其核心技术为SOTDMA 协议,所存在的问题在于现在 VHF 频段资源紧张。

(2) 通用访问收发数据链(UAT)——美国较流行,多用于通用航空飞机;采用二进制连续相移键控 CP - FSK,不足之处在于和 DME 地面设备的互相干扰严重。

(3) 1 090 MHz S 模式扩展电文数据链(S 模式 1090ES)——国际民用航空组织推荐;采用选择性询问、双向数据通信,不足之处在于已出现频谱过度使用的危机。

这三种数据链技术概貌如表 7.16 所示。

表 7.16　三种数据链技术概貌

数据链	VDL Mode 4	UAT	S 模式 1090ES
创始单位	欧洲瑞典	美国 MITRE	FAA
工作频率	航空 VHF 频率	900～1 000 MHz	1 090 MHz
资料调制	GKSK 或 D8PSK	PFSK	PCM
数据率	19.2 Kb/s	1 Mb/s	1 Mb/s
电文结构	超帧结构,4 500 个时隙,75 个时隙每秒(每个时隙 13.33 ms)	帧结构,每秒 1 帧,188 ms(22 个时隙)上行;812 ms 为下行。下行基本 ADS 报告可用 128 位,下行扩展 ADS 报告可用 256 位。上行 FIS 每个 RS Block 2 040 位	每 5 秒一次 56 位自发报告(包含飞机识别),每秒一次 112 位扩展自发报告(包含飞机位置),也可加发 112 位附加报告

7.4.2.3　缺少现实可行的规划安排

规划就是远见。澳大利亚在 ADS - B 推广应用就很有远见。2002 年,澳大利亚民航安全局在首次成功完成 ADS - B 空地协同运行实验以后,立即制订了澳洲大陆 ADS - B 实施计划。根据这个计划,2005 年,大部分商用喷气客机装备了 ADS - B 机载设备;2006 年在澳洲大陆西部雷达盲区高空空域,实施以 ADS - B 监视为主的 5 n mile 间隔空管服务,东部雷达覆盖区建立完全由 ADS - B 航迹信息支持的管制应急备份系统;航空服务当局还制订了利用 ADS - B 技术改进机场地面监视、改进流量管理、增强空空协同、支持监视数据多方共享的长远发展规划。澳大利亚的远见,使澳大利亚成为 ADS - B 技术最早受益的国家。美国人也很有远见。21 世纪初,美国首先在阿拉斯加地区通用航空飞机上推广应用 ADS - B 技术。当今 ADS - B 技术发展已经进入实用阶段,而我们仍在 ADS 的概念阶段徘徊不前。当别人寻求以成本更低、效率更高、用途更广的新航行监视技术取代雷达技术时,我们还在加紧部署雷达网络。民航空管系统的快速发展还需要与发展质量相结合。一个重要的事实是极具说服力的:澳大利亚全境部署的雷达数量大致与上海飞行情报区可用的雷达资源相当,澳大利亚空管当局与我国三大区域管制中心都配置了同等级的

EUROCAT - X 空管自动化设备,运行同期的软件版本。到 2006 年,ADS - B 规则实施后,在澳洲全境的高空空域将提供 5 n mile 间隔空中交通管制服务。而我国的华东地区还只有局部区域和有限航路具备雷达管制能力。澳大利亚同行的优势,很大程度上得益于 ADS - B 技术的超前规划和大胆应用。相比之下,我们在 ADS - B 的实用技术研究、机载设备配备、地面系统建设、飞行和管制员的操作技能培训等多方面,都还缺乏现实可行的规划安排。

7.4.3 ADS - B 全球分布状况

广播式自动相关监视(ADS - B)辅以目前的雷达系统预计将成为未来空中监视系统的基础。如图 7.20 所示,世界上许多其他国家也在发展 ADS - B 技术。圆圈中紫色部分表示已评估 ADS - B,并且将来可能实施它的国家比例。圆圈中蓝色部分表明已决定部署 ADS - B 并已开始采取必要步骤实施 ADS - B 的国家比例。最后,圆圈中绿色部分表明在全国范围内实施 ADS - B 的国家比例。

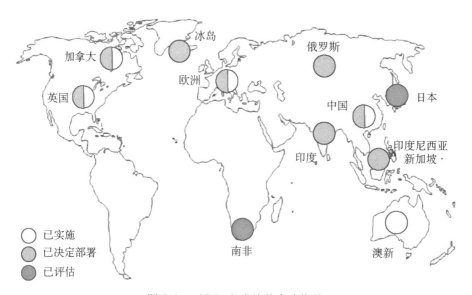

图 7.20 ADS - B 实施的全球状况

利用飞机相关监视,飞机及其航空电子设备成为美国国家空域系统(NAS)监视基础设施的一个组成部分。在国家空域系统中操作飞机的两个主要利益相关方是商业航空(FAR 第 121 部运营商)和通用航空(如第 91 或 135 部[25])。在美国,通用航空(GA)占国家空域系统中所有有源航空器的 96% 以上。图 7.21 显示了 1960 年至 2011 年期间所有活跃飞机的运输统计局(BTS)记录。在该图中,第 135 部的运行被视为通用航空的一部分。

图 7.21　航空运营商和通用航空的比较

尽管通用航空飞机的数量远远超过了航空运营商的飞机,但是通用航空飞机的年利用率要低得多,如图 7.22 所示。航空运营商飞机的平均每年飞行时数在过去几年增加到 2 406 h,而通用航空飞机降至 114 h。因此,航空运营商的飞机平均年利用率是 GA 飞机的 21 倍。

由于通用航空的低利用率,ADS-B 系统存在不能向通用航空用户提供足够用户利益的可能性,因此不能为通用航空用户自愿装备设备提供足够好的主动性。此外,通用航空用户往往更具成本敏感性,因为费用通常由飞机所有者自费支付。由于认识到民航需要确保高水平的装备,FAA 在 2009 年发布了一项任务,要求在 2020 年之前对某些空域使用 ADS-B 装备。根据任务授权,在该空域内运行的好处与配备 ADS-B 相关,因此会有强烈的激励措施。然而,

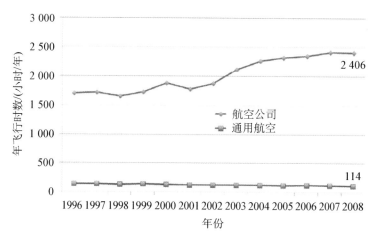

图 7.22　通用航空飞机和航空运营商飞机的平均飞行小时比较

美国联邦航空局有兴趣确定近期效益,以便在任务之前刺激自愿装备,并减少利益相关方的反对。如前所述,通用航空提出了一种特殊情况,因此需要特别关注。

7.5　ADS‐B最小系统设计与实现

　　ADS‐B最小系统ADS‐B设备组成,是以实现ADS‐B主要功能(ADS‐B IN和ADS‐B OUT)为目的的半物理仿真系统。ADS‐B最小系统方案是从ADS‐B IN和ADS‐B OUT两方面对ADS‐B最小系统进行设计与仿真验证的。工程化设计和实验仿真包括空域态势显示、基于模拟机和无人机平台的ADS‐B数据发送。

7.5.1　ADS‐B IN最小系统方案设计

　　ADS‐B IN方案过程是指ADS‐B地面站设备或ADS‐B机载设备从1 090 MHz频率上接收广播数据,通过串口或网口将数据发送给PC端,由PC

端进行数据处理。ADS‑B IN 最小系统方案如图 7.23 所示。

ADS‑B 机载接收设备和地面站的接收数据源来自实验室机载发射机向空域中发送的 ADS‑B 广播信号或空域中民航航班和通航飞机实际飞行产生的 ADS‑B 广播信号。

在 PC 端进行必要的数据解码、数据转换等处理后,可以实现 ADS‑B 明文显示、ADS‑B 数据在界面中实时显示和发送至设备模拟器座舱平台作为 TCAS 子系统的输入功能。

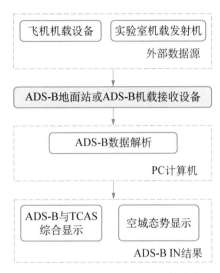

图 7.23   ADS‑B IN 最小系统方案

7.5.1.1   ADS‑B 与 TCAS 综合显示设计

系统的主要理论设计内容是提出了一种具有自适应采样间隔的基于变分贝叶斯噪声估计的 IMM 模型(VSVB‑IMM)[26],系统模型框图如图 7.24 所示。目标飞机的三维航迹可以由飞行运动模型和模拟机座舱平台产生,IMM 模型用于滤波。由失效预测以及自适应的采样间隔,时变噪声可以用变分贝叶斯(VB)方法估计。在 IMM 算法中,运动状态可以通过 CV、CA 和 CS 三种不同运动模型加权来估计获得。从变化采样间隔 IMM(VSIMM)、固定采样间隔 IMM(FSIMM)和 CS 模型算法中获得了局部最优值。根据最优信息融合准则,从局部最优值中获得全局最优值,并作为 TCAS 子系统的输入用于获取飞机之间的 τ(时间)到最近的方法。后续的仿真分析中,利用统计的虚警和漏警次数对融合系统进行受益分析。

1) 马尔科夫跳跃线性系统和 IMM 模型[27]

$$\boldsymbol{MX}(k+1) = \boldsymbol{\phi}_j(k)\boldsymbol{X}(k) + \boldsymbol{\Gamma}\omega(k) \tag{7.1}$$

$$\boldsymbol{Z}(k) = H_j\boldsymbol{X}(k) + v_j(k) \tag{7.2}$$

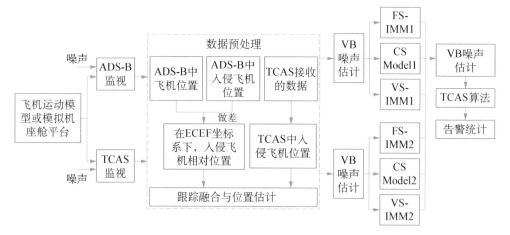

图 7.24　系统模型框图

$$\omega(k+1)=c\omega(k)+\xi(k) \tag{7.3}$$

$$v_j(k+1)=d_jv_j(k)+\eta_j(k) \tag{7.4}$$

式中：$\boldsymbol{M}$ 是奇异方阵，即 $\det(\boldsymbol{M})=0$；系统是正则的，即 $\det(\lambda\boldsymbol{M}-\boldsymbol{\phi})$ 不恒为 0；系统状态向量是一个 n 维的向量，观测过程 $\boldsymbol{Z}(k)$ 是一个 m 维的向量；$\xi(k)$ 是一个零均值的高斯白噪声；$\eta_j(k)$ 是一个独立的零均值高斯测量噪声。

　　首先，利用增广状态法将有色噪声化为系统状态的一部分，原系统变换后状态分量扩充后的新系统定义如下：

$$\overline{\boldsymbol{X}}(k+1)=\overline{\boldsymbol{\phi}}(k)\overline{\boldsymbol{X}}(k)+\overline{\boldsymbol{\Gamma}}\xi(k) \tag{7.5}$$

$$\boldsymbol{Z}(k)=\overline{H_j\boldsymbol{X}}(k)+\gamma_j(k) \tag{7.6}$$

式中：$\overline{\boldsymbol{X}}(k)=\begin{bmatrix}X_1(k)\\ \omega(k)\end{bmatrix}$，$\overline{\boldsymbol{\phi}}=\begin{bmatrix}L_1^{-1}T_1 & L_1^{-1}\Gamma_1\\ 0 & c\end{bmatrix}$，$\overline{\boldsymbol{\Gamma}}=\begin{bmatrix}0\\ 1\end{bmatrix}$。将有色噪声 $\omega(k)$

转化为白噪声 $\xi(k)$。存在正交阵 $\boldsymbol{P}$ 和 $\boldsymbol{Q}$ 使得 $\boldsymbol{PMQ}=\begin{bmatrix}L_1 & 0\\ L_2 & 0\end{bmatrix}$。$\boldsymbol{L}_1$ 是一个下

三角矩阵。$\overline{H_j}=H_j(\overline{\boldsymbol{\phi}}-d_j\boldsymbol{I})$，$\gamma_j(k)=H_j\overline{\boldsymbol{\Gamma}}\xi(k)+\eta(k)$。有色噪声 $v_j(k)$ 转

化为白噪声 $\gamma_j(k)$。

IMM 中分别有 CV、CA、CS 模型。$\boldsymbol{X}(k)$ 是三维的目标状态向量，包括目标的位置、速度和加速度。关于 CS 模型的描述如下：

$$\boldsymbol{X}(k+1)=\boldsymbol{\phi}(k)\boldsymbol{X}(k)+\boldsymbol{T}(k)\overline{a}+\boldsymbol{\omega}(k) \tag{7.7}$$

$$\boldsymbol{Z}(k)=H_j\boldsymbol{X}(k)+\boldsymbol{v}_j(k) \tag{7.8}$$

$$\boldsymbol{\phi}(k)=\begin{bmatrix} 1 & T & \dfrac{(-1+aT+\mathrm{e}^{-aT})}{a^2} \\ 0 & 1 & \dfrac{(1-\mathrm{e}^{-aT})}{a} \\ 0 & 0 & \mathrm{e}^{-aT} \end{bmatrix},\; \boldsymbol{T}(k)=\begin{bmatrix} \dfrac{\left(-T+\dfrac{aT^2}{2}+\dfrac{(1-\mathrm{e}^{-aT})}{a}\right)}{a} \\ T-\dfrac{(1-\mathrm{e}^{-aT})}{a} \\ 1-\mathrm{e}^{-aT} \end{bmatrix} \tag{7.9}$$

式中：$\boldsymbol{\omega}(k)$ 和 $\boldsymbol{v}_j(k)$ 是零均值独立的高斯白噪声；$\boldsymbol{\phi}(k)$ 是状态转移矩阵；$\boldsymbol{T}(k)$ 是输入矩阵；T 是采样周期；a 是机动频率。

2）算法流程

算法流程如图 7.25 所示。在第 1 步和第 2 步中，VB 算法估计未知的测量噪声，$\overline{m_k}$ 是加速度估计，$\overline{p_k}$ 是先验状态协方差。主要的公式为

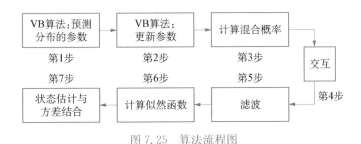

图 7.25　算法流程图

$$\overline{m_k}=\boldsymbol{\phi}(k)\overline{m_{k-1}}+\boldsymbol{T}(k)\overline{m_{k-1}} \tag{7.10}$$

$$\overline{p_k}=\boldsymbol{\phi}(k)\overline{P_{k-1}}\boldsymbol{\phi}(k)^{\mathrm{T}}+\boldsymbol{Q}(k) \tag{7.11}$$

噪声协方差是 IMM 模型的输入，IMM 滤波的过程是在第 3 步、第 4 步和第 5 步完成的。

算法流程的第 3 步中描述了混合概率的计算过程，其中 $\overline{c}_j$ 是归一化因子，公式为：

$$\mu_{i|j}(k-1 \mid k-1) = \left(\frac{1}{\overline{c}_j}\right) p_{ij}\mu_i(k-1), \quad \overline{c}_j = \sum_i p_{ij}\mu_i(k-1) \tag{7.12}$$

算法流程的第 4 步中，系统的状态可以用一个包含 $\hat{x}_i(k-1 \mid k-1)$，$\mu_{i|j}(k-1 \mid k-1)$，$P_i(k-1 \mid k-1)$ 等变量的线性方程来估计。

算法流程的第 5 步是用 VB 算法来获得测量噪声的方差，通过运行不同的滤波器来获得状态估计和协方差矩阵。

算法流程的第 6 步，似然函数通过测量的量和协方差获得的。最后的算法流程第 7 步，$\hat{x}(k|k)$ 和 $\hat{p}(k|k)$ 从不同滤波器中通过加权和来计算。

3）变采样周期的 VB - IMM 算法

VB - IMM 算法的采样周期如表 7.17 所示。位置导航精度类别（NAC$_P$）是指航空器从航电设备中获得的水平位置信息（经纬度）的精确度。EPU 是指位置估计的不确定度。

表 7.17　VB - IMM 算法采样周期

位置导航精度类别	水平范围准确度	模拟采样周期/s
0	$EPU \geqslant 18.52$ km (10 n mile)	1
1	$EPU < 18.52$ km (10 n mile)	1
2	$EPU < 7.408$ km (4 n mile)	1
3	$EPU < 7.408$ km (4 n mile)	1
4	$EPU < 1\,852$ m (1 n mile)	1
5	$EPU < 926$ m (0.5 n mile)	0.8
6	$EPU < 926$ m (0.5 n mile)	0.6
7	$EPU < 185.2$ m (0.1 n mile)	0.6

位置导航精度类别	水平范围准确度	模拟采样周期/s
8	$EPU{<}92.6$ m (0.05 n mile)	0.6
9	$EPU{<}30$ m	0.8
10	$EPU{<}10$ m	1
11	$EPU{<}3$ m	1

4）最优信息融合

L 个传感器的无偏估计是 $\hat{x}_i$，$i=1,\cdots,L$。估计偏差协方差矩阵是 P_{ij}，$i=1,\cdots,L$。该融合是根据矩阵加权线性最小方差准则进行的。此方法有两个传感器（ADS‐B 和 TCAS），所以 $L=2$。融合的过程为

$$[A_1,\cdots,A_L]=[A_1,A_2]=[A_{\text{TCAS}},A_{\text{ADS-B}}]=(\boldsymbol{e}^T\boldsymbol{P}^{-1}\boldsymbol{e})^{-1}\boldsymbol{e}^T\boldsymbol{P}^{-1}$$

$$(7.13)$$

$$\hat{X}_f=\sum_{i=1}^{L}\boldsymbol{A}_i\hat{x}_i=A_1\hat{x}_1+A_2\hat{x}_2=A_{\text{TCAS}}\hat{x}_{\text{TCAS}}+A_{\text{ADS-B}}\hat{x}_{\text{ADS-B}} \quad (7.14)$$

式中：$\boldsymbol{A}_i$ 是一个 n 阶方阵；矩阵 $\boldsymbol{P}$ 的元素 $P_{ij}=\text{cov}(\hat{x}_i,\hat{x}_j)$，$i,j=1,2$。又有 $e=[I_n,\cdots,I_n]$，其中 $\boldsymbol{I}_n$ 是一个 n 阶单位矩阵。$\hat{x}_{\text{TCAS}}$ 和 $\hat{x}_{\text{ADS-B}}$ 可以通过变采样周期的 VB‐IMM 算法、固定采样周期的 VB‐IMM 算法以及 CS 模型中获得。

7.5.1.2　空域态势显示设计

ADS‐B 机载接收设备和地面站的接收数据源来自实验室机载发射机向空域中发送的 ADS‐B 广播信号或空域中民航航班和通航飞机实际飞行产生的 ADS‐B 广播信号。在 PC 端进行必要的数据解码、数据转换等处理后，可以实现 ADS‐B 明文显示、ADS‐B 数据在界面中实时显示和发送至设备模拟器座舱平台作为 TCAS 子系统的输入功能。

ADS‐B 数据解析是将从 ADS‐B 地面接收站或 ADS‐B 机载接收设备的接收报文解码后，得到 ADS‐B 信息，它们包括航空器经度、纬度、高度、地

速、地速方向和垂直速度等信息。ADS－B 数据显示界面开发是把获取的 ADS-B 信息通过坐标转换,从而在开发的界面上显示,并标注该航空器的信息,包括经度、纬度、高度等。

7.5.2 ADS－B OUT 最小系统方案设计

ADS－B OUT 方案主要有两方面内容:①模拟机平台 ADS－B OUT 发送,并用 ADS－B 地面站或 ADS－B 机载设备接收验证;②无人机平台 ADS－B OUT 发送,用 ADS－B 地面站或 ADS－B 机载设备接收监视无人机的实际飞行信息。ADS－B OUT 最小系统方案如图 7.26 所示。

基于模拟机座舱仿真平台的 ADS－B OUT 数据发送是从模拟机座舱平台获取仿真飞行信息,经过 ISS 激励器将航空器的经度、纬度、高度、地速、地速方向和垂直速度等信息通过网口传输给 PC 端,在 PC 端进行数据处理和转换之后按

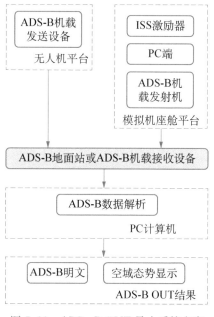

图 7.26 ADS－B OUT 最小系统方案

协议发送给 ADS－B 机载设备,由机载设备编码发送到空中。实验室用 ADS－B 地面站或 ADS－B 机载设备接收 ADS－B 数据,解码后得到所需航空器信息。

无人机平台 ADS－B OUT 数据发送是把 ADS－B 机载设备装载到无人机平台上,通过机载设备上的 GPS 与北斗模块获取当前的飞行信息,包括经度、纬度、高度、地速、地速方向和垂直速度等。实验室用 ADS－B 地面站或 ADS－B 机载设备接收 ADS－B 信号,解码后得到所需航空器信息。对无人机飞行轨迹进行显示,并与无人机本身自带的定位装置产生的飞行轨迹相比较。

7.5.3 ADS-B IN 最小系统方案实现

7.5.3.1 ADS-B 与 TCAS 综合显示实现

1）基于 VB-IMM 算法的融合模型仿真结果分析

由航空器空间运动模型生成航迹，基于当前统计模型对 ADS-B 和 TCAS 系统的经度、纬度、高度三维信息进行局部卡尔曼滤波，并分析 TCAS 系统，ADS-B 系统以及融合后系统的数据精度，结合空中交通告警和防撞系统的核心处理模型，计算到达两机最接近点的时间，统计各系统的虚警、漏警情况，分析数据融合给组合监视系统带来的收益。

仿真条件：飞行过程经历 3 000 s，采样周期 $T=1$ s，本机初始位置：东经 98°，北纬 29°，高度 4 502 m；入侵机初始位置东经 106°，北纬 29°，高度 300 m，TCAS 观测噪声标准差 20，ADS-B 观测噪声标准差 10。两机在空间中的航迹如图 7.27 所示。这里航迹是飞机从 300 m 逐渐往上爬升，然后定高巡航，因为 XY 坐标分别以经度、纬度的度为单位，高度 4 000 m 相对于 XY 轴变化量很小，所以其实上升段为一条斜线。

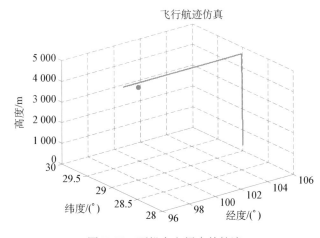

图 7.27 两机在空间中的航迹

变分贝叶斯噪声估计。TCAS 的观测噪声标准偏差为 50 m/s，ADS-B 的观测噪声标准偏差随时间变化。在图 7.28 中，正弦振荡噪声的标准偏差为

40 m/s。本节讨论的每个周期的迭代次数为 30。图 7.28(a)和图 7.28(b)是 ADS－B 和 TCAS 测量噪声的在线方差估计。

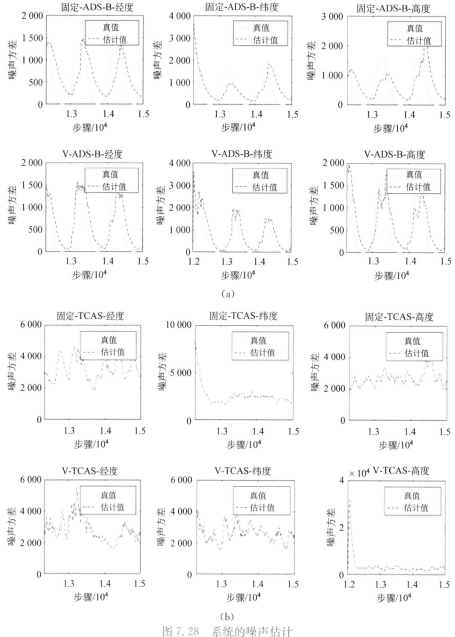

(a)

(b)

图 7.28　系统的噪声估计

(a) ADS－B 噪声估计　(b) TCAS 噪声估计

以下为进行 200 次实验得到的统计结果,结合图 7.29 进行分析,融合后系统的均方误差小于 TCAS、ADS - B 分系统的均方误差,即融合后的航迹信息优于分系统进行局部卡尔曼滤波得到的信息。

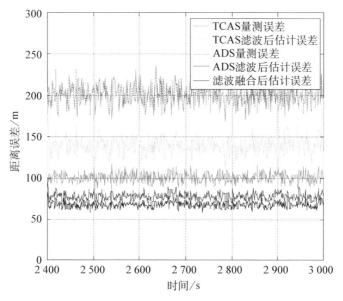

图 7.29   分系统与融合系统均方误差比较

进行 200 次独立重复实验,统计在 TA(CPA 为 35～45 s)、RA($CPA <$ 35 s)告警时段内各系统提前告警与滞后告警的次数。虚警统计为实际系统告警时刻提前理论告警时刻超过阈值(1 s),漏警实际系统告警滞后理论告警时刻超过阈值(1 s)。结合图 7.30 和表 7.18,可以进行定性以及定量分析,得出融合系统在 TA 告警和 RA 告警区间内均能减少发生虚警、漏警的次数。漏警及延迟告警压缩了系统与飞行员的规避反应时间,严重影响飞行安全性,因此更精确的告警时间可以提升系统安全性,带来正向收益。

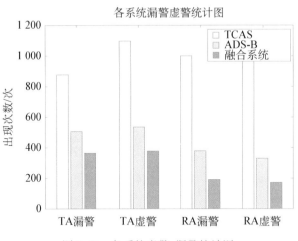

图 7.30　各系统虚警、漏警统计图

表 7.18　漏警虚警统计

告警类型	系统种类		
	TCAS	ADS-B	融合系统
漏警次数(TA)	883	513	362
虚警次数(TA)	1 018	524	361
漏警次数(RA)	1 014	390	192
虚警次数(RA)	1 104	334	172

2）ADS-B 与 TCAS 综合显示

此方案是 ADS-B 最小系统的核心,根据前文对 ADS-B IN 最小系统方案的分析,该部分在 ADS-B 报文解码的基础上进行 ADS-B 与 TCAS 两系统的综合显示。

ADS-B 报文解码是 ADS-B IN 过程的重要组成部分,它可以获得航空器的实时飞行信息。整个 ADS-B 报文数据解析的主要过程是 ADS-B 地面站或机载设备接收到 ADS-B 报文后经网口发送给 PC 端,由 PC 端进行报文解码工作。

ADS-B 报文解码程序是用 C++语言编写的,数据处理过程是在 process_

recv_data()函数内进行,包括调用解码函数进行解码、获得此报文类型并存入相应的变量中等过程,报文类型有空中位置信息报文(空中的经度、纬度和高度)、地面位置信息报文(地面目标的经度、纬度、行驶速度和行驶速度方向)、航班号信息报文(ICAO 三字代码、航班类别集和航班类别)、速度信息报文(地速、地速方向和升速)、错误数据报文等。

不同 ADS‐B 报文类型之间的数据组成顺序和数据种类不同,ADS‐B 报文解码程序是先对各数据进行独立解析再将各数据解析结果进行整合,最后进行数据统计和保存。

ADS‐B 报文解码程序对从空域中接收的航空器信息进行记录,对于每一架航空器当有新的 ADS‐B 报文接收解码后,程序进行信息更新,所有数据存在 EXCEL 文件中。表 7.19 是用 ADS‐B 地面站接收的部分航空器信息,接收地点位于北纬 N31°01′31.79″东经 E121°26′29.75″附近,范围约 300 km。

ADS‐B 报文数据解码软件设计流程图如图 7.31 所示。

该报文解码软件过程主要包含三个独立的工作模块,即报文接收、报文解码、处理与保存。ADS‐B 报文接收是在以 192.168.1.13 为源地址、端口号为 7000,192.168.1.16 为目的地址、端口号为 5302 的 UDP 点对点协议传输的链路上进行的。报文解析通过图 7.31 所示的过程进行。报文处理与保存的结果如表 7.19 所示,其中包含了对异常报文的丢弃处理过程。

表 7.19　ADS‐B 地面站接收的部分航空器信息报文处理与保存结果

ID	纬度/(°)	经度/(°)	高度/m	朝北地速/(m/s)	朝西地速/(m/s)	垂直速度/(m/s)
1	31.326 8	122.629	4 236.72	−45.226 6	−312.967	−1 728
2	31.385 4	122.902	6 156.96	−80.250 7	−364.945	−1 216
3	30.403 8	121.241	4 899.66	312.002	34.982 3	64
4	30.678 7	121.279	4 088.6	351.002	36.981 3	−1 408
5	30.147 4	121.154	5 212.08	308.041	163.924	0
6	31.012 7	122.763	7 734.3	26.367 5	477.98	1 408

ID	纬度/(°)	经度/(°)	高度/m	朝北地速 /(m/s)	朝西地速 /(m/s)	垂直速度 /(m/s)
7	31.488 5	123.445	7 467.6	−76.242 3	−351.948	64
8	29.820 1	120.952	6 454.14	355.048	191.911	−192
9	31.438 1	123.173	7 132.32	−82.248 2	−362.944	−1 088
10	31.000 3	122.692	6 156.96	0.335 254	421	1 792
11	30.261 9	121.207	2 834.64	263.014	87.956 9	1 088
12	31.711 2	119.996	5 394.96	−369.053	205.905	−2 880
13	29.900 3	121.456	3 916.68	−13.261 8	−336.99	1 664
14	29.720 1	122.295	8 648.7	−94.316 9	456.935	64

ADS‐B 与 TCAS 的综合显示是在报文解析的基础上实现的。由 ADS‐B 地面站或 ADS‐B 机载设备从空域中接收到的 ADS‐B 报文经 PC 端解码后，作为输入由 ISS 激励器发送到模拟机座舱平台中的 TCAS 子系统中，目的是功能性检测 TCAS 子系统，提高 TCAS 预测的精度，减少不必要的告警，使系统的有效性和安全性得以提高。实验室 TCAS 数字样机的界面如图 7.32 所示，如存在危险接近的情况，会在区域内出现告警状态。

TCAS 数字样机可以处理输出单一或多个入侵飞机无威胁（Nothreat）、接近（Proximate）、TA 和 RA 的情况，正常工作的条件是综合激励器软件正常运行、综合数字样机软件正常运行、所有数据通信正常。图 7.32（a）、图 7.32（b）、图 7.32（c）、图 7.32（d）所示分别为 Nothreat、Proximate、TA 和 RA 的情况。

7.5.3.2 空域态势显示实现

空域态势显示界面 1 如图 7.33 所示，该界面与设备配套，可以显示附近约 300 km 空域的交通情况，通过点击某一航空器，可以获取其经度、纬度、高度、地速、地速方向、垂直速度和航空器类型等细节信息，其飞行轨迹与高度轨迹信息也可以通过界面较为方便地读出。

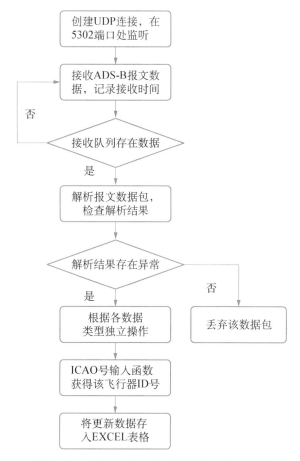

图 7.31　ADS-B 报文数据解码软件设计流程

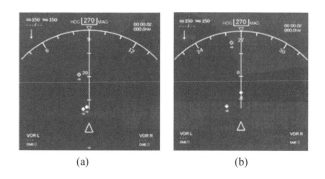

(a)　　　　　　　　　　　(b)

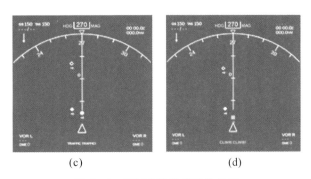

(c)   (d)

图 7.32　TCAS 数字样机的界面

(a) Notherat 情况　(b) Proximate 情况　(c) TA 情况　(d) RA 情况

图 7.33　空域态势显示界面 1

7.5.4　ADS－B OUT 最小系统方案实现

7.5.4.1　基于模拟机座舱仿真平台的 ADS－B OUT 实现

为了更好地表现一些地理细节信息，用 ADS－B 数据作为输入，使用 HTML、javascript、CSS 脚本语言，编写出如图 7.34 所示的空域态势显示界面 2。通过点击，可以修改界面选择呈现二维地图、卫星地图或两者混合地图形式的作为监视背景，显示所监视航空器的高度位置等信息，支持实时飞行数据显示与读取已存数据的两种形式的数据输入。

该界面的开发利用了百度地图 API 的多种接口，支持点击控件和滑动鼠标滚轮的地图缩放、点击地图切换、显示所监视的航空器位置信息、显示所监视

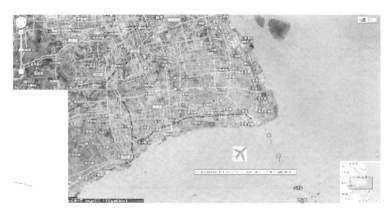

图 7.34　空域态势显示界面 2

的航空器高度轨迹信息功能。它的界面实现过程主要分为 4 部分：创建地图、设置地图事件、向地图添加控件和向地图添加覆盖物。

与图 7.33 所示的监视界面相比，图 7.34 的空域态势界面 2 可以展示地图的细节部分更多，可以在二维地图、卫星地图以及两者混合地图方面进行切换，拥有更为清晰的地理特征，对航空器的运动也展现得更为直观，后续的场面监视研究可以在此基础上继续发展。

7.5.4.2　基于无人机平台的 ADS‑B OUT 实现

本实验在无人机平台上加装 ADS‑B 机载设备，测试 ADS‑B 数据发送。通过机载 ADS‑B OUT 数据发送，再用 ADS‑B 地面站接收得到图 7.35(a)、图 7.35(b)的无人机自带软件监视和 ADS‑B 监视飞行轨迹。

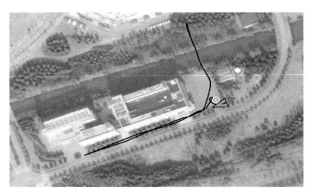

(a)

(b)

图 7.35　无人机自带软件监视和 ADS-B 监视飞行轨迹图

(a) 无人机自带软件监视飞行轨迹　(b) ADS-B 监视飞行轨迹

　　通过比对,装载在无人机平台上的 ADS-B 机载设备发射的 ADS-B 信号与无人机自带的 GPS 飞行轨迹监视记录仪记录的结果较为一致,该实验表明 ADS-B 机载发射机上的 GPS 模块具有一定的位置精度,能满足无人机平台的基本飞行实验与测试要求。

参考文献

[1] 李耀.基于模式 S 的 ADS-B 系统研究[D].成都：电子科技大学,2008.

[2] 程丽媛.自由飞行空域中多机冲突探测与解脱技术研究[D].南京：南京航空航天大学,2005.

[3] 王鲁杰.空中交通安全责任向空中转移——下一代空中交通管理的一个重要理念[J].中国民用航空,2007(6)：38-40.

[4] 靳学梅.自由飞行空域中多机冲突探测与解脱技术研究[D].南京：南京航空航天大学,2004.

[5] Joint Planning and Development Office. Concept of operations for the next generation air transportation system [R]. 2006.

[6] RTCA Special Committee. Minimum aviation system performance standards for automatic dependent surveillance broadcast（ADS-B）[R]. Technical report, 2002.

[7] 李云飞.广播式自动相关监视系统在民航空管系统中的应用[J].物联网技术,2011,01(8)：41-43.

[8] 周跃飞.飞行训练中 ADS-B 系统设计与软件实现[D].成都：电子科技大学,2009.

[9] 丁德俊.ADS-B 多基站监视数据融合的算法研究[D].广汉：中国民用航空飞行学院,2015.

[10] 王琦.基于 ADS-B 的飞行航迹获取研究与实现[D].长春：吉林大学,2015.

[11] 王鲁杰.ADS-B 在美国[J].空中交通管理,2006(8)：35-36.

[12] 王鲁杰.ADS-B 在澳大利亚[J].民航科技,2007(1)：9-12.

[13] 王鲁杰.ADS-B 在欧洲[J].空中交通管理,2006(11)：47-49.

[14] 黄晋.广播式自动相关监视(ADS-B)在中国民航飞行学院的应用研究[D].成都：西南交通大学,2008.

[15] 胡俊. 1090 ES ADS-B 接收机嵌入式软件设计[D]. 成都：电子科技大学,2010.

[16] 贺星. 广播式自动相关监视(ADS-B)接收系统关键技术研究[D]. 西安：西安电子科技大学,2014.

[17] 戴超成,肖刚,敬忠良. 采用 ADS-B 的冲突飞机选择算法[J]. 电光与控制,2011,18(10)：11-14,19.

[18] 李耀. 基于模式 S 的 ADS-B 系统研究[D]. 成都：电子科技大学,2008.

[19] 李庆. 基于 S 模式 ADS-B 系统的控制与信息处理[D]. 成都：电子科技大学,2011.

[20] 唐鹏. 基于 ADS-B 数据监视性能评估技术研究[D]. 天津：中国民航大学,2015.

[21] 王元磊. S 模式广播式自动相关监视系统模拟信号源设计[D]. 哈尔滨：哈尔滨工程大学,2013.

[22] 姚姣. ADS-B 监视功能的性能研究和仿真[D]. 成都：电子科技大学,2010.

[23] 郭焘. 基于收发一体的 S 模式 ADS-B 系统的关键技术研究[D]. 成都：电子科技大学,2013.

[24] 张天平,郝建华,许斌,等. ADS-B 技术及其在空管中的发展与应用[J]. 电子产品世界,2009,16(6)：34-37,43.

[25] Fabrice K, Hansman R J. ADS-B benefits to general aviation and barriers to implementation [D]. Cambridge：Massachusetts Institute of Technology, 2011.

[26] Dai Z Y, Xiao G, Liu D Y, et al. An Adaptive Sampling VB-IMM Based on ADS-B for TCAS Data Fusion with Benefit Analysis [J]. Journal of Aeronautics Astronautics & Aviation, 2017,49(1)：11-24.

[27] 宋国东,姜守达,林连雷. 复杂有色噪声广义系统信息融合 Kalman 滤波器[J]. 仪器仪表学报,2013,34(5)：1195-1200.

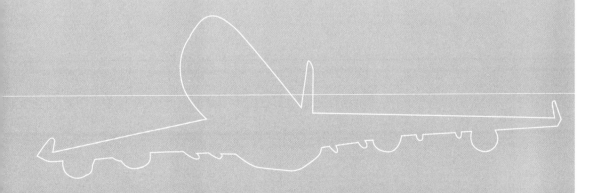

8

综合监视系统
安全性评估

8.1　引言

随着创新思想和颠覆性技术的层出不穷,航空部件、设备及航空系统逐渐向系统化、综合化的方向发展。只有具备先进的基础研究、扎实的工程技术综合实力才能在日趋严峻的航空市场竞争中经受住考验,占据领先位置。伴随国际航空市场国际化趋势,技术竞争日益激烈,航空产品的更新换代与自主研制是我国航空工业发展的当务之急,而综合化新型机载系统的研制与安全性保障是其中的一项重要内容。美国联邦航空局(FAA)和国家运输安全委员会(NTSB)的统计数据表明,全世界飞行事故中有 24％是由航空器子系统和部件故障引起,可见航空器各级构成系统和部件的状态直接影响着航空器的安全性和可靠性。

所谓安全性,是指系统不发生导致人员伤亡、毁坏、重大财产损失或危及人员健康和环境的意外事件(事故)的能力。通过采取有效的措施,识别、消除或控制影响系统安全的潜在危险,是保障安全性的重要途径。其中,持续、有效的安全性评估在保障安全性的过程中扮演着至关重要的角色。

在运输类航空器的运行安全性评估研究方面,国际自动机工程师学会(SAE)在 1996 年发布了 ARP 4761《对民用机载系统和设备进行安全性评估过程的准则和方法》,提出了商用运输航空器的安全评估通用指南、方法和工具。目前国内还鲜有专门针对民用运输类航空器运行安全性评估的研究实践,因此,结合我国民用运输航空器的运行故障数据,开展中国民用运输航空器运行安全性评估方法研究,建立中国民用运输类航空器安全性评估系统框架以及民用运输航空器安全性评估程序、运输类航空器安全运行监控参数集,实现对运输类航空器的运行安全风险监控,对保持并提高我国运输航空器机队的整体安全水平有着重要意义。

8.2 安全性评估

安全性评估又称风险评估、风险评价,通过开展危害性分析,系统地检查系统、子系统、设备、部件、人员及其相互关系,是系统安全的重要基础。

安全性评估过程[1]包括支持飞机开发活动的需求生成和验证两方面。该过程提供了一种评估飞机功能和执行这些功能的系统的方法,以确定相关的危险已得到正确分析。安全性评估过程可以是定性的或定量的,其必须在系统研制过程中妥善计划和管理,以保证所有相关的失效条件和可能导致这些失效条件的所有组合都在考虑范围内。

对综合化系统进行安全性评估时必须考虑到所有额外复杂性以及由系统融合引起的相互依存关系。在所有包含综合化系统的情况下,安全性评估过程对于建立适当的系统安全性目标和确定实现目标的具体实践起着举足轻重的作用。

8.2.1 安全性指标

1) 事件严重度分类

事件严重程度可分为 4 类:

(1) Ⅰ类事件——灾难性的/接近灾难性的事件。

(2) Ⅱ类事件——显著影响适航性/安全性的事件。

(3) Ⅲ类事件——可感观的影响安全的事件。

(4) Ⅳ类事件——影响运行、可靠性或乘客的舒适感的事件。

定义 S 为事件严重度指数,即

$$S = \begin{cases} 1 & \text{事件严重度为 Ⅲ、Ⅳ 类} \\ 2 & \text{事件严重度为 Ⅱ 类} \\ 3 & \text{事件严重度为 Ⅰ 类} \end{cases} \quad (8.1)$$

2）事件相对发生概率

事件相对发生概率是某一型号运输类航空器、系统或部件在过去一段时间内发生故障的概率和其他型号运输类航空器、系统或部件在相同的时间段内发生故障的概率的比值。

定义 P_r 为事件相对故障率指数：

$$P_r = \begin{cases} 1 & 0 < P < 1 \\ 2 & P = 1 \\ 3 & P > 1 \end{cases} \tag{8.2}$$

3）事件风险水平

事件风险水平是综合考虑事件的发生概率和严重度的评价指数，定义 E 为风险水平指数，为事件相对发生概率指数和事件严重度指数的乘积，即

$$E = P_r \times S \tag{8.3}$$

式中：E 为事件风险水平（取值范围为 1,2,3,4,6,9）；P_r 为事件相对发生概率指数（取值范围为 1,2,3）；S 为事件严重度指数（取值为 1,2,3）。

定义三类风险水平：

（1）风险处于可接受水平，$1 \leqslant E \leqslant 2$。

（2）风险处于可容忍水平，$3 \leqslant E \leqslant 4$，需要采取措施消除潜在风险或降低风险的可能性和严重度。

（3）风险处于不可接受水平，$6 \leqslant E \leqslant 9$。

8.2.2　危险、事故和风险

安全性评估的核心是对于危险的识别、描述和评估。在进行安全性评估之前，首先要清楚地了解安全性理论中的重要概念：危险、事故、风险的含义，并清楚地辨析三者之间的关系，为深入了解安全性理论及开展后续分析评价打下理论基础。

8.2.2.1 危险、事故和风险定义

1) 危险

(1) 危险的事物,可能导致损失(牛津词典)。

(2) 能够导致人员伤害、疾病、死亡;系统、设备或财产损失;或者环境破坏。

(3) 任何实际或潜在的状态(MIL-STD-882C)。

(4) 发生意外事件的前提条件(Army AR 385-16)。

2) 意外事件

(1) 事故;意外遭遇,不测事件(牛津词典)。

(2) 非敌对活动导致的财产、设备、装备、货物损坏或人员伤亡的任何非计划性活动或事件(Navy OP4&OP5)。

3) 事故

(1) 一起小型事故,不会造成大的影响(牛津词典)。

(2) 导致人员死亡、伤害、职业疾病、设备或财产损失、环境破坏的一起或一系列非计划的事件(MIL-STD-882D)。

(3) 导致人员死亡、伤害、职业疾病、设备或财产损失、环境破坏的一起或一系列非计划的事件和意外事件(MIL-STD-882C)(注意最后一个词"意外事件")。

4) 风险

(1) 可能在未来某一时刻发生的事故的可能性,可能导致危险或不好的后果(牛津词典)。

(2) 用潜在的事故的严重度和发生概率表述事故发生的影响与可能性(MIL-STD-882D)。

从定义可知,意外事件和事故之间没有明显的区别,可以相互替换;但当与MIL-STD-882D术语搭配使用时多使用"意外事件"。意外事件或事故一方面是随机事件,这意味着危险是不可预测的和不可避免的;另一方面,与字典定义相反,系统安全的前提是事故并非随机事件,即事故是确定的和可控的;危险是导致意外事件或事故的潜在条件。这意味着事故可以通过危险分析来预测。并且可以通过危险消除、控制或降低措施来防止或控制事故的发生。

8.2.2.2　危险、事故和风险关系(危险原理)

图 8.1 为危险和事故的关系。

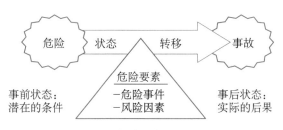

图 8.1　危险和事故的关系

如图 8.1 所示,危险和事故是同一现象的两个不同状态,通过必须发生的状态转变相联系。这两种状态可理解为"事前状态"和"事后状态"。危险是位于图形一端的"潜在的条件",可能会通过状态转移变为图形另一端的"实际的后果"(事故)。以水作为模拟对象,水是一种实体,其可以处于液态或固态,温度是两种状态的转移因素。

事故是危险的直接后果。危险到事故的转变是基于以下两类因素:①一组特定的危险要素;②危险要素表明的事故风险。危险要素是构成危险的元素,事故风险是事故发生的可能性乘以所导致损失的严重度,可能性和严重度都可以通过定性或定量的方式定义。

8.2.2.3　危险三要素

危险是一个只含有导致事故的充要条件的实体,危险要素定义了事故的必要条件以及事故的后果或影响。危险由以下三种元素组成:

(1) 危险要素(hazardous element,HE)。

构成危险的基本源。例如系统中的危险性能源,如爆炸物。

(2) 触发机制(initiating mechanism,IM)。

导致危险发生的触发或开始事件。IM 使系统从潜在状态转变为实际事故状态。

(3) 对象/威胁(target/threat，T/T)。

易受伤害和/或损害的人或事物，并描述了事故的严重程度。是事故的后果及预期造成的破坏和损失。

危险三要素组成了系统安全领域的危险三角形，如图 8.2 所示。

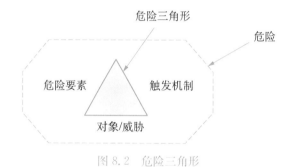

图 8.2　危险三角形

危险三角形表示危险由三个必要并耦合的要素组成，每个要素构成三角形的一边。危险存在的前提是三角形的三边必须完备。移除三角形的任意一边即会消除危险，因为不完整的三角形将不再能导致事故。减小触发机制边的可能性则事故发生概率降低。减少危险要素边或对象/威胁边则事故严重度降低。危险的这一特性有助于决策在哪里着手降低危险。危险三要素的示例如表 8.1 所示。

表 8.1　危险三要素示例

危险要素	触发机制	对象/威胁
武器弹药	误发信号；射频(RF)能量	爆炸；致死/致伤
高压罐	罐体破裂	爆炸；致死/致伤
燃料	燃料泄漏和点火源	着火；系统损失；致死/致伤
高压电	接触裸露电源的触电	触电；致死/致伤

8.2.2.4　危险致因因素

危险存在和危险如何存在之间是有区别的。危险存在的基本原因是：由于系统中一定含有危险要素，所以危险不可避免以及/或没有充分考虑安全性设计的后果。危险致因因素[1]则解释了某一特定危险如何存在于系统中，其由HE和IM组成，确定了事故的可能性。图8.3描述了完整的危险致因因素模型。该模型将危险事故原理的所有因素都关联到一起。

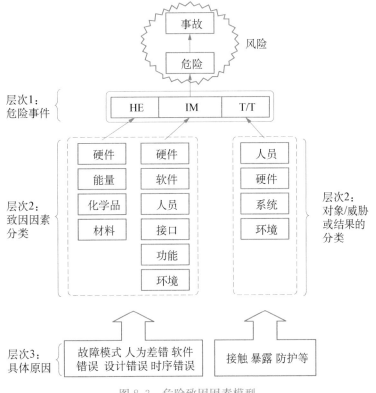

图 8.3　危险致因因素模型

　　层次 1：顶层三类危险要素（危险要素（HE）、触发机制（IM）、对象/威胁（T/T））；

　　层次 2：中间层危险致因因素类别（硬件、软件、人机系统综合、功能、接口、环境）；

层次 3：底层详细的具体原因（故障模式、人为差错等）。

顶层危险致因因素类别定义了所有危险的基本根源。危险致因因素识别的第一步是识别类别，然后确定每个类别中的细节，例如特定的硬件故障、操作失误、软件错误等。

8.2.2.5　危险、事故概率

危险存在的概率为 0 或 1（代表危险存在与否，三种要素存在与否）。另一方面，事故发生概率介于 0 和 1 之间，具体情况基于危险致因因素。HE 的发生概率为 1，因其必须存在才能导致危险。因此事故概率由 IM 决定，当 IM 发生时事故发生，而 IM 发生的可能性则决定了事故发生的概率。IM 包括诸如人为差错、部件故障、时序错误等因素。

8.3　安全性评估过程

20 世纪 70—80 年代，随着飞机及其机上系统日益复杂，为了使适航部门和工业部门对安装在飞机上的复杂系统在适航审定工作上能有一个共同的工作基础，SAE 会同多方合作，于 1996 年形成了两份航空航天建议措施（aerospace recommended practice，ARP）：ARP 4754《高度综合或复杂的飞机系统的合格审定考虑》和 ARP 4761《对民用机载系统和设备进行安全性评估过程的准则和方法》，2010 年对 ARP 4754 进行了修正，形成了 ARP 4754A《民用飞机和系统开发指南》。

ARP 4754A 和 ARP 4761 指出飞机级和系统级安全性评估过程按工作内容和时间区段可分为功能危害性评估（functional hazard assessment，FHA）、初步飞机/系统安全性评估（preliminary aircraft/system safety assessment，PASA/PSSA）、飞机/系统安全性评估（aircraft/system safety assessment，ASA/SSA）等阶段。图 8.4 是一个安全性评估过程的顶层视图，图中描述了安

全性评估过程与系统研发过程的联系[2]。

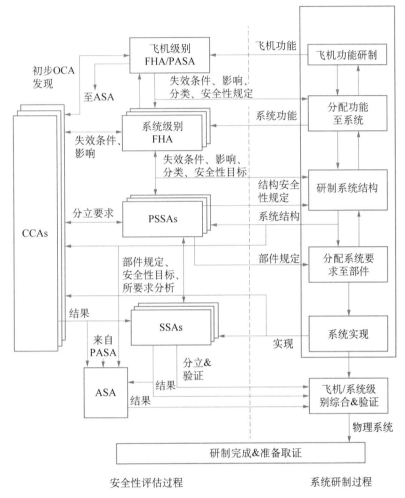

安全性评估过程　　　　　　　　　　　系统研制过程

图 8.4　安全性评估过程的顶层视图

　　设计研发过程是迭代的,安全性评估过程从概念设计开始,得到设计的安全性要求,并随着开发过程的进展对不断变化和修改的设计进行重新评估。重新评估可能衍生新的设计要求,这些新的要求可能需要进一步的设计更改。当设计经验证符合安全性要求时评估结束。

8.3.1　功能危害性评估

功能危害性评估(functional hazard assessment，FHA)在系统研制周期的前期开展,目的是识别飞机功能或功能组合的失效条件,进而通过失效条件分类建立安全性目标。在设计过程中飞机功能分配到各个系统后,应利用 FHA过程重新检查含有多个功能的系统,并考虑系统级的单一或功能组合失效对FHA 进行迭代更新。FHA 的结果将用于后续 PSSA 评估。

8.3.2　初步系统安全性评估

在系统架构初步设计完成后,对系统架构进行初步系统安全性评估(preliminary system safety assessment，PSSA)。PSSA 阶段的目的是确定系统级FHA 阶段识别的失效模式是如何引起的,并进一步得出安全保护措施,即为满足安全性目标可能需要的安全控制策略和架构特征(如：余度、非相似性、监控等);并在架构的约束下将系统的安全性需求分配给内部软硬件。PSSA 阶段与系统设计过程迭代进行,并随着系统设计过程的推进不断修订。

8.3.3　系统安全性评估

在系统安全性评估(system safety assessment，SSA)阶段,按照 PSSA 提出的要求完成软硬件开发后,针对 PSSA 阶段每一层级的输出结果进行综合直至最高层系统级 SSA。其目的是验证系统级所实施的设计方案满足从 FHA得到的安全性目标和从 PSSA 得到的衍生安全性要求,最终根据 SSA 的输出结果得到飞机级和系统级的安全性验证。

8.4　安全性评估方法

安全性评估方法是与安全性评估过程紧密结合的,通过定性或定量分析手段进行分析以并表明对适航规章的符合性。常用的方法包括故障树分析(fault tree analysis，FTA)、失效模式及影响分析(failure modes and effects analysis，FMEA)、失效模式及影响摘要(failure modes and effects summary，FMES)和共因分析(common cause analysis，CCA)等[3]。

8.4.1 故障树分析

8.4.1.1 故障树分析概述

故障树分析(fault tree analysis，FTA)是一种用于确定特定不期望事件的根本原因和发生概率的系统分析技术，由美国贝尔电报公司的电话实验室于1962年开发，是一种具有逻辑性的图形化模型。通过演绎法(从一般问题推出具体原因)，建立了顶层不正常事件到底层根本原因的逻辑路径。其特点是直观、明了、易于开展，有助于更全面深入地了解系统，揭示出所调查问题的所有可能原因。它是安全系统工程的主要分析方法之一，多用于评价大型复杂系统，以便掌握和预防潜在问题。

在系统分析中故障树有两种应用，最常用的是主动式故障树(事前故障树)，在系统设计时进行，通过预测和避免将来可能发生的问题来影响设计方案。另一种是被动式故障树(事后故障树)，在意外事件或事故后开展。两种故障树的不同之处在于事后故障树包含事故证据和证据事件门。

8.4.1.2 模型基础

1) 数学基础

(1) 并集。

把集合 A 与 B 的全体要素构成的集合叫做 A 与 B 的并集，记为 $A \bigcup B$。若 A 与 B 有公共元素，则公共元素在并集中只出现一次。例若 $A = \{a, b, c, d\}$；$B = \{c, d, e, f\}$；则 $A \bigcup B = \{a, b, c, d, e, f\}$

(2) 交集。

两个集合 A 与 B 的交集是两个集合的公共元素所构成的集合，记为 $A \bigcap$

B。例若 $A = \{a, b, c, d\}$；$B = \{c, d, e\}$；则 $A \bigcap B = \{c, d\}$

（3）补集。

在整个集合（Ω）中集合 A 的补集为不属于 A 集的所有元素的集，记为 $\tilde{A}$。

2）模型术语

故障树的数学基础是概率论、布尔代数和可靠性原理。以下是故障树常用的数学定义。

（1）成功概率。

部件的可靠度（R）可通过 $R = \mathrm{e}^{-\lambda t}$ 来计算，其中 λ 为部件故障率，t 为部件暴露时间。此外 $\lambda = 1/MTBF$，其中 $MTBF$ 为平均故障间隔时间。

（2）失效概率。

不可靠度（Q）是部件的失效概率。

$$R + Q = 1 \tag{8.4}$$

$$Q = 1 - R = 1 - \mathrm{e}^{-\lambda t} \tag{8.5}$$

$\lambda t < 0.001$ 时 $Q \approx \lambda t$ 为人工计算时常用的近似处理。安全性工作中，不可靠度指的就是 P，即失效概率。任务时间越长，失效概率越高；失效率越小，失效概率越低。

（3）布尔规则。

布尔规则用于故障树中简化割集以得到较少部件集。为了简化具有 MOE 的故障树，必须遵守这些规则：

$$a \cdot a = a \tag{8.6}$$

$$a + ab = a \tag{8.7}$$

$$a + a = a \tag{8.8}$$

$$a(a + b) = a \tag{8.9}$$

（4）与门概率展开式。

与门的概率为

$$P = P_A P_B P_C \cdots P_N \tag{8.10}$$

式中：N 为门的个数。

（5）或门概率展开式。

或门的概率为

$$P = \left(\sum \text{一阶项} \right) - \left(\sum \text{二阶项} \right) + \left(\sum \text{三阶项} \right) - \left(\sum \text{四阶项} \right) \cdots \tag{8.11}$$

以 3 个输入的或门为例的故障树的概率展开：

$$P = P_A + P_B + P_C - (P_{AB} + P_{BC} + P_{AC}) + P_{ABC} \tag{8.12}$$

（6）故障树概率展开。

整个故障树的布尔公式就是将所有的割集用与、或门连接起来。而概率计算就是所有割集的运算展开式。

$$CS = \{CS1; CS2; CS3; CS4; \cdots\} \tag{8.13}$$

$$P = \left(\sum \text{一阶项} \right) - \left(\sum \text{二阶项} \right) + \left(\sum \text{三阶项} \right) - \left(\sum \text{四阶项} \right) \cdots \tag{8.14}$$

$$P = (P_{CS1} + P_{CS2} + P_{CS3} \cdots) - (P_{CS1} \cdot P_{CS2} + P_{CS1} \cdot P_{CS3} \cdots) + (P_{CS1} \cdot P_{CS2} \cdot P_{CS3} \cdots) \cdots \tag{8.15}$$

3）故障树常用符号

故障树可看作由节点按照布尔运算规则互联成的基本单元的整体。故按照用途可将故障树基本单元划分为 4 种：

（1）基本事件。

（2）门事件。

（3）状态事件。

（4）转移事件。

各基本单元符号如表 8.2 和表 8.3 所示。

表 8.2　基本事件、状态事件、转移事件的故障树符号

符号	类型	描　　述
	基本事件	包含故障树节点的文本内容。内容写在框内,节点符号位于框的下方
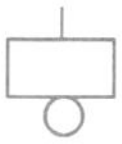	原发失效(BE)	一个基本部件的失效;为部件基本的、固有的失效模式;为随机失效事件
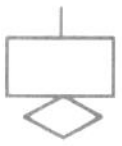	诱发失效(SE)	外部原因引发的失效或者需要时可进一步细化的失效模式
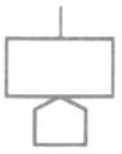	正常事件(NE)	系统正常运行的一部分,期望发生的事件
	条件(CE)	条件限制或概率
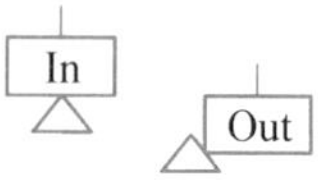 In　　Out	转移事件(TE)	表明树的某一个分支或子树在树的其他位置重复使用。由 In/Out 符号表示

表 8.3　门事件的故障树符号

符号	类型	描　　述
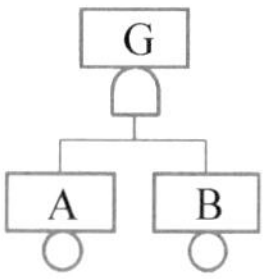 G A B	与门	只有所有输入同时发生输出才发生
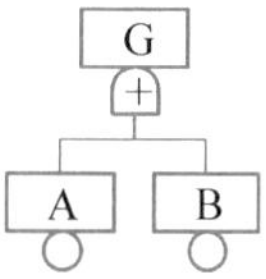 G A B	或门	至少一个输入发生时则输出发生

（续表）

符号	类型	描　述
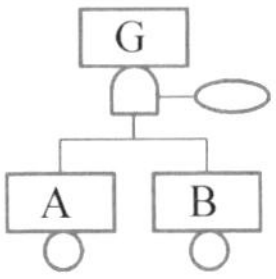	优先与门	只有所有输入同时发生，且 A 必须在 B 之前发生输出才发生。优先次序的说明包含在条件符号中
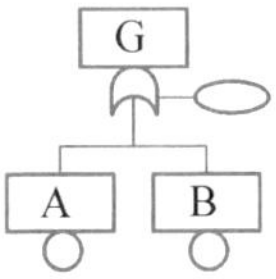	异或门	当输入发生但不同时发生时输出才发生。异或说明包含在条件符号中
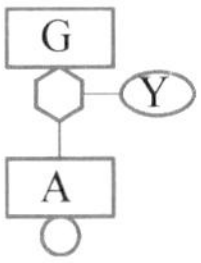	禁止门	只有输出发生且满足附加条件时输出才发生

4）其他重要概念

（1）割集。

引起顶事件发生的事件集合，也称故障路径。

（2）最小割集。

引起顶事件发生的最小数量事件的集合。为保证事件发生该集合不能进一步缩小。

（3）多发事件（multiple occurring event，MOE）。

在故障树中多个位置出现的基本事件。

（4）多发分支（multiple occurring branch，MOB）。

在故障树中多个位置使用的故障树分支，是故障树中需要用到转移符号的地方。MOB 的所有事件本身都是 MOE。

5）失效

一个基本固有部件的失效。

6) 故障

一个部件、子系统、系统不期望状态的发生或存在。

7) 暴露时间

系统使用过程中,部件有效暴露直至失效的持续时间。

8.4.1.3 模型原理

故障树分析方法的原理是以一个顶层不期望事件(例如危险)为起点,建立所有引起该顶层事件发生的系统故障模型。故障树模型是从故障状态角度对系统设计的反映,通过分析迭代过程可在不同层次、分支上建立故障树,如图8.5所示。

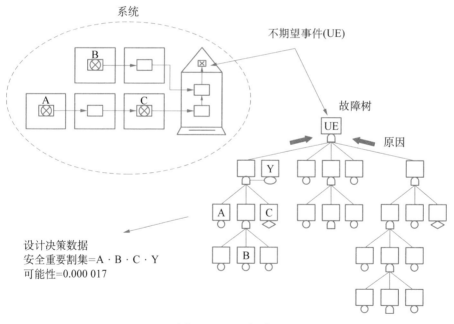

图 8.5 FTA 概览

8.4.1.4 模型分析方法

故障树分析过程包括 8 个基本步骤(见表8.4)。

表 8.4   故障树分析基本步骤[1]

步骤	分析任务	说　明
1	定义系统	了解系统设计与使用,获取当前设计信息(图纸、原理图、程序等)
2	确定顶事件	描述所分析的问题并确定故障树顶层不期望事件
3	建立边界	确定分析的基本规则和边界,界定问题并记录基本规则
4	构建故障树	遵循构建过程、规则及逻辑构建系统故障树模型
5	评估故障树	求解割集及概率,识别设计过程的薄弱环节及安全性问题
6	验证故障树	核查故障树是否正确、完整、准确地反应了系统设计
7	修正故障树	在验证故障树或更改设计时对故障树进行必要的修正
8	记录分析过程	记录整个分析过程,提供给客户或作为日后参考

1) 故障树的构建

构建故障树是一个迭代的过程,该过程始于树顶,向下延续至遍及所有分支。在确认故障树后,进一步确认子不期望事件并将其加入顶层故障树的结构中。

故障树构建开始于系统正常事件和故障事件的辨识与组合,通过不断向下延伸直到所有基本事件均归类为可辨识的硬件故障、软件故障或人为差错。这些事件就是故障树的底层事件,也是故障树构建的终点。

构建和完善故障树的一些基本规则如下(见图 8.6)。

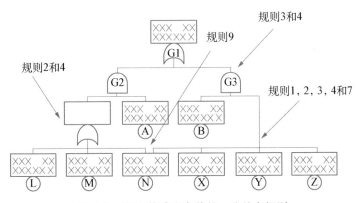

图 8.6   FTA 构建和完善的一些基本规则

（1）每个故障树节点基本信息完整（节点类型、节点名称和说明文本）。

（2）每个节点具备唯一的标识名称。

（3）不允许门节点与门节点间的直接连接（要通过文本框）。

（4）文本框不允许空白。

（5）准确描述事件的故障状态、使用状态和转移用语。

（6）确认门节点的所有输入后才能继续下一步分析。

（7）事件需放置于相应层次以确保清晰的逻辑关系。

（8）使用有实际意义的命名方式。

（9）两个门节点不能引线到同一输入（用 MOE 方法）。

2）故障树分析

（1）割集。

割集确定了导致顶事件发生的事件的组合，并提供了定量分析（概率计算）的途径。本质上割集通过确认有安全性问题的部件、高概率的割集和被忽略的冗余特性，揭示了系统设计中的关键和薄弱环节。故障树割集如图 8.7 所示。

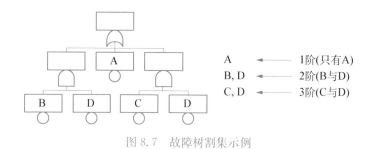

图 8.7　故障树割集示例

对于割集有以下结论：

a. 低阶割集安全脆弱性较高，一阶割集（单点故障）有导致最大风险的趋势。

b. 高阶割集安全脆弱性较低。

c. 对于割集总数较大的情况，分析人员需要评价它们对顶层事件的共同风险。因为所有割集的聚集可能使顶事件的风险达到不可接受的水平。

（2）割集计算方法。

a. 下行法（method of obtaining cut sets，MOCUS）。

下行法是一种高效的自上向下的门替代方法，可从故障树中找出割集。该方法基于观察结论：与门增加割集中元素的数量（横向），或门增加割集的数量（纵向）。计算过程如图 8.8 所示。

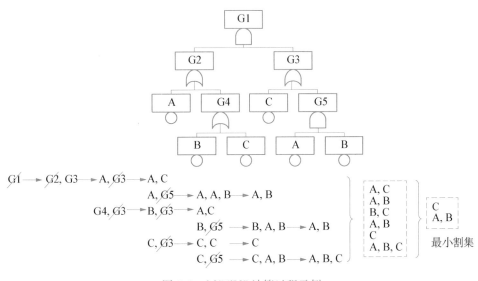

图 8.8　MOCUS 计算过程示例

b. 上行法（bottom-up method）。

另一种求割集的算法是上行法（自下向上算法），它只是 MOCUS 算法的反向运算，两种算法的方向相反，但求解结果相同。计算过程如图 8.9 所示。

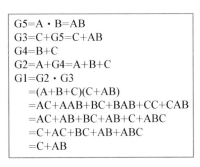

图 8.9　上行法计算过程示例

3）定量分析

顶事件概率是通过故障树的概率计算得到的,这些概率作为基本事件的输入,可以采用失效率和暴露时间的形式,也可以直接是概率值。顶层事件概率可以是任务过程中顶事件的发生概率、给定时间段的顶事件发生概率、纯粹的概率数值或是顶事件的不可靠度。

有多种不同方法计算故障树顶事件概率,其中最常用的方法有如下三种:

（1）用故障树割集直接求解。

（2）自底向上逐个计算每个门节点。

（3）模拟。

故障树割集直接求解即利用前述或门展开式对所有割集求和;自下向上法则是从故障树底部开始,依次向上计算树中每个门节点的概率,计算可采用适合的门概率公式,下级门的计算结果用于上级门的输入,图 8.10 是一个自下向上逐个计算门节点的例子;模拟方法采用蒙特卡洛技术以模拟故障树事件的随

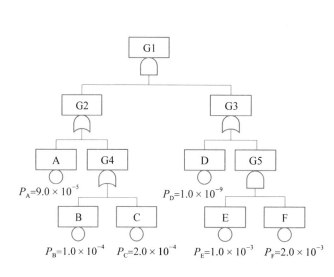

$$P_{G4}=P_B+P_C-P_BP_C$$
$$P_{G4}=1.0 \times 10^{-4}+2.0 \times 10^{-4}-$$
$$(1.7 \times 10^{-4})(2.1 \times 10^{-4})$$
$$P_{G4}=3.0 \times 10^{-4}$$

$$P_{G5}=P_E \cdot P_F$$
$$P_{G5}=1.0 \times 10^{-3}+2.0 \times 10^{-3}$$
$$P_{G5}=2.0 \times 10^{-6}$$

$$P_{G2}=P_A+P_{G4}-P_AP_{G4}$$
$$P_{G2}=9.0 \times 10^{-5}+3.0 \times 10^{-6}-$$
$$(1.7 \times 10^{-6})(3.0 \times 10^{-6})$$
$$P_{G2}=3.9 \times 10^{-4}$$

$$P_{G3}=P_D+P_{G5}-P_DP_{G5}$$
$$P_{G3}=1.0 \times 10^{-9}+2.0 \times 10^{-6}-$$
$$(1.7 \times 10^{-9})(2.0 \times 10^{-6})$$
$$P_{G3}=2.0 \times 10^{-6}$$

$$P_{G1}=P_{G2} \cdot P_{G3}$$
$$P_{G1}=3.9 \times 10^{-4}+2.0 \times 10^{-6}$$
$$P_{G1}=7.8 \times 10^{-10}$$

图 8.10   上行法计算门节点示例

机失效,经数百万次运行试验,然后利用统计计算得到故障树的顶层事件概率。

4) 重要度

故障树分析的重要指标之一就是故障树事件和割集重要度。重要度有助于识别系统和部件设计的薄弱环节,从而提供最佳费效比的风险降低措施。故障树的重要度按照故障树中所有事件对于顶事件概率的贡献来确定它们的重要性。中间门事件和基本事件都可根据它们的重要度区分优先次序。

(1) 割集重要度。

评价每个最小割集对故障树顶事件概率的贡献。该重要度可作为割集影响排序的一种方法。割集重要度是通过计算割集概率与顶事件概率的比值而得到的,计算如图 8.11 所示。

假设以下为最小割集

2
2,3
2,4　$\ggg$　$I_{2,4}=(P_2 \cdot P_4)/P_{\text{TOP}}$　(for cut set 2,4)
7
8,9

图 8.11　割集重要度计算

(2) 重要度。

重要度(fussell vesly,FV)用于评价每个事件对顶事件概率的贡献。通过为故障树中所有事件提供定量重要度从而可对它们的优先级排序。FV 的计算是先对包括特定事件的最小割集的概率进行求和,然后计算它与顶事件概率的比值。计算如图 8.12 所示。

假设以下为最小割集

2　$\ggg$
2,3　$\ggg$　$I_2=[(P_2)+(P_2 \cdot P_3)(P_2 \cdot P_4)]/P_{\text{TOP}}$　(for event 2)
2,4　$\ggg$
7
8,9

图 8.12　重要度计算

8.4.1.5　模型优缺点

故障树分析法的优点：

(1) 因果关系清晰、形象。对导致事故的各种原因及逻辑关系能做出全面、简洁、形象的描述，从而使有关人员了解和掌握安全控制的要点和措施。

(2) 根据各基本事件发生故障的频率数据，确定各基本事件对导致事故发生的影响程度——结构重要度。

(3) 既可进行定性分析，又可进行定量分析和系统评价。通过定性分析，确定各基本事件对事故影响的大小，从而可确定对各基本事件进行安全控制所应采取措施的优先级，为制订科学、合理的安全控制措施提供基本的依据；通过定量分析，依据各基本事件发生的概率，计算出顶事件（事故）发生的概率，为实现系统的最佳安全控制目标提供具体量的概念，有助于其他各项指标的量化处理。

故障树分析法的缺点：

(1) 善于分析事故原因，但不善于推测由原因导致事故发生的可能性。

(2) 针对特定事故分析，而不是针对一个过程或设备系统作分析，因此具有局部性。

(3) 要求分析人员必须非常熟悉所分析系统，能准确和熟练地应用分析方法。往往会出现因分析人员不同导致编制的故障树和分析结果不同的现象。

(4) 对于复杂系统的编制步骤较多，编制的故障树也较为庞大，计算较为复杂，为进行定性、定量分析带来困难。

(5) 对系统进行定量分析，必须事先确定所有基本事件发生的概率。

8.4.2　失效模式及影响分析

8.4.2.1　失效模式及影响分析概述

失效模式及影响分析（failure modes and effects analysis，FMEA）是一种评价子系统、组件、部件或功能潜在失效模式影响的方法，目的是通过评价失效模式的影响来确定设计更改是否有必要,它是一种规范的自下向上的评价技术,关注焦点为产品和过程的设计或功能,以对降低产品或过程失效的措施进行排序。该方法适用于所有系统或设备,也可用于目标系统的任意设计层次,如子系统、组件、单元或部件。但 FMEA 通常在组件或单元层次开展,因为该层次的单个嵌入式部件的失效率更容易获得。同时 FMEA 仅考虑单一失效模式,而安全性评估需要考虑系统的各个方面,因此其常与其他分析技术(如 FTA)共同使用。

8.4.2.2　模型基础

为了便于对 FMEA 有更好的理解,以下是一些基本 FMEA 术语的定义:

(1) 失效。

产品偏离要求或规定的运行状态、功能、行为,或用户面临的问题;系统、子系统或部件不能执行其规定的功能;产品性能参数不能维持在预定的范围内。

(2) 失效模式。

产品的失效方式;产品在失效后所处的模式或状态。

(3) 失效原因。

诱发失效模式的过程或机理;包括物理失效、设计缺陷、制造缺陷、环境应力等可能导致失效的过程。

(4) 失效影响。

失效模式对产品或系统的运行、功能或状态等造成的后果。

(5) 故障。

设备或系统功能运行中的不期望的异常现象,这种不期望状态的出现往往是某个失效的后果。

8.4.2.3　模型原理

FMEA 是一种用于评价潜在失效模式的定性与定量结合的分析方式,其基本思路是将被分析的对象进行层次划分,确定约定层次,进而转化为单独的项目。划分的项目可以是硬件等各零部件,也可以是一项功能。例如子系统可划分为单元 1、单元 2、单元 3 等不同层次,每个单元可进一步细分为基本项(同一层次),列入分析表中进行逐一、详细地分析。

模型的失效模式的分类如下。

1) 功能失效模式

功能失效模式用于评价系统、子系统和单元功能,注重考虑每个功能可能的不良状态。

2) 硬件失效模式

既考虑硬件灾难性失效模式,也考虑硬件性能超差失效模式。

硬件失效类别包括完全失效、部分失效(如性能超差)及间歇失效。灾难性失效意味在要求运行模式下硬件功能完全丧失;部分超差失效指硬件还在工作但已超出规定的运行边界。间歇失效是一种非持续性的失效,即失效通过循环出现/消失的方式发生。

硬件功能失效模式包括(但不限于)以下示例:

(1) 开路。

(2) 短路。

(3) 超差。

(4) 渗漏。

(5) 表面过热。

(6) 弯曲。

(7) 过大/过小等。

3) 软件失效模式

软件本身不失效,只表现出不正确的行为,即无法按预期的方式运行。软件功能失效模式包括(但不限于)以下示例:

(1) 软件功能无法执行。

(2) 功能提供了不正确的结果。

(3) 功能提前执行。

（4）未发送信息。

（5）信息发送过早或过晚。

（6）错误信息。

（7）软件停止或崩溃。

（8）软件挂起。

（9）软件超出内容容量。

（10）软件错误启动。

（11）软件功能响应过慢。

8.4.2.4　模型分析方法

失效模式及影响分析步骤如表 8.5 所示。

表 8.5　失效模式及影响分析步骤[1]

步骤	分析任务	说　　明
1	定义系统	定义系统、确定其边界和范围。定义任务、任务阶段和任务环境。理解系统设计和运行过程
2	制订 FMEA 计划	明确分析的目标、定义、分析表、编排与流程。从功能分析开始，然后转入对安全性关键硬件的分析。将被分析的系统划分为能够满足分析要求的最小部分。确认被分析的项目及其约定层次
3	选择分析团队	选择分析团队并明确各自的责任
4	获取资料	获取分析所必须的系统、子系统和功能的设计和过程数据。制订分析项目的约定层次，识别分析中关注的实际失效模式并获取部件失效率
5	实施 FMEA	确定并列出需要评价的项目；针对评价项目清单确定分析深度；将项目清单转换为 FMEA 分析表；分析表格的每个项目；由系统设计人员验证分析表的正确性
6	改进建议措施	对于风险不能接受的失效模式提出改进措施；并明确改进措施的责任和进度

步骤	分析任务	说　明
7	监督纠正措施的效果	审查试验结果,确定安全性建议和系统安全性要求达到预期效果
8	跟踪危险	将识别的危险录入危险跟踪系统
9	记录分析过程	记录整个分析过程。更新信息和确定的改进措施落实情况

8.4.2.5　模型优缺点

FMEA 技术的优点如下:

(1) 易于理解和实施。

(2) 实施费用相对较低,且能提供有意义的结果。

(3) 分析严谨。

(4) 提供被分析对象的可靠性预计。

(5) 有商业化软件工具辅助分析过程。

FMEA 技术的缺点如下:

(1) 关注单个失效模式而不是失效模式的组合。

(2) 无法识别和失效模式无关的危险。

(3) 对外部影响和接口的分析少。

(4) 对于人为差错的分析少。

(5) 需掌握被分析产品或过程的专业知识。

8.4.3　失效模式及影响摘要

8.4.3.1　失效模式及影响摘要概述

失效模式及影响摘要(failure modes and effects summary, FMES)是 FMEA 中具有相同影响的低层级的失效模式的汇总。FMES 的结果可作为故障树及其他分析的输入。FMEA 的失效影响是 FMES 的失效模式,其中相同的失效影响归类为 FMES 的同一模式,FMES 的影响列表则列出了更高层级的失效影响。

　　FMES 每种失效模式的失效率是各 FMEA 失效模式失效率的累计求和。FMES 可作为 FMEA 的一个环节开展而无需进行单独分析,FMES 可以化简 FTA(减少最底层或门的数量)并将具有相同影响的部件和安装失效看作同一事件。图 8.13 展示了 FMES 与 FMEA 的关系。

电路 X FMEA

失效模式	失效率	失效影响
R5 开路	A	+5 V 电压消失
R5 短路	B	+5 V 电压接 GND

电路 Y FMEA

失效模式	失效率	失效影响
C5 短路	C	+5 V 电压接 GND
C5 开路 U58 P2 开路	D	

部件 FMEA

失效模式	失效率	失效影响	潜在失效原因
+5 V 电压接 GND	$B+C$	无指令信号	电路 X-R5 短路 电路 Y-C5 短路
	D		

图 8.13　FMEA 与 FMES 关系

8.4.3.2　模型分析方法

　　FMES 需检查已有 FMEA 并持续检查失效影响(尤其是开展系统级 FMES 过程中)。FMEA 的失效影响将列入 FMES 表格的"失效模式"一栏中。FMES 表格将根据要求与特定 FMEA 格式进行增添或删改。

　　FMES 识别具有相同影响的失效模式并将其各自的失效率加和,将累计故障率列入 FMES 表格的"失效率"一栏中。FMEA 中各失效模式可作为 FMES 表格"失效原因"的参考。失效模式对上一层级的影响、发生失效的系统、飞行阶段均可列入 FMES 表格的对应栏目。

8.4.4 共因故障分析

8.4.4.1 共因故障分析概述

共因故障分析(common cause failure analysis，CCFA)是一种用于识别多重故障事件共同原因的分析方法。系统安全大纲(SSP)推荐开展 CCFA[2]，共因故障分析的目的是识别系统设计中会抵消冗余设计的共因故障薄弱环节，并制订设计策略减少此类风险。其可用于各种类型的系统，但特别适用于采用冗余设计的安全关键系统。

经验丰富的分析人员利用 CCFA 技术分析特定系统可全面识别和评价系统所有可能的共因故障，并提出并实施降低关键共因故障的防护策略；共因故障分析还提供了定量计算共因故障风险的手段。该技术也称为共模分析技术。

8.4.4.2 模型基础

以下给出了共因故障分析中常用术语的基本定义。

(1) 独立事件。

当一个事件的输出不会影响另一事件的输出，称事件是独立的(概率论定义)。

(2) 相关事件。

当一个事件的输出会直接影响另个事件的输出，称事件是相关的(概率论定义)。

(3) 独立性。

确保一个单元故障不会引起其他单元故障的设计概念。许多模型都假设事件之间彼此独立(如 FTA)。

(4) 相关性。

某个单元故障会直接引起或导致其他单元故障的设计，指一个单元的工作状态受另一个单元影响。一般来说共因故障的相关性源自系统设计执行预定功能的方式。相关故障为破坏冗余或相异性的故障。冗余或相异性用于提高系统的可靠性和安全性。

(5) 共因故障。

在系统运行过程中由共同原因导致多个部件的故障(或处于不可用状态)。基于这一观点,共因故障与相关故障密不可分,可使冗余或独立性无效(见 ARP 4761)。

(6) 级联故障。

由于先前故障的存在而使其发生概率显著增加的故障事件。级联故障也是相关事件,这一过程中一个部件的故障将引起后续部件接着发生故障,与多米诺骨牌效应相似。

8.4.4.3　模型原理

许多系统都采用冗余设计以确保某项功能按规定执行。其基本思想是两个分立且独立的子系统同时发生独立故障的可能性远低于单个独立的系统。但是越来越复杂的系统设计导致相关性被偶然地引入到冗余设计中。相关性的表现形式就是共因故障,导致冗余子系统同时发生故障。共因故障是能轻易破坏冗余系统独立性的单点故障(SPF)。

图 8.14 展示共因故障的基本概念,其中根本原因之一就是单点故障,耦合因素是单点故障的设计薄弱环节。下例中两台计算机并联在一起,确保必要时能提供安全关键输出。系统安全运行仅需一台计算机,一旦其中一台计算机故障,另一台计算机能够代替其运行。本例采用同一电源为两计算机供电,两台计算机都依赖同一电源,一旦电源故障则两计算机必然同时失效。相关事件"当电源故障则计算机故障的概率为 1"。

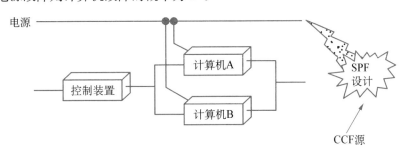

图 8.14　冗余系统共因故障示例

图 8.15 中两计算机有不同的电源,从而消除了电源的相关性。但两计算机可能同时暴露于强射频能量场而受干扰发生故障。共因故障的根本原因是存在射频能量,耦合因素是安全关键部件(计算机)对于射频能量存在设计薄弱环节。

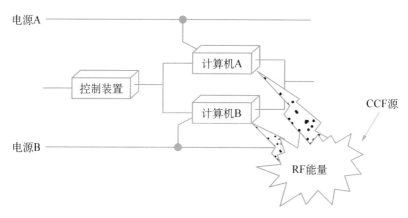

图 8.15　改进冗余系统示例

图 8.16 中两个系统执行了相同的系统功能,每个系统中各有一个部件采用不同运行方法(如机械保险丝和电保险丝),确保其不会因共因故障而产生相同的共因故障。但如果两个系统受到外部共因故障来源的影响则会同时发生故障。本例中根本原因是存在外界振动,耦合因素是安全关键部件对外界振动的设计薄弱环节。

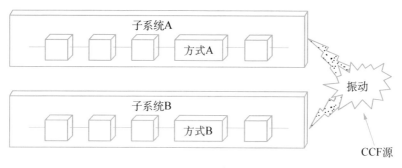

图 8.16　另一种冗余系统示例

图 8.17 展示了级联 CCF 的概念。多个部件串联在一起并彼此相关。部件 A 发生故障时部件 B 会承受更大的负载,可能会超出其设计负载范围。结果是部件 B 故障或是部件 C 的负载增加,以此类推。

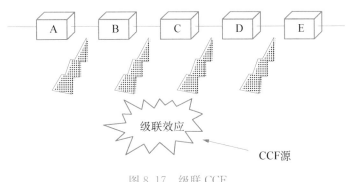

图 8.17　级联 CCF

综上所述,共因故障定义与相关故障定义密切相关。以两个事件 A、B 表示安全功能的故障,当两个故障相关时,其实际故障概率可能高于基于独立性计算得到的预期概率;如果忽视了相关性,则实际的相关性就会降低系统的可靠性和安全性水平。

CCA 可分为以下三种类别:

1) 区域安全性分析(zonal safety analysis,ZSA)

对于飞机的每个区域开展。ZSA 的目的是保障设备安装符合以下方面的安全性要求:

(1) 基本安装(安装过程中应核查相应设计和安装规定)。

(2) 系统间接口(设备失效影响应考虑物理范围内对其他系统与结构故障的影响)。

(3) 维修失误(考虑维修失误及其对飞机和系统的影响)。

2) 特殊风险分析(particular risks analysis,PRA)

特殊风险指存在于部件和系统之外,但可能破坏失效独立性的风险。一部分特殊风险由适航规章界定,另一部分则源于已知的对于飞机和系统的外部威胁。

3）共模分析（common mode analysis，CMA）

多个部件以相同模式的故障，是一个影响多个部件的事件，否则认为这些事件是独立的。

8.4.4.4　模型分析方法

共因故障由两方面因素造成：

1）根本原因

即导致每个部件全都发生故障的特定原因。

2）耦合因素

导致多个部件被卷入共因事件而受到根原因影响的因素。

如相同的冗余电子设备由于暴露于超高温度而发生故障，受热可以看作共因故障，热是根本原因，而采用了相同部件并暴露于相同严酷环境则是耦合因素。

由于冗余结构采用相同部件提高系统安全性和可靠性，因此源于冗余部件的相似性的耦合因素就会经常存在于系统的设计中，导致其易受到共因故障的影响。因此系统设计人员应格外关注相同冗余部件的共因故障事件。

目前有多种模型可用于共因故障分析，但故障树分析（FTA）是最佳也是最常用的方法。利用 FTA 方法的 CCA 步骤如表 8.6 所示。其中步骤 1 是过程的输入，步骤 5、步骤 6、步骤 7、步骤 8 是 CCA 过程的输出，步骤 2、步骤 3、步骤 4 包含了 CCA 过程的分析内容。

表 8.6　利用 FTA 方法的共因故障分析过程[1]

步骤	分析任务	说　明
1	定义系统	审查系统并确定系统边界、子系统以及接口、确定分析范围
2	建立初始系统逻辑模型	建立初始的部件级系统逻辑模型（故障树用于分析发挥主要作用的部件）
3	共因筛选分析	筛选系统设计数据，分析 CCF 薄弱环节和 CCF 风险

(续表)

步骤	分析任务	说　明
4	详细 CCF 分析	在故障树模型加入 CCF 部件,开展定性和定量分析,评估 CCF 风险
5	评估结果风险	评估每个 CCF 的输出风险,判断风险是否可接受
6	建议改进措施	若风险不可接受,制订设计对策对 CCF 影响进行处理,控制系统风险
7	跟踪风险	将识别的风险输入危险跟踪系统(HTS)中
8	记录 CCFA	记录完整 CCFA 过程,包括系统级故障树,必要时更新信息

(1) 建立初始系统逻辑模型(故障树)。

开展系统级 FTA 分析是 CCA 过程的关键步骤。故障树模型用于识别导致顶事件的基本部件故障事件。初始故障树对基本的独立故障事件进行建模,可得到大致的割集和相应概率。

部件中许多故障的相关性无法在初步故障树模型中明确地说明,因此会导致对顶事件风险的低估。当 CCF 第 3 步工作完成后,分析人员可在第 4 步中将已识别的 CCF 添加到故障树模型中。

(2) 共因筛选分析。

筛选的目的是分析系统设计的 CCF 薄弱环节,识别故障树模型中可能包括的 CCF 事件和部件。通过分析得到系统中潜在的易出现问题的环节及所涉及的部件。

在筛选过程中,还要注意识别共因故障耦合因素,用以辅助识别系统中存在的相同部件和最常见的耦合因素[1]。具有一个或多个此类相似特征的任意一组部件就是潜在的 CCF 薄弱环节。

(3) 详细 CCF 分析。

该步骤对改进的、含有 CCF 因素事件的故障树进行定性/定量分析。将已识别的 CCF 加入故障树后对其进行系统安全性评估,计算这些事件的故障概率。

一个共因基本事件(common cause basic event，CCBE)包括一组特定CCF部件的故障，这些故障是由一个共同原因导致。图 8.18 为具有 3 个并联冗余部件的系统，只要一个部件正常运行则系统就能保持正常运行。只有部件A、B、C 同时发生故障时系统才会发生故障。加入共因基本事件后的故障树模型如图 8.19 所示。

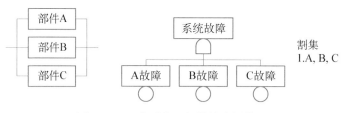

图 8.18　冗余系统及初始故障树模型

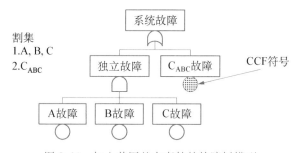

图 8.19　加入共因基本事件的故障树模型

由于原模型只有一个 3 阶割集，系统故障概率较小；但考虑共因因素后，系统新加入了一个单点故障割集，整个系统故障概率会比初始故障树的概率高很多。

图 8.20 与图 8.21 给出 2/3 表决系统的设计。三个部件中至少两个工作正常系统才能正常工作。图中给出了独立故障事件构成的系统初始故障树，补充 CCF 后的系统故障树模型如图 8.22 所示。可见加入共因基本事件后割集数量增加，事故发生概率增大。

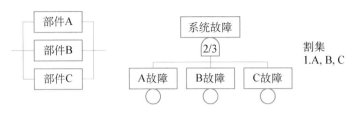

图 8.20　2/3 冗余系统及初始故障树模型

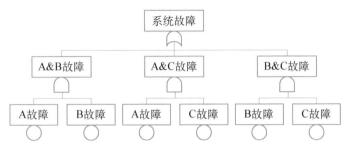

图 8.21　修订后故障树模型

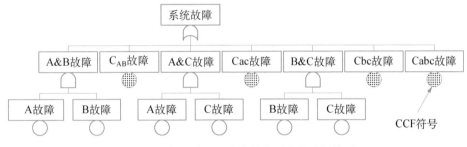

图 8.22　加入共因基本事件的系统故障树模型

8.4.4.5　模型的优缺点

CCA 技术有以下优点：

（1）是一种系统化、结构化的严谨方法。

（2）可识别那些抵消安全冗余设计的故障事件。

（3）可对共因事件进行概率评估。

（4）共因故障概率评估提供了更为真实的系统风险。

CCA 技术有以下缺点：

（1）分析人员须经过一定培训并具有实际经验。

（2）有时会因系统复杂程度和费用过高而无法实施。

（3）只能分析与共因故障相关的危险,而无法识别系统的所有危险。

8.5 针对 AESS 系统的安全性评估

对于 AESS 系统的安全性评估可划分为 FHA、PSSA、SSA 三个阶段[3],其分别从功能、系统、部件等级别对系统研制周期与系统设计方案等进行分析与评价,最终得到满足所提出的安全性要求的实际设计方案。下面以 AESS 系统为例,分别对各阶段的具体工作与实际评估过程进行论述,并得到各阶段安全性评估清单、故障树、FMEA 分析表、安全性要求等评估结果。

8.5.1 FHA 评估

FHA 是 ARP 4761 所推荐的系统安全性评估的第一步,通过对系统的综合检查,从而从安全性角度形成对于功能的顶层设计要求,并得到对后续安全性评估内容与深度的要求。由之前章节可知,FHA 过程可分为飞机级 FHA 与系统级 FHA 两个级别[4],分别作用于系统研制的不同阶段,安全性评估从飞机级 FHA 入手,对飞机级别的功能进行分析,并结合构架将功能分配至对应系统,进行系统级 FHA 评估。

8.5.1.1 飞机级 FHA 评估

1）概述

飞机级功能危害性评估主要识别飞机级的功能失效状况,并根据相关失效状况对飞机及机上人员的影响划分安全性级别,并确定相关的安全性需求与验证策略[5]。对于飞机环境监视相关的功能而言,其失效状况的分类是一个综合的过程,包括参考之前的事故,学习规章指南材料以及向有设计及使用经验的人员咨询等。对于一些不能直观判断的失效状况，需要通过模拟、试验等方式对分类进行确认[6]。

2）参考文件

飞机顶层功能清单；

飞机目标和用户需求；

初步设计决策；

RTCA/DO－160G 航空机载设备环境适应性试验及 EMC 试验；

ARP 4754A 民用飞机和系统开发指南；

ARP 4761 对民用机载系统和设备进行安全性评估过程的准则和方法。

3）功能失效条件/模式

功能失效可分解为功能丧失（lossoffunction）和功能失常（malfunction）两大类别，对于功能丧失，根据已有规范，当发生非通告的功能丧失时对飞机安全性的影响最大，对于飞机环境监视功能而言则为不能完成飞机级的监视功能；对于功能失常，根据飞机监视功能的用途，进一步将其分解为功能故障和意外告警两个类别，功能故障包含错误告警模式、虚警、漏警等情况，错误告警模式为对于同一功能在特定情境下发出不匹配的告警，虚警为实际系统告警时刻超前理论告警时刻超过阈值（1 s），漏警为实际系统告警滞后理论告警时刻超过阈值（1 s），漏警及延迟告警压缩了系统与飞行员的规避反应时间，影响飞行安全性；不需要时意外启用指在功能抑制阶段发出意外告警。

4）功能失效影响

功能故障的影响包括对飞机的影响、对机组的影响以及对于乘员的影响 3 个部分，故障影响与研制保证等级间存在相互对应的关系[4]。

5）失效影响等级

功能失效状态影响等级根据其对所研究的系统、飞机整机及其人员等的影响程度确定。根据 AC 25.1309－1A 等，失效状态影响等级建议分为 4 类：灾难性的、危险的、较大的和较小的，分别对应等级Ⅰ、等级Ⅱ、等级Ⅲ和等级Ⅳ[4]。

6) 飞机级功能危害性评估表

飞机级功能危害性评估表见附录1。

7) 飞机级 FTA

飞机级 FTA 如图 8.23~图 8.25 所示。

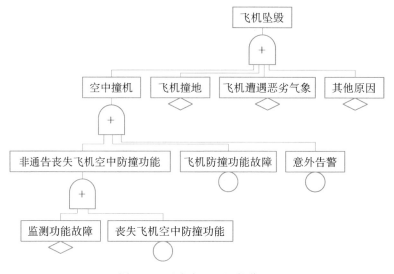

图 8.23 飞机级 FTA(部分 1)

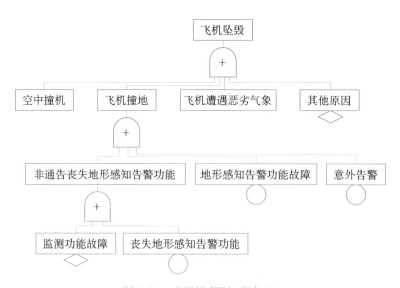

图 8.24 飞机级 FTA(部分 2)

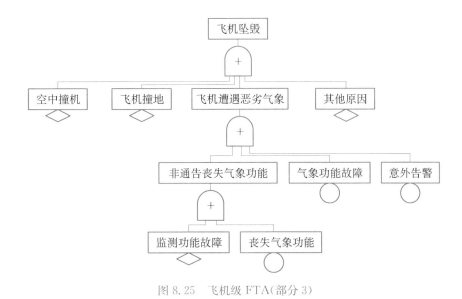

图 8.25　飞机级 FTA(部分 3)

如图 8.23～图 8.25 所示可将飞机事故分解为空中撞机、撞地、遭遇恶劣气象等原因,分别对应飞机空中交通防撞、地形感知告警、气象探测功能的失效。进而可通过将飞机级功能分配到各个系统,进行更进一步的描述与分析。

8) 基于飞机级 FHA 的危险三角形对应

因飞机级 FHA 分析只涉及飞机级功能,未将功能分配到相应系统,故暂时无法给出危险源所在部位,具体危险三角形分配可由后续评估得出。或以表 8.7 所示的形式概括为飞机环境监视功能的整体失效原因。

表 8.7　飞机级 FHA 对应危险三要素表

HE	IM	T/T
飞机环境监视功能	● 丧失空中交通防撞功能 ● 丧失地形感知告警功能 ● 丧失气象雷达功能	● 飞机无法对周围飞机/地形/气象进行监控
飞机环境监视功能	● 空中交通防撞功能故障/意外告警 ● 地形感知告警功能故障/意外告警 ● 气象雷达功能故障/意外告警	● 飞机向飞行员提供错误的周围飞机/地形/气象监控信息

8.5.1.2　系统级 FHA 评估

1）概述

对系统功能的准确定义和失效分析层级的合理划分是系统危害性评估的关键[6]。系统级功能危害性评估从 AESS 各子系统功能角度出发，自上而下评估系统失效的所有路径以及每个失效路径对系统和整机功能的影响[7]，确认系统安全性设计准则，提出系统安全性要求[8]，并为其他安全性评估过程建立框架。

2）参考文件

同飞机级 FHA 参考文件。

3）系统功能描述

将飞机级功能分解到系统级后，可得到飞机综合监视系统如下各项功能（主要）：

对于空中交通防撞：

（1）交通咨询功能。

（2）决断告警功能。

对于地形感知告警：

（1）模式 1：下降速率过大告警功能。

（2）模式 2：近地速率过大告警功能。

（3）模式 3：起飞或复飞后掉高度太多告警功能。

（4）模式 4：非着陆状态时的不安全越障高度告警功能。

（5）模式 5：进近时偏离下滑道太多告警功能。

（6）模式 6：无线电高度和决断高度（DH）报告功能。

（7）前视功能[9]。

气象功能：

（1）气象回波显示。

（2）湍流检测功能。

(3) 风切变检测功能。

(4) 地图功能。

其他综合化相关功能:

(1) 信号融合功能。

(2) I/O 接口功能。

(3) 健康监测功能。

进而将系统功能与失效模式相对应,得到系统 FHA 评估表。

4) 系统级 FHA 表格

系统级 FHA 表格与安全性需求表格见附录 2~5 与附录 12。

5) 基于系统级 FHA 的危险三角形对应

表 8.8   基于系统级 FHA 的危险三角形对应表

HE	IM	T/T
空中交通防撞功能模块	● 交通咨询功能丧失(包含显示)决断咨询告警功能丧失(包含显示) ● 交通咨询功能故障/意外告警(包含显示) ● 决断咨询告警功能故障/意外告警(包含显示)	丧失飞机空中交通防撞功能,无法通过设备对周围飞机进行监控 飞机向飞行员提供错误的周围飞机信息
地形感知告警功能模块	● 地形监视功能(模式 1~模式 6)丧失 ● 前视功能丧失 ● 地形监视功能(模式 1~模式 6)故障/意外告警 ● 前视功能故障/意外告警	丧失地形感知告警功能,飞行员无法通过设备感知周围地形 飞机向飞行员提供错误的周围地形信息
气象功能模块	● 气象回波显示功能丧失 ● 湍流检测功能丧失 ● 风切变检测功能丧失 ● 地图功能丧失 ● 气象回波显示功能故障 ● 湍流检测功能故障 ● 风切变检测功能故障 ● 地图功能故障	飞行员无法通过设备感知周围气象,丧失部分气象感知能力,当遭遇恶劣气象,可能由于操作延迟导致飞机失去控制或发动机熄火 飞机向飞行员提供错误的周围气象信息

HE	IM	T/T
数据综合功能模块	● 信号融合功能故障 ● I/O 接口功能故障 ● 健康监测功能故障	系统多种监视功能同时失效

8.5.2　系统 PSSA 评估

初步系统安全性评估与系统架构设计紧密耦合的过程，从前面的架构设计可看出两者是并行进行的。初步系统安全性评估用来识别系统是否满足 FHA 的安全性目标，确定系统次级结构的安全性要求，并提出安全性相关任务。系统构架应根据初步系统安全性评估结果进行完善，最终确定的系统架构既要满足系统的安全性目标，又要保证系统的可实现性[3]。

8.5.2.1　系统架构

飞机环境监视系统架构包括综合数据处理单元、控制面板、告警装置、接口转换板和航空线缆（可与内部系统及其他航电系统接口转换器和综合视景仿真器对接）、天线等子系统。其中 AESS 的综合数据处理单元可进一步划分为 4 个模块：TCAS 模块、TAWS 模块、WXR 模块与信息综合模块。其中 TCAS 模块（TCAS＋XPDR）、TAWS 模块各自行使原系统功能，负责收发各类问询信息与进行计算决策；WXR 模块同时负责收发雷达信号，统计各类气象信息与进行计算决策；信息综合模块负责将不同部分计算得到的信息进行综合[10]，并由显示设备与音频告警系统等输出，同时也负责系统的故障自检与输出；模块间相互独立，但可统一归入综合数据处理单元中。综合数据处理单元由两个相同单元组合而成，具备冗余功能。典型的飞机环境监视系统架构如图 8.26 所示。

8.5.2.2　针对 TCAS 功能模块的 PSSA 评估

1）TCAS 功能概述

TCAS 模块的功能是监视飞机空中交通环境，对可能的撞机威胁进行评

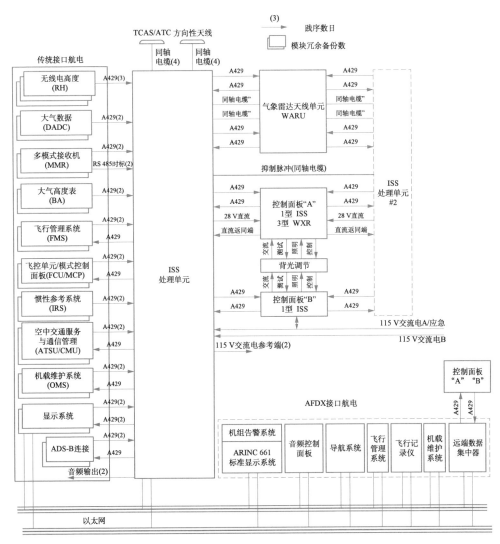

图 8.26　典型的飞机环境监视系统架构图

估,并将决策告警信息传送至数据综合模块进行数据的融合与显示。TCAS 的分立系统的功能可以归纳为监视、跟踪、潜在威胁评估、交通咨询 TA、决断咨询 RA 和避撞协调等具备时序特性的功能[7]。但由于安全性评估主要从系统架构的角度对故障状况评估,而时序性的功能会在对于某一系统的安全性评估中重叠,所以相比于原分立式 TCAS 系统,对于 AESS 系统的 TCAS 模块中开展安全性评估时需要对其原有功能定义进行适当更改,即将 TCAS 模块实现的功能在具体的软件分析前黑箱化,避免将其功能在外部拆解(即 FHA、PSSA 过程将 TCAS 模块有关的功能归纳为一个整体)。以此为依据在安全性评估中将 TCAS 的功能重新划分为"数据收发""数据分析""控制功能""显示功能"几个部分,具体功能分别由天线组、AESS 综合数据处理单元、控制面板、告警装置实现,从而避免了过早的子系统内部的分割,进而通过系统架构逐层向下分析[3]。本书着重描述安全性评估步骤,不对评估中的定量指标进行具体分配;实际评估中可根据系统工作条件通过故障树等分配定量安全性评估指标并进行后续验证。

2) 参考文件

系统架构描述及选择的合理性;

系统设备清单和功能;

系统接口以及和其他系统关系;

FHA 得到的安全性目标、安全性要求;

CCA 得到的安全性目标、安全性要求;

RTCA/DO‐181C 《机载空中交通管制雷达信标系统/S 模式(ATCRBS/S 模式)机载设备的最低运行性能标准》;

RTCA/DO‐185B 《机载空中告警和防撞系统(TCAS II)的最低运行性能标准》;

RTCA/DO‐213《机头雷达天线罩的最低性能标准》;

RTCA/DO‐214《音频系统性能标准和飞机音频系统及设备的最低运行性能标准》;

RTCA/DO‐263《机载冲突管理应用:检测、预防和解决》;

RTCA/DO‐289《飞机监视设备的系统最低运行性能标准》;

ARINC 735A 《Mark 2 空中告警和防撞系统(TCAS)》;

FAA TSO‐C112《空中交通管制雷达信标系统/S 模式(ATCRBS/Mode

S)的机载设备》；

FAA TSO－C119e《空中预警及防撞系统(TCAS)的机载设备,TCAS Ⅱ》；

ARP 4754A《民用飞机和系统开发指南》；

ARP 4761《对民用机载系统和设备进行安全性评估过程的准则和方法》。

3) PSSA 故障树分析(TCAS 功能)

(1) TCAS 功能失效分析。

根据系统架构与功能分配[9],在图 8.23 基础上可进一步将综合数据处理器中 TCAS 模块的失效归结为信号收发功能失效(天线组故障)、信号处理功能失效、告警功能失效、控制功能失效几个类别。信号处理、告警失效将在下文详细展开。后续将按照功能丧失、功能故障、意外告警的顺序开展故障树分析。此外由于篇幅原因,本书不对共模分析进行具体展开,共模分析结果直接在原故障树中体现。

以功能丧失时对丧失信号收发功能开展故障分析如图 8.27 所示,即为对于天线组的故障分析(原收发机功能已并入 AESS 综合数据处理器中,不在此展开分析)。AESS 系统装备有 4 部 TCAS/XPDR 相控阵列天线,用来发射本机对周围空域飞机的问询信号,同时接收设备有 TCAS 系统的入侵飞机的应答信号。在监视阶段,天线探测在系统监视范围内出现的装有 S 模式或 A/C 模式应答机的飞机,故可以此建立基于天线组失效的收发失效故障树模型。

控制面板有 AESS 三种功能的模式选择开关与相关抑制开关,可能会因按钮故障、联机故障等原因执行错误的控制信息,导致 TCAS 功能失效;或者控制面板内部处理器或接口、连线故障也可能导致错误的控制信号产生。

关于控制功能的故障树如图 8.28 所示。

为了完成空中交通防撞功能,在获得入侵飞机的高度、距离、航向、方位等信息后,还需要知道本机的具体位置、高度、航向、高度变化率等信息[11],才能计算出入侵飞机的运动轨迹是否与本机的运动轨迹相冲突,进而确定发出何种类型的告警。所以为了完成计算,执行 TCAS 功能的处理单元需要本机的其

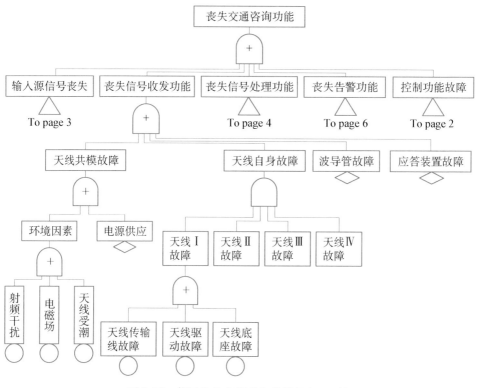

图 8.27　信号收发功能丧失故障树(page 1)

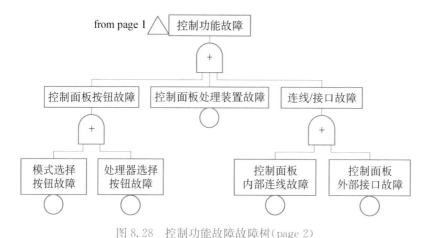

图 8.28　控制功能故障故障树(page 2)

他系统提供的许多信息。以上述输入信息为基准,建立输入源信号丧失的故障树模型如图 8.29 所示。

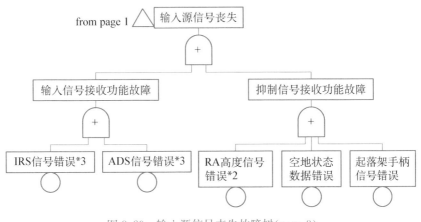

图 8.29　输入源信号丧失故障树(page 3)

信号处理功能整合了原功能中的跟踪功能、危险评估功能和决断咨询告警功能,可对接近飞机进行跟踪,并计算接近飞机的相对位置、接近范围和高度变化率;同时通过冲突探测和解决处理逻辑确定接近飞机的潜在威胁。关于丧失信号处理功能的故障树如图 8.27 所示。

当出现碰撞危险时,系统将根据危险的程度发出交通咨询和决断咨询告警;对出现碰撞危险的接近飞机,确定本机合适的垂直机动飞行建议。这一功能主要通过两个相同的 AESS 综合数据处理单元完成,且具备冗余功能。对于 AESS 综合数据处理单元功能故障及共模故障的分析如图 8.30 和图 8.31 所示。

在计算得到告警信息后,系统将通过显示器目标符号的显示画面位置、形状、颜色和数据标牌,提供周围空域出现的接近飞机的交通态势和交通告警;同时通过模拟语音向驾驶舱音频系统提供交通咨询、决断咨询告警的音响信号告警。其中丧失视觉告警可分解为继电器故障、显示面板故障、I/O 接口故障和与综合处理单元连线故障等因素;没有音频输出分解为继电器故障、扬声器故障、I/O 接口故障和音频连线故障等因素;进而可对各部分开展进一步分析(见图 8.32)。

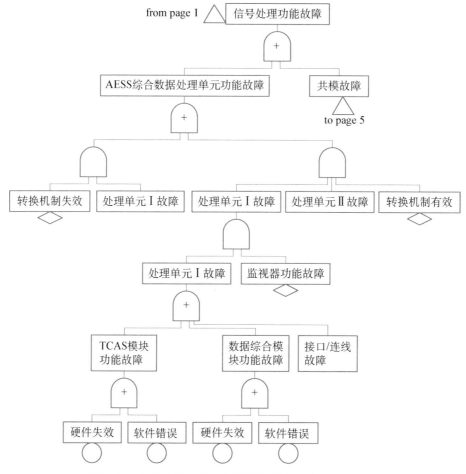

图 8.30 信号处理功能故障故障树（TCAS 功能）（page 4）

（2）TCAS 功能故障分析。

系统故障包括错误模式告警、虚警、漏警等，多由 AESS 综合数据处理单元的故障造成，或有可能是产生于导致系统丧失的相同部位所发生的故障，只是程度轻重有所差别，因此对系统故障的 PSSA 分析如图 8.33 所示；其中输入信息错误可参考图 8.29，信号处理功能故障与共模故障可参考图 8.30 和图 8.31，不在此展开分析。

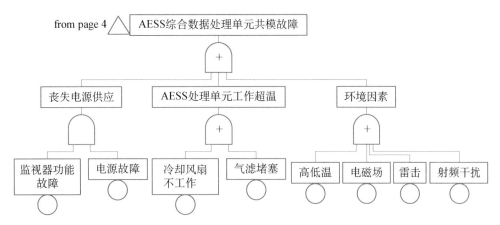

图 8.31　AESS 综合数据处理单元共模故障故障树(page 5)

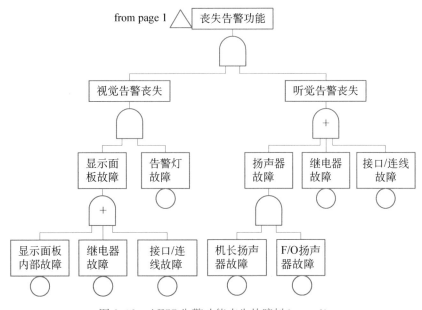

图 8.32　AESS 告警功能丧失故障树(page 6)

（3）TCAS 意外告警分析。

由上述章节可知 TCAS 具有告警抑制功能，TCAS 防撞系统与大气数据计算机和无线电高度表交联，当飞机在空中飞行时，通过获取无线电高度来控

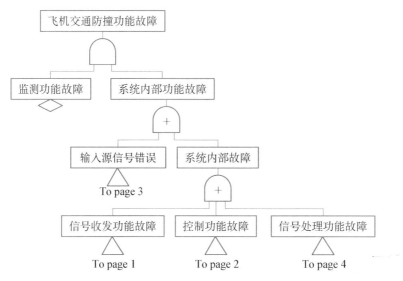

图 8.33　TCAS 功能故障故障树(page 7)

制防撞系统的防撞功能开关和工作模式的转换。

对于意外告警情况,主要故障状态为系统抑制状态下的意外告警与某告警模式抑制状态下的意外告警,如起飞、进近阶段发出本该抑制的警告。输入信号错误可分解为无线电高度表故障、起落架手柄信号错误、空地状态信号错误等;AESS 系统内部故障可分解为信号处理功能故障、输入抑制信号错误、控制功能故障等,对于意外告警的故障树分析如图 8.34 所示。

8.5.2.3　针对 TAWS 功能模块的 PSSA 评估

1) TAWS 功能概述

根据 AESS 的架构与功能分配,TAWS 模块功能为对于飞机下降率与地形的监视与告警,并将决策告警信息传送至数据综合模块进行数据的融合与显示。具体可分为以下几种功能:模式 1:下降速率过大告警功能;模式 2:近地速率过大告警;模式 3:起飞或复飞后掉高度太多告警功能;模式 4:非着陆状态时的不安全越障高度告警功能;模式 5:进近时偏离下滑道太多告警功能;模式 6:无线电高度和决断高度(DH)的报告功能及前视功能[9]。

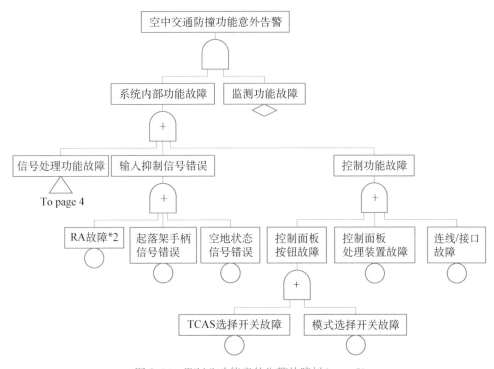

图 8.34　TCAS 功能意外告警故障树（page 8）

2）参考文件

系统架构描述及选择的合理性；

系统设备清单和功能；

系统接口以及和其他系统关系；

FHA 得到的安全性目标、安全性要求；

CCA 得到的安全性目标、安全性要求；

RTCA/DO - 161A 《机载近地告警设备最低性能标准》；

RTCA/DO - 276/ED - 98《用户对地形和障碍物数据的需求》；

ARINC 762 《地形感知和告警系统（TAWS）》；

FAA TSO - C151d 《地形提示和告警系统》；

ARP 4754A 《民用飞机和系统开发指南》；

ARP 4761《对民用机载系统和设备进行安全性评估过程的准则和方法》。

3) PSSA 故障树分析(TAWS 功能)

针对上述 TAWS 模块的故障分析主要集中于两部分：输入与计算，分别对应输入信号与 AESS 系统内部处理，且两部分相互独立，故可分别开展基于输入信号与 AESS 系统的故障树分析。

(1) TAWS 功能丧失分析。

对于 AESS 系统的 TAWS 模块而言，模式 1～模式 6 的系统信号处理方式基本相同，故以模式 1 为例开展系统内部的故障分析[12]。由 AESS 系统架构可知，系统内部的控制面板、AESS 综合数据处理单元、告警装置等共同完成模式 1 的功能，故可对每个子系统的故障各自展开分析；而对于输入系统故障的分析将在后续进行具体说明。另外 TAWS 前视功能主要借助地形数据库、障碍数据库、机场数据库等与本机系统提供的数据相对比，故在分析前视功能故障原因时，数据库的故障也纳入分析的考虑范围内。TAWS 模式 1 功能丧失故障树如图 8.35 所示。

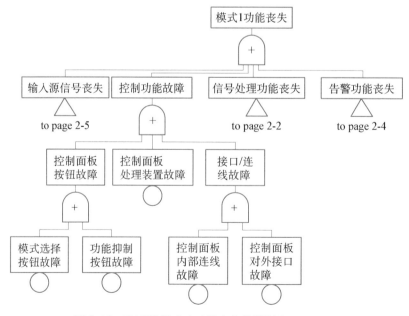

图 8.35　TAWS 模式 1 功能丧失故障树(page 2 - 1)

其次对于 AESS 系统中核心的数据处理功能进行故障分析。AESS 综合数据处理单元由两个相同的处理单元构成,具备冗余功能;而每个处理单元的故障可进一步分解为 TAWS 模块的故障或数据综合模块故障[13](见图 8.36);更进一步,各模块的故障可根据架构进一步分解为硬件失效/软件错误(此处因篇幅省略下层架构),硬件可根据系统架构进一步细分,软件则分配研制保证等级,并于后续 SSA 过程进一步反向验证。

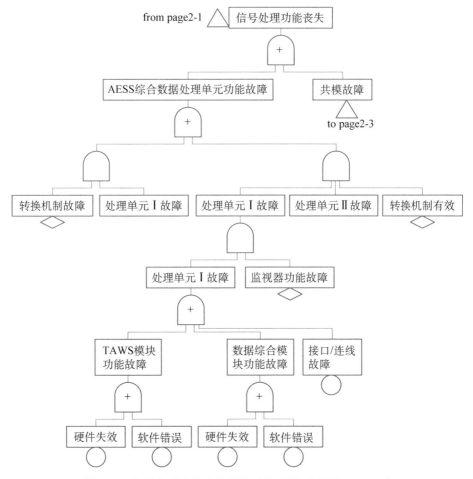

图 8.36　信号处理功能丧失故障树(TAWS 功能)(page 2 - 2)

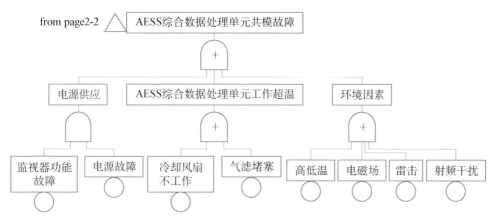

from page2-2

图 8.37　AESS综合数据处理单元故障树(TAWS功能共模故障)(page 2 – 3)

此外,告警装置的失效与 TCAS 功能分析的对应部分基本相同,如图 8.38 所示。

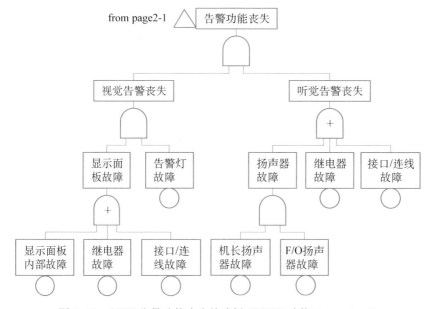

from page2-1

图 8.38　AESS告警功能丧失故障树(TAWS功能)(page 2 – 4)

输入信号故障树:

　　AESS 系统的输入信号主要为连续信号与离散信号两种形式,既包括无线电高度表、ADS、IRS 等系统的连续输入信息,又包括飞机操纵按钮、开关等输入的离散信号,由于各类传感器的不确定性、系统噪声以及测量误差等各种原因,TAWS 获取的信息存在不完整、不精确、模糊,甚至可能是矛盾的问题,即 TAWS 的输入信息产生危险元素。在一定的触发机制下,会导致 TAWS 的输出受到影响。

　　而对于 TAWS 各模式功能来说,其数据处理与分析方法基本相同,不同之处在于各功能判断标准及其作用的飞行阶段不同,从而对于输入信息来源的选择有所不同。故针对不同的功能将开展各自独立的输入信息故障树分析。

　　模式 1　下降速率过大输入源信号丧失故障树(见图 8.39)。

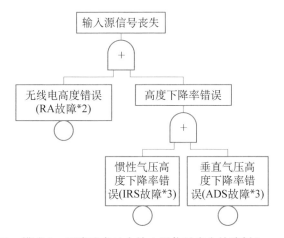

图 8.39　模式 1　下降速率过大输入源信号丧失故障树(page 2-5)

　　模式 2　地形接近率过大输入源信号丧失故障树(见图 8.40)。

　　模式 3　起飞或复飞后掉高度太多输入源信号丧失故障树(见图 8.41)。

　　模式 4　非着陆状态不安全越障高度输入源信号丧失故障树(见图 8.42)。

　　模式 5　进近时偏离下滑道过多输入源信号丧失故障树(见图 8.43)。

　　模式 6　高度提示及侧倾角过大输入源信号丧失故障树(见图 8.44)。

　　前视功能输入源信号丧失故障树(见图 8.45)。

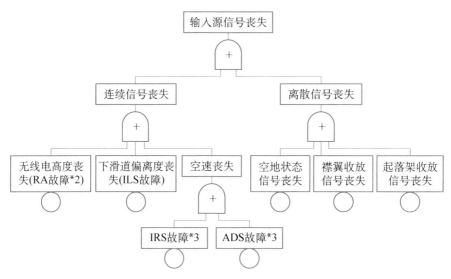

图 8.40　模式 2　地形接近率过大输入源信号丧失故障树(page 2 - 6)

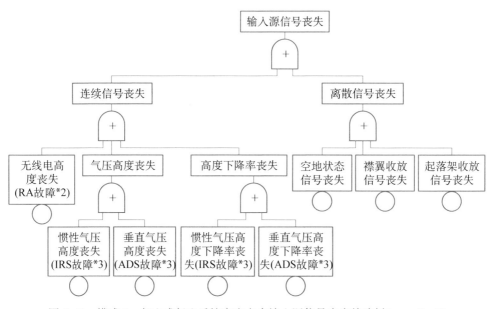

图 8.41　模式 3　起飞或复飞后掉高度太多输入源信号丧失故障树(page 2 - 7)

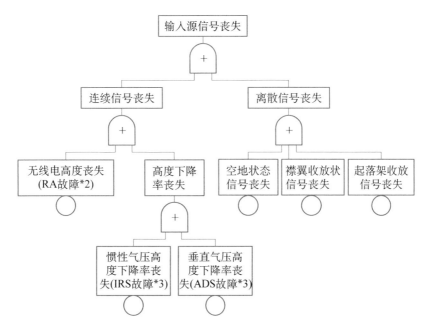

图 8.42 模式 4 非着陆状态不安全越障高度输入源信号丧失故障树(page 2 - 8)

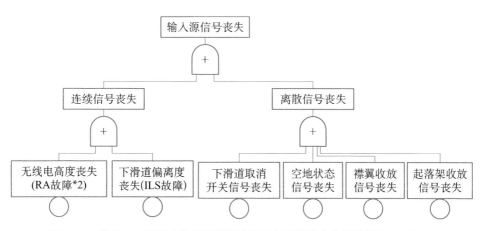

图 8.43 模式 5 进近时偏离下滑道过多输入源信号丧失故障树(page 2 - 9)

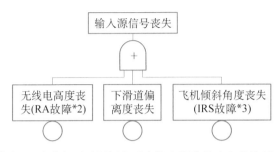

图 8.44　模式 6　高度提示及侧倾角过大输入源信号丧失故障树(page 2 - 10)

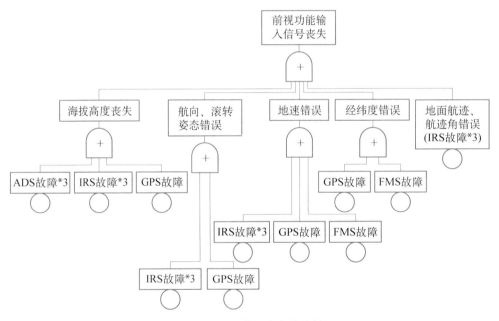

图 8.45　前视功能输入源信号丧失故障树(page 2 - 11)

　　综上所述,归纳飞机所有模式后可能发生的输入信号丧失情况如图 8.46 所示。

　　(2) TAWS 功能故障分析。

　　对于 TAWS 来说,功能故障主要为产生与情况不匹配的告警信息以及发出告警信息的提前或滞后量。错误告警模式可分为两种情况:①如模式 2 含

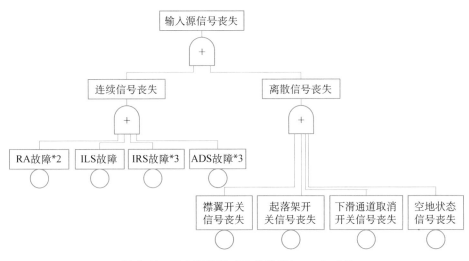

图 8.46　输入源信号丧失故障树(page 2 - 12)

有模式 2a、2b 两种子模式分别对应飞行阶段与着陆阶段,如因襟翼/起落架等错误判断性信号将导致错误的告警子模式,该类错误将归类到功能丧失/意外告警的故障模式进行分析;②所有模式的告警都按危险程度分为"注意"(CAUTION)与"警告"(WARNING)两种,因此可能产生错误模式的告警;而另一方面,虚警/漏警针对的是某个告警信号的发出时间,因其提前发出(虚警)对飞行安全造成影响较小故暂不考虑,而滞后发出(漏警)与错误子模式告警的错误产生原理相同,故将两者归类为一种功能故障。因此以模式 1 为例分析可得 TAWS 的功能故障的故障树模型如图 8.47 所示。

(3) TAWS 功能意外告警分析。

由上述章节可知,如模式 3、模式 4、模式 5 等在特定阶段发生不应该发出的告警,或是系统在抑制状态下产生告警,则证明系统存在故障。而决定抑制的因素包括输入信号中的无线电高度表、ILS 状态、襟翼与起落架收放信号(离散)、下滑道取消开关信号(离散)、GPWS 抑制信号(离散)等(EFIS 上的地形显示抑制开关用于前视功能的抑制,此处不另外分析),也可能是控制面板或是系统内部计算、传输问题引发的故障。图 8.48 是对输入抑制信号错误分支的具体原因进行 TAWS 功能意外告警故障树分析。

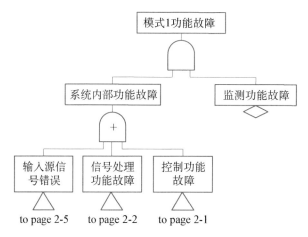

图 8.47　TAWS模式 1 功能故障故障树(page 2 - 13)

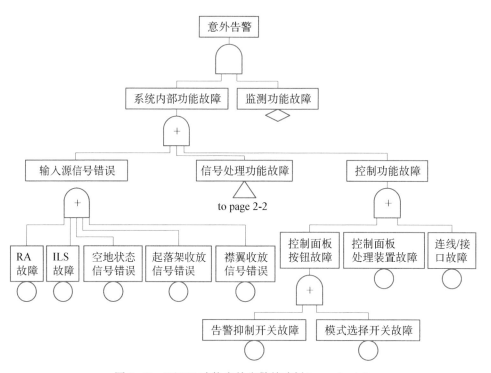

图 8.48　TAWS功能意外告警故障树(page 2 - 14)

8.5.2.4　针对 WXR 功能模块的 PSSA 评估

1）WXR 功能概述

机载气象雷达是人们为防范气象风险，保证飞行安全而应用现代科学技术成果而研制的航空电子设备，其相关功能包括气象回波显示、湍流检测、风切变检测、地图功能等，机载气象雷达对保障飞行安全具有十分重要的作用。

2）参考文件

系统架构描述及选择的合理性；

系统设备清单和功能；

系统接口以及和其他系统关系；

FHA 得到的安全性目标、安全性要求；

CCA 得到的安全性目标、安全性要求；

RTCA/DO－220 机载具有风切变气象预测功能气象雷达的最低运行性能标准；

FAA TSO－C63e 机载气象雷达和地面测绘脉冲雷达；

FAA TSO－C117 航空运输机载风切变告警和规避指示系统；

ARP 4754A 民用飞机和系统开发指南；

ARP 4761 对民用机载系统和设备进行安全性评估过程的准则和方法。

3）PSSA 故障树分析（WXR 功能）

（1）WXR 功能丧失分析。

AESS 中的气象雷达模块对于不同功能的信号处理方式与处理过程基本相同，以丧失风切变检测功能为例[14]，该失效模式可分解为输入源信号丧失与控制功能故障、信号收发功能丧失、信号处理功能丧失、信号告警功能丧失等几种原因（见图 8.49）。

对于风切变检测功能的输入信号，其需要大气数据系统提供的大气数据，无线电高度表在起飞和进近过程中提供高度信号来启动或禁止 PWS 功能。自动油门开关组件在起飞过程中启动 PWS，起落架开关在进近过程中发送起

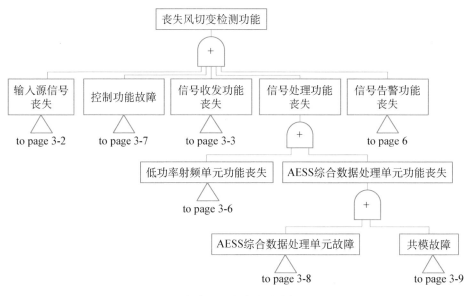

图 8.49　风切变检测功能丧失故障树(page 3 - 1)

落架放下离散信号时启动 PWS[15]。如不能正常输入信号,可进一步划分为输入系统自身失效、传输过程故障(划归至接收模块分析);其次由于风切变的启动由输入信号控制,所以含有控制信息的错误输入信号将抑制 PWS 系统的功能。综上分析得到输入源信号丧失的故障树如图 8.50 所示。

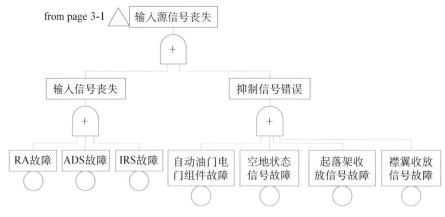

图 8.50　输入源信号丧失故障树(page 3 - 2)

　　而对于 AESS 系统内部信号收发相关的模块为天线模块(含一个平板天线、天线驱动器、天线底座)、雷达收发机(2 个,用于收发射频信号)、雷达罩(用于保护天线)与波导管(用于连接天线与雷达收发机)[15],故可将信号收发功能丧失分解上述模块的故障(见图 8.51)。

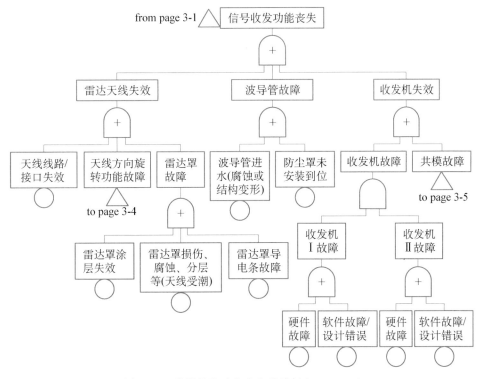

图 8.51　信号收发功能丧失故障树(page 3 - 3)

　　其中雷达罩对天线的性能与失效有很大的影响,例如雷达罩的封严效果不好、雷达罩损伤、有水汽进入到内部等都会对天线造成影响;而在天线旋转过程中,微弱的水汽会进入到波导管中,会导致波导中波束传输反射的角度方向发生变化[15],回波的接收和处理都会受到很大影响,从而导致没有气象信息显示;天线线路与接口失效中,各插头、插座、波导管连接处以及天线安装是否异常都是天线故障的考虑因素。

进一步,对于天线功能的失效可分解为天线转动功能故障、天线传输信号功能丧失两个方面,雷达天线不扫描的分析如图 8.52 所示。天线由电机和机械传动装置组成,故障多为电机损坏和卡阻等原因。天线组一共有两个通道,一个是俯仰,另一个是扫描,由它们共同进行平面内气象目标的探测。俯仰通道是用于人工调节,可以应用于不同的工作方式;扫描信道主要是用于束波扫

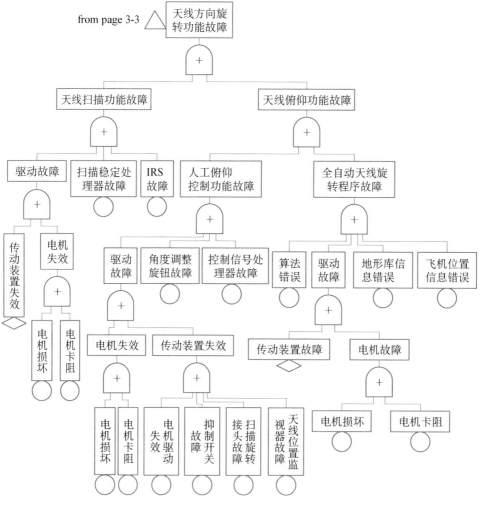

图 8.52　天线方向旋转功能故障故障树(page 3 - 4)

描。天线的俯仰、扫描信道均有测速电机为回馈信号源,以确保工作速度的稳定。如果飞行过程中天线组中的扫描信道停止扫描,雷达天线将无法正常工作[15]。

此外,收发机负责信号的收发,其具备冗余特性,冗余故障与磁控管振荡有着直接的联系,工作中经常出现由于冷却风扇出风小引起收发机过热,此时需更换支架。收发机共模故障分析如图 8.53 所示。

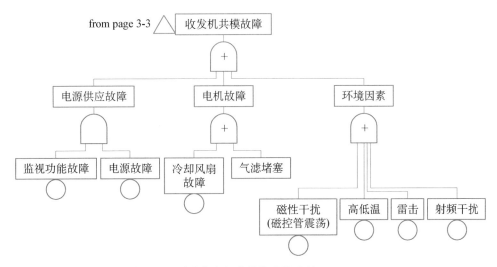

图 8.53 雷达收发机共模故障故障树(page 3-5)

对于系统中的信号处理功能丧失,由图 8.49 可知,其主要原因可分为低功率射频单元功能丧失、AESS 综合数据处理单元功能丧失等因素。关于低功率射频单元功能丧失故障分析如图 8.54 所示。

控制面板含有气象雷达开关与收发机选择开关,飞行中可以通过收发机转换来保证正常的收发机能够继续为气象雷达功能提供信号处理功能。当转收发机选择开关等故障时可能导致系统无法工作(见图 8.55)。

进而,针对 AESS 综合数据处理单元(2 部件冗余)进行进一步分析,各将其分解为子模块失效,进而逐层细化最终达到硬、软件级别(见图 8.56 和图 8.57)。

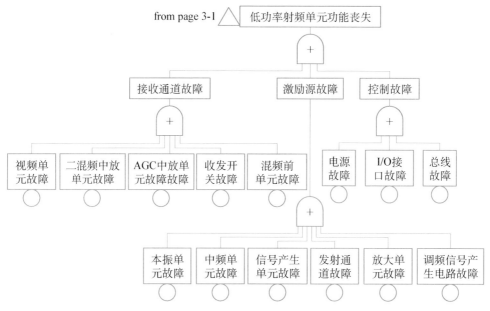

图 8.54 低功率射频单元功能丧失故障树(page 3 - 6)

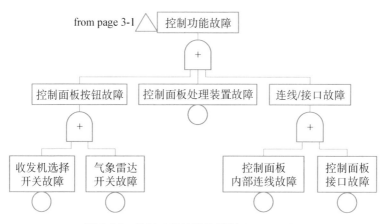

图 8.55 控制功能故障故障树(page 3 - 7)

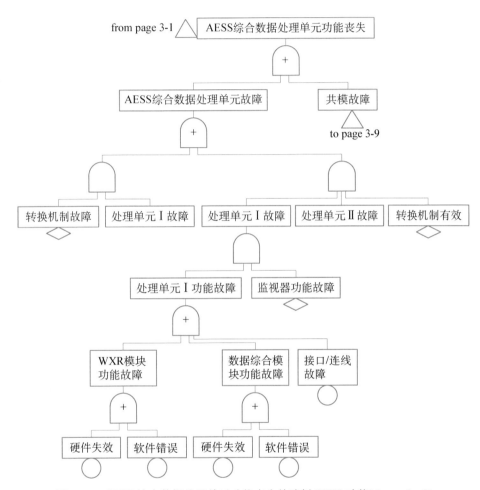

from page 3-1

to page 3-9

图 8.56　AESS 综合数据处理单元功能丧失故障树（PWS 功能）（page 3 - 8）

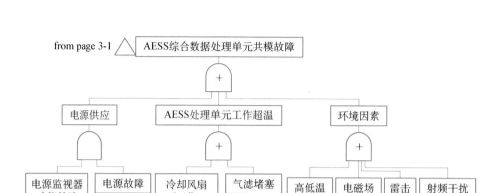

图 8.57　AESS 综合数据处理单元共模故障故障树(PWS 功能共模故障)(page 3 - 9)

对于告警功能丧失,根据告警系统的输出可分为视频告警故障与音频告警故障。对于视频告警故障,由于告警信号通过 4 个继电器显示在告警屏幕上,所以传输过程或是告警设备自身的故障都可能引发功能的丧失,如气象雷达页面上经常出现"WXR DSPY"一般就是由于显示组件过热,导致面板故障。其分析方法与前面其他功能的告警装置失效分析方法一致,故不在此展开分析。

(2) WXR 功能故障分析。

系统失效、系统故障分析的方法与过程基本相同,且系统故障,包括错误模式告警、虚警、漏警等多由 AESS 综合数据处理单元造成,或是产生于造成系统失效的相同部位所发生的故障,只是程度有所差别。关于风切变功能的功能故障分析如图 8.58 所示。

(3) WXR 功能意外告警分析。

气象雷达风切变模型则应用于起飞与着陆过程中特定高度范围内,主要由系统的输入信号影响,其可在控制面板未选择气象雷达的前提下自行启动;此外系统本身的数据处理错误也可能造成意外告警的出现。风切变功能意外告警故障的分析如图 8.59 所示。

(4) 气象雷达气象、湍流检测模式失效。

关于气象雷达其他功能或工作模式,其中气象模式、湍流检测模式的工作

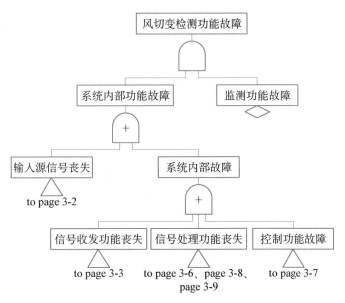

图 8.58　PWS 功能故障故障树(page 3 - 10)

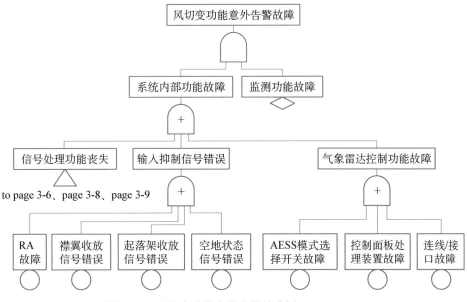

图 8.59　风切变功能意外告警故障树(page 3 - 11)

原理与风切变检测模式基本相同,不同之处在于输入信号的来源、控制面板上开关模式的选择、作用高度范围以及各模式抑制功能。对于气象模式与湍流模式的控制功能的故障树分析如图 8.60 所示。

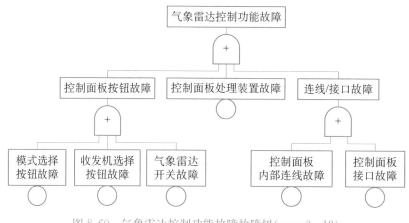

图 8.60　气象雷达控制功能故障故障树(page 3 - 12)

对于控制面板,根据气象雷达控制面板的工作模式,气象模式时无湍流告警,湍流模式时无高度告警,而气象/湍流模式时兼具两种警报。故气象雷达的模式选择旋钮可能导致故障的发生。而更高层次的 AESS 模式选择开关可选择 TCAS+TAWS 或 TCAS+WXR 模式,若模式选择按钮故障也可能造成气象雷达的整体丧失/故障/意外告警。

对于气象雷达各功能的抑制情况:气象功能在飞机飞行的所有阶段都适用,湍流在空气流速大的阶段出现,故湍流检测功能多用于飞机在高空的巡航阶段;关于气象模式和湍流模式的意外告警情况,分析如图 8.61 所示。

(5) 气象雷达地图模式失效。

地图模式为 WXR 根据来自雷达反射的数据绘制飞机航行区域的地面情况,并显示在 ND 显示屏上。由上述可知该模式的故障原因主要来自系统内部、输入信号或是控制面板等。因其工作机制与气象功能基本相同,故不在此展开分析。

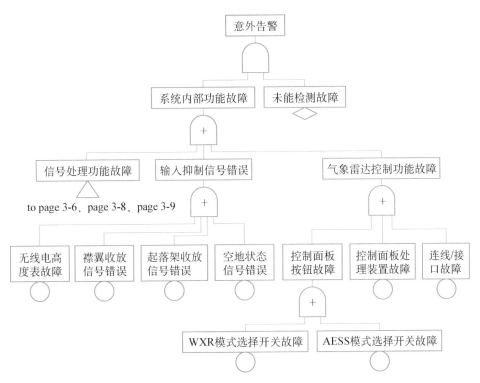

图 8.61　气象模式和湍流模式检测功能意外告警故障树(page 3 - 13)

8.5.2.5　基于 PSSA 的危险三角形对应

基于 PSSA 的危险三角形对应表如表 8.9 所示。

表 8.9　基于 PSSA 的危险三角形对应表

HE	IM	T/T
无线电高度表系统	● 内部系统故障； ● I/O 接口、传输线路等故障	● 无法获得真实高度，TCAS 模块功能可能失效；TAWS 模块地形感知告警功能 mode1 - mode6 及前视功能失效； ● WXR 各模块功能失效
ADIRS 系统	● 内部系统故障； ● I/O 接口、传输线路等故障	● TCAS 模块功能可能失效；地形感知告警部分功能失效； ● WXR 部分功能失效

HE	IM	T/T
IRS 系统	● 内部系统故障； ● I/O 接口、传输线路等故障	● TCAS 模块功能可能失效；地形感知和告警部分功能失效； ● WXR 部分功能失效
FMS 系统	● 内部系统故障； ● I/O 接口、传输线路等故障	地形感知和告警部分功能失效
GPS 系统	● 内部系统故障； ● I/O 接口、传输线路等故障	地形感知和告警部分功能失效
ILS 系统	● 内部系统故障； ● I/O 接口、传输线路等故障	地形感知和告警部分功能失效（例如模式 5）
起落架/襟翼收放选择开关	● 起落架/襟翼收放开关故障； ● I/O 接口、传输线路等故障	● 地形感知和告警部分功能失效（例如模式 2、模式 3、模式 4、模式 5）； ● WXR 风切变检测功能失效
下滑道关闭开关	● 下滑道关闭开关故障； ● I/O 接口、传输线路等故障	地形感知和告警部分功能失效（模式 5）
进近模式开关（信号）	进近模式信号错误/连接错误	地形感知和告警部分功能失效（模式 5）
AESS 综合数据处理单元（TCAS 模块）	● 共模故障（电源、环境等）； ● TCAS 模块硬、软件故障	● TCAS 模块交通咨询功能失效； ● TCAS 模块决断告警功能失效；
AESS 综合数据处理单元（TAWS 模块）	● 共模故障（电源、环境等）； ● TAWS 模块硬、软件故障	● TAWS 模块地形感知和告警功能模式 1～模式 6 失效； ● TAWS 模块前视功能失效
AESS 综合数据处理单元（WXR 模块）	● 共模故障（电源、环境等）； ● WXR 模块硬、软件故障	● WXR 模块气象功能失效； ● WXR 模块湍流检测功能失效； ● WXR 模块风切变检测功能失效； ● WXR 模块地图功能失效
地形数据库	● 未及时更新； ● 地形数据库错误； ● 数据库读取错误	● TAWS 模块前视功能失效； ● WXR 模块天线自动扫描功能失效；

（续表）

HE	IM	T/T
AESS 综合数据处理单元（数据综合模块）	● 共模故障（电源、环境等）； ● 数据综合模块硬、软件故障； ● I/O 接口、联机模块故障	● TCAS 模块危险评估/避撞告警功能失效； ● TAWS 模块地形感知和告警功能模式 1～模式 6 失效； ● TAWS 模块前视功能失效； ● WXR 模块所有功能失效
AESS 综合数据处理单元（数据综合模块）	● 共模故障（电源、环境等）； ● 健康监测模块硬、软件故障	● AESS 各功能无法保证输出信号的有效性
控制装置	● 控制面板按钮故障（AESS 模式切换、各功能模式选择、抑制按钮等）； ● 控制装置联机故障	● AESS 各功能无法调整模式/丧失功能
告警装置	● 显示设备面板故障； ● 扬声器故障； ● 告警设备 I/O 接口、联机故障； ● 告警设备继电器故障	● AESS 丧失视觉/听觉告警功能，飞行员无法感知飞机周围环境状态
天线组	● 天线内部线路故障； ● 天线驱动器、底座故障； ● 雷达罩故障	● 无法接收信号，感知飞机周围环境，丧失环境监视功能
雷达收发机	● 共模故障（电源、环境等）； ● 雷达接收机硬、软件故障	● 无法驱动天线发射或接受雷达信号与处理信号，丧失 WXR 模块功能

8.5.3　系统 SSA 评估

8.5.3.1　软件功能 SSA 评估

1）系统嵌入式软件架构设计

AESS 整个系统嵌入式系统软件包括数据综合与健康监测模块和用户接

口模块、TCAS 模块、TAWS 模块和 WXR 信号处理模块几大部分[9]。

2）数据综合模块软件 SSA 评估

基于软件架构的层次划分可对数据综合模块开展 FMEA 评估，分析表见附录 6。

3）TCAS/TAWS 模块软件 SSA 评估

基于软件架构的层次划分可对 TCAS/TAWS 模块开展 FMEA 评估，分析表见附录 7。

4）WXR 模块软件 SSA 评估

对于 WXR 模块来说，其软件下层架构与其他子模块基本相同，不同之处在于应用层的功能分配。故针对 WXR 模块的应用层单独开展 FMEA 评估，分析表见附录 8。

5）基于软件 SSA 评估的危险三角形对应

在对于系统软件开展危险三角形分析时，由之前章节可知危险三角形理论与 FMEA 方法的原理基本相同，故在已有 FMEA 评估的基础上，只需将 HE 对应为各模块，IM 对应故障条件，T/T 对应故障影响即可直接从 FMEA/FMES 分析得到危险三角形的各要素（见表 8.10）。

表 8.10　软件模块的危险三角形对应表

HE（对应功能所在部位）	IM（故障条件）	T/T（故障及故障影响）
数据综合模块子系统协调子模块	软件模块内部故障/算法错误	不能进行多信号协调与优先级排序，无法将告警信息融合/错误融合
数据综合模块数据分发子模块	软件模块内部故障/算法错误	无法导入控制面板的控制信息；无法将多元告警信息融合后输送至用户端
数据综合模块雷达后处理功能	软件模块内部故障/算法错误	错误处理气象雷达信号，丧失气象功能，无法完成多元告警信息的融合

（续表）

HE(对应功能所在部位)	IM(故障条件)	T/T(故障及故障影响)
TCAS 模块监视器	软件模块内部故障/算法错误	无法识别入侵飞机,实现对外监视并进行后续评估,TCAS 功能失效
TCAS 模块收发模块	软件模块内部故障/算法错误	无法向其他系统发送/接收信息,无法实现对外监视并进行后续评估,TCAS 功能失效
TCAS 模块防撞系统	软件模块内部故障/算法错误	信号处理功能失效,无法实现危险分析与冲突告警计算,TCAS 功能失效
TAWS 模块地形数据读取	输入信号错误/译码算法错误	无法读取地形资料/错误处理,无法获知本机状态,TAWS 功能失效
TAWS 模块地形数据分析	● 地形库错误; ● 地形库读取失败; ● 软件模块内部故障/算法错误	地形库数据读取错误/对比算法故障,无法通过对比信号进行分析,TAWS 功能失效
TAWS 模块告警模式判定	软件模块内部故障/算法错误	无法判定告警模式/告警模式判断错误/告警信号生成错误,无法评判危险并发出告警,TAWS 功能失效
主控程序	● 系统分区通信功能故障; ● TCAS/TAWS 功能模块输入故障; ● 软件模块内部故障/算法错误	系统间通信故障/错误调度,无法完成 TCAS、TAWS 功能融合/错误融合
WXR 模块雷达信号处理	软件模块内部故障/算法错误	无法译码/错误译码,无法对接收数据处理完成下一步进程,WXR 功能失效
WXR 模块雷达数据处理(算法)	软件模块内部故障/算法错误	输入数据的错误处理,WXR 功能失效

HE（对应功能所在部位）	IM（故障条件）	T/T（故障及故障影响）
WXR 模块雷达伺服控制	软件模块内部故障/算法错误	伺服控制模块失效，无法对收发信号控制，WXR 功能失效
WXR 模块雷达输出告警子模块	软件模块内部故障/算法错误	错误告警模式，WXR 功能失效
内核层处理机管理	● 时间分配错误； ● 软件模块内部故障/算法错误	无法进行多任务调度/错误调度顺序/调度数据遗失。无法完成数据的时间管理，信号调度顺序混乱，无法完成告警信息融合
内核层内存管理	● 地址空间分区冲突/覆盖； ● 地址空间容量较小/数据量过大； ● 进程的地址空间分配错误； ● 地址空间调用/访问错误； ● 算法错误	内存空间错误/进程数据丢失/调用错误数据；无法完成数据的空间管理，信号存储或调用错误，无法完成告警信息融合
内核层分区调度	模块内部故障/算法错误	无法完成进程调度/调度错误；无法完成各个应用程序分区的相关功能，从而无法完成告警信息融合
内核层分区保护	模块内部故障/算法错误	分区保护失效，各分区信息串扰，造成功能独立性被破坏，无法完成告警信息融合
内核层分区通信	模块内部故障/算法错误	通信数据错误/通信不同步；无法正确收发数据，造成功能隔离，导致进程错误/中断，从而无法完成告警信息融合
CPCI（TCAS/TAWS/WXR 模块）	线缆故障	数据传输错误，无法向处理机中数据综合模块交换信息

(续表)

HE(对应功能所在部位)	IM(故障条件)	T/T(故障及故障影响)
AFDX(数据综合模块)	线缆故障	数据传输错误,无法与控制系统、告警系统等交换信息
CPCI(数据综合模块)	线缆故障	数据传输错误,无法与处理机中其他模块交换信息
驱动(数据综合模块)	驱动错误	丧失系统内、外信息交换能力

8.5.3.2 硬件功能 SSA 评估

1) AESS 系统架构设计

依据 AESS 功能样机,其硬件包括 1 套 8MCU 的 AESS 综合处理机、1 套 AESS 综合控制台、1 套 AESS 综合显示器、1 套接口转换板和航空线缆(可以与内部系统及其他航空电子系统接口转换器和综合视景仿真器对接)。其中 AESS 综合处理机包括 TCAS 数据处理模块、TAWS 数据处理模块、WXR 数据处理模块、数据综合模块(包括健康管理功能)[9]。

2) 数据综合模块硬件 SSA 评估

基于硬件架构的层次划分可对数据综合模块开展 FMEA 评估,分析表见附录 9。

3) TCAS/TAWS 模块硬件 SSA 评估

基于硬件架构的层次划分可对 TCAS/TAWS 模块开展 FMEA 评估,分析表见附录 10。

4) WXR 模块硬件 SSA 评估

对于 WXR 模块来说,其软件下层架构与 TCAS/TAWS 基本相同,不同之处在于应用层的功能分配。故针对 WXR 模块的应用层单独开展 FMEA 分析,分析表见附录 11。

5) 基于硬件 SSA 评估的危险三角形对应

因为 FMEA 的分析思想与危险三角形基本相同,两者具有很强的对应关系,将 HE 对应为各硬件单元,IM 对应故障条件,T/T 对应故障影响即可在 FMEA 分析的基础上得到危险三角形的各要素如表 8.11 所示。

表 8.11　硬件模块的危险三角形对应表(TCAS/TAWS 模块)

HE(各硬件单元)	IM(故障条件)	T/T(故障及故障影响)
C - PCI 背板	界面故障	无法供电,TCAS/TAWS 模块功能失效
MPC 处理器和 VxWork 操作系统(FLASH 中)	处理器故障或操作系统故障	无法对输入数据综合,TCAS/TAWS 模块功能失效
XPDR 收发模块	收发模块硬件故障;天线故障	无法接收与发送雷达信号,TCAS/TAWS 模块功能失效
内存(SD - RAM)	内存单元故障	无法暂存/读取进程信息或错误存取,TCAS/TAWS 模块功能失效
FLASH	内存单元故障	无法储存/读取进程信息或错误存取,TCAS/TAWS 模块功能失效
	地形数据库错误	无法读取地形数据库,TAWS 模块前视功能失效
PCI SLAVOR 界面	接口故障、传输线故障	无法与其他模块交互,无法完成告警数据的融合

表 8.12　硬件模块的危险三角形对应表(WXR 模块)

HE(各硬件单元)	IM(故障条件)	T/T(故障及故障影响)
C - PCI 背板	界面故障	无法供电,WXR 模块功能失效
DSP 处理器和 VxWork 操作系统(FLASH 中)	处理器故障或操作系统故障	无法对输入数据综合/错误综合,WXR 模块功能失效
FPGA	处理器故障或操作系统故障	无法程序设计/程序设计电路错误,WXR 模块功能失效
XPDR 收发模块	收发模块硬件故障/天线故障	无法接收与发送雷达信号,WXR 模块功能失效

(续表)

HE(各硬件单元)	IM(故障条件)	T/T(故障及故障影响)
内存(SD-RAM)	内存单元故障	无法暂存/读取进程信息或错误存取,WXR 模块功能失效
内存(FLASH)	内存单元故障	无法储存/读取进程信息或错误存取,WXR 模块功能失效
PCI SLAVOR 界面	接口故障、传输线故障	无法与其他模块交互,WXR 模块功能失效

表 8.13 硬件模块的危险三角形对应表(数据综合模块)

HE(各硬件单元)	IM(故障条件)	T/T(故障及故障影响)
C-PCI 背板	界面故障	无法供电,无法完成告警信息融合
MPC 处理器 + VxWork 操作系统(FLASH 中)	处理器故障或操作系统故障	无法对输入数据综合/错误综合
内存(SD-RAM)	内存单元故障	无法暂存/读取进程信息或错误存取,无法完成告警信息融合功能
内存(FLASH)	内存内存故障/软件故障	无法储存/读取进程信息或错误存取,无法完成告警信息融合功能
PCI MASTER 界面	接口故障、传输线故障	无法与其他模块、子系统、系统交互,无法完成告警信息融合功能

参考文献

［1］Ericson C A. Hazard Analysis Techniques for System Safety[M]. Hoboken，New Jersey：John Wiley & Sons，Inc.，2005：13-29.

［2］SAE ARP 4754 A Guidelines for Development of Civil Aircraft and Systems[S]. SAE，2009.

［3］SAE ARP 4761 Guidelines and Methods for Conducting the Safety Assessment Process on Civil Airborne Systems and Equipment[S]. SAE，1996.

［4］AC 25. 1309-1A System Design and Analysis［R］. Federal Aviation Administration，June 21，1988.

［5］刘建军，孙有朝. 功能危险分析在大型复杂系统中的应用[J]. 民用飞机设计与研究，2004(01)：35-40.

［6］Ananda C M. General aviation aircraft avionics：Integration & system tests[J]. IEEE Aerospace & Electronic Systems Magazine，2009，24(5)：19-25.

［7］金德琨. 民用飞机航空电子系统[M]. 上海：上海交通大学出版社，2011.

［8］Probabilistic Risk Assessment Procedures Guide for NASA Managers and Practitioners[R]. NASA，August，2002.

［9］肖刚,敬忠良,李元祥,等. 综合化飞机环境监视系统研究及其数字仿真测试[J]. 航空学报,2012,33(12)：2279-2290.

［10］Allenby K，Kelly T . Deriving safety requirements using scenarios［C］. Fifth IEEE International Symposium on Requirements Engineering. USA：IEEE Computer Society Press,2001：228-235.

［11］陈广永,文培乾,刘健,等.地形感知与告警系统测试平台设计[J].航空电子技术，2014,45(4)：31-35.

［12］杨超.地形感知和告警系统(TAWS)研究及仿真实现［D].上海：上海交通大学,2011.

[13] 廉佳.TCAS 防撞系统空中故障分析[J].西安航空学院学报,2013(5):31-33.

[14] 齐荣林.机载气象雷达的原理及常见故障分析[J].科技视界,2016(17):109-110.

[15] 和麟,黄潇瑶,马存宝,等.基于故障树的机载气象雷达系统安全性分析[J].机械与电子,2011(10):11-14.

9

飞机综合监视系统
测试验证

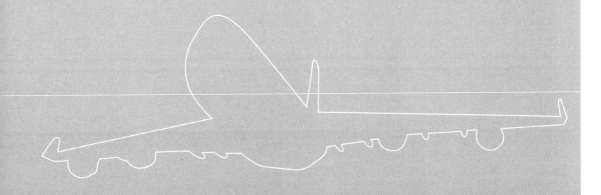

9.1 综合监视系统测试验证平台

综合监视系统测试验证平台主要用于综合监视系统设计开发全周期的系统测试验证工作。按照 ARP 4754A 的要求,民机设备系统级的验证从设计初期开始,在系统设计的每个阶段都需要对各个阶段的设计结果进行验证和确认,保证各个阶段的设计对需求的符合性,最终为适航审查提供充分的符合性证据。如图 9.1 所示,在整个系统研制过程中,要经过数字在环测试验证、半物理仿真测试验证和系统集成测试验证三个阶段的系统验证。

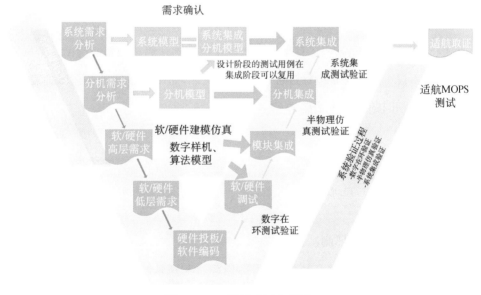

图 9.1 ISS 测试验证流程图

首先在初步设计阶段,将通过搭建数字在环测试验证环境,对设计的算法、功能软件以及系统的模型进行验证,保证系统的设计符合需求定义,验证其完整性和正确性。

在详细设计阶段,在数字仿真环境的基础上,通过使用真实的物理信号代替数字模型,部分使用真实的物理接口代替数字接口,逐件迭代,对各分机进行半物理仿真测试验证,保证分机的正确性。半物理仿真测试可验证系统的信号处理能力、与硬件相关的底层软件以及软硬件协同工作能力。

最后,在系统集成测试阶段,将通过模拟真实的飞机环境对系统的接口进行测试验证。与半物理测试验证相比,系统集成测试验证时使用了真实的机载数据接口以及真实的接口控制文件(interface control document, ICD),对接口数据有严格的时序要求。此外,系统集成测试验证阶段还增加了故障诊断和检测功能以及高速数据记录功能,故障诊断和检测系统将导入整个系统 FMEA和 FTA 的数据并结合测试性的设计要求,保证所有 FMEA 分析到的故障和故障模块都能得到定位。

上述三个测试验证过程,层层递进,相辅相成,完整覆盖了整个综合监视系统的研制过程,共同完成了整个综合监视系统的确认测试和集成测试。测试验证平台不仅可用于整个设计过程中的测试验证,还用于后期外场故障的复现、故障定位和问题归零等工作。

9.2 ISS 测试验证过程

9.2.1 数字在环测试验证

综合监视系统数字在环测试验证,以综合监视系统气象监视模型、交通监视模型、地形监视模型为测试验证对象,通过建立气象雷达数字目标模型、反应式低空风切变飞机响应模型、近地防撞告警激励仿真模型、近地防撞地形与机场障碍物模型、多机飞行仿真模型、空管仿真模型,以及飞机飞行环境仿真设备、综合监视系统控制、显示与告警仿真设备、机外视景显示设备、综合监视系统数字仿真模型机、仿真管理与监控设备,对综合监视系统数字模型进行激励和测试用例仿真,实现基于数字仿真的综合监视系统需求与功能、性能验证(见图9.2)。

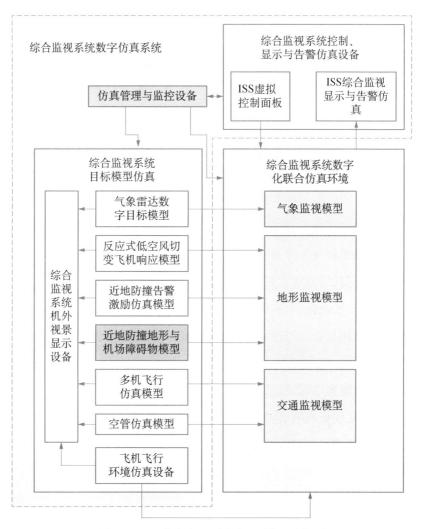

图 9.2　ISS 数字在环测试验证系统组成框图

9.2.2　半物理仿真测试验证

数字仿真测试验证主要功能是对系统的功能逻辑、算法数据处理能力进行验证。而半物理仿真测试验证在数字仿真测试验证的基础上,使用真实的物理信号代替数字模型,部分使用真实的物理接口代替数字接口,用分机迭代各个模型,对分机软硬件进行测试验证,主要测试系统的信号处理能力、内部接口、外部接口以及与电子硬件相关的底层软件功能等。

在半物理仿真测试验证阶段,对目标模型的模拟不再停留在数字阶段,需要通过将数字模型加载到射频目标仿真器中,产生相应的射频信号,对分机系统的信号处理能力进行测试验证,对各分机的接口测试也不再停留在数据阶段,而是通过真实的总线链路对系统的I/O处理能力进行测试验证。

综合监视系统半物理仿真测试验证系统包括:综合环境监视系统数字仿真平台、综合环境监视系统本机飞行环境仿真设备、综合环境监视系统控制设备、显示与告警仿真设备、综合环境监视系统机外场景显示设备、低空风切变飞机响应模型、近地防撞告警激励仿真模型、地形与障碍物模型、多机飞行仿真模型、空管仿真模型、气象雷达数字目标模型、气象目标仿真器、交通目标仿真器、地形监视功能激励设备、半物理模拟验证平台、外部接口测试设备、内部接口测试设备、半物理仿真管理与控制设备(见图9.3)。

9.2.3　系统集成测试验证

综合监视系统集成测试验证主要通过模拟真实的飞机环境,对整个综合监视系统进行功能和性能的验证测试。与数字仿真测试验证和半物理仿真测试验证不同,系统集成测试验证将使用真实的飞机数据接口、真实的ICD,并且对一些飞机数据有较为严格的时序要求,保证综合监视系统的设计满足飞机级和航电系统级的需求。此外,集成测试设备还要用于对系统进行故障诊断和故障检测。

综合监视系统集成测试设备包括:供电及电源测试设备、系统总线与接口测试设备、故障诊断和检测系统、航电系统仿真器、集成测试管理工具、交通子系统测试开发管理工具、系统集成网络、故障注入设备、交通监视目标模拟组

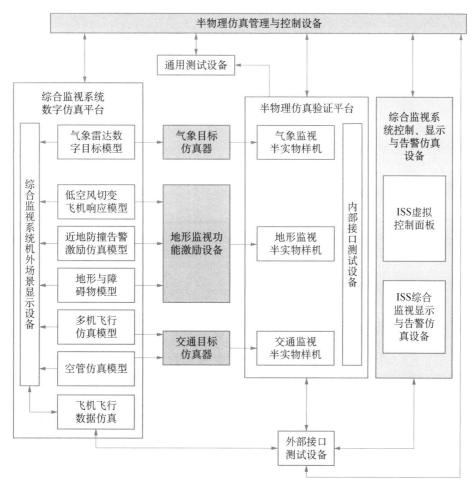

图 9.3　ISS 半物理仿真测试验证系统组成框图

件、空管系统仿真、机载视景仿真设备、他机 TCAS 仿真、他机应答机仿真、气象回波记录回放设备、多机协同仿真系统、系统集成总控台、AFDX 数据记录分析设备、地形监视功能激励设备、射频数据高速记录设备、气象目标模拟器、交通目标模拟器等(见图 9.4)。

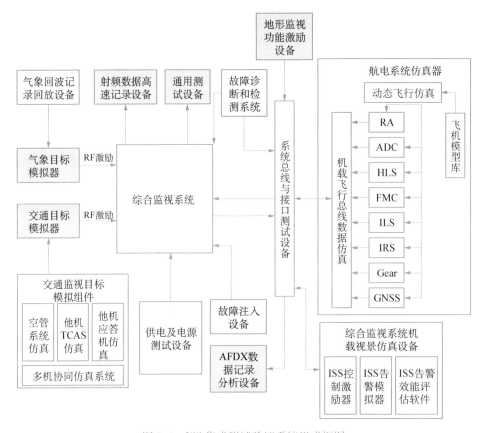

图 9.4　ISS 集成测试验证系统组成框图

9.3　分列式监视数字仿真系统测试验证

本节介绍分列式监视数字仿真系统测试验证的用例。如图 9.2 所示,数字仿真平台核心是针对包含有 ISS 机外视景显示、飞机飞行环境仿真的目标模型作为输入,激励 ISS 各独立分系统模型,获得 ISS 数字在环的输出响应。ISS 数字仿真系统包括 TAWS 模型、TCAS 模型以及 WXR 模型以及独立分系统综合所需的数据综合软件。这个系统平台提供一种较为完善的 ISS 数字样机在环仿真测试环境。

9.3.1　测试验证流程

数字在环测试验证具体的设计流程和内容包括[1]：

（1）飞行导条设计。飞行导条内容包括 TAWS 事件、TCAS 事件以及 WXR 事件在飞机飞行航路上的设置与相关模型加载。其中，TAWS 事件包括模式 1～模式 6 以及反应式风切变模型、前视告警事件模型；TCAS 事件中则主要包括 TCAS 场景仿真模型以及入侵飞机模拟器模型；WXR 事件则主要包括预测式风切变、湍流、雷暴等气象事件。

（2）飞行导条导入。在飞行管理系统（FMS）与飞行动态仿真软件中导入飞行导条。FMS 仿真软件将飞机起飞、事件过程及降落整套飞行过程数据仿真并产生出来。同时 FMS 仿真软件还负责与飞行员操纵模拟交互，对飞机操纵杆、油门等指令做出响应，形成人在回路动态测试过程。

（3）测试数据激励。FMS 依据飞行导条及飞行员在回路的环境下，生成整个飞行验证环境的数据，对待测试的数字样机进行数据激励。

（4）全过程模拟与分析。视景系统包括对机内环境仿真（如机内座舱显示仿真）以及机外环境（如机舱外部视觉环境等）过程模拟。而数据统计分析计算机则负责对整个系统流程中的数据进行统计分析比较，以便得出对算法的功能、性能评估以及仿真置信度评估分析。

9.3.2　测试验证设计约束

数字在环测试验证的仿真设计约束包括：仿真架构约束、仿真总线约束、仿真机机型约束、系统组成与配置约束、软件设计工具及环境约束等[2, 3]。部分约束条件如下：

（1）仿真总体架构：基于高级架构的分布式仿真。

（2）仿真总线类型：符合 ARINC 768 协议标准的数据级激励型数据传输

网络。

(3) 主仿真机机型：Hp Elite 7100MT - Core i3 - 550(3.20G/4M/2core)
＋2G DDR3。

(4) 系统硬件配置：PC 计算机 12 台,以太网交换机 2 台,双位虚拟座舱
1 台,综合显示与视景模拟装置 1 套,工程师操作台 2 套。

(5) 软件设计工具/环境：Windows XP/Visual Studio 2008/OpenGL/
MATLAB 2007。

9.3.3 测试验证仿真条件

数字在环测试验证的动态仿真条件设计如下:

(1) 动态仿真：由 FMS 模块驱动,ISS 仿真与 FMS/飞控交联,人在回路
动态飞行试验。

(2) TAWS 模块：近地告警模式 1～模式 6。

(3) TCAS 模块：单机垂直避撞态势,含他机入侵及应答机响应。

(4) WXR 模块：WXR 反演数据显示/三维云反演。

(5) 综合显示与视景生成：依据系统基本数据参数实施同步显示。

9.3.4 测试验证过程及结果分析

以上海浦东国际机场飞往济南遥墙国际机场航路为例进行测试验证。
图 9.5～图 9.8 给出该航路飞行导条示意图和仿真参数(航迹地形、航路飞行
高度及上升、下降段高度)。

飞行导条设计是在进程仿真测试和事件加载之前对飞行事件属性进行定
义和描述。依据上述航路及航迹地形设计了 6 个典型事件,并分别进行了对应
的设计和仿真。

事件 1：如图 9.9 所示,起飞 36 s 后遭遇风切变,飞机改变航迹角加速爬升。

事件 2：如图 9.10 所示,飞机 TAWS 告警。

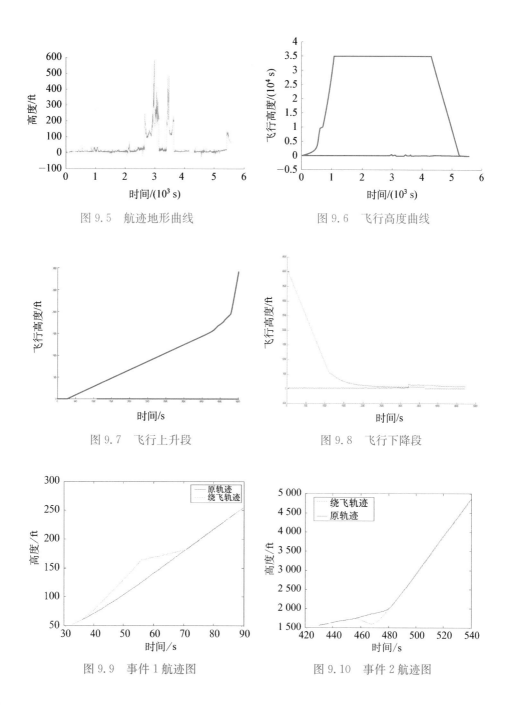

图 9.5　航迹地形曲线

图 9.6　飞行高度曲线

图 9.7　飞行上升段

图 9.8　飞行下降段

图 9.9　事件 1 航迹图

图 9.10　事件 2 航迹图

事件 3：如图 9.11 所示，TCAS 报警，飞机下降 300 m，之后返回原轨迹。

事件 4：WXR 湍流事件，飞机不改变轨迹。

事件 5：如图 9.12 所示，遇到雷暴区飞机绕飞，时间点从 1 830 s 开始到 2 440 s 结束。

事件 6：如图 9.13 所示，飞机降落段 TAWS 告警。

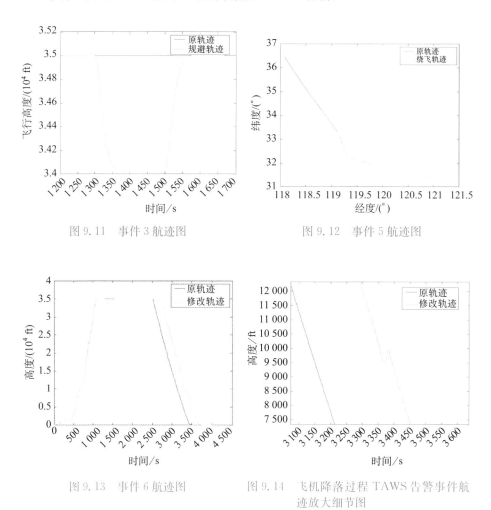

图 9.11　事件 3 航迹图　　　　　图 9.12　事件 5 航迹图

图 9.13　事件 6 航迹图　　　图 9.14　飞机降落过程 TAWS 告警事件航
　　　　　　　　　　　　　　　　　　迹放大细节图

从图 9.9～图 9.14 中可以看出，由于飞机在规避各种告警时修改轨迹以及在躲避雷暴天气时进行了大范围绕飞，实际降落时间与预计降落时间是不同的。原轨迹在 3 783.1 s 降落完成，绕飞轨迹在 4 020.4 s 降落。图 9.14 给出了降落过程 TAWS 告警事件航迹放大细节图。

此外,ISS 仿真系统针对综合显示与告警系统有两种显示策略。当仿真设计约束允许时,综合显示与告警系统会综合两个分系统的画面进行叠加显示。如当用户选择 WXR 和 TCAS 叠加显示策略时,综合显示与告警系统会将这两个分系统画面进行叠加处理,如图 9.15 所示。

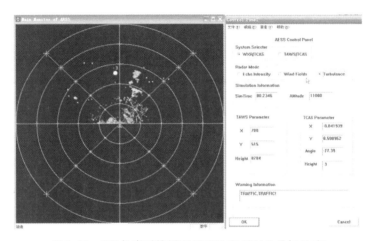

图 9.15   ISS 仿真系统界面(WXR 和 TCAS 叠加显示)

控制面板所选择气象雷达模式是湍流,而画面中黄色实心圆圈代表威胁飞机的位置,告警信息显示此时系统有 TCAS 的 TA 告警(TRAFFIC,TRAFFIC)。图 9.16 为垂直剖面飞行轨迹及主要参数综合显示界面。

通过构建基于高级架构的 ISS 仿真系统并进行飞行导条全过程测试可知[4],该仿真系统可对 ISS 关键技术进行仿真,仿真系统具有良好的同步性,画面显示清晰流畅,从而实现了在软件上对于 ISS 各分系统的功能集成测试验证。具体性能分析如下:

(1) 飞行导条仿真在高级架构下 ISS 数字仿真系统上进行,属于 ISS 静态场景仿真,仿真运行持续时间为 2 min 40 s。仿真过程中各分系统正常运行,综合显示与告警系统的叠加画面显示与语音告警输出清晰、流畅,与飞行环境仿真系统的场景显示保持同步。综合显示与告警系统的控制面板的相关功能均

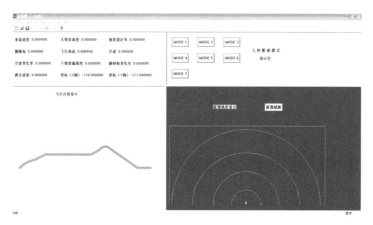

图 9.16　垂直剖面飞行轨迹及主要参数综合显示界面

可正常使用,画面切换顺利。

在网络传输方面,综合显示与告警系统在刷新周期为 0.5~1 s 的情况下基本不存在丢包现象,系统传输性能良好,符合设计要求。而飞行环境仿真系统由于其内建的路径点插值算法,其显示流畅性并不完全取决于网络传输,在硬件仿真环境下,系统具有接近 30 Hz 的帧刷新频率。

因此 ISS 数字仿真平台能够顺利完成整个预定场景的仿真,可实现单机数字样机功能集成仿真,完成对关键模型算法的验证。

(2) 人在回路的飞行导条仿真为 ISS 动态过程仿真。从上海浦东国际机场飞往济南遥墙国际机场的仿真运行全过程耗时 1 h 30 min。

仿真过程中各分系统正常运行,综合显示与告警系统的叠加画面显示与语音告警输出清晰、流畅,与飞行环境仿真系统的场景显示保持同步。综合显示与告警系统的控制面板的相关功能均可正常使用,画面切换顺利。

在网络传输方面,综合显示与告警系统的刷新速度得到提升,达到 30 帧/秒,接近实时仿真,系统传输性能良好,符合设计要求。可以实现飞行环境仿真系统与 ISS 数字样机各类算法动态交联与近实时测试。

飞行员通过飞行操纵杆以及发动机油门等操纵界面介入飞行过程。飞行操纵可在自动驾驶仪与飞行员操纵之间切换,系统运行正常,测试结果正确。

在 ISS 数字仿真系统的仿真测试过程中,各单项测试内容和测试结果列于表 9.1。

表 9.1　单项测试结果记录表

事　件	测　　试	测 试 结 果
事件 1	WXR 预测式风切变	WXR 告警并显示画面
事件 2	TAWS 模式 1 告警	TAWS 告警并显示画面
事件 3	TCAS 垂直避撞告警	TCAS 告警并显示画面
事件 4	WXR 湍流告警	WXR 告警并显示画面
事件 5	WXR 雷暴告警	WXR 告警并显示画面
事件 6	TAWS 前视地形告警	TAWS 告警并显示画面

9.4　综合监视数字仿真系统测试验证

9.4.1　综合监视数字仿真系统架构

综合监视系统基于 IMA 系统架构,使得传感器输入处理、输出接口等模块与信息处理模块分离;并且功能软件化,取代了原来由硬件实现的功能,运行在通用计算设备之上。通用计算设备采用 COTS 硬件,运行符合 ARINC 653 标准的分区实时操作系统,整个设备可以分为硬件层、硬件模块支持层、操作系统核心层和应用层,ISS 仿真程序的各个模块运行于应用层的不同分区之中,通过 APEX 接口与底层操作系统相交联。

综合监视系统仿真器的 WXR、TCAS(包含 XPDR)和 TAWS 告警模块分别成为单个软件模块,进行告警信息处理。WXR 告警模块对输入的 WXR 天线回波信号进行处理,识别出雨、雪、冰雹等降水目标以及湍流和风切变等气象目标,给出告警信息,并且以不同颜色的图像标识出不同强度的气象条件,输出到导航显示器上;TAWS 告警模块对来自大气数据计算机、惯性导航系统、GNSS(global navigation satellite system)等传感器的输入数据进行处理,进行 GPWS(ground proximity warning system)模式 1～模式 6 的告警判断,输出告警文字信息和语音信息,同时 TAWS 结合 DEM(digital elevation model)地形数据,对飞机前方的地形危险程度进行判断,以不同颜色进行标识,将图像输出到导航显示器上;TCAS 告警模块同样通过本机传感器获得自身位置等信息,通过 XPDR 接收其他飞机的位置等信息,进行航迹预测和告警判断,以不同的图形符号标识出不同危险程度的入侵飞机,输出到导航显示器上,并给出告警文字和语音信息。

飞机环境监视系统综合增加了输入数据,对输入的传感器数据进行融合,提升输入数据的精度和置信度,提升各模块的告警准确率;并且增加了告警信息综合决策模块,对各个告警模块输出的告警信息进行综合处理,并反馈到各个告警模块之中进行迭代,给出优化后的告警信息和规避动作,有效提升对潜在危险环境的检测率。

因此,综合监视数字仿真系统典型架构如图 9.17 所示,ISS 仿真器所需的输入数据由激励器产生,激励器使用飞行模拟软件对机内和机外环境进行模拟,并且可以通过动态连接的多个飞行模拟软件模拟出 TCAS 所需的入侵飞机信息。

ISS 仿真器的输出数据发送到显示与控制平台,使用综合显示仿真软件对导航等显示器进行模拟,显示各个模块输出到 EFIS 的告警文字和图像,此外通过扬声器等设备播放语音告警,并通过飞行摇杆等操作设备控制飞行仿真器,进行完整的人在回路的模拟。

综合监视系统数字仿真验证环境主要包括激励器、原型机 A 和 B、数字样机以及显示控制平台。激励器主要模拟机内和机外环境,为综合监视系统提供激励数据;原型机模拟 IMA 系统架构下的通用计算设备,为综合监视系统功能

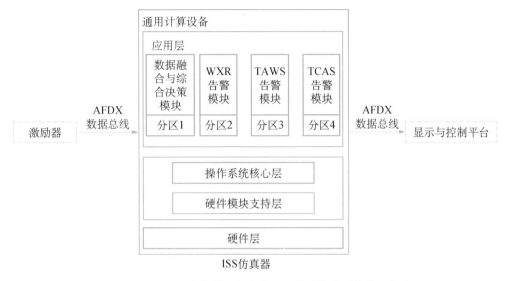

图 9.17   IMA 系统架构下的综合监视数字仿真系统典型架构

软件提供软硬件资源,进行资源的分配和分区调度等功能。原型机包括 A 控制柜和 B 控制柜,为 TCAS 提供双机空中动态测试环境;显示与控制平台模拟飞机的显控系统,为综合监视系统的输出数据提供显示平台,同时对激励器和原型机进行操作控制。综合监视系统仿真验证测试环境结构如图 9.18 所示。

9.4.2   综合监视数字仿真系统功能测试

综合监视系统数字仿真系统功能测试主要包括 ISS 激励器软件包功能测试、ISS 数字样机软件系统功能测试、ISS 原型机软件系统功能测试以及 ISS 故障注入,资源重构与任务调度功能测试和 ISS 可视化评估测试。

9.4.2.1   ISS 激励器软件包功能测试

1) 测试对象与功能

ISS 激励器软件包功能测试是对激励器软件包中的 ISS 综合激励器系统软件(模块)、WXR 激励器软件(模块)、TAWS 激励器软件(模块)、TCAS 激励器软件(模块)、飞行环境激励器软件(模块)的功能进行测试。通过启动联网通信软件与数字样机和综合显示软件建立连接,从综合显示软件界面评价激励器

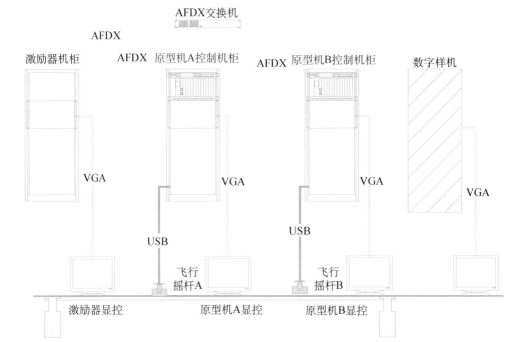

图 9.18　综合监视系统仿真验证测试环境结构

数据是否正常输出来测试 ISS 综合激励器系统软件(模块)是否能够提供激励器对外输出数据的详细信息以及以下功能是否正常：

WXR 激励器软件(模块)提供典型风切变、湍流、雷暴、云场数据激励数据源；

TAWS 激励器软件(模块)提供飞机近地告警所需的飞行参数；

TCAS 激励器软件(模块)提供典型单机/多机空中防撞飞行参数；

飞行环境激励器软件(模块)提供典型飞行场景。

2) 测试方法

打开激励器软件(见图 9.19)和激励器引导条软件,获取离线飞行场景数据(见图 9.19～图 9.22)和建立飞行激励数据网络通信(见图 9.23),即可通过网络通信软件向 ISS 数字样机或原型机发送激励数据。

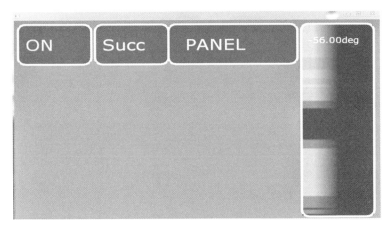

图 9.19　激励器软件

3）测试结果

通过上述方法测试，激励器引导条 ID 栏可以看到单架或多架飞机编号动态滚动（见图 9.24），经度（LON）、纬度（LAT）、高度（ALT）、航向角（YAW）等数据变化过程正常（即属于同一 ID 的数据应该连续变化并在正常飞行范围内），激励器软件右方黑色窗口动态显示出 WXR 激励信号。且 WXR 激励器软件能正常激励 WXR 模块工作，TCAS 激励器软件能正常激励 TCAS 模块工作，TAWS 激励器软件能正常激励 TAWS 模块工作，综合激励器软件能正常激励 WXR、TCAS、TAWS 模块工作。

图 9.20　获取离线飞行场景数据 1

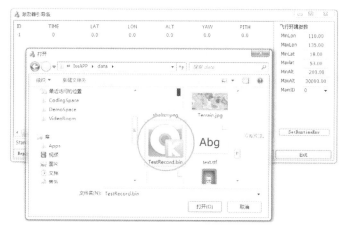

图 9.21 获取离线飞行场景数据 2

图 9.22 获取离线飞行场景数据 3

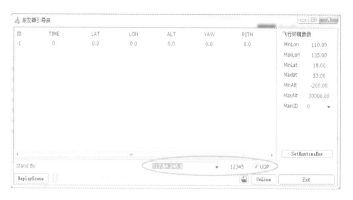

图 9.23 建立飞行激励数据网络通信

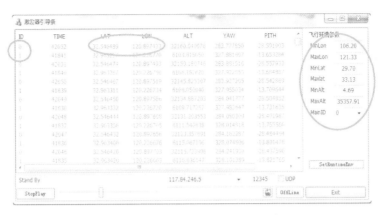

图 9.24　激励器有效数据输出状态

9.4.2.2　ISS 数字样机软件系统功能测试

1）测试对象与功能

ISS 数字样机软件系统功能测试对象包括 ISS 数字样机中的 WXR 任务软件功能模块、TAWS 任务软件功能模块、TCAS 任务软件功能模块。

WXR 任务软件功能包括：接收激励器数据输入，判断数据有效性，并根据特定的数据给出相应的响应；输出气象、湍流、风切变、地图等画面信息；输出风切变文字和音频告警信息；提供仿真器人机界面等。

TAWS 任务软件功能包括：接收激励器数据输入，并根据数据给出响应；输出特定的 TAWS 地形画面信息；模式 1～模式 6 基本功能（模式 1 下降率过大；模式 2 地形接近率过大；模式 3 起飞或复飞后爬升高度不够；模式 4 非着陆情况下的不安全越障高度；模式 5 下滑道偏离度过大；模式 6 侧倾角过大）；FLTA（前视地形回避）告警功能等。

TCAS 任务软件功能包括：具备冲突侦测、冲突预防、冲突解决基本功能；具备垂直方向冲突模型及其算法；可以静态/动态仿真垂直单/多目标典型情况下的规避策略等。

2）测试方法

（1）数字样机 WXR 任务软件测试方法。

431

图 9.25　WXR 控制面板

启动激励器软件和 ISS 数字样机软件，并使其正常运行。调整激励器 WXR 控制面板（见图 9.25）的增益按钮，测试 WXR 工作状态。正常工作状态下，较小的增益设置会得到较弱的回波画面，较大的增益设置会得到较强的回波画面，且湍流风切变等气象告警应被触发。

（2）数字样机 TAWS 任务软件测试方法。

启动激励器软件和 ISS 数字样机软件，并使其正常运行，通过通信软件将激励数据发送至 TAWS 数字样机软件。正常工作状态下，TAWS 模式 1～模式 6 告警及 FLTA 告警应被触发。

（3）数字样机 TCAS 任务软件测试方法。

启动激励器软件和 ISS 数字样机软件，并使其正常运行，通过通信软件将典型测试用例或者现场模拟飞行数据发送至 TCAS 数字样机软件，如图 9.26 所示。正常工作状态下，TCAS 单机或多机的 TA、RA 等告警应被触发。

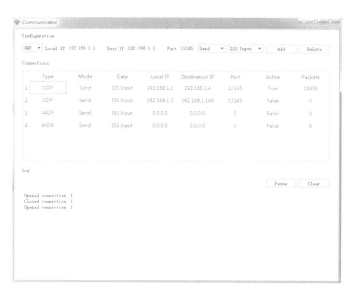

图 9.26　激励器到 TCAS 数字样机通信设置

3）测试结果

（1）数字样机 WXR 任务软件测试结果。

通过上述测试方法，WXR 任务软件在较小的增益设置下得到的回波画面较弱（见图 9.27）；在较大的增益设置下得到的回波画面较强（见图 9.28）；且当探测到湍流或风切变时，右下角告警灯亮起，湍流标记为紫色，风切标记变为红色（见图 9.29）。

图 9.27　WXR 的回波显示界面（较小增益）　图 9.28　WXR 的回波显示界面（较大增益）

（2）数字样机 TAWS 任务软件测试结果。

通过上述测试方法，TAWS 任务软件的模式 1～模式 6 告警均被触发。当下降率过大时，模式 1 CAUTION告警被触发，综合显示界面上出现了"SINKRATE"文字信息，发出了"SINKRATE SINKRATE"语音信息，CAUTION 告警灯点亮，如图 9.30所示；几秒钟后，模式 1 WARNING告警被触发，综合显示界面上出现了

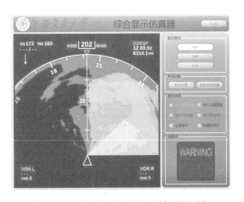

图 9.29　WXR 显示界面（气象告警）

433

"PULL UP"文字信息,发出了"PULL UP"语音信息,WARNING 告警灯点亮,如图 9.31 所示;之后,飞机拉起爬升,退出告警状态,文字告警和语音告警信息均消失,所有告警灯熄灭。

图 9.30　TAWS 模式 1 Caution 告警

图 9.31　TAWS 模式 1Warning 告警

当地形接近率过大时,模式 2 CAUTION 告警被触发,综合显示界面上出现了"TERRAIN"文字信息,发出了"TERRAIN,TERRAIN"语音信息,CAUTION 告警灯点亮(见图 9.32);紧接着,综合显示界面上出现了"PULL UP"文字信息,发出了"PULL UP"语音信息,WARNING 告警灯点亮(见图 9.33);之后,飞机逐渐拉起,CAUTION 告警再次被触发,综合显示界面上

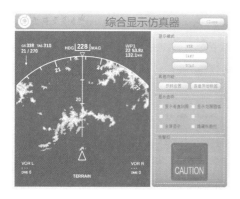

图 9.32　TAWS 模式 2 CAUTION 告警

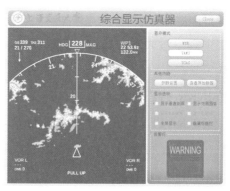

图 9.33　TAWS 模式 2 WARNING 告警

出现了"TERRAIN"文字信息,发出了"TERRAIN"语音信息,CAUTION 告警灯点亮;飞机继续拉起爬升,退出告警状态,文字告警和语音告警信息消失,所有告警灯熄灭。

当出现了起飞或复飞后爬升掉高情况时,模式 3 CAUTION 告警被触发,综合显示界面上出现了"DON'T SINK"文字信息,发出了"DON'T SINK"语音信息,CAUTION 告警灯点亮(见图 9.34);飞机进一步下降,持续出现CAUTION 告警;飞机拉起后,退出告警状态,文字告警和语音告警信息消失,所有告警灯熄灭。

图 9.34　TAWS模式 3 CAUTION 告警　　图 9.35　TAWS模式 4 CAUTION 告警

当达到非着陆状态下的不安全离地高度时,模式 4 CAUTION 告警被触发,综合显示界面上出现了"TOO LOW TERRAIN"文字信息,发出了"TOO LOW TERRAIN"语音信息,CAUTION 告警灯点亮(见图 9.35);之后,飞机拉起,退出告警状态,文字告警和语音告警信息消失,所有告警灯熄灭。

当在进近阶段下滑道偏离度过大时,模式 5 CAUTION 告警被触发,综合显示界面上出现了"GLIDESLOPE"文字信息,发出了"GLIDESLOPE"语音信息,CAUTION 告警灯点亮(见图 9.36);之后,飞机拉起,退出告警状态,文字告警和语音告警信息消失,所有告警灯熄灭。

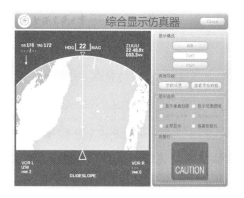

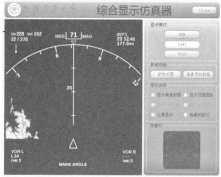

图 9.36　TAWS 模式 5 CAUTION 告警　　　图 9.37　TAWS 模式 6 告警

当飞行中倾斜角过大时,模式 6 告警被触发,综合显示界面上出现了
"BANK ANGLE"文字信息,发出了"BANK ANGLE"语音信息(见图 9.37);
之后,飞机改平,文字告警和语音告警信息消失。

当前视地形需要回避时,TAWS 前视地形回避告警(FLTA)被触发,综合
显示界面上出现了"CAUTION TERRAIN"文字信息,发出了"CAUTION
TERRAIN"语音信息,CAUTION 告警灯点亮(见图 9.38)所示;几秒钟后,综
合显示界面上出现了"TERRAIN, PULL UP"文字信息,发出了"TERRAIN,
PULL UP"语音信息,WARNING 告警灯点亮,如图 9.39 所示;之后,飞机拉

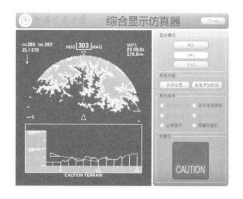

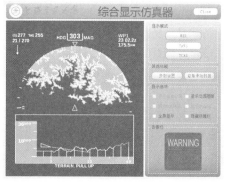

图 9.38　TAWS 前视地形回避 CAUTION 告警　　图 9.39　TAWS 前视地形回避 WARNING 告警

起,文字告警和语音告警信息消失,所有告警灯熄灭。在整个过程中,综合显示界面上动态显示前视地形图像和垂直剖面的图像,如图 9.38 和图 9.39 所示。

(3) 数字样机 TCAS 任务软件测试结果。

运行 TCAS 单入侵飞机典型测试用例或现场模拟单入侵飞机飞行,当入侵飞机接近时触发单入侵飞机 Nothreat 状态,图形界面上出现一个空心的白色菱形(见图 9.40);入侵飞机进一步接近,触发单入侵飞机 Proximate 状态,图形界面上出现一个实心的白色菱形(见图 9.41);入侵飞机再进一步接近,触发单入侵飞机 TA 告警,图形界面上出现一个实心的橙色实心圆(见图 9.42);入侵飞机再进一步接近,触发单入侵飞机 RA 告警,图形界面上出现一个实心的红色实心矩形,如图 9.43 所示。形状下方数字表示入侵飞机位于本机上方($+n$)或本机下方($-n$)$100 \times n$ ft。若形状右侧出现向上的箭头,表明入侵飞机此时的爬升率大于 500 ft/min;若形状右侧出现向下的箭头,表明入侵飞机此时的下降率大于 500 ft/min。

运行 TCAS 多(双)入侵飞机典型测试用例或现场模拟多(双)入侵飞机飞行,当入侵飞机接近时触发多入侵飞机 Nothreat 状态,此时周围空域至少有两架入侵飞机,且本机对其告警状态至少有一个是 Nothreat 状态,图形界面上对应出现一个空心的白色菱形(见图 9.44);入侵飞机进一步接近,触发多入侵飞机 Proximate 状态,此时周围空域至少有两架入侵飞机,且本机对其告警状态

图 9.40　单入侵飞机 Nothreat 状态

图 9.41　单入侵飞机 Proximate 状态

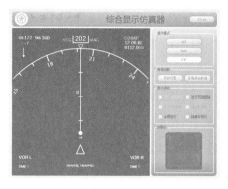

图 9.42　单入侵飞机 TA 告警

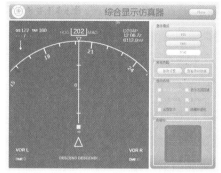

图 9.43　单入侵飞机 RA 告警

至少有一个是 Proximate 状态,图形界面上对应出现一个实心的白色菱形(见图 9.45);入侵飞机再进一步接近,触发多入侵飞机 TA 告警,此时周围空域至少有两架入侵飞机,且本机对其告警状态至少有一个是 TA 告警,图形界面上对应出现一个实心的橙色实心圆(见图 9.46);入侵飞机再进一步接近,触发多入侵飞机 RA 告警,此时周围空域至少有两架入侵飞机,且本机对其告警状态至少有一个是 RA 告警,图形界面上对应出现一个实心的红色实心矩形(见图 9.47)。形状下方数字表示入侵机位于本机上方($+n$)或本机下方($-n$)100×n ft。若形状右侧出现向上的箭头,表明入侵机此时的爬升率大于 500 ft/min;若形状右侧出现向下的箭头,表明入侵机此时的下降率大于 500 ft/min。

图 9.44　多(双)入侵飞机 Nothreat 状态

图 9.45　多(双)入侵飞机 Proximate 状态

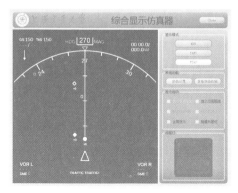

图 9.46　多(双)入侵飞机 TA 告警　　　　图 9.47　多(双)入侵飞机 RA 告警

9.4.2.3　ISS 原型机软件系统功能测试

1) 测试对象与功能

ISS 原型机软件系统功能测试对象包括 ISS 原型机中的 WXR 任务软件功能模块、TAWS 任务软件功能模块、TCAS 任务软件功能模块、ISS 原型机资源及任务调度软件(模块)。

WXR 任务软件功能模块、TAWS 任务软件功能模块、TCAS 任务软件功能模块功能与 ISS 数字样机中各相应模块功能相同。

ISS 原型机资源及任务调度软件(模块)提供基于通用航电核心处理平台的 ISS 任务调度和综合能力,功能包括:具备给 ISS 的 WXR 任务、TAWS 任务和 TCAS 任务分配 CPU 运算资源的能力;原型机内的任务调度包括基于优先级抢占的任务调度和基于阻塞的轮转调度,其中,WXR 任务、TAWS 任务和 TCAS 任务拥有相同优先级,数据输入任务拥有相对更高的优先级,WXR 任务、TAWS 任务和 TCAS 任务通过信号量的获取与中断来达到分配 CPU 资源的目的,因而可以在开发环境下通过修改信号量的设置改变三个任务运行次序以及控制三个任务运行与中断。

2) 测试方法

WXR 任务软件功能模块、TAWS 任务软件功能模块、TCAS 任务软件功能模块测试方法与 ISS 数字样机中各相应模块测试方法相同。

ISS 原型机资源及任务调度软件(模块)测试方法:

首先对原型机系统软件进行配置,然后开启飞行仿真软件和综合激励器软件并进行配置(方法同数字样机),开启通信软件,开启原型机串口调试软件。

3) 测试结果

WXR 任务软件功能模块、TAWS 任务软件功能模块、TCAS 任务软件功能模块测试结果与 ISS 数字样机中各相应模块测试结果相同。WXR 激励器的增益调整对回波强弱产生影响,较小的增益设置得到较弱的回波画面;较强的增益设置得到较强的回波画面;且当探测到湍流或风切变时,右下角告警灯亮起,湍流标记为紫色,风切变标记为红色。TAWS 模式 1～模式 6 告警模式均被触发,并在显示界面上显示出相应的文字告警信息,输出相应的语音告警信息。前视地形回避告警被触发,并在显示界面上显示出相应的文字告警信息、前视地形图像和垂直剖面图像,输出相应的语音告警信息。TCAS 单、多(双)机 Nothreat、Proximate、TA、RA 告警均被触发,并在显示界面上显示出相应的图形和文字告警信息。

ISS 原型机资源及任务调度软件(模块)测试结果:

原形机仿真软件在 vxWorks 基于优先级的任务调度策略基础上,对数据接收和验证、大小端转换、WXR/TCAS/TAWS 模块算法运算、数据发送等任务进行综合调度,保证各个任务的有序运行,如图 9.48 所示;且原型机仿真软件能够检测到输入数据的异常,并给出警告调试信息,如图 9.49 所示。

9.4.2.4　ISS 故障注入、资源重构与任务调度功能测试

1) 测试对象及功能

ISS 故障注入、资源重构与任务调度功能测试对象为 ISS 综合化数字样机软件,测试功能为 ISS 综合综合化数字样机故障注入、资源故障与重构能力。

2) 测试方法

(1) ISS 综合化数字样机故障注入测试方法。

运行 ISS 综合激励软件、通信软件和数字样机软件,在数字样机软件界面

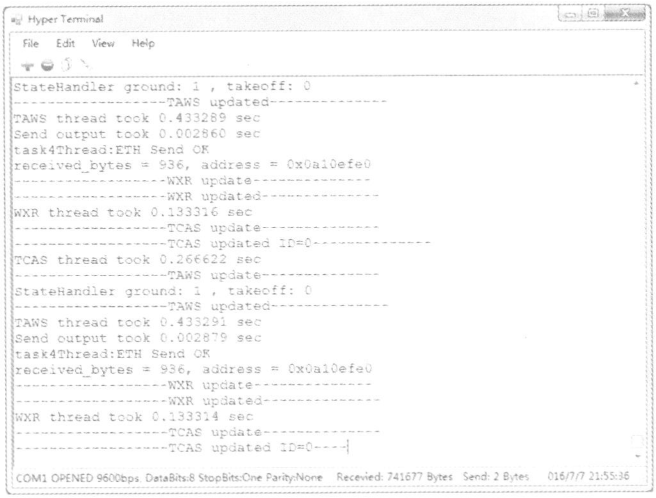

图 9.48   VxWorks 任务调度

图 9.49   VxWorks 故障监测

"子系统状态"框中进行故障注入操作,单击 WXR 栏"故障注入"按钮,分别选择 Windsheer 和 Doppler 故障选项,单击"Selected"按钮分别完成 WXR 风切变和 WXR 多普勒故障注入,如图 9.50 和图 9.51 所示;或直接单击"Complete Failure"按钮完成 WXR 完整故障注入,如图 9.52 所示;单击"重载"按钮,可重新加载模块,恢复正常运行。

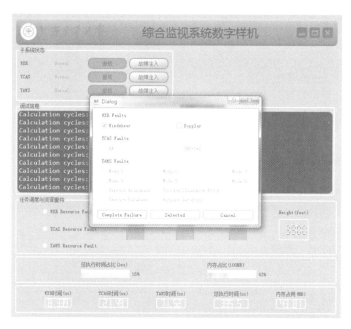

图 9.50　WXR 风切变故障注入

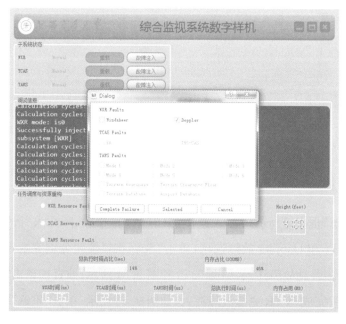

图 9.51　WXR 多普勒故障注入

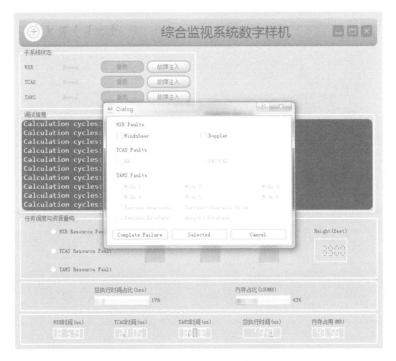

图 9.52　WXR 完整故障注入

单击 TCAS 栏"故障注入"按钮，分别选择 RA 和 INS 故障选项，单击"Selected"按钮分别完成 RA 和 INS 故障注入，如图 9.53 和图 9.54 所示；或同时选择 RA，INS 故障选项，单击"Selected"按钮完成 RA 和 INS 故障注入，如图 9.55 所示；或直接单击"Complete Failure"按钮完成完整故障注入，如图 9.56 所示。单击"重载"按钮，可重新加载模块，恢复正常运行。

单击 TAWS 栏"故障注入"按钮，弹出如图 9.57 所示对话框，可以选择模式 1，模式 2，模式 3，模式 4，模式 5，模式 6，Terrain Awareness，Terrain Clearance，Terrain Database，Airport Database 等故障模式，或者直接单击"Complete Failure"按钮完成整个模块故障注入。单击"重载"按钮，可重新加载模块，恢复正常运行。

图 9.53 TCAS RA 故障注入

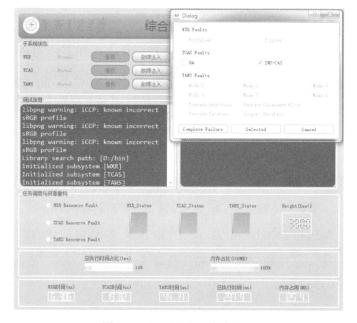

图 9.54 TCAS INS 故障注入

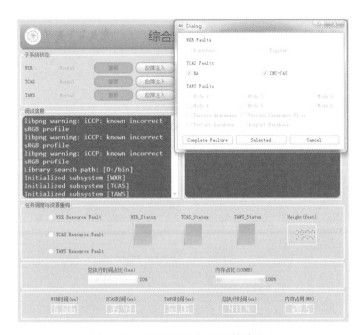

图 9.55 TCAS RA 和 INS 故障注入

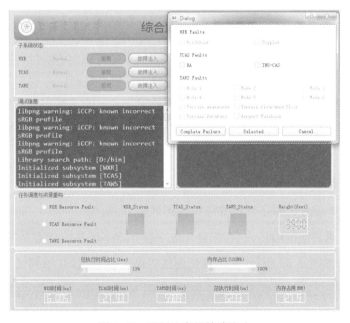

图 9.56 TCAS 完整故障注入

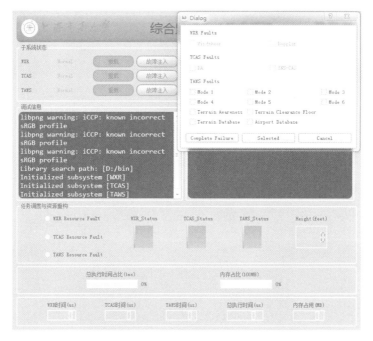

图 9.57　TAWS 故障注入

（2）ISS 数字样机资源重构与任务调度测试方法。

运行 ISS 综合激励软件、通信软件和数字样机软件，在"资源重构与任务调度"框中选中任意模块资源故障进行资源故障注入。为了模拟资源重构与任务调度需求，在大于 1 500 ft 时，设定任务优先级 WXR＞TCAS＞TAWS；在小于 1 500 ft 时，设定任务优先级 TAWS＞WXR＞TCAS。

3）测试结果

（1）ISS 综合化数字样机故障注入测试结果。

WXR 风切变故障注入后，综合化数字样机 WXR 系统状态从"Normal"变为"Fault"，如图 9.58 所示，从可视化评估界面可以看出，在单列式系统风切变告警时，综合化数字样机无风切变告警，如图 9.59 所示；多普勒故障注入后，综合化数字样机 WXR 系统状态从"Normal"变为"Fault"，如图 9.58 所示，从可视化评估界面可以看出，在单列式系统风切变或湍流告警时，综合化数字样机无风切变或湍流告警,如图 9.60 所示;WXR 完整故障注入后,综合化数字样机 WXR 系统状态从"Normal"变为"Failure",如图 9.61 所示,从可视化评估界面可以看出,在单列式系统显示空域态势时,综合化数字样机 WXR 失效,可视化模块 WXR 告警图像停止更新,如图 9.62 所示。

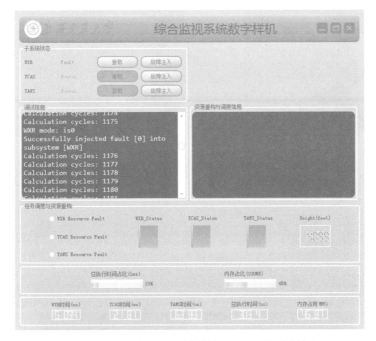

图 9.58　WXR 风切变或多普勒故障注入后数字样机界面

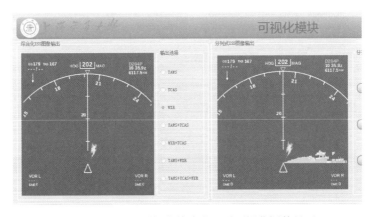

图 9.59　WXR 风切变故障注入后可视化评估界面

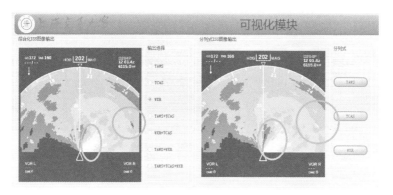

图 9.60 WXR 多普勒故障注入后可视化评估界面

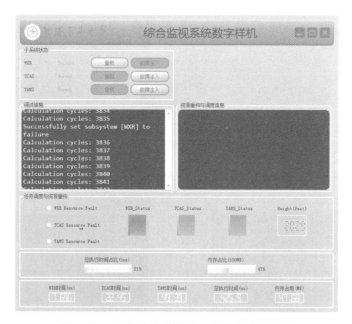

图 9.61 WXR 完全故障注入后数字样机界面

448

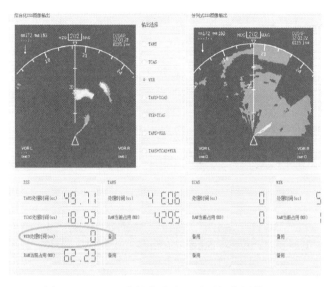

图 9.62　WXR 完整故障注入后可视化评估界面

　　TCAS RA 故障注入后,综合化数字样机 TCAS 系统状态从"Normal"变为"Fault",如图 9.63 所示,从可视化评估界面可以看出,在单列式系统 RA 告

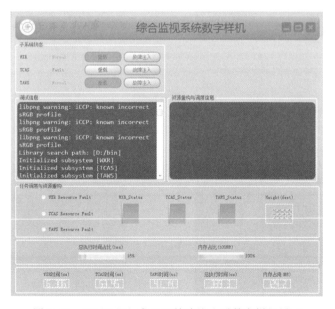

图 9.63　TCAS RA 或 INS 故障注入后数字样机界面

警时,综合化数字样机 TCAS 依然为 TA 模式,如图 9.64 所示;在 INS 故障注入后,综合化数字样机 TCAS 系统状态从"Normal"变为"Fault",如图 9.63 所示,从可视化评估界面可以看出,在单列式系统 TA,RA 告警时,综合化数字样机 TCAS 为 CAS FAIL,如图 9.65 所示;在完整故障注入后,综合化数字样机 TCAS 系统状态从"Normal"变为"Failure",如图 9.66 所示,从可视化评估界面可以看出,在单列式系统显示空域态势时,综合化数字样机 TCAS 失效,如图 9.67 所示。

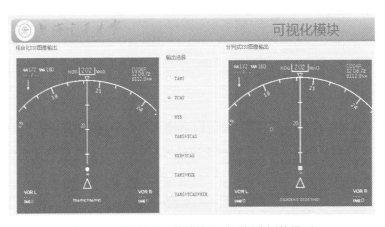

图 9.64　TCAS RA 故障注入后可视化评估界面

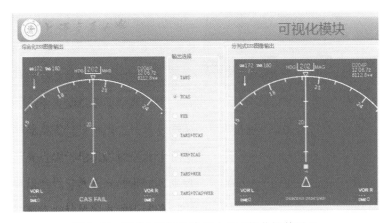

图 9.65　TCAS INS 故障注入后可视化评估界面

TAWS 某个模式故障注入时,综合化数字样机 TAWS 系统状态从"Normal"变为"Fault",如图 9.68 所示,在单列式 TAWS 系统进行告警时,综合化数字样机 TAWS 失效;完整模块故障注入时,综合化数字样机 TAWS 系统状态从"Normal"变为"Failure",如图 9.69 所示,综合化数字样机 TAWS 失效。

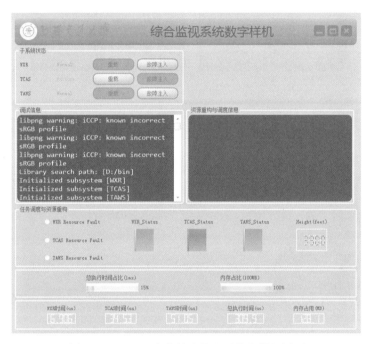

图 9.66　TCAS 完整故障注入后数字样机界面

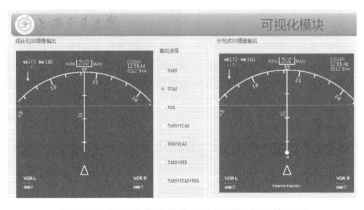

图 9.67　TCAS 完整故障注入后可视化评估界面

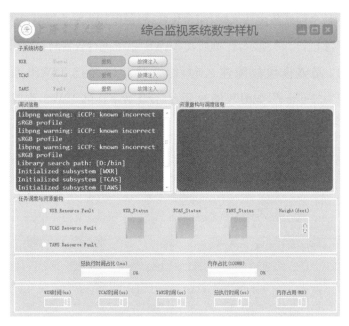

图 9.68　TAWS 某个模式故障注入后数字样机界面

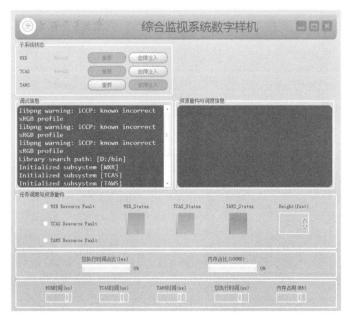

图 9.69　TAWS完整故障注入后数字样机界面

（2）ISS 综合化数字样机资源重构与任务调度测试结果。

当大于 1 500 ft 时，任务优先级为 WXR＞TCAS＞TAWS，在 WXR 或 TCAS 资源出现故障时，因为三个任务中 TAWS 的优先级最低，所以 WXR 或 TCAS 将借用原 TAWS 的资源进行运行，而 TAWS 功能将被抑制，状态指示变为红色，WXR 或 TCAS 状态正常，依旧为绿色，如图 9.70 和图 9.71 所示；在 TAWS 资源出现故障时，因为三个任务中，TAWS 的优先级最低，TAWS 无可用有效资源，TAWS 功能被抑制，状态指示变为红色，其他系统状态正常，依旧为绿色，如图 9.72 所示。

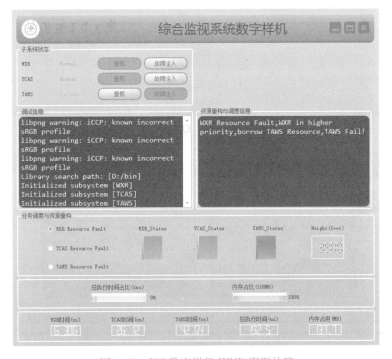

图 9.70　ISS 数字样机 WXR 资源故障

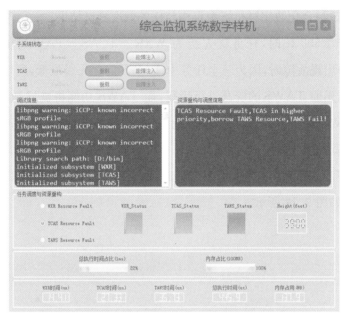

图 9.71　ISS 数字样机 TCAS 资源故障

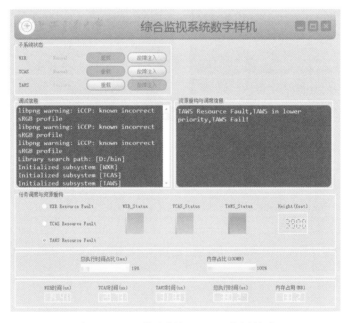

图 9.72　ISS 数字样机 TAWS 资源故障

在 WXR 和 TCAS 资源出现故障时,因为三个任务中,WXR 的优先级最高,所以 WXR 将在未出现资源故障的 TAWS 资源上运行,因此 WXR 状态正常,依旧为绿色;而 TAWS 功能将被抑制,状态指示变为红色;TCAS 资源故障,功能被抑制,状态指示变为红色,如图 9.73 所示。

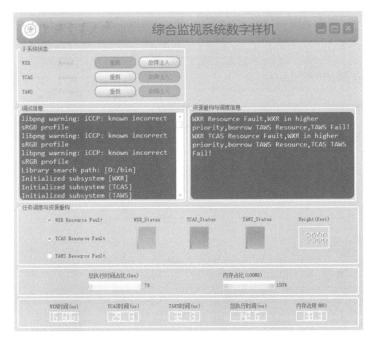

图 9.73　ISS 数字样机 WXR 和 TCAS 资源故障

在 WXR 和 TAWS 资源出现故障时,因为三个任务中,WXR 的优先级最高,所以 WXR 将在未出现资源故障的 TCAS 资源上运行,因此 WXR 状态正常,依旧为绿色;而 TCAS 功能将被抑制,状态指示变为红色;TAWS 资源故障,功能被抑制,状态指示变为红色,如图 9.74 所示。

在 TCAS 和 TAWS 资源出现故障时,因为三个任务中,WXR 的优先级最高,所以 WXR 将在原有资源上运行,因此 WXR 状态正常,依旧为绿色;而 TAWS 和 TCAS 资源故障,无可用有效资源,功能被抑制,状态指示均变为红色,如图 9.75 所示。

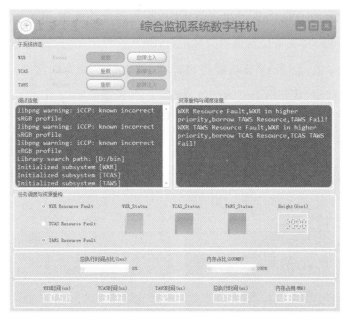

图 9.74　ISS 数字样机 WXR 和 TAWS 资源故障

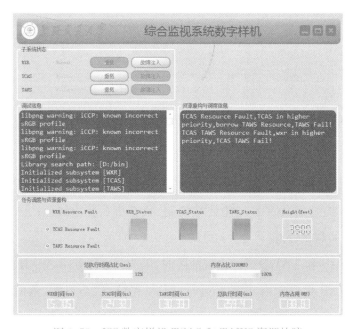

图 9.75　ISS 数字样机 TCAS 和 TAWS 资源故障

在 WXR、TCAS 和 TAWS 资源均出现故障时,因为无可用资源进行重构,任务无法实施调度,三大任务模块的功能均被抑制,状态指示均变为红色,如图 9.76 所示。

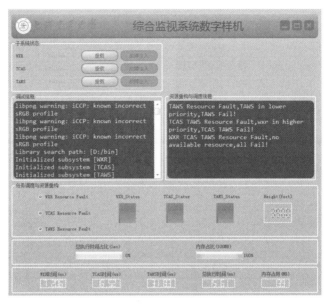

图 9.76　ISS 数字样机 WXR、TCAS 和 TAWS 资源均出现故障

在小于 1 500 ft 时,任务优先级为 TAWS＞WXR＞TCAS。在 WXR 或 TAWS 资源出现故障时,因为三个任务中,TCAS 的优先级最低,所以 WXR 或 TAWS 将借用原 TCAS 的资源进行运行,而 TCAS 功能将被抑制,状态指示变为红色,WXR 或 TAWS 状态正常,依旧为绿色,如图 9.77 和图 9.78 所示。在 TCAS 出现故障时,因为三个任务中,TCAS 的优先级最低,TCAS 无可用有效资源,TCAS 功能被抑制,状态指示变为红色,其他系统状态正常,依旧为绿色,如图 9.79 所示。

在 WXR 和 TCAS 资源出现故障时,因为三个任务中,TAWS 的优先级最高,所以 TAWS 将在原有资源上运行,因此 TAWS 状态正常,依旧为绿色;而 WXR,TCAS 资源故障,无可用有效资源,功能被抑制,状态指示均变为红色,如图 9.80 所示。

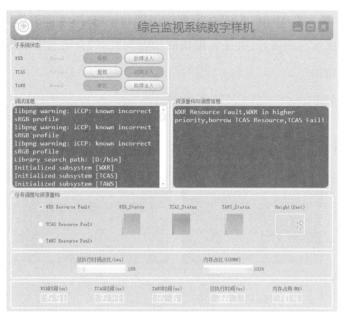

图 9.77　小于 1 500 ft 时 ISS 数字样机 WXR 资源故障

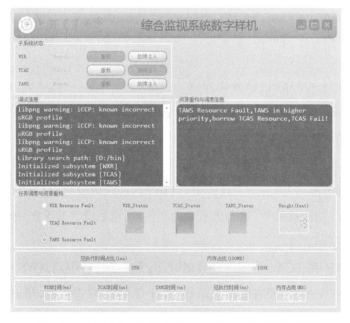

图 9.78　小于 1 500 ft 时 ISS 数字样机 TAWS 资源故障

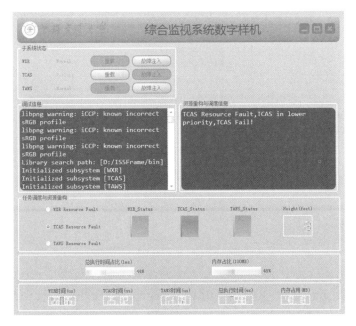

图 9.79   小于 1 500 ft 时 ISS 数字样机 TCAS 资源故障

在 WXR 和 TAWS 资源出现故障时，因为三个任务中，TAWS 的优先级最高，所以 TAWS 将在未出现资源故障的 TCAS 资源上运行，因此 TAWS 状态正常，依旧为绿色；而 TCAS 功能被抑制，状态指示变为红色；WXR 资源故障，功能被抑制，状态指示变为红色，如图 9.81 所示。

在 TCAS 和 TAWS 资源出现故障时，因为三个任务中，TAWS 的优先级最高，所以 TAWS 将在未出现资源故障的 WXR 资源上运行，因此 TAWS 状态正常，依旧为绿色；而 WXR 功能将被抑制，状态指示变为红色；TCAS 资源故障，功能被抑制，状态指示变为红色，如图 9.82 所示。

在 WXR，TCAS，TAWS 资源均出现故障时，因为无可用资源进行重构，任务无法实施调度，三大任务模块的功能均被抑制，状态指示均变为红色，如图 9.83 所示。

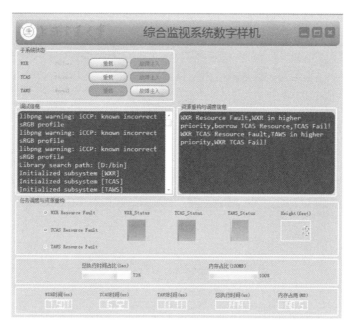

图 9.80　小于 1 500 ft 时 ISS 数字样机 WXR 和 TCAS 资源故障

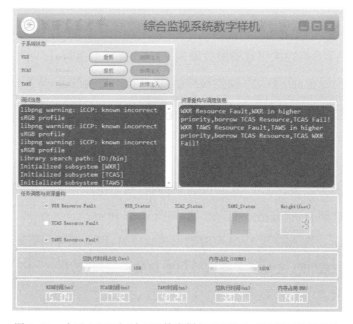

图 9.81　小于 1 500 ft 时 ISS 数字样机 WXR 和 TAWS 资源故障

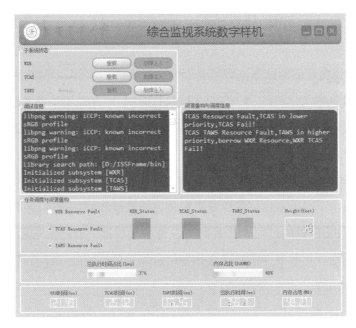

图 9.82　小于 1 500 ft 时 ISS 数字样机 TCAS 和 TAWS 资源故障

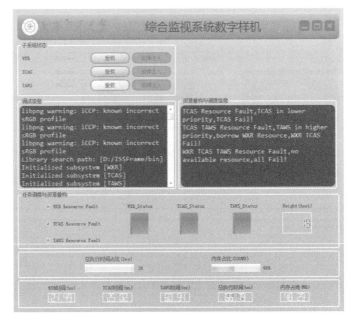

图 9.83　小于 1 500 ft 时 ISS 数字样机 WXR、TCAS 和 TAWS资源均出现故障

9.4.2.5　ISS可视化评估测试

1）测试对象及功能

ISS可视化评估测试测试对象为 ISS可视化评估软件,可视化评估软件的功能包括对单列式、综合式系统在 CPU 执行时间、内存占用等资源消耗上的可视化直观体现,以及综合化与单列式告警输出的可视化体现和输入数据融合可视化体现。

2）测试方法

运行整个 ISS 设备模拟器以及可视化评估软件和通信软件,同时接受分列式、综合化数字样机的过程处理数据与告警输出数据。通过点选相应的按钮,就可以看到综合化数字样机的综合告警信息以及各系统的资源消耗。

3）测试结果

综合化样机可以处理得到的告警信息,进行各种组合的叠加显示,如图 9.84 所示,其中左画面为综合化 ISS 显示界面,右画面为单列式 WXR、TCAS 及 TAWS 处理得到的告警结果进行独立显示。

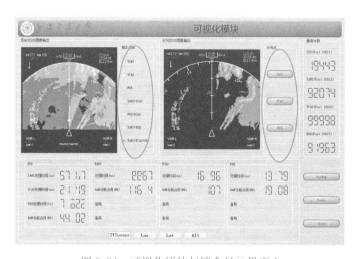

图 9.84　可视化评估与综合显示界面 1

同时综合化数字样机可以计算分列式,综合化数字样机 4 大系统工作的资源消耗,包括两大定量指标 CPU 执行时间和内存占用,得到定量的资源消耗对比,如图 9.85 所示。

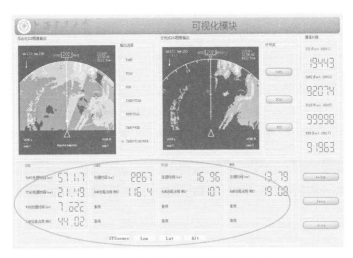

图 9.85 可视化评估与综合显示界面 2

综合化数字样机还可以得到典型输入数据经纬高数据的实时动态融合曲线,如图 9.86 所示。

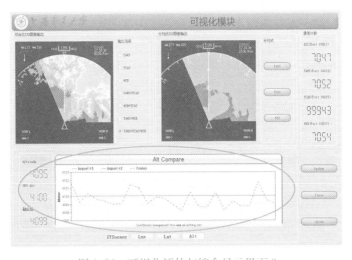

图 9.86 可视化评估与综合显示界面 3

参考文献

［1］肖刚，敬忠良，李元祥，等.综合化飞机环境监视系统研究及数字仿真测试［J］.航空学报,2012,33(12)：2279－2290.

［2］Frederick K，Richard W，Judith D.计算机仿真中的 HLA 技术［M］.北京：国防工业出版社,2003.

［3］Xiao G，Diao H N，Jing Z L，et al. Integrated aircraft environment surveillance system for large civil aircraft［C］. The 30th Digital Avionics Systems Conference，Oct16－21,2011，Seattle，WA，USA.

［4］朱文渊.飞机环境监视系统的分布式仿真研究［D].上海：上海交通大学,2011.

10

飞机综合监视系统
未来发展新技术

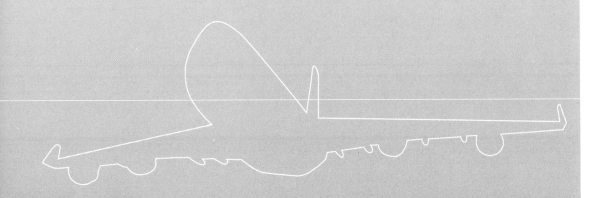

10.1　空中交通防撞与广播式自动相关监视的信息综合技术

空中交通态势感知(airborne traffic situational awareness，ATSAW)的目标是利用 ADS－B 改善飞行机组的交通感知。ATSAW 功能和 TCAS 一样，给飞行机组显示交通信息。两者，主要的差异如下：ATSAW 侦听周围飞机的 ADS－B 信息广播，其功能又称为 ADS－B IN；ATSAW 显示周围装备 1 090 MHz ADS－B OUT 发射机的飞机；ATSAW 相比于 TCAS，交通信息变得更丰富，包括但不局限于飞机身份、方向、速度和周围飞机尾旋的类别；ATSAW 功能不提供任何的告警，因此飞行机组在告警上必须参考 TCAS(见图 10.1)[1]。

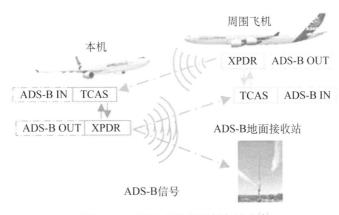

图 10.1　ADS－B 数据广播与接收[1]

新的 TCAS 计算机支持 ATSAW 功能，因此 TCAS 和 ATSAW 信息可以无缝地综合。

当飞机在空域中接近时，TCAS 计算机依然提供 TA 和 RA。此外，它为机组提供更丰富的态势信息。传统的 TCAS 在 30 n mile 内能够决定入侵飞机的距离、方位和相对高度，综合了 ATSAW 的 TCAS 在飞机前后方向可以侦听

ADS-B 信息达 100 n mile,左右达 30 n mile。受益于超长电文的信息,ATSAW 能提供周围带 ADS-B OUT 飞机的信息,包括航班号、航向、位置、地速、相对高度、指示空速、垂直趋势、尾旋类别和距离等。下面介绍不同的 ATSAW 应用:在地面,地面交通态势感知(ATSA SURF)为机组提供滑行时的跑道环境信息,减少低能见度情景和夜晚的等待起飞时间,提高安全性;在飞行中,机载交通态势感知(ATSA AIRB)为机组提供飞行中的空域态势,改善感知能力,提升安全性。

发展 TCAS 与 ADS-B 信息融合,提高 TCAS 处理机输入数据的精度。在 TCASⅡ上利用 ADS-B 接收的数据可以显著提高对其周围飞机的监视能力,并改善交通显示的状况。据此国际上已经开发出了一种称作混合监视的技术,是指 TCAS 首先采用主动询问的方式验证 ADS-B 接收到的位置信息,如果主动询问方式的结果与 ADS-B 接收信息的结果一致,TCAS 会利用接受到的 ADS-B 信息继续跟踪周围飞机以保证不会产生现阶段的冲突威胁。如果他机处于即将成为临近威胁的状态,TCAS 会每隔 10 s 向他机收发机询问一次其位置信息,以确认接受到 ADS-B 位置信息。进一步,如果他机成为了入侵飞机(即确定构成威胁),TCAS 会重新回到每隔 1 s 的主动询问方式。利用 ADS-B 数据使得 TCAS 交通显示器能精确显示本机周围飞机的方位角和速度,通过利用 ADS-B 接收到的飞机标识信息,TCAS 可以在其交通显示器上准确地标记出其他飞机的标识,增强了飞行员对周围飞行态势的感知能力。

ADS-B 还扩展了 TCAS 对周围飞机的跟踪范围,原先 TCAS 使用主动询问方式的监视范围是 40 n mile,使用 ADS-B 数据后的混合监视范围可以超过 100 n mile(见图 10.2)。此外,由于混合监视采用了被动接收信息的方式跟踪飞机,可以减少使用 RF 信号的次数,有效减少了信号之间冲突导致的译码障碍,在高密度空域环境下,这一优势显得尤为明显。传统 TCAS 可以为飞行员提供如下信息:斜距、邻近飞机的方位角和相对高度,但其不具备诸如飞机航向和飞机类别等信息,其交通显示器只是简单地显示紧邻飞机的位置和相对高度,不能显示其他信息,而且显示范围也很有限,例如,TCAS 的交通咨询(TA)功能目前的有效范围是距本机 40 n mile。而 ADS‑B 的主要信息是飞机的 4 维位置信息、其他可能的附加信息以及飞机的识别信息和类别信息等。相比传统 TCAS 交通显示器,ADS‑B 可以在交通显示器上显示相对于自身位置 100 nmile 范围内其他飞机的高精度位置,可以显示其他飞机的速度向量、飞机类别(重型或轻型)、相对高度信息以及飞机的无线电呼号信息,甚至可以显示飞机的飞行意图信息。如果需要,ADS‑B 还可以在特殊区域对选择出的飞机进行附加信息显示,以降低屏幕混乱程度。数据显示一般包括呼号读数、相对速度、距离、接近速度和飞机类别。

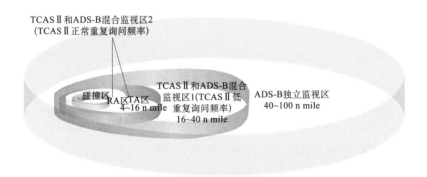

图 10.2　TCAS Ⅱ/ADS‑B 组合后显著增大的交通防撞监视范围

　　一旦入侵飞行器具有危险接近的碰撞威胁,就会被主动跟踪。图 10.3 说明了系统如何实现将具有潜在碰撞可能性的入侵飞机从被动监视转移到主动监视的功能。当入侵者距离较远对本机没有构成威胁时,通过被动监视进行跟踪,被动监视位置通过 TCAS 主动询问每分钟进行一次验证。当入侵者在规定高度和范围内处于近似威胁状态时,以 1 Hz 的询问频率进行主动监视。从被动到主动监视的过渡标准旨在确保所有 TCAS 咨询都基于主动监视。

　　采用 1090ES 数据链的 ADS‑B,可以在原有的 S 模式应答机应答功能的基础上改进后作为 ADS‑OUT 的输出,下行频率为 1 090 MHz。ADS‑B IN 功能是指 ADS‑B 接收来自其他飞机 ADS‑B 发射机发送的 OUT 信息或

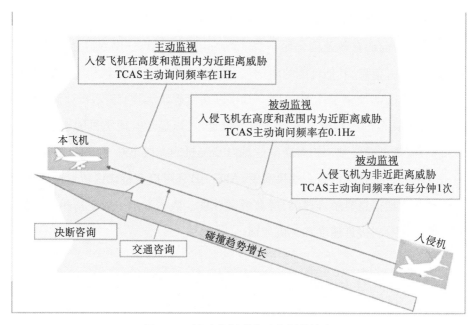

图 10.3　被动监视到主动监视的转变

ADS-B 地面站设备发送的信息。TCAS Ⅱ 系统采用"询问-应答"的方式进行信息交换,通过询问本机周围飞机的应答机,运用自身计算机系统识别和显示潜在的碰撞威胁。但是它对冲突的预测只能依靠当前和历史位置、速度等信息,航路飞行的复杂性将导致其冲突预测能力大大降低,在实际应用中出现了虚警和不必要的告警等缺点。广播式自动相关监视(ADS-B)是基于全球导航卫星系统(GNSS)和空空、地空数据链通信的航空器运行监视技术,能够提供更精确和更实时的航空器位置、速度和航向等监视信息,但是 ADS-B 的监视信息的导航完好性类别(NIC)、监视完好性水平(SIL)和导航精度类别(NAC)均取决于 GNSS 的性能,如果单独使用 ADS-B,一旦导航系统出现了问题,比如有干扰或者其他因素引起的 GNSS 信息丢失,将导致监视功能的丧失。因此将 ADS-B 与 TCAS Ⅱ 数据融合,不但可以弥补单一传感器的不足,而且还可以充分利用所有能够得到的信息,以达到更高精度的飞机状态估计,提高防撞系统的性能(见图 10.4)。

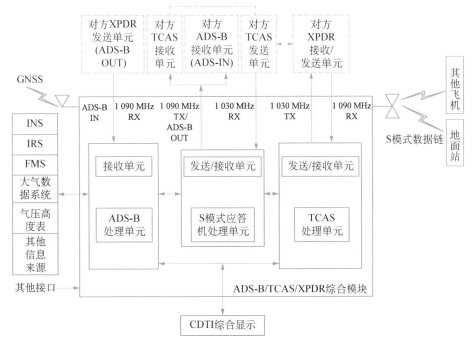

图 10.4　ADS‐B(1090 ES)应用于 TCAS Ⅱ架构

　　ADS‐B技术首先接收飞行管理器和其他机载传感器等系统生成的信息,然后将这些信息转换成数字码,该数字码结合了飞机的四维位置信息(经度、纬度、高度和时间)和其他附加信息(冲突告警信息、飞行员输入信息、航向和航线拐点等)以及飞机的识别信息和类别信息,此外还可能包含其他的信息,如航向、空速、风速、风向和飞机外界温度等,每秒更新一次,在适当的频率下通过数据链从飞机广播出来,位于可接收范围内的其他飞机和地面站就能接收到此数据链广播,将其信息在驾驶舱交通信息显示器(CDTI)上显示,可使飞行员获得可靠的高精度实时空中飞行动态信息,增强飞机的位置识别能力。TCAS Ⅱ 的功能可以分为探测、跟踪、潜在危险评估、交通咨询(TA)、决断咨询(RA)和相互间的避撞协调功能。TCAS Ⅱ通过上下两部天线发射询问脉冲,探测本机监视范围内出现的装有 S 模式和 A/C 模式应答机的飞机,接收入侵飞机的应答脉冲,计算接近飞机的相对位置、接近速率、高度变化率等信息。结合本机的信息，将 TCAS 的数据转换到和 ADS－B 相同的坐标系统下，利用目标跟踪模型进行信息融合，融合结果作为 TCAS 计算机的输入，在本机和入侵飞机之间建立空中协调链路。

在导航显示接口上，TCAS 计算机显示三种标识：

（1）TCAS Only：交通不会传送 ADS－B 数据，TCAS 计算机只使用 TCAS 数据辨识交通情况。

（2）ADS－B Only：交通传送 ADS－B 数据但是在 TCAS 的范围外，TCAS 计算机只使用 ADS－B 数据辨识交通情况。

（3）TCAS＋ADS－B：交通传送 ADS－B 数据，在 TCAS 的范围内，TCAS 计算机同时使用 ADS－B 和 TCAS 数据辨识交通情况（见图 10.5）。

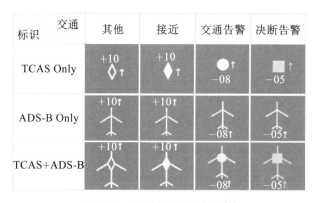

图 10.5　交通态势显示标识[1]

10.2　机载防撞系统 ACAS X 产品及技术

ACAS X 自 2008 年开始研究，充分利用了"动态程序设计新技术"和其他的计算机科学技术来产生告警，使用脱机的 RA 优化方式。ACAS X 最终能代替 TCAS Ⅱ。在欧洲，ACAS X 预计能够降低 5 个空中碰撞危险系数。ACAS

X使用 ADS-B功能可以使得 TCAS 飞机能够用较小的机动距离来规避危险,满足密度日益增加的空域,对防撞系统性能提出的更高要求,并且 ACAS X增加了对无人机的防撞规避功能。

ACAS X技术的优势如下:

(1) 采用 ADS-B提高交通监视和跟踪能力。

(2) 更先进的防撞逻辑算法。

国际民用航空组织不期望在 21 世纪 20 年代中期之前使用 ACAS X。ICAO 推荐把 V7.1 版本的防撞逻辑安装在新飞机上。ACAS X 和 TCAS Ⅱ的主要区别是防撞逻辑和监视数据的来源。ACAS X告警逻辑取代了固化的准则,使用空域、安全模型集和作业方式组成的概率模型优化的数字查找表格来进行告警(见图 10.6 和图 10.7),这样做的优势在于:

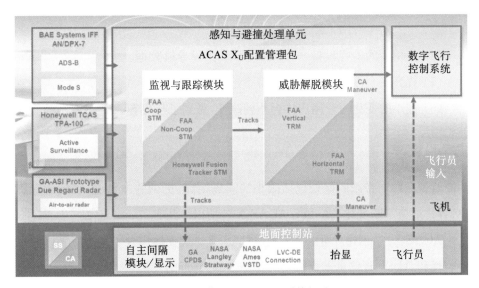

图 10.6　典型 ACAS X_U 系统概述

(1) 减少不必要的告警。

(2) 未来操作概念的适应性——减少飞机的空域间隔的政府计划。

(3) 拓展防撞逻辑的对象,增加对更多类型飞机的防撞功能。

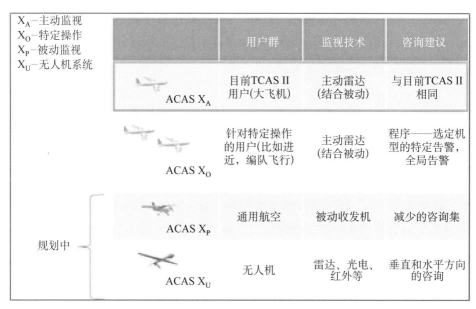

		用户群	监视技术	咨询建议
X_A－主动监视 X_O－特定操作 X_P－被动监视 X_U－无人机系统	ACAS X_A	目前TCAS II 用户(大飞机)	主动雷达 (结合被动)	与目前TCAS II 相同
	ACAS X_O	针对特定操作 的用户(比如进 近,编队飞行)	主动雷达 (结合被动)	程序——选定机 型的特定告警, 全局告警
规划中	ACAS X_P	通用航空	被动收发机	减少的咨询集
	ACAS X_U	无人机	雷达、光电、 红外等	垂直和水平方向 的咨询

图 10.7　ACAS X 各种变体

(4) 使用新的监视设备——ADS－B 和卫星导航数据。

(5) 提高安全性——更低的虚警率,更高的安全告警。

(6) 最小的变化——用户体会不到改变,做到了与现有 ACAS 系统最好的兼容。

FAA 在 2009 年正式启动了 ACAS X 的研究,包括决策理论安全逻辑和灵活的监视跟踪。带来的好处包括减小的间隔距离、更少的虚警、扩展到所有用户、容易适应不断变化的空域。ACAS X 包括以下几类:

ACAS X_A(active),目的是取代 TCAS Ⅱ。此变体包含了基于应答机的主动监视和 ADS－B 信息来提供全局保护,隔离邻近的飞机。

ACAS X_O(operation)提供了在进近过程中特定操作的告警,例如间隔近的平行跑道操作程序。X_O 装备了过程优化的告警,相对于用户选定的提供全局 X_A 保护的飞机。

ACAS X_P(passive)将用于目前缺乏认证的避碰能力的低性能通用航空飞机和直升机。这个变体被动地接收 ADS－B 监视消息,并提供飞机预期优化性能下的垂直导引。

ACAS X_U 主要为无人机接受各种监视设备信息输入,使用逻辑来优化广泛的功能。

TCAS 能够减少相撞的风险,但经常在安全间隔下引起不必要的告警。图 10.8 展示了如仪表飞行规则(instrument flight rules,IFR)、目视飞行规则(visual flight rules,VFR),并行跑道进近等情境下的不必要告警频次。

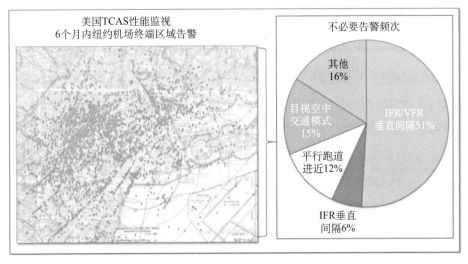

图 10.8　TCAS 性能监测

FAA 下一代空中交通管理系统包括了图 10.9 所示的各类对象,未来空中交通告警和防撞系统必须更安全地支持和集成新的监视技术、用户,减小间隔距离并降低虚警。

TCAS 系统装备在世界范围内所有的大型民用运输飞机上,能够显著减少空中相撞的风险。工程化防撞逻辑经历了长达几十年且代价非常昂贵的发展过程,它从逻辑伪代码开始,对相遇的模型进行模拟,再对一组性能进行评估,然后对伪代码进行人工修订。伪代码包含了很多复杂的相互作用的启发式规则,因此通过修订逻辑来得到希望的性能是困难的。这些年,TCAS 逻辑的维护已经变得具有挑战性。随着下一代空中交通管理和监视系统的到来,需要大

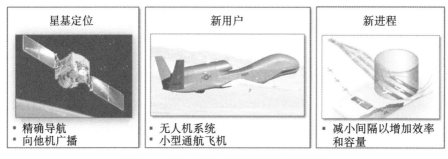

图 10.9 下一代空中交通管理支持对象

幅修改逻辑来防止不必要的告警。如图 10.10 是防撞逻辑的发展过程[2]。最近的研究探索了一种新的防撞系统设计方法，有可能缩短开发周期，提高可维护性，在降低虚警的情况下提高安全性。该方法利用计算方面的最新进展，自动得到由相遇模型和性能准则推出的优化的防撞逻辑表。

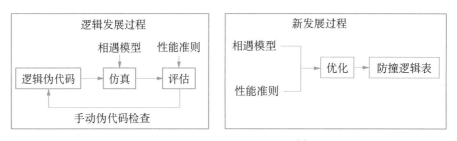

图 10.10 防撞逻辑发展过程[3]

逻辑优化过程包括马尔科夫决定过程和反复迭代的动态程序设计过程。马尔科夫决定过程（MDP）非常适合阐述串行化的决策判断问题。现在的 TCAS 使用 ADS-B 的信息主要用于辅助跟踪周围的交通情况，TCAS 发布咨询之前，会切换到基于信标应答机的监视，ADS-B 的信息则被弃用。不和当前的 TCAS 逻辑不同，ACAS X 产生 RA 的逻辑过程与任何监视源或监视源的组合相匹配。防撞逻辑的性能用安全特性、操作适应性进而用可接受性来衡量。飞行员对当前的 TCAS 提出减少翻转 RA 和有意图的穿越高度 RA、降低垂直机动间隔。模拟结果表明,ACAS X 相比当前的 TCAS 能够降低 47% 防撞危险,降低 40% 的告警率,减少 50% 垂直间隔 500 ft 的 RA 和 78% 垂直间隔 1 000 ft 的 RA,提高安全性 54%。此外,ACAS X 需要改进并行相遇的决策逻辑,对于并行相遇的决策逻辑,ACAS X 增加了 38% 的告警率。

　　ACAS X 的逻辑优化处理链如图 10.11 所示,监视系统探测和跟踪局部的空中交通,并使用一组加权样本代表飞机状态的估计(即位置、速度等)。逻辑使用这些状态加权样本作为输入,并决定哪些咨询,如果需要会显示给飞行员。

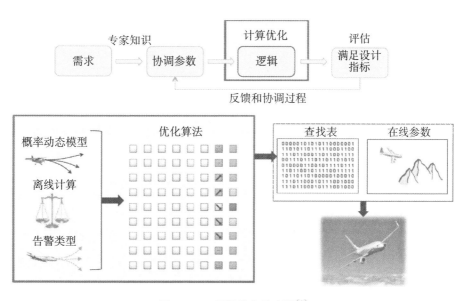

图 10.11　逻辑优化处理链[3]

　　ACAS X 采用决策理论这样一个完全不同的设计方法,这种方法包括自动推导基于系统目标的显式概率模型和代价函数的最优逻辑,不是像 TCAS 那样创建和修改伪代码。ACAS X 努力的重点是选择模型和成本参数,以实现安全和运行性能的目标。除了大大简化系统的开发和维护之外,ACAS X 还可适应各种不同的传感器系统,适用各类新程序和用户类别。通过 RTCA 和 EUROCAE

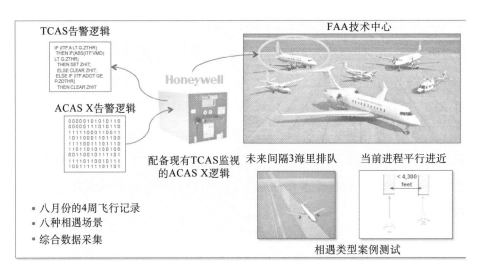

TCAS告警逻辑

```
IF (ITF.A LT G.ZTHR)
  THEN IF(ABS(ITF.VMD)
  LT G.ZTHR)
    THEN SET ZHIT;
    ELSE CLEAR ZHIT;
  ELSE IF (ITF.ADOT GE
  P.ZDTHR)
    THEN CLEAR ZHIT
```

ACAS X告警逻辑

```
0000010101010110
0000001111010110
1111110001110011
1011000110101011
0010001110011110
1101101010100100
0011000101111101
1111011001101111
1001111110111101
```

Honeywell

FAA技术中心

配备现有TCAS监视
的ACAS X逻辑

未来间隔3海里排队

当前进程平行进近

< 4,300 feet

相遇类型案例测试

- 八月份的4周飞行记录
- 八种相遇场景
- 综合数据采集

单位	改变比率/%
安全	
危害比例	59
减小	50
未解决	66
操作适用性	
告警	59
操作告警	
500 ft	67
1,000 ft	71
空城告警	
Class A	82
Class B	74
Class C	47
Class D	25
Class E/G/SUAS	62
操作员告警	
干线客机	62
支线客机	64
商务机	52
改正	28
运行改正	
500 ft	58
1,000 ft	55
接受度	
反转	65
交叉	53
加强	−6
Yo-Yo	96
混合序列	98

图 10.12　ACAS X 2013 概念验证飞行测
试性能总结[3]

的 ACAS X 国际最低运行性能标准的开发从 2013 年 10 月开始,其概念验证飞行测试性能总结见图 10.12。ACAS X 的逻辑由计算机优化的查找表来表示,其中 TCAS 逻辑表示成重要的规则集合。通过计算马尔可夫决策过程的最优解生成查找表,马尔可夫决策过程表示飞机动力学和飞行员反应中的不确定性,从而相比 TCAS 大大提高了鲁棒性。马尔可夫决策过程的解决方案是一种最大限度地减少预期成本的积累策略。ACAS X 的成本函数包含了关于安全和运行性能的因素,这个代价函数还规定约束,以确保飞机不会发出同一方向的咨询[3]。

ACAS X 逻辑调整基于安全审

核和操作度量,相比较 TCAS V7.1,ACAS X 降低了相撞风险,减少了更多危险的虚警。ACAS X 飞行测试表明查找表是一种可行的方法,在环境中安全逻辑按照设计构想执行。其使用概率模型代表多种不确定性同时依赖计算机优化技术获得最好的防撞逻辑,仿真实验表明这种方法有效提高了 TCAS 的安全性和操作性能。尽管防撞系统能够提高小飞机的安全性,但是小飞机不能承受昂贵的成本,所以不采用 TCAS。ACAS X 将提高 TCAS 的监视能力和防撞能力。ACAS X 采用即插即用的监视架构支持 GPS、雷达和光电传感器等新的传感器设备。新的监视能力使得防撞逻辑能够用于小飞机、通用飞机的防撞。ACAS X 在防撞逻辑如何产生方面产生了革命性变化,采用数字表格的形式来代表防撞逻辑,提高了防撞系统的鲁棒性,支持新的需求的变化,减少了不必要的告警。ACAS X 过程大大精简了开发过程,降低了 TCAS 执行和维护成本。通过使用概率动态模型和多目标实模型来对逻辑进行优化。概率动态模型是一种统计数据,代表飞机的未来位置。多目标实用模型代表系统的安全性和执行目标。数字表格代表防撞逻辑的方法完全背离基于复杂规则的防撞逻辑,所有复杂的防撞逻辑通过表格的形式来表示有助于防撞逻辑的标准化、鉴定和提供给生产制造商。

利用 ACAS X_U 举例。ACAS X_U 系统主要包含数据输入,由 ADS‐B、TCAS 等各类传感器提供数据,核心处理模块包括监视与跟踪(STM),威胁解决(TRM),STM 负责附近飞机的监视、跟踪,提供航迹和其他相关信息给 TRM 模块;TRM 模块使用从 STM 获得的航迹和其他状态信息确定入侵飞机是否构成威胁,因此,如果存在威胁,选择一个建议的行动。如果配备了一台 1 030 MHz 的发射机,X_U 可以使用 ADS‐B 主动验证,进行主动威胁协调(见图 10.13)。

ACAS X_U 系统的主要特点有:

(1) 协作目标的监视输入与 ACAS X_A 一致(ADS‐B、S 模式、C 模式),允许额外的监视方法跟踪非合作目标。

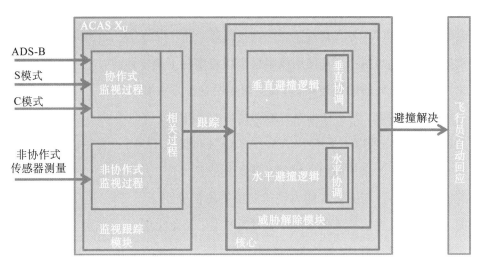

图 10.13 ACAS X_U 的概念

（2）监视处理一般包括航迹关联、离群点检测和跟踪。协同处理包括验证（使用 ADS‐B 主动监测）和相关性（确定不同的监控跟踪来自同一目标）。

（3）合作和非合作航迹之间的相关性确认是必要的，以确定航迹来自相同或不同的目标。如果一个合作和非合作跟踪来自同一目标，关联决策将只发送合作跟踪 TRM；如果一个合作和非合作跟踪来自不同的目标，所有航迹都传送到 TRM。目前正在开发合作/非合作关联算法。

（4）一般来说，垂直避撞逻辑将用于解决合作目标的相遇（类似于 TCAS Ⅱ 和 ACAS X_A），水平避撞逻辑将用于解决非合作目标的相遇。

（5）允许全局互操作；与 TCAS Ⅱ 和所有 ACAS X 平台保持明确的协调。向后兼容性：传统 TCAS 系统不需要更改。前向兼容性：新的被动协调技术实现明确的协调，同时最小化虚假风险和对频谱利用的影响，横向协调是一个开放的研究领域。

（6）识别自己是否是入侵者的对等体，以便选择最适合的冲突避免方法（垂直或水平）。

（7）核心是 TRM，并使用各种输入（合作/非合作航迹指示、监视质量、最大爬升率、最大转弯率、高度)作出决定,这个正在开发中。

　　相关机构已经开始评估 ACAS X,并且针对欧洲空域考虑如何优化,其他 ACAS X 的发展也是在国际民用航空组织的协调下进行。ACAS X 是一个新的防撞方法,通过优化以满足当前和未来空域的要求。通过 2013 年 9 月的评估和调整过程,ACAS X 逻辑进行了优化,以满足安全性和运行目标,安全性是 TCAS V7.1 的两倍,而虚警只有一半。2013 年的飞行测试证明这种新的安全逻辑在未来空域的可行性和效益,国际研究机构已开始对最终系统进行协调发展,以满足全球的运行要求。逻辑调整过程将扩大到美国以外的空域,提供重要结果来支持国际认可和认证,ACAS X 在欧洲空域的运行性能正通过欧洲单一天空(single European sky)自动化交通管理研究项目工作包进行。另外的 ACAS X 研究是在国际民用航空组织下的航空电子系统升级模块 B2‑101 块——新的防撞系统下进行。ACAS X 逻辑调整过程固有的灵活性和高效率将有助于新的防撞系统的发展,在继续发展中满足全球空域的安全和运行需要,未来发展的时间线见图 10.14。

图 10.14　未来发展的时间线

10.3　进近与滑行阶段的跑道监视技术

　　随着航空科技水平的提高,民用飞机的安全性大幅提升,事故率每年都在下降。尤其是飞机环境综合监视系统(ISS)的出现,在飞机飞行过程中为机组人员提供综合化的交通、气象、地形等信息,增强其对空中环境的感知能力,极大地提高了飞行的安全性。ISS 很好地解决了飞机在空中的安全问题,但在飞机低能见度进近着陆和位于跑道上时的安全性则没有提供足够的保障。一方面,飞机在着陆时的事故率占整个飞行过程的绝大多数。飞行在降落到决断高度时,必须满足飞行员看清跑道和飞行状态正常两个条件才能正常着陆,否则就要复飞。现有的 ISS 可以协助飞行员正确判断飞行状态是否正常,但不能协助飞行员看清跑道。另一方面,ISS 的 TCAS 功能使得飞机在空中相撞的事故几乎消失,但飞机在跑道上与其他飞机、地面车辆等物体相撞以及地面人员被吸入发动机致死的事故时有发生。TCAS 的垂直避撞策略和危害人员安全的高辐射功率等特点使得其现在和将来都不可能解决飞机在跑道上与其他物体相撞的问题。

未来的 ISS 主要有两个发展趋势。一个是伴随航空电子技术的提高继续朝着高度综合化方向发展,包括硬件资源和软件资源的综合。未来的 ISS 应是高度综合化的 IMA 系统结构,和其他航电系统如导航系统、飞管系统共享软硬件资源。专用资源如天线接口则使用专用 IO 单元。ISS 未来将与导航系统甚至所有航电系统共享一套 IMA 系统结构,极大地减轻设备重量、降低成本、提高维修性和可靠性。另一个发展趋势是将新技术、新功能引进 ISS,增强 ISS 对飞机周围环境态势的感知能力。ARINC 768 对 ISS 系统提出了以下新功能的建议:

(1)应具备跑道监视与警告功能,该功能向机组提供与跑道相关的通告信息,从而增强飞行员对跑道环境态势的感知能力。

(2)当显示系统发展到可以支持三维显示时,ISS 在设计上应可以支持该显示。

(3)ISS 可以拥有一个扩展的地形数据库以包含机场表面特征,该数据库可以用于提供机场地图显示功能。

(4)目前气象雷达只能探测含有雨雪等微粒的气流,扩展的气象功能应包括(向其他飞机、地面站等)集中上传气象信息、连接其他传感器以探测净空干燥气象,包括湍流、飞机尾旋涡流等。

(5)应具备向外部的 ADS - B 发送器提供 ADS - B 数据的扩展功能,包括机场上空态势感知、最终进场和跑道占用感知、机场区域移动管理、机场地面态势感知、飞机连续队列爬升程序和密集并行进场等。

国外对 ISS 的研究已经非常成熟，并在波音 787 和 A380 上成功应用。国内对 ISS 的研究也全面展开了，由于国内已经成功研制出了 TCAS、S 模式 XPDR、TAWS 和 WXR 分立系统，因此研制关键主要集中于软硬件集成设计能力和适航符合性验证能力上。但是，即使近期能成功研制出 ISS，我国相对于国外也已经落后了十年左右。为了追赶国外先进技术水平，必须参考 ARINC 768 规范建议的新功能展开对下一代 ISS 的前期研究。

飞机进近着陆过程包括下滑、拉平和跑道滑行三个阶段。下滑段一般由自动驾驶仪控制飞机保持下滑航迹，在下滑时当飞机到达决断高度时（decision height，DH），飞行员必须决定是否着陆。若飞行员看清跑道且飞机状态正常，则飞行员应断开自动驾驶仪，转为手动操纵驾驶飞机完成继续进近和拉平；若飞行员未看清跑道或飞机状态异常，飞行员应立即放弃着陆，选择复飞（go around）。若飞行员未看清跑道或飞机状态异常，但错过了 DH 未进行复飞，则即使飞机取消着陆转为最大限度爬升，仍有极大的可能造成飞机触地，引发灾难，飞机进近与复飞示意图如图 10.15 所示。

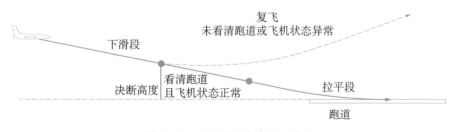

图 10.15　飞机进近与复飞示意图

传统机场跑道信息的获取主要是通过空地通信，由地面管制员向飞行员发送跑道态势信息。但是，一方面这种信息具有较长时间的延迟，容易错过最佳的操纵时间窗口；另一方面，由于信息通过语音传递，其信息准确程度易受语言和人为错误的干扰。因此针对 ISS 系统新功能建议进行预研，提出了采用光电成像方式在飞机进近时进行机场跑道监视成像,作为对传统空中交通管理方式的一种补充形式,增强飞行员对跑道环境态势的感知能力,提高飞机降落时的安全程度。

能见度受限是全球重大航空事故的最主要因素之一。一方面,航空安全事故多发生在恶劣气象条件下的进近着陆阶段;另一方面,飞机在飞行中或机场内也需要飞行员掌握更多的周围环境信息。随着航空市场对飞行安全性要求的不断提高,增强飞行员对飞机周围态势信息感知能力逐渐成为提高飞行安全性的主要手段。

对于航线飞机来说,飞行员必须要在能够看见跑道的决断高度上做出是否进场着陆的决定。而在恶劣气象条件下飞行员能看见跑道的高度非常有限,并且在进近与着陆的关键时刻飞行员工作负荷很大。尤其是在大雾等低能见度气象条件下,飞行员往往很难看清跑道,如图 10.16(a)和(b)右图所示;而红外

(a)

(b)

图 10.16　飞机跑道图像,左为红外图像,右为可见光图像

(a) 夜晚进近　(b) 大雾环境进近

图像通常能够获取较为清晰的跑道图像,如图 10.16(a)和(b)左图所示。因此,为了提高飞行员在低能见度气象条件下感知跑道及周围态势的能力,提出在飞机上按照红外和可见光成像设备获取飞机进近时跑道图像,并进行跑道检测和识别,从而协助飞行员在决断高度看清跑道,成功完成着陆,提高飞行安全。

10.3.1　机场跑道入侵发展态势

在飞行过程中,TCAS 可以有效防止飞机在空中相撞。但 TCAS 的发射频率为 1 030 MHz,发射功率一般高达 1 200 W 左右。根据相关电磁辐射防护要求,环境电磁辐射的场量参数在任意连续 6 min 内的平均值应满足功率密度<0.4 W/m²(频率为 30~3 000 MHz)。因此,为了保证地面人员的安全,飞行规章要求飞机位于地面或跑道上时必须关闭 TCAS,只能在起飞后和着陆前开启。因此 TCAS 并不能实现飞机在起飞前和着陆后的防撞功能。由于 TCAS 的普遍使用,飞机在空中相撞或危险接近的事件大幅减少。但事实上飞机在地面或跑道上时仍有防撞的需求。飞机在地面或跑道上与其他物体相撞的事故和危险接近时有发生。

2011 年 7 月 10 日,一架某外航公司的航班违反管制员指令,从上海浦东国际机场 T2 航站楼滑出入侵上航 9207 航班跑道,幸好上航 9207 航班在管制员的指挥下及时中断起飞,避免了事故的发生。

2011 年 4 月 11 日,美国纽约肯尼迪机场一架 A380 客机与地面一架小型客机相撞,A380 的机翼撞到了小客机的尾部。所幸事未造成人员伤亡。

2008 年 1 月 25 日,一架安 12 型货机在刚果黑角市国际机场着陆时滑出跑道,与停在机场内的一架波音 727 飞机相撞,导致两名飞行员受重伤,两架飞机也同时受损。

2000 年 5 月 25 日凌晨,英国流线航空公司的一架大型运输机和法国自由航空公司的一架麦道 89 型客机,在巴黎戴高乐国际机场准备起飞时相撞,造成运输机副驾驶员死亡,飞行员受伤,所幸法国客机乘客和机组人员没有伤亡。

世界民航史上伤亡人数最多的一次空难是 1977 年 3 月 27 日发生西班牙属特纳里夫岛上的两架波音 747 客机在地面相撞的事故，一共导致了 583 人死亡。

与 TCAS 不同的是，飞机地面交通防撞除了要避免与其他飞机相撞外，还需要防止与地面车辆相撞，有时还需要避免因距离过近伤害到地面人员。类似飞机与地面车辆相撞、飞机伤害地面人员的事故也时有发生。

2011 年 11 月 11 日，山东航空厦门分公司一辆执行机务工作的面包车不慎与一架停靠在厦门机场机坪、准备执飞的 CA1802 航班飞机发生刮擦，所幸没有人员受伤。

2011 年 11 月 11 日，厦门高崎国际机场一辆工作车撞上了飞机，导致航班延误。

2007 年 12 月 30 日，罗马尼亚航空公司一架班机在罗首都国际机场准备起飞时与一辆地勤车相撞，所幸未造成机上人员伤亡。

2009 年 2 月 14 日，中国黑龙江哈尔滨太平国际机场，一架波音 737 - 800 型客机在起飞前将一名地勤人员吸入飞机发动机导致其死亡，飞机发动机严重受损。

2002 年 4 月 18 日，一名中国国际航空公司的地勤人员在日本西部城市大阪的关西国际机场被一架波音 767 客机的发动机吸入死亡，飞机发动机严重受损。

从以上各事故来看，飞机在跑道和地面上的防撞也需要受到足够的重视。自 2003 年开始，欧洲提出了自己的预防跑道入侵计划[4]。由欧洲航空安全组织提出的预防跑道入侵行动计划旨在分析大量跑道入侵事故和事件、与机场和各相关机构共同制订提高安全水平的建议措施。为落实该计划，欧洲预防跑道入侵计划成立了专门的工作组。该工作组由与跑道运行有关的各方专业人员代表组成。欧洲预防跑道入侵行动计划的理念是：如果经过训练的专业人员以及对此相当熟练的人员犯了错误而导致了跑道入侵，那么一定是系统的缺陷导致了人的错误,需要找到和改正的应该是这些系统缺陷。

　　该计划除了为系统改进提供大量的建议措施外,还关注于应用技术降低跑道入侵,特别是碰撞的风险。技术应用的主要方面有两个:一是为飞行员提供位置意识的地面和机载设备;二是为管制员提供跑道入侵告警的系统。欧洲航空安全组织在 1995 年引入了机载间隔保障系统(ASAS)的概念,并发展出了一体化的地面交通态势感知(ATSA SURF)。

　　同时,国际民用航空组织瞄准了地面活动引导与控制系统(SMGCS)以及先进地面活动引导与控制系统(A - SMGCS),以此作为降低跑道入侵风险的手段。与 SMGCS 关注机场标志不同,A - SMGCS 专注于电子预防和探测手段上,并分为 4 个等级。第 1 和第 2 个等级与帮助管制员的系统有关,而第 3 和第 4 个等级专注于空中以及机载的设备来协助机组以及车辆驾驶员。在一些机场(如伦敦希思罗国际机场、巴黎戴高乐机场),已经配备了跑道入侵监控和冲突告警系统(RIMCAS),这顺应了 A - SMGCS 第 1 和第 2 个等级中为管制员提供跑道入侵告警的要求。

　　而在学术界,相关的研究主要分为两类,一类主要侧重于提出跑道入侵的防御手段,详细的规避跑道入侵的新思路和新的技术方法,角度多样,包括人为因素角度、监控设备及算法的角度和系统管理的角度。具体的研究如下:2004年,德国航空航天中心的 Christoph Meier 与 G. K. Singh 一起提出了一种伪系列系统架构,它不仅为进行在跑道上/穿越跑道的操作飞行员/驾驶员提供独立的直接信息来源,并且可以随时向空管人员汇报,以显著降低运行错误发生的可能[5]。希腊学者 Tom Kontogiannis 和 Stathis Malakis(2009)认为要进一步消除人为因素对飞行安全的影响[6],需要了解如何发现并解决工作人员的错误,因此他们提出了一个可认知策略框架以帮助工作人员更好地进行错误监测并使得他们的表现能够适应工作需求的变化。德国汉堡大学的 J. Schönefeld 和 D. P. F. Möller(2012)对目前部署的跑道入侵的技术应对措施和目前正在开发的技术的情况做了全面的介绍和总结[7],介绍了跑道入侵防御的系统性理念和主要技术如监控设备、情景控制算法、跟踪算法的情况[7]。

而另一类侧重于跑道入侵事件/事故征候的原因分析,相关的研究主要在于提出或者改善跑道入侵事件/事故征候的分析方法,包括基于事件序列的评估、基于多代理动态风险模型等,又或是提出一个结构性的框架模型来研究事故因素和事故严重性的关系,具体的相关研究如下:荷兰国家航空航天实验室的 Sybert H. Stroeve 和代尔夫特理工大学的 Henk A. P. Blom (2012)比较了两种方法来评估跑道入侵的事故风险[8]。它将基于事件序列的评估与基于多代理动态风险模型(MA - DRM)的评估进行对比,分析了两种方法中的定性和定量差异以及影响操作安全性的主要因素。英国帝国理工大学的 Sabine Wilke、Arnab Majumdar 和 Washington Y. Ochieng (2015)提出了一个结构化框架[9],用于影响因素的建模分析及事故因素和事故严重性的关系,其中包括机场地面系统架构的描述,术语定义的确定,适当数据的确定和收集,严重程度和原因的分析以及执行统计分析框架。他们建议用该框架分析跑道入侵事件并以此以对机场安全状况进行改善,该方法同样可用于航空安全风险分析的其他领域[9]。

美国也对预防跑道入侵进行了深入长期的研究。FAA 曾对飞行员造成的跑道入侵事件的具体原因做出了统计[10]:在有报告的跑道入侵事件中,只有2%的跑道入侵是由于天气造成的;飞行员失去方向占整个事件的12%;在所报告的跑道入侵事件中,飞行小时数低于 100 h 的飞行员占32%;在所报告的跑道入侵事件中,飞行小时数高于 3 000 h 的飞行员占10%;飞行员不熟悉机场的情况占19%;飞行员对于管制程序不了解和语言问题占整个事件的22%;飞行员注意力分散造成的跑道入侵占17%;飞行员没有得到许可而进入跑道或滑行道的跑道入侵占整个事件的62%;飞行员没有得到许可就起飞或者是着陆的跑道入侵占23%;飞行员落错跑道占10%。

多年来,FAA 和 NASA 认为,要预防跑道入侵,必须增强情境意识。其核心在于开发出相应的地面和机载设备,以帮助管制员和飞行员增强情境意识,目的在于及时的发现和提醒。近些年来,在美国也的确有各种预防跑道入侵的设备投入使用。而 NTSB 的研究人员却对此有着不同的看法,他们认为增强情境意识不应局限于依靠先进的设备,而应该把注意力投入到人身上来。飞行员作为驾驶舱的核心,应得到更具针对性、更充分的培训,通过对相关人员的研究训练,提高其素质才是解决问题的根本方法。美国的学术界也对跑道入侵有许多的研究。近些年来,由于美国联邦航空局着力在美国推行下一代空中交通管理系统(NextGen),而 NextGen 系统的核心便是赫赫有名的广播式自动相关监视系统(ADS-B),所以学术界对 ADS-B 有着诸多的相关研究,具体如下:麻省理工大学的 Fabrice Kunzi 和 R. John Hansman(2011)研究了 ADS-B 系统对于提高通用航空安全性的益处,并指出若要将 ADS-B 系统用于通用航空,则必须对空管人员的操作程序进行改善,并提出了改进的建议[11]。伊利诺伊大学的 Brian Wright (2013)讨论了当前 ADS-B 系统的缺陷[12],指出目前装载在地面车辆中的 ADS-B 系统的作用取决于信息发送者的诚实程度和发出信息的准确程度,并运用仿真的方法证明了这种问题的存在和严重性。俄亥俄大学的 Pengfei Duan (2011)设计了一个潜在的面向空间的 ADS-B 消息集[13],并通过仿真来测试 ADS-B 消息集的功能,并且测试了三个 ADS-B 系统参数的灵敏度,分别是信息更新速率、数据延迟和状态向量精度。相关研究人员分析了 ADS-B 接收机系统的安全性[14],并创建了威胁模型,通过模型发现对现有系统的攻击,包括接收器的恶意固件更新,并提出安全建议来解决这些问题[14]。

当然,除了对 NextGen 的研究之外,也有学者提出了新的系统框架,如弗吉尼亚大学的 B. M. Horowitz 和 J. R. Santos (2009)通过研究发现很难评估和测量一个新的地面交通管制系统对于提高机场安全性的贡献程度,于是他们制订了引入新系统的框架,该框架显示了如何首先将新方法作为辅助系统引入,以便在作为主要系统采用之前测试和验证其功效[15]。

近年来,随着我国民航事业的高速发展,各地航班量都有较大增长,跑道入侵事件也明显增加。2009 年跑道侵入事件共 26 起[16];2010 年跑道侵入事件共 25 起,其中构成事故征候 4 起。随着航空安全培训的不断深入以及安全意识的逐步加深,我国越来越重视跑道入侵的研究。虽然由于我国航空行业起步较晚,各方面的技术水平和安全措施较美国等西方国家还有一定的差距,且国内的机场也尚未形成一套长期的、有效的预防机制,但是我国学术界早已开始对西方的研究成果进行学习归纳,并不断提出独创性的观点和想法。1994 年,我国学者卢伯英等对 ATM 系统的特征进行了分析,并引入航行调度理论、排队网络理论和蒙特卡洛模拟方法,对 ATM 系统进行仿真和建模[17]。清华大学的舒学智(2005)总结了当前空中交通管制指挥监测系统的基本原理和系统逻辑结构[18],它是新结构设计的基础;然后针对空管系统的特殊情况,给出了按照软件工程理论对空管软件系统进行设计的方法。北京航空航天大学蔡志浩、谢绍琛、陈峰(2008)通过建立空中交通管理系统评估系统[19],运用建模/仿真技术,发现现有空中交通管理系统的新特点。利用导航系统构建覆盖空中交通管理系统运行各个阶段,灵活的接口可扩展、模块化,良好的分布式建模/仿真支持环境,空中交通管制系统问题的快速建模。电子科技大学的姚姣(2010)对 ADS-B 监视功能的性能进行了研究[20],他提出了 ADS-B 接收模型的算法,具体研究内容有 ADS-B 接收模型构建和推理,以及在 S 模式和 A/C 模式及其混合模式干扰信号下该接收模型成功接收目标飞机 ADS-B 消息的概率的估计与仿真。民航东北地区空中交通管理局飞行服务中心的王楠(2011)研究了跑道入侵事件里的飞行员偏差[21]。他运用了人为因素相关模型,主要从情境意识和无线电两方面,寻找飞行员误差原因,并提出从飞行员角度提高跑道安全的方法。上海交通大学的杨超(2011)介绍了 TAWS 的产生背景以及未来的发展趋势[22],对 TAWS 六种工作模式进行了研究,他主要对前视功能的实现原理和报警阈值曲线进行了深入的研究。中国民航飞行学院的胡飞(2012)从功能和技术角度介绍了民航系统级信息管理(SWIM)的理念[23],并在遵循民航工作实际的基础上结合欧美国家在该技术上的研究成果,对我国民航系统级信息管理的构建进行了探讨。民航天津空中交通管理分局的刘海滨

(2013)对 NextGen 空管技术进行了深入分析和探讨[24]，介绍了其结构特点及核心技术和配套方案。南京航空航天大学的陈平等(2014)研究了基于目标感知事件驱动的跑道入侵控制策略[25]，提出基于不可并发事件下的优先等级控制策略，并给出基于变迁状态的停止排灯控制指令决策方法，最后通过算例证明了该跑道入侵控制策略的有效性。西安电子科技大学的贺星(2014)对1090ES S 模式广播式自动相关监视(ADS－B)地面接收技术中的总体技术、硬件技术和数字信号处理部分进行深入研究[26]，并提出了改进型扩展报文接收算法，给出了 FPGA 和 DSP 平台实现方法。中国民航飞行学院空管学院的黄晋、江文波(2014)分析了 NextGen 发展的现状和未来发展[27]，通过阐述 ADS－B、PBN、SWIM、NNEW 等先进技术和程序，使我们看到了 NextGen 给我们带来的好处和提供的巨大利益，如减少了航班延误情况，节省燃油并降低飞机尾气排放量，提供了更好的旅行体验等，使得航空运行更安全，更高效。四川大学的 Mou Q，Feng X 和 Xiang S (2015)基于对实地飞机操作规则的分析和获取关键资源的原则[28]，建立了冲突检测报警阈值特征模型，并根据专业数据结构和类型的定义，实施了计划冲突检测；为了防止虚报和失踪报警，他们为每架飞机指定了三个冲突警戒区域，并且利用多边形重叠检测来预测短期的冲突，仿真结果表明，路径规划信息可以快速匹配道路网络的模型。南京航空航天大学的高尚峰(2015)针对现有场面监视设备的固有缺陷，展开了基于地磁传感技术的场面运动目标检测与跟踪预测问题的研究，并设计开发了场面运动目标地磁信号采集系统[29]。另一类研究则侧重于跑道入侵事件/事故征候的原因分析，主要是提出或者改善跑道入侵事件/事故征候的分析方法，包括集对分析聚类预测模型、灰色神经网络模型等，在这方面，南京航空航天大学和中国民航大学均有学者进行了深入研究，相关的文献综述如下：南京航空航天大学的霍志勤等(2011)将跑道入侵事件划分为显性和潜在危害，计算出不同情形下跑道入侵的危害概率，并确定了危害的算法，为跑道入侵事件危害的分析提供了定量的指标[30]。中国民航大学的刘玲莉、孙亚菲、郑红运(2013)以集对分析中的同异反模式识别的"择近原则"和聚类分析理论为基础[31],利用相关性分析得出与民航运输事故征候量变化高度相关的因素,并利用事故征候量与其影响因素的历史数据,建立了民航运输事故征候集对分析聚类预测模型。通过对我国2011年民航运输事故征候量的预测,结果表明民航运输事故征候的集对分析聚类预测模型的精度要高于现有的预测模型。中国民航大学的刘玲莉、孙亚菲、郑红运(2013)通过对民航事故征候的分析和预测[31],掌握民航事故征候的发展趋势,并据此提出相应的安全措施以预防事故发生。

当飞机在跑道或地面上时,跑道周围的环境态势的感知仍然十分重要。因TCAS在地面时失效、地面上物体的遮挡等有时会令塔台也无法监视到所有地面状况,此时飞行员就无法获取足够的跑道周围环境态势信息。在这种情况,利用红外和可见光信息实现跑道监视,可以帮助飞行员获取更多的备份信息,克服TCAS在地面不能工作的缺陷,对保障飞行安全和避免意外事故能够发挥重要作用。ISS系统中跑道检测与监视算法的研究,能够为机组人员提供更多的跑道环境态势信息:在夜间及恶劣气象条件下显示准确、清晰的跑道位置和遥感地物分类,进一步增强ISS的可靠性。跑道检测与监视所提供的信息能够与地面基站传递的信息相互补充,共同增强飞行员对环境的感知能力,进而增强飞机在复杂气象条件下的飞行能力。

10.3.2　机场跑道检测的发展现状

跑道检测识别的基本思路是通过红外成像设备获得飞机进近时的前方红外图像,通过图像预处理、线段检测、跑道检测和跑道识别获得跑道在图像中的位置信息。假设飞机已经利用仪表着陆系统完成了跑道对准,跑道检测识别的作用是在不利条件如大雾、黑夜条件下协助飞行员在决断高度看清跑道,增强飞行员对跑道环境的态势感知程度,最大限度地提高飞机着陆时的安全性。

20世纪80年代美国卡内基·梅隆的McKeown等[32]提出了基于区域和规则系统的航空图像算法。此后,由于许多学者如R. Nevatia, R. Babu, A.

Huertas，G. Medioni 和 J. Chen 等人对于边缘检测算子的研究[33]，使得在对机场跑道检测中使用基于边缘检测的算法成为可能。美国南加州大学的 R. Nevatia[34]等提出了复杂场景中机场跑道的检测方法，系统地提出了民用机场跑道的详尽模型，利用基于边界检测的识别方法可以同时识别民用机场的所有跑道，包括主跑道和辅助跑道，并且不会把机场内的专用汽车通道和附近的公路误识别为跑道。这一思想对后来的研究者有很大影响，许多国内外的相关研究都把 R. Nevatia 等人的模型作为他们识别算法的依据。此后，美国马里兰大学的 S. Krishnamachari 和 R. Chellappa[35]提出了利用能量法和最大似然估计概念通过提取源图像中的矩形区域来检测跑道。D. Geman 和 B. Jedynak 在 1996 年研究了 10 m 分辨率的影像道路识别方法，在给定影像上道路的起始点和起始方向，能够识别出道路。利用初始点和方向获得道路的统计模型特征，建立主动试验的树结构的试验规则和统计模型，并建立"决定树"。基于决定树进行道路跟踪包括道路的几何模型、统计模型、局部滤波、试验熵、检验、估计、识别等。该算法对大面积的影像进行了识别试验，效果良好。该算法需要大量的道路先验知识，对中、低分辨率遥感影像有效，但因为树结构形成的判别法则较难确定，对高分辨率影像则有较大困难[36]。美国杜克大学的 D. H. Liu 等[37]介绍了一种在巨幅航拍可见光图像中检测机场的方法。首先，根据纹理特征，运用 KMP 算法对巨幅航拍图像进行分割后得到感兴趣区域；然后，对每个感兴趣区域用 Canny 边缘检测算子生成对应的二值图像；接着，根据已知的尺度信息，用改进的 Hough 变换寻找拉长的矩形。这些检测到的矩形被判定为是跑道，对应的感兴趣区被判定为机场。英国利物浦大学的 I. Finch 和 A. Antonacopoulos[38]对航空图像进行 Hough 变换以提取机场跑道的直线边界。Andrew Miller[39]等人通过图像配准识别机场跑道，但该方法需要事先在跑道上安置标识。

国内的航空图像识别工作目前在国土资源勘探、城市规划、抗洪救灾、农业等领域发挥作用。在机场跑道识别方面也提出了许多实用快速的算法。上海交通大学的戚飞虎等[40]利用 Markov 链实现了航空图像中桥梁、道路的识别。中航集团的王忠学、荆宝中[41]等人将模式基元法固化到硬件实现了对桥梁和跑道电视图像的自动识别。国防科技大学的沈振康[42]等提出了利用 sobel 算子和 robert 算子基于边缘检测的快速算法,通过进行边缘锐化,从复杂的背景中检测出跑道。西北工业大学的郭雷[43]等提出了基于直线特征建立目标模型,利用边缘提取、直线段搜索、直线段拟合连接等方法对机场跑道进行自动识别的快速识别算法,引导飞机安全着陆。叶斌、彭嘉雄[44]对机场的整体结构作了比较详细的分析。通过图像分割、细化、断线修补和毛刺分枝自动删除等处理,提取机场的线性几何特征。然后根据主辅跑道及机场中其他设施的结构关系,进行机场的理解和识别。甘博,吴秀清,胡拥军[45]根据机场跑道在各个波段所具有的不同灰度特性以及机场跑道的直线特征,利用 Hough 变换对机场的主干部分定位;在此基础上,对机场图像进行分割;然后利用区域生长法在跑道的关键点处进行二次区域生长,分割出机场附属设施区域,对结果进行定位。凌波、吴靖[46]等根据非结构化道路的特点,结合最大熵理论在图像处理中的应用,提出了一种基于最大熵理论的非结构化道路识别的方法,能有效地解决阴影和弱光对路面影响的问题,但依赖于图像丰富的色彩信息。Ding Meng[47]等人利用模板匹配对拍摄的图像序列中的跑道进行识别与跟踪,但只适用于距离跑道较远的情况。长春光学精密机械与物理研究所的 Nan Di[48]等结合基于边缘跟踪的链码改进方法和 Hough 变换对跑道进行实时的检测。国内外的各种研究对机场跑道识别都有一定理论和实践意义。

现今机场跑道识别的方法基本都是遵循这样一个步骤,首先,利用图像增强,用边缘算子求得跑道的直线边缘信息,其次,通过基元匹配或者直线连接的方式精确地提取图像中跑道几何信息,最后,对这些信息加以分析识别。问题的难点往往在于如何精确地获得复杂图像中的模糊跑道信息,如何在现有情况下尽最大可能识别出几何信息并不清晰的跑道存在与否,这就需要我们紧密结合实际应用仔细分析所有的信息[49]。纵观跑道识别技术的研究现状,国内外研究人员从不同角度入手,提出了很多有效的识别算法。通常情况下机场跑道可以用两个灰度特性和三个几何特性来描述:①跑道部分在图像中的灰度值较高;②跑道表面的灰度值相近;③跑道具有长条状的边缘,方向不发生显著变化,近似平行;④当机场跑道数大于 1 时,可能相交或平行;⑤跑道的长度和宽度在一定的范围。因此,现有的大多数识别方法都将视点放在机场跑道的检测上,通过分割、边缘检测、边缘跟踪等各种复杂的技术,确保检测结果的有效性。

10.4　基于航迹运行的飞行冲突管理技术

美国联邦航空局(FAA)引入了国家空域系统(NAS)计划,以系统地管理未来 20 年内航空旅行的计划增长。事实上,这个计划过于宏伟,又引入了一个新的计划——自由飞行(free fly),以充分利用最新发展的 GPS 技术。自由飞行这个概念将 NAS 从飞行员和空中交通管制员之间的集中式命令控制系统转变到分布式系统,该分布式系统允许飞行员能根据实际情况自己选择路线,并提交包含最有效且最经济路线的飞行计划。自由飞行这个概念又开辟了分布式空中交通管理(ATM)的思路,该思路结合了飞机间隔和自优化的分布式决策。这些特性要求飞机具有明确的能力,由通信、导航、监视(CNS)中的所需性能来度量。最终的概念称为基于性能的导航,这是 NextGen 和 SESAR 中的一个主要概念。也就是说,NextGen 和 SESAR 计划,通过实施一些技术,以对环境负责的方式安全地使用自由飞行概念,这些概念包括通过改变技术、基础设施和程序等方式来改变空中交通系统,将会对飞行规划、空域规划、机载航空电子设备以及地面基础设施产生深远的影响。

NextGen 和 SESAR 计划使得综合监视系统可以实现基于航迹的间隔管理,通过空地数据链和 ADS‐B 等实现自动共享航迹和空域环境信息,用于管理飞机、空域和危害(如天气和地形)之间的间隔。飞机可以实现四维航迹更新,在此基础上进行基于意图的冲突检测和解脱,在危险情况下,飞机可被临时授权进行自主隔离,脱离冲突和危险。

基于航迹的空中间隔保障是一种潜在的未来空域管理功能,允许机组人员在约束航线和无约束终端到达环境中自主运行。基本概念的变化也可用于地面操作,以提供额外的安全层。通过使用先进的驾驶舱能力,机组人员负责与其他飞机和限制空域保持间隔。基于驾驶舱的间隔概念依赖于使用最佳信息来确定是否可预测与另一架飞机的间隔损失或对危害空域的侵犯以及机组人员是否应在每种特定情况下采取行动。关于飞机的航迹信息可能仅包括状态数据,或者可能还包括在自动飞行系统启动时从目标状态到 FMS 级意图的各级意图。

空中间隔所需的主要功能是附近交通监视、驾驶舱交通信息显示器(CDTI)以及交通冲突检测和解决系统。交通监视通常假定由 ADS-B 当前或将来实例化提供,但其他交通信息源可能可用并且在增强时需要使用。需要使用 CDTI 来改进机组人员对交通的态势感知。人为因素研究表明,单靠机组人员的感知是不够的,需要使用冲突检测和分辨自动化来辅助机组人员决策。由于有限资源的公平管理和分配本质上是一个中央职能,用于确定 ANSP 执行拥塞空域和终端的操作约束,并且执行空中隔离必须遵守这些约束。在确定到达计量地或目的地的规定时间、遵循或保持与另一飞机的间隔要求或回避空域范围的要求时,可应用这些约束。

自动冲突检测是任何未来自动间隔保障功能的关键要素,其将与提供内层安全性的防撞功能一起使用。许多空中冲突检测算法已由 ATM 研究和无人空中系统完成开发。根据应用,可能需要对协作和非协作交通进行冲突检测。协作冲突检测依赖于交通信息源,如 ADS-B。如果 ADS-B 的未来实例化提供有限的意图信息,则可基于交通状态和部分飞机的飞行计划来执行冲突检测。这有可能在更大的预测时间范围内提高检测准确度,减少错误和错过的警报,并能预测一些潜在的错误。非协作冲突检测依赖于有源监视,因此交通意图必须由该自动化功能(如使用)推断。

一些间隔保障概念还利用对本机航迹的潜在变化执行冲突检测的功能。该功能称为冲突预防,适用于禁止通过本机机动有意产生新冲突的概念。AOP 的冲突预防功能探测潜在的航迹变化,如 FMS MOD 航线;在转换到自动飞行耦合模式时重新连接航线以及战术机动、航向或垂直速度,如果遵循该机动,将会产生新的冲突。

冲突解决通常有两种方法。战术冲突解决已经定义为一种解决冲突的机动方式,但在这样做时不考虑本机飞行计划。战略冲突解决定义为一个航迹变化,如果执行,包括与预期的飞行计划重新连接和恢复飞行计划的约束。两种解决方法都有优点和缺点。战术系统可能最适合提供一种可证明的安全冲突解决功能,以低成本提供有限的能力,从而促进向未来运营的过渡。战略系统可能最适合于希望在严格流量管理和空域限制的空域环境中或在机组工作量较高的环境中优化其航迹的空域用户。这些系统也可能需要将空中隔离和ANSP 管理的操作集成在空域的同一区域。在密集且高度约束的交通环境中,战略冲突解决功能可能需要考虑所有已知的约束,同时确定本机的适当航迹。约束包括附近的交通、特殊用途空域、天气和其他环境危害,以及 ANSP 为了安全或加快交通流量而施加的到达时间、速度或高度约束。越早检测到冲突,将解决方案与飞行计划目标协调的可能性就越大。在检测到很少引起注意的冲突时,可能会为了安全而搁置飞行计划目标。因此,空中隔离概念(如NASA 的自主飞行规则)可结合使用战术和战略检测和解决。

AOP 基于最进近点之前的剩余时间为每个冲突选择冲突解决策略。如果有几分钟可用,AOP 选择战略解决。考虑本机飞行计划和所有飞行计划约束可减少不必要和过多的机动,从而尽量减少所有飞机的航迹变化数量,进而促进总体系统稳定性。为了进一步提高系统稳定性,AOP 生成不会与已知交通流量产生新冲突的机动解决方法。战略算法利用由飞机提供的意图信息(如可用),并且它们可考虑每架飞机的几个潜在航线,以确定能应对航迹不确定性和失误的稳健机动方法。战略解决算法还可采用保存灵活性的概念：解决回避了被预测为拥挤的空域。如果将战略解决方案整合到 FMS 飞行计划中，则可在整个事件期间在 FMS 引导模式下实现机动解决方法。将战略解决整合到飞行计划中的一个重要好处是，修改的 FMS 飞行计划可作为新的本机意图向其他飞机广播。如果解决冲突的时间较短，AOP 利用基于通行权规则的战术解决。使用规则（而不是协调消息）称为隐式协调，并且在减少飞机之间的数据交换要求中具有重要意义。战术解决可利用来自飞机的意图信息（如果可用），但飞行员在执行机动解决之后必须手动重新连接飞机的飞行计划。在无本机自动化或飞机的冲突检测系统使用的某种形式的意图推断时，采用战术解决方案的飞机可能不会提供飞机的意图信息。

高效的飞行路径管理和乘客舒适度对于空域用户非常重要。为了执行考虑到这些操作员飞行目标以及飞机冲突、区域危害、飞机性能限制和 ANSP 施加的飞行约束的航迹规划，战略冲突解决算法可采用迭代搜索，以实现最优解决航迹。当检测到冲突时，优化策略解决功能试图基于用户指定的成本函数和其他用户的偏好输入来提供最佳无冲突解决方案。AOP 研究系统使用此类函数。它利用航迹生成能力来预测本机航迹，以确保解决航迹在飞机的性能范围内。如果检测到冲突，则解决算法重复地扰乱、评估和选择一组航迹。这些航迹中的每一个都是调用航迹生成器产生的。AOP 使用一组预定义的扰动模式来减少搜索计算，对可由飞机飞行并且解决冲突且不会产生新冲突的扰动航迹与成本函数进行比较。通过使用进化算法在这些航迹中产生最优航迹，为下一次迭代提供新的扰动航迹，从而继续迭代，直到满足最优条件为止。

参考文献

[1] Airbus. Flight Operations Support & Services [Z]. European：Airbus，2009.

[2] Kochenderfer M J，Chryssanthacopoulos J P，Weibel R E. A new approach for designing safer collision avoidance systems [J]. Air Traffic Control Quarterly，2012,20(1)：27.

[3] Holland J E，Kochenderfer M J，Olson W A. Optimizing the next generation collision avoidance system for safe，suitable，and acceptable operational performance [J]. Air Traffic Control Quarterly，2013,21(3)：275 - 297.

[4] 李小燕.欧洲提出预防跑道入侵计划[N].中国民航报,2007 - 11 - 13(5).

[5] Singh G K，Meier C. Preventing runway incursions and conflicts [J]. Aerospace Science & Technology，2004,8(7)：653 - 670.

[6] Kontogiannis T，Malakis S. A proactive approach to human error detection and identification in aviation and air traffic control [J]. Safety Science，2009,47(5)：693 - 706.

[7] Schönefeld J，Möller D P F. Runway incursion prevention systems：A review of runway incursion avoidance and alerting system approaches [J]. Progress in Aerospace Sciences，2012,51(51)：31 - 49.

[8] Stroeve S H，Blom H A P，Bakker G J. Systemic accident risk assessment in air traffic by Monte Carlo simulation [J]. Safety Science，2009,47(2)：238 - 249.

[9] Wilke S，Majumdar A，Ochieng W Y. Modelling runway incursion severity [J]. Accid. Anal. Prev. ，2015,79：88 - 99.

[10] Bill C.跑道侵入[M].赵洪元,译.北京：中国民航出版社,2005.

[11] Kunzi F，Hansman R J. ADS - B benefits to general aviation and barriers to implementation [D]. Massachusetts Institute of Technology，2011.

[12] Wright B. Security implications and authentication methods of automatic

dependent surveillance-broadcast in the national airspace system［J］. 2013.

［13］ Pengfei D. Automatic Dependent Surveillance-Broadcast（ADS - B）Space-Oriented Message Set［D］. Ohio University，2011.

［14］ UO California. Electronic Theses and Dissertations. UC San Diego［D］. University of California，Merced. 2014.

［15］ Horowitz B M，Santos J R. Runway safety at airports：a systematic approach for implementing ultra-safe options［J］. Journal of Air Transport Management，2009,15(6)：357 - 362.

［16］ 中国民用航空局航空安全办公室,中国民用航空局航空安全技术中心. 中国民航不安全事件统计分析报告[R].北京：中国民用航空安全信息网,2009.

［17］ 卢伯英,王宇红,等.空中交通管理(ATM)系统的计算机仿真研究[J].中国民用航空,1994(10)：26 - 30.

［18］ 舒学智.空中交通管制指挥监测系统的新结构设计与优化[D].北京：清华大学,2005.

［19］ 蔡志浩,谢劭辰,陈峰.ATM 系统建模/仿真与评估环境研究[J].系统仿真学报,2008(s2)：225 - 228.

［20］ 姚姣.ADS - B 监视功能的性能研究和仿真[D].成都：电子科技大学,2010.

［21］ 王楠.跑道入侵问题中飞行员失误研究[J].东方企业文化,2011,07：96 - 97.

［22］ 杨超.地形感知和告警系统(TAWS)研究及仿真实现[D].上海：上海交通大学,2011.

［23］ 胡飞.民航系统级信息管理的构建[J].中国科技信息,2012(24)：128.

［24］ 刘海滨.空中交通管理新技术探讨[J].中国科技信息,2013(17)：110.

［25］ 陈平,汤新民,邢健.目标感知事件驱动的滑行道冲突控制策略[J].计算机应用,2014,34(2)：610 - 614.

［26］ 贺星.广播式自动相关监视(ADS - B)接收系统关键技术研究[D].西安：西安电子科技大学,2014.

[27] 黄晋,江文波.美国 NEXTGEN 建设的现状与未来发展[J].科技创新导报,2014, 11(8)：202－203.

[28] Mou Q，Feng X，Xiang S. Design and realization of conflict detection alarm system for airport surface [J]. Journal of Symbolic Logic，2015,70(3)：1022－1022.

[29] 高尚峰,汤新民,沈志远,等.基于双磁阻传感器的场面移动目标检测算法[J].航空计算技术,2015(3)：99－103.

[30] 霍志勤,谢孜楠,张永一.航空事故调查中人的因素安全建议框架研究[J].中国安全生产科学技术,2011,07(2)：91－97.

[31] 刘玲莉,孙亚菲,郑红运.基于集对分析的民航运输事故征候预测模型研究[J].安全与环境工程,2013,20(5)：154－158.

[32] McKeown D M，Harvey W A. Automatic knowledge acquisition for aerial image interpretation [R]. DARPA Image Understanding Workshop. 1987,1：205－226.

[33] R Nevatia，Babu R，Huertas A，et al. Linear feature extraction and description [J]. CVGIP，1980,13：257－269.

[34] Huertas A，Cole W，Nevatia R. Detecting Runways in Complex Airport Scenes [J]. CVGIP，1990,51：107－145.

[35] Krishnamachari S，Chellappa R. An energy minimization approach to building detection in aerial images [C]. ICASSP－94. IEEE International Conference，1994(5)：13－15.

[36] Geman D，Jedynak B. An active testing model for tracking roads in satellite images [J]. IEEE Transactions on Pattern Analysis and Machine Intelligence，1996,18(1)：1－14.

[37] Liu D H，He L H，Lawrence Carin. Airport detection in large aerial optical imagery [C]. In：IEEE International Conference on Acoustics，Speech and Signal Processing (ICASSP 04)，(5)：IEEE Press，2004：761－764.

[38] Finch I，Antonacopoulos A. Identification of airfield runways in synthetic aperture

radar images [C]. Fourteenth International Conference on Pattern Recognition. IEEE, 1998, 2: 1633 - 1636.

[39] Miller A, Shah M, Harper D. Landing a UAV on a runway using image registration [C]. IEEE International Conference on Robotics and Automation. IEEE, 2008: 182 - 187.

[40] 沈丽琴, 胡栋梁, 戚飞虎. 航空图像中线状目标的自动识别[J]. 上海交通大学学报, 1995, 29(4): 53 - 60.

[41] 王忠学, 荆宝中. 桥梁、机场跑道电视目标图像跟踪与识别方法研究[J]. 系统工程与电子技术, 1996(6): 59 - 67.

[42] Yang W P, Li Z Y, Shen Z K. Recognizing and tracking airport runway target in infrared images [C]. Aerospace and Electronics Conference, 1997

[43] 张会章, 郭雷. 一个机场跑道的自动识别系统[J]. 计算机工程, 2001, 12: 77 - 78.

[44] 叶斌, 彭嘉雄. 基于结构特征的军用机场识别与理解[J]. 华中科技大学学报, 2001, 29(3): 39 - 42.

[45] 甘博, 吴秀清, 胡拥军. 统计的 Hough 变换在机场遥感图像分割中的应用[J]. 计算机工程, 2002, 28(8): 264 - 265.

[46] 凌波, 吴靖, 叶秀清, 等. 最大熵原理在非结构化道路图像识别中的应用[J]. 电路与系统学报, 2005, 10(4): 78 - 81.

[47] Ding M, Cao Y F, Guo L. A method to recognize and track runway in the image sequences based on template matching [C]. International Symposium on Systems and Control in Aerospace and Astronautics, 2006: 1218 - 1221.

[48] Di N, Zhu M, Wang Y A. Real time method for airport runway detection in aerial image [C]. Audio, Language and Image Processing International Conference, 2008: 563 - 567.

[49] 潘翔, 童九九, 姜哲圣. 用于 UAV 视觉导航的跑道检测与跟踪[J]. 传感器技术学报, 2010, 23(6): 820 - 824.

附录

本附录包括如下所示的 13 张表格：

(1) 表 1——飞机级功能危害性评估表。

(2) 表 2——系统级功能危害性评估表（TCAS 模块）。

(3) 表 3——系统级功能危害性评估表（TAWS 模块）。

(4) 表 4——系统级功能危害性评估表（WXR 模块）。

(5) 表 5——系统级功能危害性评估表（数据综合模块）。

(6) 表 6——数据综合模块软件 FMEA 评估表。

(7) 表 7——TCAS/TAWS 模块软件 FMEA 评估表。

(8) 表 8——WXR 模块软件 FMEA 评估表。

(9) 表 9——数据综合模块硬件 FMEA 评估表。

(10) 表 10——TCAS/TAWS 模块硬件 FMEA 评估表。

(11) 表 11——WXR 模块硬件 FMEA 评估表。

(12) 表 12——FHA 安全性要求。

(13) 表 13——PSSA 安全性要求。

表 1 飞机级功能危害性评估表

功能	故障条件	阶段	影响	等级	支撑材料	验证方法
气象功能	丧失气象功能					
	a. 非通告	起飞	飞机无法识别在起飞/降落阶段的低空风切变、低云等,飞行员目视察觉到前方天气状况,可能因操作延迟造成飞机失去控制坠毁	MAJ	气象雷达工作手册 AC 25.12 JAWS Interim Report for Third Year's Effort (FY-84) TSO-C63e	飞机故障树分析
	b. 通告	起飞	飞机无法识别在起飞/降落阶段的低空风切变、低云等,飞行员目视察觉到前方天气状况,可能因操作延迟造成飞机失去控制坠毁	MAJ	气象雷达工作手册 AC 25.12 JAWS Interim Report for Third Year's Effort (FY-84) TSO-C63e	
	a. 非通告	巡航	飞行员目视察觉到前方天气状况;飞机可能在航路遭遇前方恶劣天气,造成引擎熄火、飞机失去控制等	MAJ	气象雷达工作手册 AC 25.12 TSO-C63e	飞机故障树分析
	b. 通告	巡航	飞行员目视察觉到前方天气状况;飞机可能在航路遭遇前方恶劣天气,造成引擎熄火、飞机失去控制等	MAJ	气象雷达工作手册 AC 25.12 TSO-C63e	
	a. 非通告	进近/着陆	飞机在进近/着陆阶段可能遭受低空风切变、低云等,飞行员目视察觉到前方天气状况,可能因操作延迟造成飞机失去控制坠毁	MAJ	气象雷达工作手册 AC 25.12 JAWS Interim Report for Third Year's Effort (FY-84) TSO-C63e	飞机故障树分析

（续表）

功能	故障条件	阶段	影响	等级	支撑材料	验证方法
	b. 通告	进近/着陆	由地面空中交通管制辅助决策，避开风切变等恶劣天气	MAJ	气象雷达工作手册 AC 25.12 JAWS Interim Report for Third Year's Effort（FY-84）TSO-C63e	
气象功能	错误气象告警					
	a. 非通告	起飞	飞行员错误操作，可能引发事故	MAJ	气象雷达工作手册 AC 25.12 JAWS Interim Report for Third Year's Effort（FY-84）TSO-C63e	飞机故障树分析
	b. 通告	起飞	由地面空中交通管制辅助决策	MIN		
	a. 非通告	巡航	飞行员错误决策或者操作延迟，导致偏离航道或来不及避让	MIN	气象雷达工作手册 AC 25.12 TSO-C63e	飞机故障树分析
	b. 通告	巡航	飞行员目视判断，可能造成错误决策或者操作延迟，导致偏离航道或来不及避让	MIN		
	a. 非通告	进近/着陆	飞行员错误操作，可能造成错误决策或者操作延迟引发事故	MAJ	气象雷达工作手册 AC 25.12 JAWS Interim Report for Third Year's Effort（FY-84）TSO-C63e	飞机故障树分析

功能	故障条件	阶段	影响	等级	支撑材料	验证方法
	b. 通告	进近/着陆	飞行员目视判断，由地面空中交通管制辅助决策	MIN		
气象功能	意外气象告警					
	意外风切变告警	巡航	飞行员忽略告警信号	NONE	气象雷达工作手册 AC 25.12	
	抑制模式下告警	全过程	飞行员忽略告警信号	MIN		
空中交通防撞功能	丧失空中交通防撞功能					
	a. 非通告	起飞	飞行员目视判断威胁，并在 ATC 指挥下操作	MIN	TSO‐C119e	
	b. 通告	起飞	飞行员目视判断威胁，并在 ATC 指挥下操作	MIN		
	a. 非通告	巡航	飞机丧失空中交通监视功能；飞行员目视感知入侵威胁，采取避撞措施延迟，可能导致两机相撞	HAR	TSO‐C119e	飞机故障树分析
	b. 通告	巡航	飞机丧失空中交通监视功能；飞行员目视感知入侵威胁，采取避撞措施延迟，可能导致两机相撞	MAJ		

（续表）

功能	故障条件	阶段	影响	等级	支撑材料	验证方法
	a. 非通告	进近/着陆	飞行员目视判断威胁，并在 ATC 指挥下操作	MIN		
	b. 通告	进近/着陆	飞行员目视判断威胁，并在 ATC 指挥下操作	NONE		
空中交通防撞功能	错误防撞告警					
	a. 非通告	起飞	飞行员目视判断威胁，可能采取错误避撞措施，多数情况在 ATC 指挥下操作	MIN		
	b. 通告	起飞	飞行员目视判断威胁，并在 ATC 指挥下操作	MIN		
	a. 非通告	巡航	飞行员错误操纵飞机，可能造成避撞措施程度不足或延后避撞等危险，导致两机相撞	HAR	TSO－C119e	飞机故障树分析
	b. 通告	巡航	飞行员通过目视判断，采取相应的避撞措施	MAJ		
	a. 非通告	进近/着陆	飞行员目视判断威胁，可能采取错误避撞，多数情况由 ATC 指挥操作	MIN		

功能	故障条件	阶段	影响	等级	支撑材料	验证方法
	b. 通告	进近/着陆	飞行员目视判断威胁，并在 ATC 指挥下操作	NONE		
空中交通防撞功能	意外告警					
	非工作阶段下意外告警	进近/着陆	飞行员可通过目视判断信号真伪并选择是否避撞	MIN	TSO - C119e	飞机故障树分析
	抑制模式下告警	全过程	飞行员忽略告警信号	MIN	TSO - C119e	飞机故障树分析
地形感知告警功能	丧失地形感知告警功能					
	a. 非通告	起飞	飞机可能发生下降率过大或离地过近、起飞掉高过多等情况；飞行员目视判断危险，可能造成操作延迟，导致飞机触地事故	MAJ	AC 25.23 9. b. (1) TSO - C151d	飞机故障树分析
	b. 通告	起飞	飞机可能发生下降率过大或离地过近、起飞掉高过多等情况；飞行员目视判断危险，可能造成操作延迟，导致飞机触地事故	MIN		

（续表）

功能	故障条件	阶段	影响	等级	支撑材料	验证方法
	a. 非通告	巡航	飞机可能发生下降率过大或离地过近等危险；飞行员目视判断，可能造成操作延迟，导致飞机触地事故	MAJ	AC 25.23 9.b.(1) TSO‑C151d	飞机故障树分析
	b. 通告	巡航	飞机可能发生下降率过大或离地过近等危险；飞行员目视判断，可能造成操作延迟，导致飞机触地事故	MIN		
	a. 非通告	进近/着陆	飞机可能发生下降率过大、离地过近偏离下滑道过多等危险；飞行员目视判断或由其他系统辅助，可能由于操作延迟，导致飞机触地事故	MAJ	AC 25.23 9.b.(1) TSO‑C151d	飞机故障树分析
	b. 通告	进近/着陆	飞机可能发生下降率过大、离地过近偏离下滑道过多等危险；飞行员目视判断或由其他系统辅助，可能由于操作延迟，导致飞机触地事故	MIN		
地形感知告警功能	错误地形感知告警					

功能	故障条件	阶段	影响	等级	支撑材料	验证方法
	a. 非通告	起飞	飞行员错误操纵飞机,可能由于错误避撞措施或避撞延后避撞等危险导致飞机触地事故	MAJ	AC 25.23 9.b.(1) TSO‐C151d	飞机故障树分析
	b. 通告	起飞	飞行员忽略告警信号	MIN		
	a. 非通告	巡航	飞行员错误操纵飞机,可能由于错误避撞措施或避撞延后避撞等危险导致飞机触地事故	MAJ	AC 25.23 9.b.(1) TSO‐C151d	飞机故障树分析
	b. 通告	巡航	飞行员忽略告警信号	MIN		
	a. 非通告	进近/着陆	飞行员错误操纵飞机,可能由于错误避撞措施或避撞延后避撞等危险导致飞机触地事故	MAJ	AC 25.23 9.b.(1) TSO‐C151d	飞机故障树分析
	b. 通告	进近/着陆	飞行员忽略告警信号	MIN		
	意外告警					
	非工作阶段下意外告警	全过程	飞行员可通过目视判断信号真伪并选择是否忽略告警信号	MIN	AC 25.23 9.b.(1) TSO‐C151d	飞机故障树分析
	抑制模式下告警	全过程	飞行员忽略告警信号	NONE		

表 2　系统级功能危害性评估表（TCAS 模块）

系统模块	功能	失效状况		阶段	影响	分类	支撑材料	验证方法	失效率
TCAS 模块	交通咨询/决断告警功能	丧失交通咨询/决断告警功能	a. 非通告	巡航	飞机无法接收入侵飞机信号，无法感知入侵飞机；飞行员通过目视判断，可能造成操作延迟引发空中撞机	HAR	TSO-C119e	故障树分析；FMEA分析；	××
			b. 通告	巡航	飞机无法接收入侵飞机信号，无法感知入侵飞机；飞行员通过目视判断，可能造成操作延迟引发空中撞机	MAJ			
		错误交通咨询/决断告警功能	a. 非通告	巡航	飞机接收信号错误，无法准确判断入侵飞机方位与距离，进而可能产生错误告警	HAR	TSO-C119e	故障树分析；FMEA分析；	××
			b. 通告	巡航	飞机接收信号错误，无法准确判断入侵飞机方位与距离，进而可能产生错误告警；飞行员通过目视进行决策	MAJ			

表 3　系统级功能危害性评估表(TAWS 模块)

系统模块	功能	失效状况		阶段	影响	分类	支撑材料	验证方法	失效率
TAWS 模块	过大下降率告警功能(模式1)	丧失模式1功能	a. 非通告	全过程	飞机下降速度过快;飞行员感知后手动操作爬升,可能造成操作延迟引发触地事故	MAJ	AC 25.1309-1A TSO-C151d	故障树分析;FMEA分析	××
			b. 通告	全过程	飞机下降速度过快;飞行员感知后手动操作爬升,可能造成操作延迟引发触地事故	MAJ			
		错误模式1告警	a. 非通告	全过程	飞行员执行爬升操作延迟,可能造成飞机触地	MAJ	AC 25.23 TSO-C151d	故障树分析;FMEA分析	××
			b. 通告	全过程	飞行员通过目视辅助判断,可能执行爬升操作延迟,造成飞机触地	MIN		模拟机/试飞	
		意外模式1告警	告警/非告警	30 ft以下等	飞行员忽视告警信号	NONE		模拟机/试飞	
	过大近地率告警功能(模式2)	丧失模式2功能	a. 非通告	全过程	飞机接近地面过快;飞行员通过目视与RA等感知后手动操作爬升,可能造成操作延迟引发触地事故	MAJ	AC 25.23 AC 25.1309	故障树分析;FMEA分析;	××

（续表）

系统模块	功能	失效状况		阶段	影响	分类	支撑材料	验证方法	失效率
			b. 通告	全过程	飞行员通过目视与RA等判断与地面安全距离,可能造成忽视/操作延迟引发事故	MIN			
		错误模式2告警	a. 非通告	全过程	飞行员执行错误操作,可能造成操作延迟引发触地事故	MAJ	AC 25.23 TSO-C151d	故障树分析;FMEA分析	××
			b. 通告	全过程	飞行员忽略告警信号	MIN		模拟机/试飞	
		意外模式2告警	告警/非告警	巡航、30 ft以下等	飞行员忽视告警信号	NONE			
	起飞后掉高过大告警功能（模式3）	丧失模式3功能	a. 非通告	起飞/爬升	飞机下降速度过快;飞行员通过目视与RA等感知后手动操作爬升,可能造成操作延迟引发触地事故	MAJ	AC 25.23 AC 25.1309	故障树分析;FMEA分析;	××
		错误模式3告警	a. 非通告	起飞/爬升	飞行员执行爬升操作延迟,可能造成飞机触地	MAJ	AC 25.23 TSO-C151d	故障树分析;FMEA分析	××
			b. 通告	起飞/爬升	飞行员通过目视辅助判断,可能执行爬升操作延迟,造成飞机触地	MIN		模拟机/试飞	

系统模块	功能	失效状况		阶段	影响	分类	支撑材料	验证方法	失效率
		意外模式3告警	告警/非告警	巡航、下降、30 ft以下等	飞行员忽视告警信号	NONE			
非着陆状态不安全越障高度告警功能（模式4）	丧失模式4功能	a. 非通告		非着陆状态	飞机与地面高度过近；飞行员目视判断或其他系统感知后手动操作爬升，可能造成疏忽/操作延迟导致飞机触地	MAJ	AC 25.23 TSO-C151d	故障树分析；FMEA分析	××
		b. 通告		非着陆状态	飞机与地面高度过近；飞行员通过目视与RA等判断与地面安全距离，手动操作爬升，可能造成疏忽/操作延迟导致飞机触地	MIN			
	错误模式4告警	a. 非通告		起飞/爬升	飞行员执行爬升操作延迟，可能造成飞机触地	MAJ	AC 25.23 TSO-C151d	故障树分析；FMEA分析	××
		b. 通告		起飞/爬升	飞行员通过目视辅助判断，可能执行爬升操作延迟，造成飞机触地	MIN		模拟机/试飞	
	意外模式4告警	告警/非告警	巡航、30 ft以下	飞行员忽视告警信号	NONE			

（续表）

系统模块	功能	失效状况		阶段	影响	分类	支撑材料	验证方法	失效率
	进近偏离下滑道过多告警功能（模式5）	丧失模式5功能	a. 非通告	进近	飞机偏离下滑道过多；飞行员目视或通过其他系统感知后手动操作爬升，可能造成疏忽/操作延迟导致飞机偏离跑道或触地	MAJ	AC 25.23 TSO-C151d	故障树分析；FMEA分析	××
			b. 通告	进近	飞行员目飞行员通过目视与RA等判断，手动操作爬升，可能造成疏忽/操作延迟导致飞机偏离跑道或撞地	MIN			
		错误模式5告警	a. 非通告	进近	飞行员可能手动操作爬升，飞机偏离下滑道	MAJ	AC 25.23 TSO-C151d	故障树分析；FMEA分析	××
			b. 通告	进近	飞行员忽视告警信号	MIN		模拟机/试飞	
		意外模式5告警	告警/非告警	起飞、巡航、30 ft以下等	飞行员忽视告警信号	NONE			
	无线电高度与决断高度告警功能（模式6）	丧失模式6功能	a. 非通告	进近	飞机偏离角度过大，飞行员感知后操作延迟，可能造成飞机失速	MAJ	AC 25.23 AC 25.1309	故障树分析	

系统模块	功能	失效状况		阶段	影响	分类	支撑材料	验证方法	失效率
			b. 通告	进近	飞行员目视或通过其他系统判断,调整飞机偏离角度,可能由于操作延迟造成飞机失速	MIN			
	错误模式6告警		a. 非通告	进近	飞行员可能手动操作调整角度	MAJ	AC 25.23 TSO-C151d	故障树分析；FMEA分析	××
			b. 通告	进近	飞行员忽视告警信号	MIN		模拟机/试飞	
	意外模式6告警		告警/非告警	起飞、巡航、30 ft以下等	飞行员忽视告警信号	NONE			
前视地形告警功能	丧失前视地形感知功能		a. 非通告	全过程	飞机无法探测前方地形,飞行员前视地形感知能力降低,可能造成爬升操作不足/延迟而发生触地事件	MAJ	AC 25.23 AC 25.1309	故障树分析；FMEA分析；	××
			b. 通告	全过程	飞机无法探测前方地形,飞行员前视地形感知能力降低,可能造成爬升操作不足/延迟而发生触地事件	MAJ			

（续表）

系统模块	功能	失效状况		阶段	影响	分类	支撑材料	验证方法	失效率
		错误前视地形感知	a. 非通告	全过程	飞行员可能参考错误前视地形，造成错误决策	MIN		模拟机/试飞	
			b. 通告	全过程	飞行员忽视告警信号	NONE		模拟机/试飞	

表 4 系统级功能危害性评估表（WXR 模块）

系统	功能	失效状况		阶段	影响	分类	支撑材料	验证方法	失效率
WXR 模块	气象探测功能	丧失气象探测功能	a. 非通告	全过程	飞机无法判断前方气象；飞行员目视判断，存在操作延迟使飞机驶入危险气象区域，可能导致发动机熄火	MIN	TSO-C63e	故障树分析；FMEA分析	××
			b. 通告	全过程	飞机无法判断前方气象；飞行员目视判断，存在操作延迟使飞机驶入危险气象区域，可能导致发动机熄火	MIN			
		错误气象探测功能	a. 非通告	全过程	飞行员可能手动操作调整飞行方向，偏离预选航向/航道；飞机驶入危险气象区域，导致发动机熄火	MAJ	TSO-C63e	故障树分析；FMEA分析	××
			b. 通告	全过程	飞行员目视判断，可能操作延迟使飞机驶入危险气象区域，导致发动机熄火	MIN		模拟机/试飞	

系统	功能	失效状况		阶段	影响	分类	支撑材料	验证方法	失效率
		意外气象告警	告警/非告警	全过程	飞行员目视判断，忽视告警信号	MIN			
	湍流检测功能	丧失湍流功能	a. 非通告	全过程	飞行员目视判断，可能操作延迟使飞机驶入湍流区域，可能造成飞机失去控制	MIN	TSO-C63e	故障树分析	××
			b. 通告	全过程	飞行员目视判断，可能操作延迟使飞机驶入湍流区域，可能造成飞机失去控制	MIN		模拟机/试飞	
		错误湍流告警	a. 非通告	全过程	飞行员手动操作调整飞行方向，偏离预选航向/航道	MIN	TSO-C63e	故障树分析；FMEA分析	××
			b. 通告	全过程	飞行员忽视告警信号	NONE		模拟机/试飞	
		意外湍流告警	告警/非告警	全过程	飞行员目视判断	MIN			
	风切变检测功能	丧失风切变功能	a. 非通告	起飞/着陆	飞机可能驶入风切变区域，造成飞机失去控制	MAJ	AC 25.12 TSO-C63e	故障树分析；FMEA分析	××
			b. 通告	起飞/着陆	飞机由地面气象雷达辅助，可能驶入风切变区域，造成飞机失去控制	MAJ	TSO-C63e		

（续表）

系统	功能	失效状况		阶段	影响	分类	支撑材料	验证方法	失效率
		错误风切变告警	a. 非通告	全过程	飞行员可能手动操作调整飞行方向，偏离预选起飞路径或下滑道，飞机可能驶入风切变区域造成飞机失去控制	MAJ	TSO-C63e	故障树分析；FMEA分析	××
			b. 通告	全过程	飞行员忽视告警信号	MIN		模拟机/试飞	
		意外风切变告警	告警/非告警	全过程	飞行员目视判断	MIN		模拟机/试飞	
	地图功能	丧失地图功能	a. 非通告	全过程	飞机由其他系统获得地形信息，地形感知能力降低	MIN	TSO-C63e	故障树分析	××
			b. 通告	全过程	飞机由其他系统获得地形信息，地形感知能力降低	MIN			
		错误地图功能	a. 非通告	全过程	飞机错误地形判断，可能造成飞行员错误操作/操作延迟等，导致飞机撞地	MIN	TSO-C63e	故障树分析	××
			b. 通告	全过程	飞机由其他系统获得地形信息，地形感知能力降低	MIN			

表5　系统级功能危害性评估表(数据综合模块)

子系统	功能	失效状况	阶段	影响	分类	支撑材料	验证方法	失效率
数据综合模块	信号融合功能	丧失全部信号融合功能	全过程	飞机无法将告警信息综合；飞行员丧失环境告警的判断能力,可能引发事故	HAR		FMEA分析	××
		丧失部分信号融合功能	全过程	飞机仅能将部分告警信息综合,环境监测能力存在缺陷；飞行员失去部分飞机周围环境判断能力,可能导致错误决策	MAJ		FMEA分析	××
		错误信号融合	全过程	可能导致错误告警信号或信号告警顺序的错误,在多个告警信息时造成飞行员对各项环境风险的错误感知	MAJ		FMEA分析	××
	I/O接口功能	I/O接口故障	全过程	导致部分或全部告警信息无法输出到显示/音响系统；无法向飞行员输出告警信息,导致飞行员丧失环境感知能力,可能导致事故发生	HAR		FMEA分析	××

（续表）

子系统	功能	失效状况	阶段	影响	分类	支撑材料	验证方法	失效率
健康监测功能	健康监测功能	丧失健康监测功能	全过程	飞行员无法感知AESS系统是否存在功能错误，可能在错误信息的干扰下的错误决策，引发事故。	MAJ		FMEA分析	××
		错误健康监测告警	全过程	导致飞行员在错误健康监测信息的干扰下的错误决策，引发事故	MAJ			××

表 6　数据综合模块软件 FMEA 评估表

层级	模块	功能	故障模式	故障率	故障影响	检测方法	备注
应用程序	子系统协调模块	数据排序与融合	不能正常排序/融合	××	无法将告警信息融合/错误融合		
	数据分发模块	与控制面板、显示器信息交互	无法向其他系统发送/接收信息	××	无法导入控制面板的控制信息；无法将告警信息融合后输送至用户端		
	雷达后处理功能	处理气象雷达信号	信号处理功能失效/故障	××	错误处理气象雷达信号，丧失气象功能，无法完成告警信息的融合		
	健康监测功能	对AESS系统模块的运行状态监测	健康监测功能失效/故障	××	无法完成对系统内部各功能的故障状态的监测，无法保证信息的有效性		

层级	模块	功能	故障模式	故障率	故障影响	检测方法	备注
内核层	处理机管理	通过时间片轮转的方式提供基于优先级的多任务调度	无法进行多任务调度/错误调度顺序/调度数据遗失	××	无法完成数据的时间管理,信号调度顺序混乱,无法完成告警信息融合		
	内存管理	对操作系统进程提供虚拟内存,使各个进程能够运行于不同的虚拟地址空间	内存空间错误/进程数据丢失/调用错误数据	××	无法完成数据的空间管理,信号存储或调用错误,无法完成告警信息融合		
	分区调度	调度不同虚拟内存分区中的进程	无法完成进程调度/调度错误分区	××	无法完成各个应用程序分区的资源调度处理,无法完成告警信息融合		
	分区保护	保证各个地址分区间不相互影响	分区保护失效	××	各分区信息串扰,造成功能独立性被破坏,无法完成告警信息融合		
	分区通信	分区间的信息交互	通信数据错误/不同步	××	无法正确收发数据,从而导致进程错误/中断,无法完成告警信息融合		
模块支持层	AFDX	与 AESS 其他子系统交互	线缆故障	××	数据传输错误,无法与控制系统、告警系统等交换信息		
	CPCI	与综合数据处理机其他子模块交互	线缆故障	××	数据传输错误,无法与处理机中其他模块交换信息		

（续表）

层级	模块	功能	故障模式	故障率	故障影响	检测方法	备注
	驱动	含 ARINC 429、AFDX、离散量 I/O 接口、无线收发组等驱动程序。上层软件通过调用驱动程序接口函数与其他系统交互	驱动程序错误	××	丧失系统内、外信息交换能力		

表 7　TCAS/TAWS 模块软件 FMEA 评估表

层级	模块		功能	故障模式	故障率	故障影响	检测方法	备注
应用程序	TCAS 功能	监视器	监视入侵飞机所发送信号	不能接收/识别信号	××	无法实现对外监视并进行后续评估，TCAS 功能失效/故障		
		收发模块	收发询问信号与应答信号	无法向其他系统发送/接收信息	××	无法实现对外监视并进行后续评估，TCAS 功能失效/故障		
		防撞系统	处理接收信号，实现 TCAS 防撞算法，判断决策，并生成告警信号	信号处理功能失效/故障	××	无法实现危险分析与冲突告警计算，TCAS 功能失效/故障		
	TAWS 功能	地形数据读取	接收本机 RA、ADIRS 等系统的信息	无法读取地形数据/错误处理	××	无法获知本机状态，TAWS 功能失效/故障		

层级	模块		功能	故障模式	故障率	故障影响	检测方法	备注
		地形数据分析	与本地地形数据库、障碍库、机场信息库等数据对比，分析触地危险	地形库数据读取错误/算法错误	××	无法通过对比信号进行分析，TAWS功能失效/故障		
		告警模式判定	对触地事件的危险等级进行判断决策，并生成告警信号	无法判定告警模式/告警模式错误/告警信号生成错误	××	无法评判危险并发出告警，TAWS功能失效/故障		
	主控程序		TCAS功能模块和TAWS功能模块通信，以实现功能同步	系统间通信故障/错误调度	××	无法完成TCAS、TAWS功能融合/错误融合		
内核层	处理机管理		通过时间片轮转的方式提供基于优先级的多任务调度	无法进行多任务调度/错误调度顺序/调度数据遗失	××	无法完成数据的时间管理，信号调度顺序混乱，无法完成告警信息融合		
	内存管理		对操作系统进程提供虚拟内存，使各个进程能够运行于不同的虚拟地址空间	内存空间错误/进程数据丢失/调用错误数据	××	无法完成数据的空间管理，信号存储或调用错误，无法完成告警信息融合		
	分区调度		调度不同虚拟内存分区中的进程	无法完成进程调度/调度错误分区	××	无法完成各个应用程序分区的资源调度处理，无法完成告警信息融合		

（续表）

层级	模块	功能	故障模式	故障率	故障影响	检测方法	备注
	分区保护	保证各个地址分区间不相互影响	分区保护失效	××	各分区信息串扰,造成功能独立性被破坏,无法完成告警信息融合		
	分区通信	分区间的信息交互	通信数据错误/通信不同步	××	无法正确接收/发送数据,造成功能隔离,导致进程错误/中断,从而无法完成告警信息融合		
模块支持层	CPCI	将告警信息传送至数据综合模块	线缆故障	××	数据传输错误,无法向处理机中数据综合模块交换信息		
数据库	地形数据库、障碍物数据库、机场条件数据库	储存地形、障碍物、机场条件等数据,用于 TAWS 功能与显示飞机地形信息	无法打开数据库,调用错误数据库,读取数据库中错误信息	××	TAWS 前视功能失效/故障;显示飞机下方错误地形信息。		

表 8　WXR 模块软件 FMEA 评估表

层级	模块	功能	故障模式	故障率	故障影响	检测方法	备注
应用程序	雷达信号处理模块	将雷达所接收信号转化为可用于算法处理的形式	无法解码/错误解码	××	无法对接收数据处理完成下一步进程,WXR 功能失效/故障		

层级	模块	功能	故障模式	故障率	故障影响	检测方法	备注
	雷达数据分析	处理信号,实现 WXR 气象监视算法	输入数据的错误处理	××	WXR 功能失效/故障		
	雷达伺服控制模块	控制雷达信号的发送与接收	伺服控制模块失效/故障	××	无法对收发信号控制,WXR 功能失效/故障		
	雷达输出告警模块	根据算法结果判断决策,生成告警信号	错误告警模式,输出告警延迟	××	告警信息错误,WXR 功能失效/故障		

表 9 数据综合模块硬件 FMEA 评估表

模块	功能	故障模式	故障率	故障影响	检测方法	备注
C－PCI 背板	供电	接口故障	××	无法供电,无法完成数据融合		
MPC 处理器＋VxWork 操作系统(FLASH)	数据综合处理	处理器故障或操作系统故障	××	无法对输入数据综合/错误综合		
内存(SD－RAM)	进程信息的暂存	内存单元故障	××	无法暂存/读取进程信息或错误取,无法完成数据融合		
闪存(FLASH)	进程信息的暂存/存储	内存存储器故障/软件故障	××	无法储存/读取进程信息或错误存取,无法完成数据融合		

（续表）

模块	功能	故障模式	故障率	故障影响	检测方法	备注
PCI MASTER 接口	与其他模块、子系统、其他系统相连	接口故障、传输线故障	××	无法与其他模块交互；无法与其他子系统交互；无法与其他系统交互，无法完成数据融合		
PCI SLAVOR 接口	与数据综合模块相连	接口故障、传输线故障	××	无法与其他模块交互		

表 10　TCAS/TAWS 模块硬件 FMEA 评估表

模块	功能	故障模式	故障率	故障影响	检测方法	备注
C‐PCI 背板	供电	接口故障	××	无法供电		
MPC 处理器＋VxWork 操作系统（FLASH）	数据综合处理	处理器故障或操作系统故障	××	无法对输入数据综合/错误综合		
XPDR 收发模块	接收与发送雷达信号	收发模块硬件故障/天线故障	××	无法编程/编程电路错误		
内存（SD‐RAM）	进程信息的暂存	内存单元故障	××	无法接收与发送雷达信号		
闪存（FLASH）	存储 boot loader 以及操作系统或程序代码	内存单元故障	××	无法暂存/读取进程信息或错误存取		
	存储 TAWS 的地形数据库	内存单元故障地形数据库错误	××	无法储存/读取进程信息或错误存取		
PCI SLAVOR 接口	与数据综合模块相连	接口故障、传输线故障	××	无法与其他模块交互		

表 11　WXR 模块硬件 FMEA 评估表

模块	功能	故障模式	故障率	故障影响	检测方法	备注
C－PCI 背板	供电	接口故障	××	无法供电，WXR 模块功能失效/故障		
DSP 处理器＋VxWork 操作系统(FLASH)	数据处理，算法实现	处理器故障或操作系统故障	××	无法对输入数据综合/错误综响，WXR 模块功能失效/故障		
FPGA	电路编程实现	处理器故障或操作系统故障	××	无法编程/编程电路错误，WXR 模块功能失效/故障		
XPDR 收发模块	接收与发送雷达信号	收发模块硬件故障/天线故障	××	无法接收与发送雷达信号，WXR 模块功能失效/故障		
内存(SD－RAM)	进程信息的暂存	内存单元故障	××	无法暂存/读取进程信息或错误存取，WXR 模块功能失效/故障		
闪存(FLASH)	存储 boot loader 以及操作系统或程序代码	内存单元故障	××	无法储存/读取进程信息或错误存取，WXR 模块功能失效/故障		
PCI SLAVOR 接口	与数据综合模块相连	接口故障、传输线故障	××	无法与其他模块交互，WXR 模块功能失效/故障		

表 12　FHA 安全性要求

系统	要求类型	要求描述	来源
AESS 系统	适航	实现空中交通防撞	TSO‑C119d
	适航	实现地形感知和告警	TSO‑C151b
	适航	实现空中气象信息监控与告警	TSO‑C63e
	功能	实现空中交通监控(信号收发)功能	TSO‑C119d RTCA/DO‑185B RTCA/DO‑300A
	功能	实现空中交通冲突计算功能	TSO‑C119d RTCA/DO‑185B RTCA/DO‑300A
	功能	实现空中交通告警和防撞指示功能	TSO‑C119d RTCA/DO‑185B RTCA/DO‑300A
	功能	实现地形感知告警中模式 1—模式 6 功能	RTCA/DO‑161A CTSO‑C151b CTSO‑C92c CCAR 121.360 CCAR 135.153
	功能	实现地形感知告警中的前视功能	CTSO‑C151b
	功能	实现湍流、风切变检测与告警功能	AC 25‑12 TSO‑C63e RTCA/DO‑220
	安全	飞机 TCAS、TAWS、WXR 功能相互独立	AC 25.1309 CCA 评估结果
	安全	单点故障将不能导致飞机级严重故障的发生	AC 25.1309
	安全	飞机应告知机组人员 AESS 系统的失效情况	CFR § 25.1309 AC 25.1309
	安全	具备多个冗余系统,且系统间相互独立	AC 25.1309

系统	要求类型	要求描述	来源
	安全	符合正常系统与冗余系统间转换要求	共因分析评估结果；A380 监视系统工作手册
	安全	系统应排除共因故障	共因分析评估结果
	安全	AESS 系统 TCAS 功能的开发保障级别应为 B	FHA 评估结果，提供对于 AC 25.1309 的符合性 TSO-C119d
	安全	AESS 系统 TAWS 功能的开发保障级别应为 C	FHA 评估结果，RTCA/DO-161A CTSO-C151b
	安全	AESS 系统 WXR 功能的开发保障级别应为 C	FHA 评估结果，提供对于 AC 25.1309 的符合性 TSO-C63e
	安全	内部失效不影响飞机关键系统	AC 25.1309
	安全	TCAS 功能失效率不超过 xx	安全性评估结果
	安全	TAWS 功能失效率不超过 xx	安全性评估结果
	安全	WXR 功能失效率不超过 xx	安全性评估结果
	功能	系统控制面板具备模式选择、抑制功能	空客 A380 监视系统工作手册
	功能	告警装置能显示飞机位置、地形、气象及各告警信息；告警装置能向飞行员播报告警信息与机动策略；	FAR 25.1309

表 13　PSSA 安全性要求

系统	要求类型	要求描述	来源
AESS 系统	安全	综合数据处理器与显示面板、控制面板间相互独立，各自故障无相互影响	AC 25.1309

（续表）

系统	要求类型	要求描述	来源
	安全	综合数据处理器的开发保障等级应为 B	安全性评估结果
	安全	综合数据处理器硬件与操作系统应相互独立，并有独立的电源供应	RTCA/DO-254 RTCA/DO-178B
	安全	两套综合数据处理器间相互独立	CCA 分析
	安全	综合数据处理器硬件失效/故障率应不超过 xx	安全性评估结果
	安全	综合数据处理器软件失效/故障率应不超过 xx	安全性评估结果
	安全	天线故障概率不超过 xx	安全性评估结果
	安全	I/O 接口的故障率不超过 xx	安全性评估结果
	安全	控制面板的故障率不超过 xx	安全性评估结果
	安全	告警装置的故障率不超过 xx	安全性评估结果
	安全	两个综合数据处理器应具备独立的电源	安全性评估结果
	安全	综合数据处理器、显示器、电源应具备独立的监视装置	CCA 分析
	安全	监视装置应与被监视装置相互独立	CCA 分析
	安全	应具备两个或以上无线电高度表、ADS、IRS 以满足安全性要求	CCA 分析

缩略语

ACARS	aircraft communication addressing and reporting system	飞机通信寻址报告系统
ACAS	airborne collision avoidance system	机载防撞系统
ADIRS	air data inertial reference system	大气数据惯性基准系统
ADIRU	air data inertial reference unit	大气数据惯性基准单元
ADS-B	automatic dependence surveillance broadcast	广播式自动相关监视
AESS	aircraft environment surveillance system	飞机环境监视系统
AFDX	avionics full duplexed ethernet switch	航空电子全双工以太网交换机
AGC	automatic gain controler	自动增益控制器
AIA	Aircraft Industries Association of American	美国飞机工业协会
AIMS	airplane information management system	飞机信息管理系统
AIS-B	automatic identification system-broadcast	广播式自动识别系统
AMASS	airport movement area safety system	机场交通区安全保障系统
AMSS	aeronautical mobile satellite service	航空移动卫星服务
APEX	application executive	程序执行(接口层)
ARINC	Aeronautical Radio Incorporation	美国航空无线电通信公司
ARP	aerospace recommended practice	航空航天建议措施
ASA	American Standards Association	美国标准协会
ASA/SSA	aircraft/system safety assessment	飞机/系统安全性评估

ASAS	airborne separation assurance system	机载间隔保障系统
A - SMGCS	advanced-surface movement guidance and control systems	高级场面活动导航和控制系统
ATC	air traffic control	空中交通管制
ATCRBS	air traffic control radar beacon system	空中交通管制雷达信标系统
ATIS	automatic terminal information service	自动航站情报服务
ATM	air traffic manager	空中交通管理员
ATN/ VDL 2	aeronautical telecommunications network/ very high frequency data link mode 2	航空电信网/甚高频数据链模式 2
ATSAW	airborne traffic situational awareness	空中交通态势感知
ATSU	air traffic service unit	空中交通服务单元
BITE	built-in test equipment	机内测试设备
BPPM	binary pulse position modulation	二进制脉冲位置调制
CA	capability	设备能力标示
CASCADE	cooperative ATS through surveillance and communication applications deployed in ECAC	欧洲民航委员会通过新通信和监视技术应用推进空管一体化
CCA	common cause analysis	共因分析
CCBE	common cause basic event	共因基本事件
CCFA	common cause failure analysis	共因故障分析
CCR	common computing resource	通用计算资源
CCS	common core system	通用核心系统
CDA	continue descend approach	连续下降进近
CDN	common data network	通用数据网络
CDR	conflict detection and resolution	冲突探测和解脱

CDTI	cockpit display of traffic information	驾驶舱交通信息显示器
CFAR	constant false alarm rate	恒虚警率
CFIT	controlled flight into terrain	可控飞行撞地
CISS	crew information system services	机组信息系统服务
CISS	configurable integrated surveillance system	可配置综合监视系统
CMA	common mode analysis	共模分析
CNS	communication，navigation and surveillance	通信导航监视
CPA	closest point of approach	最接近点
CPDLC	controller-pilot data link communication	管制员-飞行员数据链通信
CPM	core processor module	核心处理模块
CPR	compact position reporting	简洁位置报告
CPU	central processing unit	中央处理器
CRC	cyclic redundancy check	循环冗余校验
CRT	cathode ray tube	阴极射线管
DABS	discrete address beacon system	离散寻址信标系统
DADC	digital air data computer	数字式大气数据计算机
D - ATIS	data link automatic terminal information service	数据链自动航站情报服务
DEM	digital elevation model	数字标高模型
DEU	decoder/encoder unit	译码/编码组件
DFCS	digital flight control system	数字飞行控制系统
DH	decision height	决断高度
DME	distance measuring equipment	测距器
DPSK	differential phase shift keying	差分相移键控

ECAC	European Civil Aviation Conference	欧洲民用航空议会
EFIS	electronic flight instrument system	电子飞行仪表系统
EGPWS	enhanced ground proximity warning system	增强型近地告警系统
EHSI	electronic horizontal situation indicator	电子水平状态指引器
ETSI	European Telecommunications Standards Institute	欧洲电信标准协会
EVS	enhanced vision system	视景增强技术
FAA	Federal Aviation Administration	美国联邦航空局
FCU	flight control unit	飞行控制单元
FDR	flight data recorder	飞行数据记录器
FFT	fast Fourier transform	快速傅里叶变换法
FHA	functional hazard assessment	功能危害性评估
FIS-B	flight information service — broadcast	广播式飞行信息服务——
FMCS	flight management computer system	飞行管理计算机系统
FMEA	failure modes and effects analysis	失效模式及影响分析
FMES	failure modes and effects summary	失效模式及影响摘要
FMGEC	flight management guidance and envelope computer	飞行管理导引和包线计算机
FMS	flight management system	飞行管理系统
FTA	fault tree analysis	故障树分析
FV	fussell vesly	重要度
GCS	ground clutter suppression	地杂波抑制
GFSK	Gauss frequency shift keying	高斯频移键控
GNSS	global navigation satellite system	全球导航卫星系统
GPS	global positioning system	全球定位系统

GPWC	ground proximity warning computer	近地告警计算机
GPWM	ground proximity warning module	近地告警组件
GPWS	ground proximity warning system	近地告警系统
HCF	hazard cause factor	危险致因因素
HPL	horizontal protection level	水平保护等级
IAESS	integrated aircraft environment surveillance system	飞机综合环境监视系统
ICAO	International Civil Aviation Organization	国际民航组织
ICD	interface control document	接口控制文件
ICP	integrated control panel	综合控制面板
IFR	instrument flight rules	仪表飞行规则
ILS	instrument landing system	仪表着陆系统
IM	trigger mechanism	触发机制
IMA	integrated modular avionics	综合模块化航空电子
IMC	instrument meteorological conditions	仪表气象条件
INS	inertial navigation system	惯性导航系统
IOM	input output module	输入输出模块
IRS	inertial reference system	惯性基准系统
ISS	integrated surveillance system	综合监视系统
ISSPU	integrated surveillance system processor unit	综合监视系统处理器单元
ITTC	International Telephone and Telegraph Corporation	国际电话电报公司
LCD	liquid crystal display	液晶显示器
LRM	line replaceable module	外场可更换模块
LRU	line replaceable unit	外场可更换单元

LVLASO	low visibility landing and scene operation	低能见度着陆和场面操作
MCP	mode control panel	模式控制面板
MCU	modular concept unit	ARINC 600 所定义的 航电设备大小单位
METAR	aerodrome meteorological report (in mete-orolo-gical code)	机场天气报告(气象电码)
MFD	multi-function display	多功能显示器
MMR	multi-mode receiver	多模式接收器
MOPS	minimum operation performance standards	最低运行性能标准
MSSR	monopulse secondary surveillance radar	单脉冲二次监视雷达
MTI	moving target indication	移动目标指示
NACP	navigation accuracy category for position	位置导航精度类别
NAS	National Airspace System	(美国)国家空域系统
ND	navigation display	导航显示器
NGATM	next generation air traffic management	下一代空中交通管理
NOTAM	notice to airman	航行通告
NTSB	National Transportation Safety Board	国家运输安全委员会(美国)
NUC	navigation uncertain category	导航不确定度类别
NUCP	navigation uncertain category for position	位置导航不确定度类别
OANS	onboard airport navigation system	机载机场导航系统
OC	on condition report	条件报文
PAM	pulse amplitude modulation	脉冲振幅调制
PASA/ PSSA	preliminary aircraft/system safety assessment	初步飞机/系统安全性评估

PCM	pulse code modulation	脉冲编码调制
PFD	primary flight display	主飞行显示器
PHM	prognostic and health management	故障诊断与健康检测管理
PI	parity identify	校验信息
PPI	plan position indicator	平面位置指示器
PPM	pulse position modulation	脉冲位置调制
PPP	pulse pair processing	脉冲对法
PRA	particular risks analysis	特殊风险分析
PRF	pulse repetition frequency	脉冲重复周期
PV	protected volume	保护域
PWS	predictive wind shear	预测风切变
RA	resolution advisories	决断咨询
RAAS	runway awareness and advisory system	跑道感知和咨询系统
RCA	Radio Corporation of America	美国无线电公司
RDC	remote data concentrator	远程数据集中器
RF	radio frequency	射频
RGS	remote ground station	遥控地面站
RNAV	area navigation	区域导航
RNP	required navigation performance	所需导航性能
RNP	radio navigation point	无线电导航点
RTA	required time of arrival	要求到达时间
RTCA	Radio Technical Commission for Aeronautics	美国航空无线电技术委员会
SAE	Society of Automotive Engineers	国际自动机工程师学会

SESAR	single European sky ATM research	欧洲单一天空 ATM 研究项目
SITA	Society Internationale Telecommunications Aeronautics	国际航空电信协会
SNONTAM	snow notice to airman	雪情通告
SOTDMA	self-organizing time division multiple access	自组织时分多址接入
SPF	single point fault	单点故障
SRTM	shuttle radar topography mission	航天飞机雷达地形测绘任务
SSA	system safety assessment	系统安全性评估
SSR	secondary surveillance radar	二次监视雷达
SV	state vector report	状态向量报文
TA	traffic advisory	交通咨询
TAD	terrain awareness display	地形感知显示
TAWS	terrain awareness and warning system	地形感知和告警系统
TC	trajectory change report	航路意图改变报文
TCAS	traffic alert and collision avoidance system	空中交通告警和防撞系统
TCF	terrain clearance floor	最小离地高度
TCP	trajectory change point	航路意图改变点
TDMA	time division multiplex access	时间分隔多路存取
TIS－B	traffic information service-broadcast	广播式交通信息服务
UAP	upper airspace program	高空空域计划
UAT	universal access transceiver	通用访问收发数据链
UDP	user datagram protocol	用户数据报协议
UTC	universal time coordinated	协调世界时

VD	vertical display	垂直显示器
VDL	vhf data link	甚高频数据链
VFR	visual flight rules	目视飞行规则
VHF	very high frequency	甚高频
VMC	visual meteorological conditions	目视气象条件
VSI	vertical speed indicator	垂直速度指示器
WXR	airborne weather radar	机载气象雷达
XPDR	transponder	应答机
ZSA	zonal safety analysis	区域安全性分析

索引

后记

2013 年 3 月,中国商飞、中航工业、西飞公司以及北京航空航天大学、南京航空航天大学、清华大学、西安交通大学、四川大学、上海交通大学等国内民机航空电子领域主要高等学校、研究所开始讨论策划大飞机航电与控制领域基础科学问题,并在当年年底获国家科技部批准开展"面向大型飞机综合化航空电子系统安全性基础问题研究"(2014CB744900)国家重点基础研究发展计划(973 计划)工作。上海交通大学牵头承担了"综合化系统功能信息融合的安全性问题"课题(2014CB744903)研究,聚焦多源功能信息融合的故障深化、隐含和混沌安全性科学问题及若干关键技术。本书就是在这个背景下,由上海交通大学牵头组织了《飞机环境综合监视系统》一书的编著。

四年多来,国内参研单位围绕 973 项目的科学问题及关键技术开展了积极探索,大胆创新,课题组成员先后多次参加 International Conference on Information Fusion(ICIF)、Digital Avionics Systems Conference(DASC)、Civil Avionics System and Equipment Technology Forum Shanghai、中国航空学会信息融合分会学术年会,开展了广泛的国际、国内的学术交流和讨论,就航电系统综合对系统安全性产生的新的科学问题、关键技术、型号验证从激烈争论、思想统一、突破约束到集智攻关,形成了一些新的理论成果和实践方法,并在型号研制、新型号论证中进行了有益的探索和实践。尤其是在中国商飞、中航工业、西飞公司等主制造商及首席单位的组织下,国内航电与控制领域自主研发能力得到极大提升,在老一辈业内专家的带领下,一大批 80 后、90 后航电系统科技人员迅速成长起来,成为行业中科研团队的主力军。

近十年来,我国民机经历了 ARJ21‐700 取证和批生产交付、C919 下线首飞、CR929 宽体立项等重要节点,国内以中国商飞为主制造商的航空电子设计、系统集成能力日益增强。我所在的上海交通大学航空航天学院尽管年轻,但是秉承了交通大学悠久的实力底蕴,在我国商用飞机航空电子领域始终敢为人先,坚持了面向国家战略、面向型号应用导向,为民机航电基础研究与人才培养做贡献。

特别感谢早期带领上海交通大学航电团队的敬忠良教授为民机综合监视系统做出的开创性工作。感谢金德琨研究员孜孜不倦、一丝不苟的工作作风感染我们青年一代科技工作者投身民机事业！感谢周贵荣研究员、赵春玲研究员、王金岩研究员、王国庆研究员、程宇峰研究员、于超鹏研究员、吴建民研究员、毛继志研究员等一大批型号一线科技工作者，正是有了他们的默默付出，才有我国民机航电事业的进步和发展。同时，感谢复旦大学艾剑良教授、西北工业大学马存宝教授、清华大学张超教授对本书书稿提出的修改建议。感谢上海交通大学先进航电与智能信息实验室(Advanced Avionics and Intelligent Information Laboratory)全体师生同仁的团队协作及辛勤付出。

特别致谢我的爱人王淑女士及女儿肖粟洋及其他人对我科研工作的支持与理解。

不忘初心，航空报国！

肖刚

2018 年 12 月冬于上海交通大学闵行校区

大飞机出版工程　书目

《复合材料连接》

《飞机结构设计与强度计算》

三期书目（已出版）

《适航理念与原则》

《适航性：航空器合格审定导论》（译著）

《民用飞机系统安全性设计与评估技术概论》

《民用航空器噪声合格审定概论》

《机载软件研制流程最佳实践》

《民用飞机金属结构耐久性与损伤容限设计》

《机载软件适航标准 DO‐178B/C 研究》

《运输类飞机合格审定飞行试验指南》（编译）

《民用飞机复合材料结构适航验证概论》

《民用运输类飞机驾驶舱人为因素设计原则》

四期书目（已出版）

《航空燃气涡轮发动机工作原理及性能》

《航空发动机结构强度设计问题》

《航空燃气轮机涡轮气体动力学：流动机理及气动设计》

《先进燃气轮机燃烧室设计研发》

《航空燃气涡轮发动机控制》

《航空涡轮风扇发动机试验技术与方法》

《航空压气机气动热力学理论与应用》

《燃气涡轮发动机性能》(译著)

《航空发动机进排气系统气动热力学》

《燃气涡轮推进系统》(译著)

《燃气涡轮发动机的传热和空气系统》

五期书目(已出版)

《民机飞行控制系统设计的理论与方法》

《民机导航系统》

《民机液压系统》(英文版)

《民机供电系统》

《民机传感器系统》

《飞行仿真技术》

《民机飞控系统适航性设计与验证》

《大型运输机飞行控制系统试验技术》

《飞行控制系统设计和实现中的问题》(译著)

《现代飞机飞行控制系统工程》

六期书目(已出版)

《民用飞机构件先进成形技术》

《民用飞机热表特种工艺技术》

《航空发动机高温合金大型铸件精密成型技术》

《飞机材料与结构检测技术》

《民用飞机构件数控加工技术》

《民用飞机复合材料结构制造技术》

《民用飞机自动化装配系统与装备》

《复合材料连接技术》

《先进复合材料的制造工艺》（译著）

七期书目（已出版）

《支线飞机设计流程与关键技术管理》

《支线飞机验证试飞技术》

《支线飞机电传飞行控制系统研发及验证》

《支线飞机适航符合性设计与验证》

《支线飞机市场研究技术与方法》

《支线飞机设计技术实践与创新》

《支线飞机项目管理》

《支线飞机自动飞行与飞行管理设计与验证》

《支线飞机电磁环境效应设计与验证》

《支线飞机动力装置系统设计与验证》

《支线飞机强度设计与验证》

《支线飞机结构设计与验证》

《支线飞机环控系统研发与验证》

《支线飞机运行支持技术》

《ARJ21–700新支线飞机项目发展历程、探索与创新》

《飞机运行安全与事故调查技术》

《基于可靠性的飞机维修优化》

《民用飞机实时监控与健康管理》

《民用飞机工业设计的理论与实践》

八期书目(已出版)

《航空电子系统综合化与综合技术》

《民用飞机飞行管理系统》

《民用飞机驾驶舱显示系统》

《民用飞机机载总线与网络》

《航空电子软件开发与适航》

《民用机载电子硬件开发实践》

《民用飞机无线电通信导航监视系统》

《飞机环境综合监视系统》

《民用客机健康管理系统》

《航空电子适航性分析技术与管理》

《民用飞机客舱与机载信息系统》

《民用飞机驾驶舱集成设计与适航验证》

《航空电子系统安全性设计与分析技术》

《民机飞机飞行记录系统——"黑匣子"》

《数字航空电子技术(上、下)》